面向21世纪课程教材

Textbook Series for 21st Century

普通高等教育"十一五"国家级规划教材

电工学

Diangongxue

（第七版）（上　册）（配光盘）

电工技术

秦曾煌　主　编

姜三勇　副主编

U0260152

高等教育出版社·北京

内容简介

　　本书是普通高等教育"十一五"国家级规划教材。本书是根据当前教学改革形势，在第六版的基础上作了精选、改写、调整、补充而修订编写的。全书分上、下两册出版。上册是电工技术部分；下册是电子技术部分。各章均附有习题。另编有配套立体化教材（见第七版序言）。本书可作为高等学校工科非电类专业上述两门课程的教材，也可供社会读者阅读。

　　本书（第七版）由哈尔滨工程大学张保郁教授审阅。

　　本书第三版于 1987 年获全国优秀教材奖，第四版于 1997 年获国家级教学成果二等奖和国家级科学技术进步三等奖，第五版于 2002 年获全国普通高等学校优秀教材二等奖，第六版于 2005 年获国家级教学成果二等奖，并于 2006 年获第七届全国高校出版社优秀畅销书一等奖，此外还被评为"高等教育百门精品课程教材建设计划"精品项目。

图书在版编目（CIP）数据

电工学．上册，电工技术/秦曾煌主编．—7 版．—北京：高等
教育出版社，2009.5（2021.11重印）
ISBN 978 - 7 - 04 - 026448 - 7

Ⅰ．电…　Ⅱ．秦…　Ⅲ．①电工学-高等学校-教材②电子技术-
高等学校-教材　Ⅳ．TM

中国版本图书馆 CIP 数据核字（2009）第 043628 号

| 策划编辑 | 金春英 | 责任编辑 | 唐笑慧 | 封面设计 | 于文燕 | 责任绘图 | 杜晓丹 |
| 版式设计 | 王艳红 | 责任校对 | 姜国萍 | 责任印制 | 赵义民 | | |

出版发行	高等教育出版社	网　　址	http://www.hep.edu.cn
社　　址	北京市西城区德外大街 4 号		http://www.hep.com.cn
邮政编码	100120	网上订购	http://www.landraco.com
印　　刷	北京中科印刷有限公司		http://www.landraco.com.cn
开　　本	787×960　1/16		
印　　张	27.5	版　　次	1964 年 4 月第 1 版
字　　数	510 000		2009 年 5 月第 7 版
购书热线	010 - 58581118	印　　次	2021 年 11 月第 38 次印刷
咨询电话	400 - 810 - 0598	定　　价	52.40 元

本书如有缺页、倒页、脱页等质量问题，请到所购图书销售部门联系调换

物　料　号　26448 - A1

作 者 声 明

　　未经本书作者和高等教育出版社许可，任何单位或个人均不得以任何形式将本书中的练习思考题和习题做出解答后出版，不得翻印或在出版物中选编、摘录本书的内容；否则，将依照《中华人民共和国著作权法》追究法律责任。

第七版序言

高等学校教材是传授知识与培养专业人才并发展其智能的重要工具，既要打好理论基础，又要反映国内外科学技术的先进水平，同时要符合学生的认知规律和教学要求，以利于不断提高教学质量，更好地为国家现代化经济建设服务。编者总结几十年的教学和教材编写经验，深深体会到要编写出一部质量较高、好教好学的电工学教材，对教材内容正确处理"继承与更新"、"内容多与学时少"、"教与学"和"学与用"四个关系至关重要。

本教材（第七版）是在第六版的基础上总结提高，修订编写的。在内容处理上充分考虑了上述四个关系，并作了精选、改写、调整和补充。

1. 正确处理"继承与更新"的关系

正确处理"继承与更新"的关系，实质上是精选课程的教学内容，它是教学改革的中心环节。对电工学课程来讲，精选内容要根据电工学课程的性质和地位、非电类专业的需求和电工电子技术的发展，从打好基础、保持先进、加强应用、培养能力出发来精选和强化课程的基本内容（基本理论、基本知识和基本技能）。

课程基本内容有其基础性。电工学课程的基本内容是工科非电类专业所需要的电工电子技术基础内容。所谓基础性，就是为非电类专业学生学习后续课程和专业知识以及将来所从事的工作打下基础，也就是为自学、深造、拓宽和创新打下基础。电工学的基本内容随着电工电子技术的发展和非电类专业的需求在不同时期有不同的要求和侧重点。

电工学传统内容中大部分还是基本内容，即为非电类专业的基础性内容，长期起作用的（如电路理论）或不一定长期但当前还在起作用的（如继电接触器控制系统），要继承下来。在传统内容中也不乏陈旧的和不属于非电类专业的基础性内容，要坚决删去。以电机部分为例，在20世纪50年代，国内外的电工学教材大多是按电类专业的要求来分析电机绕组结构、内部电磁机理、矢量图和等效电路的，脱离非电类专业的需要。在1962年编写《电工学》（第一版）时就把它们删去，而着重于电机的外部特性和正确使用；随着教学改革，又将同步发电机和直流发电机删去，重点突出非电类专业常用的三相异步电动机和直流电动机；其后又将直流电动机简化并作为非共同性基本内容。又如，对分立元器件放大电路而言：可以精简，但应继承，它毕竟是集成电路的基础，在本版中特别从多方面反复强调晶体管的放大、饱和和截止三种工作状态，与数字电路有机结合，前后呼应；至于图解分析法，也不宜删去，它是一种教学性内容，通过它能够清楚表明放大电路中各个交流分量的传输、相位和失真等现象和概念，应该继承。

课程基本内容有其先进性，这关系到培养的人才能否适应当代科技的发展和满足现代化经济建设的需要。随着电工电子技术的不断发展，教材必须不断更新，陈旧的知识也必将不断被淘汰。不能以发展史来编写教材，不能将第一版中的汞弧整流器还搬到第七版来讲。编者要总结过去，着眼当前，预测未来。近年来已将可编程控制器、可编程逻辑器件、电力电子技术及仿真软件等新器件和新技术编入本教材。对新内容也要看它是否成熟，是否有生命力，是否和本课程的性质和要求有关，教材要逐步更新，不要不适当地求新、求广、求深，也应考虑它的基础性。例如，本版删去"现代通信技术"一章，因为它不是非电类专业的基础性内容。

正确处理教学内容"继承与更新"的关系体现了教材的基础性和先进性。

2. 正确处理"内容多与学时少"的关系

传统内容删去不多，新内容涌进不少，而学时又一再减少，"内容多与学时少"的矛盾必然会产生，并且日益突出，这是正常的客观现象。教材不是讲稿，不是讲多少写多少，但也不是写多少讲多少。教材内容除满足教学基本要求外，还应有拓宽性和参考性内容，以利于学生开阔视野，扩大知识面，并达到因材施教和培养学生自学能力的目的。

1964 年的第一版，字数约有 50 万，而总学时数有 150 学时；而现在修订的第七版，字数近 100 万，而总学时数只有 120 学时左右。如何处理"内容多与学时少"的关系，的确是个棘手问题。本书作了如下安排和处理。

（1）内容分类

将教材内容分为基本内容、非共同性基本内容(标以"△"号)和参考内容(标以"＊"号，用小 5 号字排)三类。基本内容是本课程教学基本要求所规定的内容，是各个工科非电类专业的共同性内容。非共同性基本内容一般应视专业的需要、学时的多少和学生的实际水平而取舍，如直流电动机、同步电动机、无源和有源滤波器、存储器和可编程逻辑器件、电力电子技术、开关型稳压电源、非电测量等，教师讲授时可以灵活掌握。参考内容一般是加深加宽内容，如受控源电路、直线电动机、三相整流电路、双积分型 A/D 转换器以及各章后的应用举例等，作为学生参考用，以开阔视野，拓宽知识，联系实际。

（2）培养自学能力

讲课不是照本宣科，教师要讲得少而精，着重讲概念、原理和方法，而学生要学得多而广，不仅课后要看教材，还要看参考书。"教为了不教"，离校后在工作中只能自学了。因此在校时培养学生自学能力，使之养成良好的自学习惯，显得十分重要。通过自学就可以减少讲授学时，但编者编写教材时必须为学生自学创造条件。

首先，对基本理论、基本概念、基本分析方法及各部分内容的基础点①要讲清讲透，让学生深入理解，牢固掌握，灵活应用，一通百通。

其次，叙述和分析思路清楚，符合学生认知规律；科学系统性和逻辑性强；文字流畅、简明易懂，详略恰当；图表配合得当，含义明确。

（3）培养举一反三能力

对可比性内容，如单相交流电路和三相交流电路、RC 电路的暂态分析和 RL 电路的暂态分析、JK 触发器 00，01，10，11 四种逻辑功能等，只须重点抓住一个，讲深讲透，指出异同之处，其余可让学生举一反三，自行分析。

（4）采用电子教案

配合教材编制和使用电子教案，可以加大授课信息量，提高教学效率，且可自学自检。

因此，正确处理"内容多与学时少"的关系体现了教材的灵活性和适用性。

3. 正确处理"教与学"的关系

在教学过程中，学生是主体，教师起主导作用。所谓主导作用，主要是要采用启发式教学来调动学生学习的积极性和主动性，让他们在学习过程中不断处于思维状态。凡是经过自己思考和努力钻研而获得的知识，是牢固的，能真正深入理解的；光听不思考，即使听懂了，也是不牢固的，可能一知半解，学而不思则罔。通过启发式教学，同时也提高了学生的思维能力，提高了分析和解决问题的能力。

教材是给教师讲课用的，为配合教师启发式教学和学生自主学习，编写教材不能平铺直叙。问题提出，内容分析，层次安排，例题选用，最后总结得出结论，都要符合读者的认知规律，一步步、一层层、循循善诱，让学习者积极思考，逐步领悟和理解。

在本教材中，往往采用"提出问题，分析问题，得出结论，举例应用"的教学方法，让学习者带着问题学。例如，在编写三相异步电动机转动原理之前，先介绍一个演示内容：摇动蹄形磁铁使它转动时，其间由铜条构成的转子跟着转动；摇得快，转子转得也快；摇得慢，转子转得也慢；反摇，转子马上

---

① 例如：交流电路的基础点是单一参数电路；各种交流铁心线圈的基础点是 $U \approx 4.44fN\Phi_{\mathrm{m}}$；运放电路的基础点是虚短路和虚断路；数字电路的基础点是门电路和触发器的逻辑状态转换和逻辑功能。

反转。让学生问几个"为什么",而后引出三相旋转磁场和电动机转子转动原理。又如,在编写电子技术部分之前,先举"电炉箱恒温控制系统"和"产品自动装箱计数生产线"两个实例,让学生对模拟电路和数字电路及其应用以及其中各个元器件的放大、计数、显示等功能有所了解并心存"?"号。每小节后的【练习与思考】,大多是从几十年的教学实践中积累提炼而得,也极富有启发性、概念性、思考性和实用性。

正确处理"教与学"的关系体现了教材的启发性。

4. 正确处理"学与用"的关系

工科非电类专业学生学习电工学重在应用,他们应具有将电工电子技术应用于本专业和发展本专业的一定能力。20 世纪 60 年代编者曾下厂调研本校毕业生工作中的实际应用能力。毕业生反映:"学的没有用,用的没有学,学了不会用"。前两句在情理之中,本来在学校学到的东西,将来在实际工作中直接用到的确实不多;实际工作中遇到的问题很多,不可能在学校一一讲过。而第三句确是令人深思,值得分析研究。原因是多方面的,如理论脱离实际,教学内容不联系实际应用,不从国情实际出发;在教学中忽视培养分析和解决实际问题的能力;实验强调验证理论,而对实验技能的训练不重视;讲课只"纸上谈兵",不联系实物,不示以实物,学习抽象①;学生自身不会活学活用。另外,"懂"和"用"还有因果关系,懂得某个定律或某个设备的原理,用起来就得心应手。例如,若懂得示波器面板上各个旋钮的调节功能,很快就会调出需要的稳定波形来;否则,盲目乱动,一无所得。在下厂调研时,听说一位毕业生在起动三相异步电动机时,电动机不转,只有"嗡嗡"声,他忘记了这是单相起动,不知所措,马上去找师傅,回来发现电动机正在冒烟。

学了会用,一是指会应用基本理论、基本定律和基本分析方法;二是指会正确使用常用的电机电器、仪表仪器以及各种电子元器件;三是指从"元器件-电路-系统"出发会分析某种应用电路(例如教材每章后的应用举例)或会设计简单的应用电路,重要的一点就是不要孤立地去看待一个元器件(或单元电路),应有完整的系统概念,注意它们之间是如何联系的,既要看到树木,更要看到森林。为此,教材中要有的放矢训练学生在上述几方面的应用能力。在本版习题中,减少了理论计算题,增加了应用类题。

正确处理"学与用"的关系体现了教材的应用性。

关于电路的计算机模拟仿真,另编有配套教材,不占课内学时,由学生自学或在教师指导下自学。结合电路基础、模拟电子电路和数字电子电路等内容,以仿真软件 NI Multisim 10 为平台,通过验证理论、辅助例题习题分析和

---

① 例如讲解旋转磁场图 7.2.3 时,学生应有电机结构的概念,否则 3 个大圆、6 个小圆,不知为何物。

综合设计，不仅让学生了解现代电路设计与分析手段，而且激发自主学习的积极性，并提高研究创新能力，促进学以致用。

与本书配套的立体化教材[①]有：

(1)《电工学(第七版)学习辅导与习题解答》　姜三勇主编；

(2)《电工学(第七版)》电子教案(上、下)　中国矿业大学　王香婷主编；

(3)《电工学简明教程(第二版)》　秦曾煌主编；

(4)《电工学简明教程(第二版)学习辅导与习题解答》　秦曾煌编；

(5)《电工学简明教程(第二版)》电子教案　大连海事大学　于双和主编；

(6)《电工学实验》　哈尔滨工业大学　于志主编；

(7)基于 NI Multisim 10 的电路仿真与设计　姜三勇编；

(8)电工技术网络课程　北京交通大学　张晓冬主编；

(9)电子技术网络课程　大连海事大学　于双和主编；

(10)电工学试题库。

本书(第七版)由哈尔滨工程大学张保郁教授审阅，提出了宝贵意见和修改建议；本书前六版还得到许多教师和广大读者的关怀，他们提出了大量建设性意见，在此深表谢忱。

本书第11章"可编程控制器及其应用"和下册附录 I 由本书副主编姜三勇编写，第22章"存储器和可编程逻辑器件"由丁继盛编写，曾参加本书第二版中册编写的有吴项、魏富珍、柳焯、郭文安和问延棣，参加第六版下册编写的有沙学军。

由于编者能力有限，见解不多，本书有些内容难免不够妥善，希望读者，特别是使用本书的教师和同学积极提出批评和改进意见，以便今后修订提高。

秦曾煌

于哈尔滨工业大学

2008 年 11 月

(时年八十五)

---

① 均系高等教育出版社出版发行。

第一版序言

　　1962年5月，教育部召开了高等工业学校教学工作会议，会上审订了机械制造类各专业适用的"电工学教学大纲（试行草案）"。这份教学大纲所规定的教学总学时为150学时，其中讲课100学时；在内容方面与1956年所制订的大纲相比，出入较大。因此，编者按照新教学大纲的内容、分量和安排系统，并根据十年来的教学经验，将目前所用的讲义加以修订补充，编成此书。本书经高等工业学校电工学及电工基础课程教材编审小组审阅后，修改定稿，可作为高等工业学校机械制造类各专业电工学课程的教材。

　　电工学是一门非电专业的技术基础课程，它的主要任务是为学生学习专业知识和从事工程技术工作打好电工技术的理论基础，并使他们受到必要的基本技能的训练。为此，在本书中对基本理论、基本定律、基本概念及基本分析方法都作了尽可能详尽的阐述，并通过实例、例题和习题来说明理论的实际应用，以加深学生对理论的掌握和理解，以及了解电工技术的发展与生产发展之间的密切关系。

　　本书注意到与普通物理课的分工，避免了不必要的重复。至于部分内容，例如电路的基本物理量、欧姆定律、电路的参数、磁场的基本物理量及铁磁物质的磁性能等，虽然已在普通物理课程中讲过，但是为了加强理论的系统性和满足电工技术的需要，仍列入本书中，使学生在温故知新的基础上，对这些内容的理解能进一步巩固和加深，并能充分地应用和扩展这些内容。

　　本书也注意到与后续专业课的分工，书中一般不讨论综合性的用电系统和专用设备，而只研究用电技术的一般规律和常用的电气设备、元件及基本电路。

　　本书中用小号字排的部分内容教师在讲授时可灵活掌握，一般应视专业的需要、学时的多少和学生的实际水平而决定取舍。有些内容可让学生通过自学掌握，不必全在课堂讲授。本书各章习题的数目比教学大纲所规定的多一些，这样可使教师选择习题时比较灵活，同时也可满足部分学习成绩较好的学生希望多做一些习题的要求。为了照顾某些动力机械制造专业的需要，对同步电机一章的内容介绍较多，其他专业可按其需要选择其中部分内容讲授。

　　本书所用的图形符号是符合中华人民共和国第一机械工业部所颁布的电工专业标准（草案试行）电（D）42-60《电气线路图上图形符号》的规定的。至于文字符号则以国际通用符号为主，仅对某些物理量的注脚（例如额定电压 U_e、短路电流 I_D、起动转矩 M_Q、励磁电流 I_L 等）和线路图上的部分文字符号（例如发电机 F、电动机 D、接触器 C 等）参考了上述标准试用了汉语拼音符号（见附录二）。

本书承西安交通大学袁旦庆同志仔细审阅，指出错误，提出修改建议；哈尔滨工业大学电工学教研室对本书内容的安排和部分章节的内容进行过讨论，提出了宝贵意见；并承哈尔滨工业大学绘图室描绘了插图，在此对他们表示衷心的感谢。

由于编者能力有限，见解不多，本书有些内容难免不够妥善，甚至会有错误之处。希望读者，特别是使用本书的教师和同学积极提出批评和改进意见，以便今后修订提高。

秦曾煌

于哈尔滨工业大学

1962 年 12 月

目　　录

上册　电工技术

绪　　论

1. 电工学课程的作用和任务

电工学是研究电工技术和电子技术的理论和应用的技术基础课程。电工和电子技术发展十分迅速，应用非常广泛，现代一切新的科学技术无不与电有着密切的关系。因此，电工学是高等学校工科非电类专业的一门重要课程。作为技术基础课程，它应具有基础性、应用性和先进性。

基础是指基本理论、基本知识和基本技能。所谓基础性，电工学应为后续专业课程打基础；应为学生毕业后从事有关电的工作打基础，也就是为自学、深造、拓宽和创新打基础。

非电类专业学生学习电工学重在应用，今后他们应具有将电工和电子技术应用于本专业和发展本专业的一定能力。为此，课程内容要理论联系实际应用，从国情实际出发；要培养他们分析和解决实际问题的能力；要重视实验技能的训练。

课程内容必须具有先进性，这是不言而喻的。电工学课程的内容和体系应随着电工和电子技术的发展和工科非电类专业的需要而不断更新和改革。

2. 电工和电子技术发展概况

现在，人们已经掌握了大量的电工和电子技术方面的知识，而且电工和电子技术还在不断地发展着。这些知识是人们长期劳动的结晶。

我国很早就已发现电和磁的现象，在古籍中曾有"慈石召铁"和"琥珀拾芥"的记载。磁石首先应用于指示方向和校正时间，在《韩非子》和东汉王充著的《论衡》两书中提到的"司南"就是指此。以后由于航海事业发展的需要，我国在 11 世纪就发明了指南针。在宋代沈括所著的《梦溪笔谈》中有"方家以磁石磨针锋，则能指南，然常微偏东，不全南也"的记载。这不仅说明了指南针的制造，而且已经发现了磁偏角。直到 12 世纪，指南针才经由阿拉伯人传入欧洲。

在 18 世纪末和 19 世纪初的这个时期，由于生产发展的需要，在电磁现象方面的研究工作发展得很快。法国物理学家库仑（C. A. Coulomb）在 1785 年首先从实验确定了电荷间的相互作用力，电荷的概念开始有了定量的意义。1820年，丹麦科学家奥斯特（H. C. Oersted）从实验发现了电流对磁针有力的作用，揭开了电学理论新的一页。同年，法国科学家安培（A. M. Ampere）确定了通有电流的线圈的作用与磁铁相似，这就指出了磁现象的本质问题。有名的欧姆定律是德国科学家欧姆（G. S. Ohm）在 1826 年通过实验而得出的。英国科学家法拉第（M. Faraday）对电磁现象的研究有特殊贡献，他在 1831 年发现的电磁感应现象是以后电工技术的重要理论基础。在电磁现象的理论与实用问题的研究上，俄国科学家楞次（Э. Х. Ленц）发挥了巨大的作用，他在 1833 年建立了确定感应电流方向的定则（楞次定则）。楞次在 1844 年还与英国物理学家焦耳（J. P. Joule）分别独立地确定了电流热效应定律（焦耳-楞次定律）。在法拉第的研究工作基础上，英国物理学家麦克斯韦（J. C. Maxwell）在 1864 年至 1873 年提出了电磁波理论。他从理论上推测到电磁波的存在，为无线电技术的发展奠定了理论基础。1888 年，德国物理学家赫兹（H. R. Hertz）通过实验获得电磁波，证实了麦克斯韦的理论。但实际利用电磁波为人类服务的还应归功于马可尼（G. Marconi）和波波夫（А. С. Попов）。大约在赫兹实验成功七年之后，他们彼此独立地分别在意大利和俄国进行通信试验，为无线电技术的发展开辟了道路。研究电路理论首先遇到的是基尔霍夫定律，德国物理学家基尔霍夫（G. Kirchhoff）两个脍炙人口的定律是 1847 年他在一篇划时代的电路理论论文 "关于研究电路线性分布所得到的方程的解" 中提出的。戴维宁定理是法国工程师戴维宁（M. L. Thévenin）在 1883 年提出的，是分析线性网络的重要定理。同电压源等效的电流源，首先是由美国贝尔电话实验室的工程师诺顿（E. L. Norton）提出的，如今将对应于这一等效关系的线性网络分析方法称之为诺顿定理。

生产上需要动力驱动，电动机应时问世。德籍俄国物理学家雅可比（В. С. Якоби）在 1834 年制造出世界上第一台电动机，并用它在涅瓦河上做了驱动船舶的实验，这证明了实际应用电能的可能性。电机工程得以飞跃地发展是与多利沃-多勃罗沃尔斯基（М. О. Доливо-Добровольский）的工作分不开的。这位杰出的俄国工程师是三相系统的创始者，他发明和制造出三相异步电动机和三相变压器，并首先采用了三相输电线。当今，电动机林林总总，各见其长，其应用不胜枚举。例如一辆现代化汽车上要用到几十台甚至上百台不同用途的微型电动机。

人类在跟自然界斗争的过程中，不断总结和丰富着自己的知识。电子科学技术就是在生产斗争和科学实验中发展起来的。1883 年美国发明家爱迪生（T. A. Edison）发现了热电子效应，随后在 1904 年弗莱明（Fleming）利用这个效应制成了电子二极管，并证实了电子管具有 "阀门" 作用，它首先被用于无线电检波。1906 年美国的德福雷斯（De Forest）在弗莱明的二极管中放进了第三个电极——栅极，从而发明了电子三极管，从而建立了早期电子技术上最重要的里程碑。半个多世纪以来，电子管在电子技术中立下了很大功劳；但是电子管毕竟成本高，制造繁，体积大，耗电多，从1948年美国贝尔实验室的几位研究人员发明晶体管以来，在各个领域中已逐渐用晶体管来取代电子管。但是，我们不能否定电子管的独特优点，在有些装置中，不论从稳定性、经济性或功率上考虑，还需要采用电子管。1960年又诞生了金属-氧化物-半导体场效晶体管，为后来研制大规模集成电路奠定了基础。

集成电路的第一个样品是在1958年见诸于世的。集成电路的出现和应用，标志着电子技术发展到了一个新的阶段。它实现了材料、元器件、电路三者之间的统一；同传统的电子元器件的设计与生产方式、电路的结构形式有着本质的不同。随着集成电路制造工艺的进步，集成度越来越高，集成电路分类见表0.1。

表 0.1　集成电路分类表

集成电路分类	集成度	举　例
小规模集成电路 SSI	1 ~ 10 个门/片或 10 ~ 100 个元器件/片	集成门电路、集成触发器
中规模集成电路 MSI	10 ~ 100 个门/片或 100 ~ 1 000 个元器件/片	译码器、编码器、选择器、计数器、寄存器
大规模集成电路 LSI	100 ~ 1 000 个门/片或 1 000 个 ~ 10 万个元器件/片	中央处理器、存储器、接口电路
超大规模集成电路 VLSI	大于 1 000 个门/片或大于 10 万个元器件/片	在一个硅片上集成一个完整的微型计算机

随着半导体技术的发展和科学研究、生产、管理和生活等方面的需要，电子计算机应时而起，并且日臻完善。从1946年诞生第一台电子计算机以来，已经历了电子管、晶体管、集成电路及大规模集成电路四代，每秒运算速度已高达百万亿次。现在正在研究开发第五代计算机（人工智能计算机）和第六代计算机（生物计算机），它们不依靠程序工作，而依靠人工智能工作。特别是从20世纪70年代微型计算机问世以来，由于它价廉、方便、可靠、小巧，大大加快了电子计算机的普及速度。例如个人计算机，它从诞生至今不过经历了二十多年的时间，但已走进了千家万户。集计算机、电视、电话、传真机、音响等于一体的多媒体计算机也纷纷问世。以多媒体计算机、光纤电缆和互连网络为基础的信息高速公路已成为计算机诞生以来的又一次信息革命。未来的人工智能更将给人们的生活与工作方式带来前所未有的变化。

数字控制、数字通信和数字测量也都在不断发展和得到日益广泛的应用。数字控制机床从1952年研制出来后，发展很快，目前已普遍应用。"加工中心"多工序数字控制机床、"自适应"数字控制机床和利用计算机对机床进行

"群控"也都相继实现。

随着电子技术和计算机技术的日益发展，以电子电路计算机辅助设计（CAD）为基础的电子设计自动化（EDA）技术已成为电子技术领域的重要设计手段。例如 Multisim 仿真软件，它是加拿大 IIT（Interactive Image Technologies）公司在 20 世纪 80 年代后期推出的，至今已发展到第 10 版。该软件具有界面直观、操作方便以及具有丰富的仿真分析能力等优点。

从 20 世纪 80 年代以来，可编程逻辑器件（PLD）发展非常迅速，它的研制成功为设计和制造专用集成电路提供了一条比较理想的途径。在 20 世纪 90 年代初推出了一种新型在系统可编程逻辑器件（isp PLD），在编程时既不需要使用专用编程器，也不需要将它从所在系统的电路板上取下，可以通过计算机在系统内进行编程。接着又推出了在系统可编程模拟器件（isp PAC）。

可编程控制器（PLC）是以中央处理器（CPU）为核心综合了计算机技术和自动控制技术发展起来的一种工业控制器，它也可在现场应用而设计。目前它已被广泛应用于国民经济的各个控制领域，其应用广度和深度是一个国家工业先进水平的重要标志。

由于大功率半导体器件的制造工艺日益完善，电力电子技术已是当今一门发展迅速、方兴未艾的科学技术，应用于中频电源、变频调速、直流输电、不间断电源等诸多方面，使半导体技术进入了强电领域。

电子水准是现代化的一个重要标志，电子工业是实现现代化的重要物质技术基础。电子工业的发展速度和技术水平，特别是电子计算机的高度发展及其在生产领域中的广泛应用，直接影响到工业、农业、科学技术和国防建设，关系着社会主义建设的发展速度和国家的安危；也直接影响到亿万人民的物质、文化生活，关系着广大群众的切身利益。

"在生产斗争和科学实验范围内，人类总是不断发展的，自然界也总是不断发展的，永远不会停止在一个水平上。"[1]

3. 课程的学习方法

为了学好本课程，首先要求具有正确的学习目的和态度，应为我国社会主义现代化事业而学习。在学习中能够刻苦钻研，踏踏实实，获得优良成绩。现就本课程的几个教学环节提出学习中应注意之点，以供参考。

（1）课堂教学是当前主要的教学方式，也是获得知识的最快和最有效的学习途径。因此，务必认真听课，主动学习。学习时要抓住物理概念、基本理论、工作原理和分析方法；要理解问题是如何提出和引申的，又是怎样解决和

---

[1] 周恩来总理在第三届全国人民代表大会第一次会议上的政府工作报告，1964 年 12 月 31 日，《人民日报》。摘此以缅怀周总理。

应用的；要注意各部分内容之间的联系，前后是如何呼应的；要重在理解，能提出问题，积极思考，不要死记；要注重电工和电子技术的应用；要了解多种有关元器件(或单元电路)之间是如何连接组成一实用系统的，不要孤立地去看待一个元器件(或单元电路)，应有完整的系统概念，既要看到树木，更要看到森林。每节后基本都有练习与思考，提出的问题都是基本的和概念性的，有助于课后复习巩固。此外，在教师指导下要培养自学能力，并且要多看参考书。

(2) 通过习题可以巩固和加深对所学理论的理解，并培养分析能力和运算能力。为此，各章安排了适当数量的习题。解题前，要对所学内容基本掌握；解题时，要看懂题意，注意分析，用哪个理论和公式以及解题步骤也都要搞清楚。习题做在本子上，要书写整洁，图要标绘清楚，答数要注明单位。

(3) 通过实验验证和巩固所学理论，训练实验技能，并培养严谨的科学作风。实验是本课程的一个重要环节，不能轻视。实验前务必认真准备，了解实验内容和实验步骤；实验时积极思考，多动手，学会正确使用常用的电子仪器、电工仪表、电机和电气设备以及电子元器件等，能正确连接电路，能准确读取数据，并能根据要求设计简单线路；实验后要对实验现象和实验数据认真整理分析，编写出整洁的实验报告。

(4) 通过各个学习环节，培养分析和解决问题的能力和创新精神。解决问题不是仅仅照着书本上的例题做练习题，而要求使用已有的知识对提出的要求和论据能理解和领悟，并能提出自己的思路和解决问题的方案，这是一个创新过程。

上　册
电工技术

第 1 章

电路的基本概念与基本定律

电路是电工技术和电子技术的基础，它是为学习后面的电子电路、电机电路以及控制与测量电路打基础的。

本章讨论的是电路的基本概念与基本定律，如电路模型、电压和电流的参考方向、基尔霍夫定律、电源的工作状态以及电路中电位的概念及计算等，这些内容都是分析与计算电路的基础。有些内容虽然已在物理课中讲过，但是为了加强理论的系统性和满足电工技术的需要，仍列入本章中，以便使读者(可以通过自学)对这些内容的理解能进一步巩固和加深，并能充分地应用和扩展这些内容。

1.1   电路的作用与组成部分

电路是电流的通路，它是为了某种需要由某些电工设备或元器件按一定方式组合起来的。

电路的结构形式和所能完成的任务是多种多样的，最典型的例子是电力系统，其电路示意图如图 1.1.1(a)所示。它的作用是实现电能的传输和转换，分配

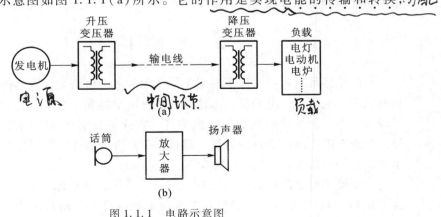

图 1.1.1   电路示意图

(a) 电力系统；(b) 扩音机

其中包括电源、负载和中间环节三个组成部分。

发电机是电源，是供应电能的设备。在发电厂内可把热能、水能或核能转换为电能。除发电机外，电池也是常用的电源。

电灯、电动机、电炉等都是负载，是取用电能的设备，它们分别把电能转换为光能、机械能、热能等。

变压器和输电线是中间环节，是连接电源和负载的部分，它起传输和分配电能的作用。

② 电路的另一种作用是传递和处理信号，常见的例子如扩音机，其电路示意图如图 1.1.1(b)所示。先由话筒把语言或音乐(通常称为信息)转换为相应的电压和电流，它们就是电信号。而后通过电路传递到扬声器，把电信号还原为语言或音乐。由于由话筒输出的电信号比较微弱，不足以推动扬声器发音，因此中间还要用放大器来放大。信号的这种转换和放大，称为信号处理。

在图 1.1.1(b)中，话筒是输出信号的设备，称为信号源，相当于电源，但与上述的发电机、电池这种电源不同，信号源输出的电信号(电压和电流)的变化规律是取决于所加的信息的。扬声器是接收和转换信号的设备，也就是负载。

信号传递和处理的例子很多，如收音机和电视机，它们的接收天线(信号源)把载有语言、音乐、图像信息的电磁波接收后转换为相应的电信号，而后通过电路把信号传递和处理(调谐、变频、检波、放大等)，送到扬声器和显像管(负载)，还原为原始信息。

不论电能的传输和转换，或者信号的传递和处理，其中电源或信号源的电压或电流称为激励，它推动电路工作；由激励在电路各部分产生的电压和电流称为响应。所谓电路分析，就是在已知电路的结构和元器件参数的条件下，讨论电路的激励与响应之间的关系。

1.2　电路模型

实际电路都是由一些按需要起不同作用的实际电路元件或器件所组成，诸如发电机、变压器、电动机、电池以及各种电阻器和电容器等，它们的电磁性质较为复杂。最简单的例如一个白炽灯，它除具有消耗电能的性质(电阻性)外，当通有电流时还会产生磁场，就是它还具有电感性。但电感微小，可忽略不计，于是可认为白炽灯是一电阻元件。

为了便于对实际电路进行分析和用数学描述，将实际元器件理想化(或称模型化)，即在一定条件下突出其主要的电磁性质，忽略其次要因素，把它近似地看作理想电路元器件。由一些理想电路元器件所组成的电路，就是实际电路的电路模型，它是对实际电路电磁性质的科学抽象和概括。在理想电路元器件(今后理想两字常略去不写)中主要有电阻元件、电感元件、电容元件和电源器件等。这些元器件分别由相应的参数来表征。例如常用的手电筒，其实际电路元器件有干电池、电珠、开关和连接导线，电路模型如图 1.2.1 所示。电珠是电阻元件，其参数为电阻 R；干电池是电源器件，其参数为电动势 E 和内电阻(简称内阻)R_0；连接导线是连接干电池与电珠的中间环节(还包括开关)，其电阻忽略不计，认为是一无电阻的理想导体。

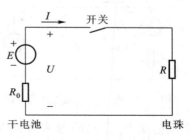

今后所分析的都是指电路模型，简称电路。在电路图中，各种电路元器件用规定的图形符号表示。

图 1.2.1　手电筒的电路模型

1.3　电压和电流的参考方向

图 1.2.1 所示是最简单的直流电阻电路，其中 E，U 和 R_0 分别为电源的电动势、端电压和内阻，R 为负载电阻。当将开关闭合后，电路中有电流 I。电流 I、电压 U 和电动势 E 是电路的基本物理量，在分析电路时必须在电路图上用箭标或"＋"、"－"来标出它们的方向或极性(如图中所示)，才能正确列出电路方程。

关于电压和电流的方向，有实际方向和参考方向之分，要加以区别。

习惯上规定正电荷运动的方向或负电荷运动的相反方向为电流的方向(实际方向)。电流的方向是客观存在的。但在分析较为复杂的直流电路时，往往难于事先判断某支路中电流的实际方向；对交流讲，其方向随时间而变，在电路图上也无法用一个箭标来表示它的实际方向。为此，在分析与计算电路时，常可任意选定某一方向作为电流的参考方向，或称为正方向。所选的电流的参考方向并不一定与电流的实际方向一致。当电流的实际方向与其参考方向一致时，则电流为正值[图 1.3.1(a)]；反之，当电流的实际方向与其参考方向相反时，则电流为负值[图 1.3.1(b)]。因此，在参考方向选定之后，电流之值才有正、负之分。

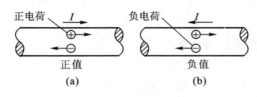

图 1.3.1　电流的参考方向

电压和电动势都是标量，但在分析电路时，和电流一样，也说它们具有方向。电压的方向规定为由高电位("＋"极性)端指向低电位("－"极性)端，即为电位降低的方向。电源电动势的方向规定为在电源内部由低电位（" － "极性）端指向高电位（" + "极性）端，即为电位升高的方向。

在电路图上所标的电流、电压和电动势的方向，一般都是参考方向，它们

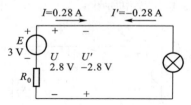

$I=0.28$ A　　$I'=-0.28$ A

E
3 V

U　U'
2.8 V　－2.8 V

R_0

图 1.3.2　电压和电流的参考方向

是正值还是负值，视选定的参考方向而定。例如在图 1.3.2 中，电压 U 的参考方向与实际方向一致，故为正值；而 U' 的参考方向与实际方向相反，故为负值。两者可写为 $U = -U'$；电流亦然，$I = -I'$。

电压的参考方向除用极性 " + "、" － "表示外，也可用双下标表示。例如 a，b 两点间的电压 U_{ab}，它的参考方向是由 a 指向 b，也就是说 a 点的参考极性为 " + "，b 点的参考极性为 " － "。如果参考方向选为由 b 指向 a，则为 U_{ba}，$U_{ab} = -U_{ba}$。电流的参考方向也可用双下标表示。

我国法定计量单位是以国际单位制（SI）为基础的。在国际单位制中，电流的单位是安［培］（A）。当 1 s（秒）内通过导体横截面的电荷［量］为 1 C（库［仑］）时，则电流为 1 A。计量微小的电流时，以毫安（mA）或微安（μA）为单位。1 mA 为 10^{-3} A，1 μA 为 10^{-6} A。

在国际单位制中，电压的单位是伏［特］（V）。当电场力把 1 C 的电荷［量］从一点移到另一点所做的功为 1 J（焦［耳］）时，则该两点间的电压为 1 V。计量微小的电压时，则以毫伏（mV）或微伏（μV）为单位；计量高电压时，则以千伏（kV）为单位。电动势的单位与电压相同，也是伏［特］。

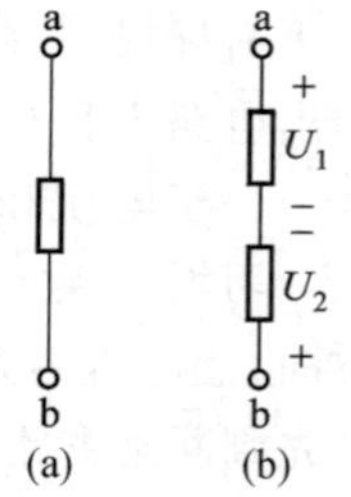

【练习与思考】

1.3.1　在图 1.3.3（a）中，$U_{ab} = -5$ V，试问 a，b 两点哪点电位高？

1.3.2　在图 1.3.3（b）中，$U_1 = -6$ V，$U_2 = 4$ V，试问 U_{ab} 等于多少伏？

1.3.3　U_{ab} 是否表示 a 端的实际电位高于 b 端的实际电位？

图 1.3.3　练习与思考 1.3.1 和 1.3.2 的图

1.4　欧　姆　定　律

通常流过电阻的电流与电阻两端的电压成正比，这就是欧姆定律。它是分析电路的基本定律之一。对图 1.4.1（a）的电路，欧姆定律可用下式表示

$$\frac{U}{I} = R \tag{1.4.1}$$

式中，R 即为该段电路的电阻。

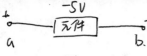

则 b 点电势高.

由上式可见，当所加电压 U 一定时，电阻 R 愈大，则电流 I 愈小。显然，电阻具有对电流起阻碍作用的物理性质。

在国际单位制中，电阻的单位是欧[姆]（Ω）。当电路两端的电压为 1 V，通过的电流为 1 A 时，则该段电路的电阻为 1 Ω。计量高电阻时，则以千欧（kΩ）或兆欧（MΩ）为单位。

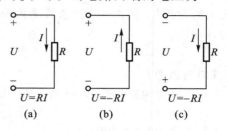

图 1.4.1　欧姆定律

根据在电路图上所选电压和电流的参考方向的不同，在欧姆定律的表示式中可带有正号或负号。当电压和电流的参考方向一致时[图 1.4.1(a)]，则得

$$U = RI \tag{1.4.2}$$

当两者的参考方向选得相反时[图 1.4.1(b)和图 1.4.1(c)]，则得

$$U = -RI \tag{1.4.3}$$

这里应注意，一个式子中有两套正、负号，上两式中的正、负号是根据电压和电流的参考方向得出的。此外，电压和电流本身还有正值和负值之分。

【例 1.4.1】　应用欧姆定律对图 1.4.2 所示电路列出式子，并求电阻 R。

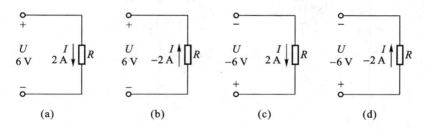

图 1.4.2　例 1.4.1 的电路

【解】

图 1.4.2(a)：

$$R = \frac{U}{I} = \frac{6}{2}\ \Omega = 3\ \Omega$$

图 1.4.2(b)：

$$R = -\frac{U}{I} = -\frac{6}{-2}\ \Omega = 3\ \Omega$$

图 1.4.2(c)：

$$R = -\frac{U}{I} = -\frac{-6}{2}\ \Omega = 3\ \Omega$$

图 1.4.2(d)：

$$R = \frac{U}{I} = \frac{-6}{-2}\ \Omega = 3\ \Omega$$

式(1.4.1)所表示的电流与电压的正比关系，是通过实验得出的。可测量

电阻两端的电压值和流过电阻的电流值，绘出的是一条通过坐标原点的直线，

如图 1.4.3 所示。因此，遵循欧姆定律的电阻称为线性电阻，它是一个表示该段电路特性而与电压和电流无关的常数①。图 1.4.3 的直线常称为线性电阻的伏安特性曲线。

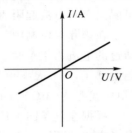

图 1.4.3　线性电阻的
伏安特性曲线

【练习与思考】

1.4.1　2 kΩ 的电阻中通过 2 mA 的电流，试问电阻两端的电压是多少？

1.4.2　计算图 1.4.4 中的两题。

1.4.3　试计算图 1.4.5 所示电路在开关 S 闭合与断开两种情况下的电压 U_{ab} 和 U_{cd}。

1.4.4　为了测量某直流电机励磁线圈的电阻 R，采用了图 1.4.6 所示的"伏安法"。电压表读数为 220 V，电流表读数为 0.7 A，试求线圈的电阻。如果在实验时有人误将电流表当作电压表，并联在电源上，其后果如何？已知电流表的量程为 1 A，内阻 R_0 为 0.4 Ω。

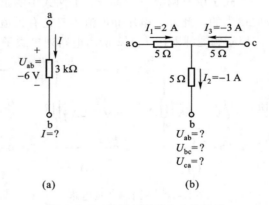

(a)　　　　　　　　　　(b)

图 1.4.4　练习与思考 1.4.2 的图

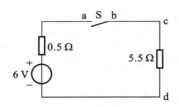

图 1.4.5　练习与思考 1.4.3 的图

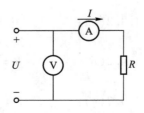

图 1.4.6　练习与思考 1.4.4 的图

---

① 否则就是非线性电阻，它将在第 2 章中的 2.9 节讨论。

1.5 电源有载工作、开路与短路

今以最简单的直流电路(图1.5.1)为例,分别讨论电源有载工作、开路与短路时的电流、电压和功率。此外,还将讨论几个电路中的概念问题。

1.5.1 电源有载工作

将图1.5.1中的开关合上,接通电源与负载,这就是电源有载工作。下面分别讨论几个问题。

1. 电压与电流

应用欧姆定律可列出电路中的电流

$$I = \frac{E}{R_0 + R} \tag{1.5.1}$$

和负载电阻两端的电压

$$U = RI$$

并由上两式可得出

$$U = E - R_0 I \tag{1.5.2}$$

由上式可见,电源端电压小于电动势,两者之差为电流通过电源内阻所产生的电压降 $R_0 I$。电流愈大,则电源端电压下降得愈多。表示电源端电压 U 与输出电流 I 之间关系的曲线,称为电源的外特性曲线,如图1.5.2所示,其斜率与电源内阻有关。电源内阻一般很小。当 $R_0 \ll R$ 时,则

$$U \approx E$$

上式表明当电流(负载)变动时,电源的端电压变动不大,这说明它带负载能力强。

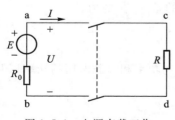

图 1.5.1　电源有载工作

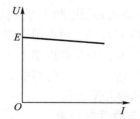

图 1.5.2　电源的外特性曲线

2. 功率与功率平衡

式(1.5.2)各项乘以电流 I,则得功率平衡式

$$UI = EI - R_0 I^2 \tag{1.5.3}$$

$$P = P_{\mathrm{E}} - \Delta P$$

式中：$P_E = EI$，是电源产生的功率；$\Delta P = R_0 I^2$，是电源内阻上损耗的功率；$P = UI$，是电源输出的功率。

在国际单位制中，功率的单位是瓦[特]（W）或千瓦（kW）。1 s 内转换 1 J 的能[量]，则功率为 1 W。

【例 1.5.1】　在图 1.5.3 所示的电路中，$U = 220$ V，$I = 5$ A，内阻 $R_{01} = R_{02} = 0.6$ Ω。（1）试求电源的电动势 E_1 和负载的反电动势 E_2；（2）试说明功率的平衡。

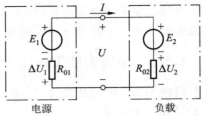

图 1.5.3　例 1.5.1 的图

【解】　（1）电源　　$U = E_1 - \Delta U_1 = E_1 - R_{01}I$

$$E_1 = U + R_{01}I = 220 \text{ V} + 0.6 \times 5 \text{ V} = 223 \text{ V}$$

负载　　　　　　　　　　　$U = E_2 + \Delta U_2 = E_2 + R_{02}I$

$$E_2 = U - R_{02}I = 220 \text{ V} - 0.6 \times 5 \text{ V} = 217 \text{ V}$$

（2）由（1）中两式可得

$$E_1 = E_2 + R_{01}I + R_{02}I$$

等号两边同乘以 I，则得

$$E_1 I = E_2 I + R_{01}I^2 + R_{02}I^2$$

$$223 \times 5 \text{ W} = 217 \times 5 \text{ W} + 0.6 \times 5^2 \text{ W} + 0.6 \times 5^2 \text{ W}$$

$$1\,115 \text{ W} = 1\,085 \text{ W} + 15 \text{ W} + 15 \text{ W}$$

$$1\,115 \text{ W} = 1\,115 \text{ W}$$

其中，$E_1 I = 1\,115$ W，是电源产生的功率，即在单位时间内由机械能或其他形式的能转换成的电能的值；

$E_2 I = 1\,085$ W，是负载取用的功率，即在单位时间内由电能转换成的机械能（负载是电动机）或化学能（负载是充电时的蓄电池）的值；

$R_{01}I^2 = 15$ W，是电源内阻上损耗的功率；

$R_{02}I^2 = 15$ W，是负载内阻上损耗的功率。

由上例可见，在一个电路中，电源产生的功率和负载取用的功率以及内阻上所损耗的功率是平衡的。

3. 电源与负载的判别

分析电路，还要判别哪个电路元器件是电源（或起电源的作用），哪个是负载（或起负载的作用）。

由上例可见，根据电压和电流的实际方向（图 1.5.3 中，U 和 I 的参考方向与实际方向一致）可确定某一元器件是电源还是负载：

电源　　U 和 I 的实际方向相反，电流从"＋"端流出，发出功率；

负载　U 和 I 的实际方向相同，电流从"＋"端流入，取用功率。

4. 额定值与实际值

通常负载（例如电灯、电动机等）都是并联运行的。因为电源的端电压是基本不变的，所以负载两端的电压也是基本不变的。因此当负载增加（例如并联的负载数目增加）时，负载所取用的总电流和总功率都增加，即电源输出的功率和电流都相应增加。就是说，电源输出的功率和电流决定于负载的大小。

既然电源输出的功率和电流决定于负载的大小，是可大可小的，那么，有没有一个最合适的数值呢？对负载而言，它的电压、电流和功率又是怎样确定的呢？要回答这个问题，就要引出额定值这个术语。

各种电气设备的电压、电流及功率等都有一个额定值。例如一盏电灯的电压是 220 V，功率是 60 W，这就是它的额定值。额定值是制造厂为了使产品能在给定的工作条件下正常运行而规定的正常允许值。大多数电气设备（例如电机、变压器等）的寿命与绝缘材料的耐热性能及绝缘强度有关。当电流超过额定值过多时，由于发热过甚，绝缘材料将遭受损坏；当所加电压超过额定值过多时，绝缘材料也可能被击穿。反之，如果电压和电流远低于其额定值，不仅得不到正常合理的工作情况，而且也不能充分利用设备的能力。此外，对电灯及各种电阻器来说，当电压过高或电流过大时，其灯丝或电阻丝也将被烧毁。

因此，制造厂在制定产品的额定值时，要全面考虑使用的经济性、可靠性以及寿命等因素，特别要保证设备的工作温度不超过规定的允许值。

电气设备或元器件的额定值常标在铭牌上或写在其他说明中，在使用时应充分考虑额定数据。例如一个电烙铁，标有 220 V/45 W，这是额定值，使用时不能接到 380 V 的电源上。额定电压、额定电流和额定功率分别用 U_N，I_N 和 P_N 表示。

使用时，电压、电流和功率的实际值不一定等于它们的额定值，这也是一个重要的概念。

究其原因，一个是受到外界的影响。例如电源额定电压为 220 V，但电源电压经常波动，稍低于或稍高于 220 V。这样，额定值为 220 V/40 W 的电灯上所加的电压不是 220 V，实际功率也就不是 40 W 了。

另一原因如上所述，在一定电压下电源输出的功率和电流决定于负载的大小，就是负载需要多少功率和电流，电源就给多少，所以电源通常不一定处于额定工作状态，但是一般不应超过额定值。对于电动机也是这样，它的实际功率和电流也决定于它轴上所带的机械负载的大小，通常也不一定处于额定工作状态。

【例 1.5.2】　有一 220 V/60 W 的白炽灯，接在 220 V 的电源上，试求通过该灯的电流和其在 220 V 电压下工作时的电阻。如果每晚用 3 h（小时），问一个月消耗电能多少?

【解】
$$I = \frac{P}{U} = \frac{60}{220} \text{ A} = 0.273 \text{ A}$$

$$R = \frac{U}{I} = \frac{220}{0.273} \text{ Ω} = 806 \text{ Ω}$$

也可用 $R = \dfrac{P}{I^2}$ 或 $R = \dfrac{U^2}{P}$ 计算。

一个月用电
$$W = Pt = 60 \text{ W} \times (3 \times 30) \text{ h} = 0.06 \text{ kW} \times 90 \text{ h} = 5.4 \text{ kW} \cdot \text{h}$$

【例 1.5.3】　有一额定值为 5 W/500 Ω 的线绕电阻,其额定电流为多少?在使用时电压不得超过多大的数值?

【解】　根据瓦数和欧[姆]数可以求出额定电流,即

$$I = \sqrt{\frac{P}{R}} = \sqrt{\frac{5}{500}} \text{ A} = 0.1 \text{ A}$$

在使用时电压不得超过
$$U = RI = 500 \times 0.1 \text{ V} = 50 \text{ V}$$

因此,在选用时不能只提出欧[姆]数,还要考虑电流有多大,而后提出瓦数。

1.5.2　电源开路

在图 1.5.1 所示的电路中,当开关断开时,电源则处于开路(空载)状态,如图 1.5.4 所示。开路时外电路的电阻对电源来说等于无穷大,因此电路中电流为零。这时电源的端电压(称为开路电压或空载电压 U_0)等于电源电动势,电源不输出电能。

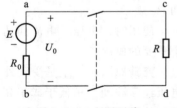

图 1.5.4　电源开路

如上所述,电源开路时的特征可用下列各式表示

$$\left.\begin{array}{l} I = 0 \\ U = U_0 = E \\ P = 0 \end{array}\right\} \tag{1.5.4}$$

1.5.3　电源短路

在图 1.5.1 所示的电路中,当电源的两端由于某种原因而连在一起时,电源则被短路,如图 1.5.5 所示。电源短路时,外电路的电阻可视为零,电流有

捷径可通, 不再流过负载。因为在电流的回路中仅有很小的电源内阻 R_0, 所以这时的电流很大, 此电流称为短路电流 I_S。短路电流可能使电源遭受机械的①与热的损伤或毁坏。短路时电源所产生的电能全被内阻所消耗。

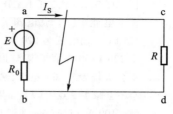

图 1.5.5 电源短路

电源短路时由于外电路的电阻为零, 所以电源的端电压也为零。这时电源的电动势全部降在内阻上。

如上所述, 电源短路时的特征可用下列各式表示

$$\left.\begin{array}{l} U = 0 \\ I = I_\mathrm{S} = \dfrac{E}{R_0} \\ P_\mathrm{E} = \Delta P = R_0 I^2, \quad P = 0 \end{array}\right\} \tag{1.5.5}$$

短路也可发生在负载端或线路的任何处。

短路通常是一种严重事故, 应该尽力预防。产生短路的原因往往是由于绝缘损坏或接线不慎, 因此经常检查电气设备和线路的绝缘情况是一项很重要的安全措施。此外, 为了防止短路事故所引起的后果, 通常在电路中接入熔断器或空气断路器, 以便发生短路时, 能迅速将故障电路自动切除。但是, 有时由于某种需要, 可以将电路中的某一段短路(常称为短接)或进行某种短路实验。

【例 1.5.4】 若电源的开路电压 $U_0 = 12 \, \mathrm{V}$, 其短路电流 $I_\mathrm{S} = 30 \, \mathrm{A}$, 试问该电源的电动势和内阻各为多少?

【解】 电源的电动势

$$E = U_0 = 12 \, \mathrm{V}$$

电源的内阻

$$R_0 = \frac{E}{I_\mathrm{S}} = \frac{U_0}{I_\mathrm{S}} = \frac{12}{30} \, \Omega = 0.4 \, \Omega$$

这是由电源的开路电压和短路电流计算它的电动势和内阻的一种方法。

【练习与思考】

1.5.1 在图 1.5.6 所示的电路中, (1)试求开关 S 闭合前后电路中的电流 I_1, I_2, I 及电源的端电压 U; 当 S 闭合时, I_1 是否被分去一些? (2)如果电源的内阻 R_0 不能忽略

———————————

① 产生很大的电磁力, 可能损坏发电机或变压器的绕组。

不计，则闭合 S 时，60 W 白炽灯中的电流是否有所变动？（3）计算 60 W 和 100 W 白炽灯在 220 V 电压下工作时的电阻，哪个的电阻大？（4）100 W 的白炽灯每秒消耗多少电能？（5）设电源的额定功率为 125 kW，端电压为 220 V，当只接上一个 220 V/60 W 的白炽灯时，白炽灯会不会被烧毁？（6）电流流过白炽灯后，会不会减少一点？（7）如果由于接线不慎，100 W 白炽灯的两线碰触（短路），当闭合 S 时，后果如何？100 W 白炽灯的灯丝是否被烧断？

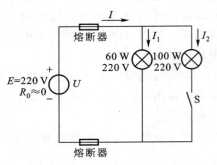

图 1.5.6　练习与思考 1.5.1 的图

1.5.2 额定电流为 100 A 的发电机，只接了 60 A 的照明负载，还有电流 40 A 流到哪里去了？

1.5.3 额定值为 1 W/100 Ω 的碳膜电阻，在使用时电流和电压不得超过多大数值？

1.5.4 在图 1.5.7 中，方框代表电源或负载。已知 $U = 220$ V，$I = -1$ A，试问哪些方框是电源，哪些是负载？

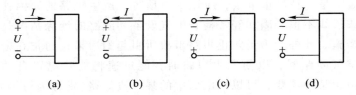

$$(a)\qquad (b)\qquad (c)\qquad (d)$$

图 1.5.7　练习与思考 1.5.4 的图

1.5.5 图 1.5.8 所示是一电池电路，当 $U = 3$ V，$E = 5$ V 时，该电池作电源（供电）还是作负载（充电）用？图 1.5.9 所示也是一电池电路，当 $U = 5$ V，$E = 3$ V 时，则又如何？两图中，电流 I 是正值还是负值？

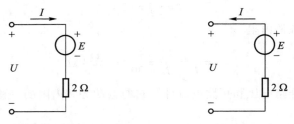

图 1.5.8　练习与思考 1.5.5 的图　　图 1.5.9　练习与思考 1.5.5 的图

1.5.6 有一台直流发电机，其铭牌上标有 40 kW/230 V/174 A。试问什么是发电机的空载运行、轻载运行、满载运行和过载运行？负载的大小，一般指什么而言？

1.5.7 一个电热器从 220 V 的电源取用的功率为 1 000 W，如将它接到 110 V 的电源上，则取用的功率为多少？

1.5.8 根据日常观察，电灯在深夜要比黄昏时亮一些，为什么？

1.5.9 电路如图 1.5.10 所示，设电压表的内阻为无穷大，电流表的内阻为零。当开关 S 处于位置 1 时，电压表的读数为 10 V；当 S 处于位置 2 时，电流表的读数为 5 mA。试问当 S 处于位置 3 时，电压表和电流表的读数各为多少？

1.5.10 在图 1.5.11 中，将开关 S 断开和闭合两种情况下，试问电流 I_1，I_2，I_3 各为多少？图中，$E = 12$ V，$R = 3$ Ω。

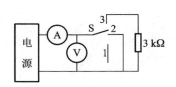

图 1.5.10　练习与思考 1.5.9 的图

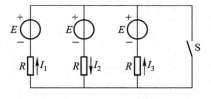

图 1.5.11　练习与思考 1.5.10 的图

1.6　基尔霍夫定律

分析与计算电路的基本定律，除了欧姆定律外，还有基尔霍夫电流定律和电压定律。基尔霍夫电流定律应用于结点，电压定律应用于回路。

电路中的每一分支称为支路，一条支路流过一个电流，称为支路电流。在图 1.6.1 中共有三条支路。

电路中三条或三条以上的支路相连接的点称为结点。在图 1.6.1 所示的电路中共有两个结点：a 和 b。

回路是由一条或多条支路所组成的闭合电路。图 1.6.1 中共有三个回路：adbca，abca 和 abda。

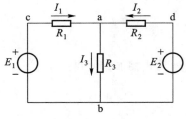

图 1.6.1　电路举例

1.6.1　基尔霍夫电流定律

基尔霍夫电流定律是用来确定连接在同一结点上的各支路电流间关系的。由于电流的连续性，电路中任何一点（包括结点在内）均不能堆积电荷。因此，在任一瞬时，流入某一结点的电流之和应该等于由该结点流出的电流之和。

在图 1.6.1 所示的电路中，对结点 a（图 1.6.2）可以写出

$$I_1 + I_2 = I_3 \qquad\qquad (1.6.1)$$

或将上式改写成

$$I_1 + I_2 - I_3 = 0$$

即

$$\sum I = 0 \qquad (1.6.2)$$

就是在任一瞬时，一个结点上电流的代数和恒等于零。规定参考方向指向结点的电流取正号，反之则取负号。

根据计算的结果，有些支路的电流可能是负值，这是由于所选定的电流的参考方向与实际方向相反所致。

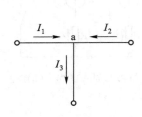 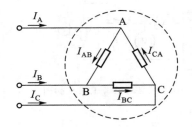

图 1.6.2 结点 图 1.6.3 基尔霍夫电流定律的推广应用

基尔霍夫电流定律通常应用于结点，也可以把它推广应用于包围部分电路的任一假设的闭合面。例如，图 1.6.3 所示的闭合面包围的是一个三角形电路，它有三个结点。应用电流定律可列出

$$I_A = I_{AB} - I_{CA}$$

$$I_B = I_{BC} - I_{AB}$$

$$I_C = I_{CA} - I_{BC}$$

上列三式相加，便得

$$I_A + I_B + I_C = 0$$

或

$$\sum I = 0$$

可见，在任一瞬时，通过任一闭合面的电流的代数和也恒等于零。

【例 1.6.1】 在图 1.6.4 中，$I_1 = 2$ A，$I_2 = -3$ A，$I_3 = -2$ A，试求 I_4。

【解】 由基尔霍夫电流定律可列出

$$I_1 - I_2 + I_3 - I_4 = 0$$

$$2 - (-3) + (-2) - I_4 = 0$$

得

$$I_4 = 3 \text{ A}$$

由本例可见，式中有两套正、负号，I 前的正、负号是由基尔霍夫电流定律根据电流的参考方向确定的，括号内数字前的则是表示电流本身数值的正、负。

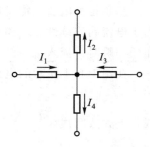

图 1.6.4 例 1.6.1 的电路

1.6.2 基尔霍夫电压定律

基尔霍夫电压定律是用来确定回路中各段电压间关系的。如果从回路中任意一点出发，以顺时针方向或逆时针方向沿回路循行一周，则在这个方向上的电位降之和应该等于电位升之和，回到原来的出发点时，该点的电位是不会发生变化的。此即电路中任意一点的瞬时电位具有单值性的结果。

今以图 1.6.5 所示的回路（即为图 1.6.1 所示电路的一个回路）为例，图中电源电动势、电流和各段电压的参考方向均已标出。按照虚线所示方向循行一周，根据电压的参考方向可列出

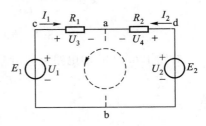

图 1.6.5　回路

$$U_1 + U_4 = U_2 + U_3$$

或将上式改写为

$$U_1 - U_2 - U_3 + U_4 = 0$$

即

$$\sum U = 0 \qquad (1.6.3)$$

就是在任一瞬时，沿任一回路循行方向（顺时针方向或逆时针方向），回路中各段电压的代数和恒等于零。如果规定电位降取正号，则电位升就取负号。

图 1.6.5 所示的回路是由电源电动势和电阻构成的，上式可改写为

$$E_1 - E_2 - R_1 I_1 + R_2 I_2 = 0$$

或

$$E_1 - E_2 = R_1 I_1 - R_2 I_2$$

即

$$\sum E = \sum (RI) \qquad (1.6.4)$$

此为基尔霍夫电压定律在电阻电路中的另一种表达式，就是在任一回路循行方向上，回路中电动势的代数和等于电阻上电压降的代数和。在这里，凡是电动势的参考方向与所选回路循行方向相反者，则取正号，一致者则取负号。凡是电流的参考方向与回路循行方向相反者，则该电流在电阻上所产生的电压降取正号，一致者则取负号。

基尔霍夫电压定律不仅应用于闭合回路，也可以把它推广应用于回路的部分电路。今以图 1.6.6 所示的两个电路为例，根据基尔霍夫电压定律列出式子。

对图 1.6.6(a)所示电路（各支路的元器件是任意的）可列出

$$\sum U = U_A - U_B - U_{AB} = 0$$

$$U_{AB} = U_A - U_B$$

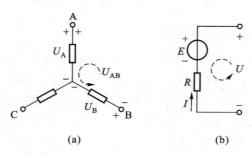

图 1.6.6　基尔霍夫电压定律的推广应用

对图 1.6.6(b)的电路可列出

$$E - U - RI = 0$$

或

$$U = E - RI$$

这也就是一段有源(有电源)电路的欧姆定律的表示式。

应该指出，图 1.6.1 所举的是直流电阻电路，但是基尔霍夫两个定律具有普遍性，它们适用于由各种不同元器件所构成的电路，也适用于任一瞬时对任何变化的电流和电压。

列方程时，不论是应用基尔霍夫定律或欧姆定律，首先都要在电路图上标出电流、电压或电动势的参考方向；因为所列方程中各项前的正、负号是由它们的参考方向决定的，如果参考方向选得相反，则会相差一个负号。

【例 1.6.2】　有一闭合回路如图 1.6.7 所示，各支路的元器件是任意的，但已知：$U_{AB} = 5$ V，$U_{BC} = -4$ V，$U_{DA} = -3$ V。试求：(1) U_{CD}；(2) U_{CA}。

【解】　(1) 由基尔霍夫电压定律可列出

$$U_{AB} + U_{BC} + U_{CD} + U_{DA} = 0$$

即

$$5 + (-4) + U_{CD} + (-3) = 0$$

得

$$U_{CD} = 2 \text{ V}$$

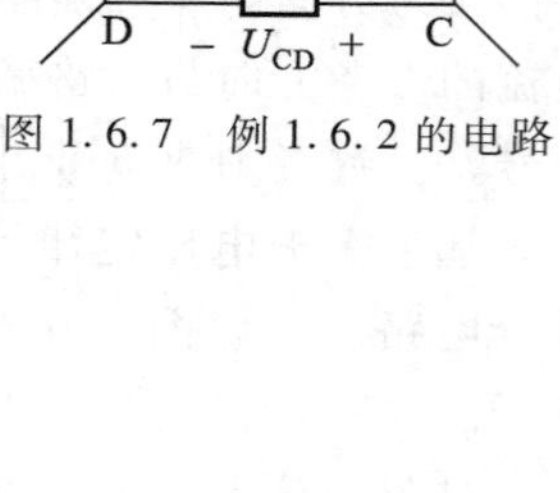

(2) ABCA 不是闭合回路，也可应用基尔霍夫电压定律列出

即

$$U_{AB} + U_{BC} + U_{CA} = 0$$

$$5 + (-4) + U_{CA} = 0$$

得

$$U_{CA} = -1 \text{ V}$$

图 1.6.7　例 1.6.2 的电路

【练习与思考】

1.6.1　在图 1.6.3 所示电路中，如 I_A，I_B，I_C 的参考方向如图中所设，这三个电流有没有

可能都是正值？

1.6.2 求图 1.6.8 所示电路中电流 I_5 的数值，已知 $I_1 = 4$ A，$I_2 = -2$ A，$I_3 = 1$ A，$I_4 = -3$ A。

1.6.3 在图 1.6.9 所示电路中，已知 $I_a = 1$ mA，$I_b = 10$ mA，$I_e = 2$ mA，求电流 I_d。

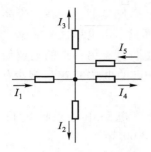

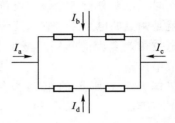

图 1.6.8 练习与思考 1.6.2 的图   图 1.6.9 练习与思考 1.6.3 的图

1.6.4 在图 1.6.10 所示的两个电路中，各有多少支路和结点？U_{ab} 和 I 是否等于零？如将图(a)中右下臂的 6 Ω 改为 3 Ω，则又如何？

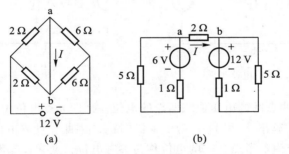

图 1.6.10 练习与思考 1.6.4 的图

1.6.5 按照式 (1.6.4) $\sum E = \sum (RI)$ 和图 1.6.11 所示回路的循行方向，写出基尔霍夫电压定律的表达式。

1.6.6 电路如图 1.6.12 所示，计算电流 I、电压 U 和电阻 R。

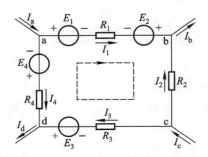

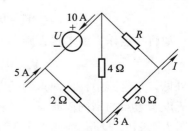

图 1.6.11 练习与思考 1.6.5 的图   图 1.6.12 练习与思考 1.6.6 的图

1.7　电路中电位的概念及计算

　　在分析电子电路时，通常要应用电位这个概念。譬如对二极管讲，只有当它的阳极电位高于阴极电位时，管子才能导通；否则就截止。在讨论晶体管的工作状态时，也要分析各个极的电位高低。前面只引出电压这个概念。两点间的电压就是两点的电位差。它只能说明一点的电位高，另一点的电位低，以及两点的电位相差多少的问题。至于电路中某一点的电位究竟是多少伏［特］，将在本节中讨论。

　　今以图 1.7.1 所示的电路为例，来讨论该电路中各点的电位。根据图 1.7.1 可得出　　　　$U_{ab} = V_a - V_b = 6 \times 10 \text{ V} = 60 \text{ V}$

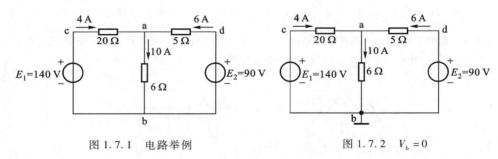

图 1.7.1　电路举例　　　　　　　　　图 1.7.2　$V_b = 0$

　　这是 a，b 两点间的电压值或两点的电位差，即 a 点电位 V_a 比 b 点电位 V_b 高 60 V，但不能算出 V_a 和 V_b 各为多少伏［特］。因此，计算电位时，必须选定电路中某一点作为参考点，它的电位称为参考电位，通常设参考电位为零。而其他各点的电位都同它比较，比它高的为正，比它低的为负。正数值愈大则电位愈高，负数值愈大则电位愈低。

　　参考点在电路图中标上"接地"符号。所谓"接地"，并非真与大地相接。

　　如将图 1.7.1 电路中的 b 点"接地"，作为参考点（图 1.7.2），则

$$V_b = 0, \quad V_a = 60 \text{ V}$$

反之，如将 a 点作为参考点，则

$$V_a = 0, \quad V_b = -60 \text{ V}$$

　　可见，某电路中任意两点间的电压值是一定的，是绝对的；而各点的电位值因所设参考点的不同而有异，是相对的。

　　图 1.7.2 也可简化为图 1.7.3（a）或（b）所示电路，不画电源，各端标以电位值。

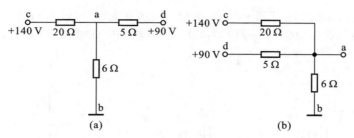

图 1.7.3 图 1.7.2 的简化电路

【例 1.7.1】 计算图 1.7.4(a)所示电路中 B 点的电位。

【解】
$$I = \frac{V_A - V_C}{R_1 + R_2} = \frac{6 - (-9)}{(100 + 50) \times 10^3} \text{ A} = \frac{15}{150 \times 10^3} \text{ A}$$
$$= 0.1 \times 10^{-3} \text{ A} = 0.1 \text{ mA}$$
$$U_{AB} = V_A - V_B = R_2 I$$
$$V_B = V_A - R_2 I = \left[6 - (50 \times 10^3) \times (0.1 \times 10^{-3}) \right] \text{ V} = (6 - 5) \text{ V} = 1 \text{ V}$$

图 1.7.4(a)所示电路也可化成图 1.7.4(b)所示电路。

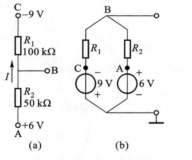 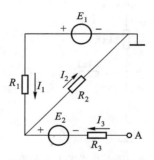

图 1.7.4 例 1.7.1 的电路   图 1.7.5 例 1.7.2 的电路

【例 1.7.2】 电路如图 1.7.5 所示。已知 $E_1 = 6$ V，$E_2 = 4$ V，$R_1 = 4$ Ω，$R_2 = R_3 = 2$ Ω。求 A 点电位 V_A。

【解】
$$I_1 = I_2 = \frac{E_1}{R_1 + R_2} = \frac{6}{4 + 2} \text{ A} = 1 \text{ A}$$
$$I_3 = 0$$
$$V_A = R_3 I_3 - E_2 + R_2 I_2 = (0 - 4 + 2 \times 1) \text{ V} = -2 \text{ V}$$

或
$$V_A = R_3 I_3 - E_2 - R_1 I_1 + E_1 = (0 - 4 - 4 \times 1 + 6) \text{ V} = -2 \text{ V}$$

【练习与思考】

1.7.1 计算图 1.7.6 所示两电路中 A，B，C 各点的电位。

1.7.2　有一电路如图 1.7.7 所示，（1）零电位参考点在哪里？画电路图表示出来。（2）当将电位器 R_P 的滑动触点向下滑动时，A，B 两点的电位增高了还是降低了？

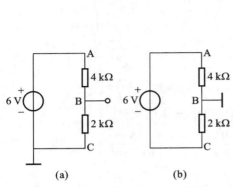

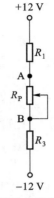

图 1.7.6　练习与思考 1.7.1 的图　　　　图 1.7.7　练习与思考 1.7.2 的图

1.7.3　计算图 1.7.8 所示电路在开关 S 断开和闭合时 A 点的电位 V_A。

1.7.4　计算图 1.7.9 中 A 点的电位 V_A。

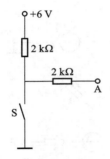

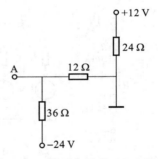

图 1.7.8　练习与思考 1.7.3 的图　　　　图 1.7.9　练习与思考 1.7.4 的图

习　　题

A　选　择　题

1.5.1　在图 1.01 中，负载增加是指（　　）。

（1）负载电阻 R 增大　（2）负载电流 I 增大

（3）电源端电压 U 增高

1.5.2　在图 1.01 中，电源开路电压 U_0 为 230 V，电源短路电流 I_s 为 1 150 A。当负载电流 I 为 50 A 时，负载电阻 R 为（　　）。

（1）4.6 Ω　（2）0.2 Ω　（3）4.4 Ω

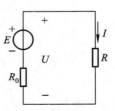

图 1.01　习题 1.5.1 和 1.5.2 的图

1.5.3 如将两只额定值为 220 V/100 W 的白炽灯串联接在 220 V 的电源上，每只灯消耗的功率为(　　)。设灯电阻未变。

(1) 100 W　(2) 50 W　(3) 25 W

1.5.4 用一只额定值为 110 V/100 W 的白炽灯和一只额定值为 110 V/40 W 的白炽灯串联后接到 220 V 的电源上，当将开关闭合时，(　　)。

(1) 能正常工作　(2) 100 W 的灯丝烧毁　(3) 40 W 的灯丝烧毁

1.5.5 在图 1.02 中，电阻 R 为(　　)。

(1) 0 Ω　(2) 5 Ω　(3) −5 Ω

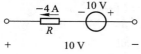 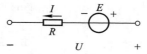

图 1.02　习题 1.5.5 的图　　　　　图 1.03　习题 1.5.6 的图

1.5.6 在图 1.03 中，电压电流的关系式为(　　)。

(1) $U = E - RI$　(2) $U = E + RI$　(3) $U = -E + RI$

1.5.7 在图 1.04 中，三个电阻共消耗的功率为(　　)。

(1) 15 W　(2) 9 W　(3) 无法计算

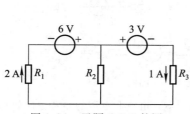 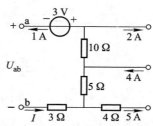

图 1.04　习题 1.5.7 的图　　　　　图 1.05　习题 1.6.1 的图

1.6.1 在图 1.05 所示的部分电路中，a，b 两端的电压 U_{ab} 为(　　)。

(1) 40 V　(2) −40 V　(3) −25 V

1.6.2 图 1.06 所示电路中的电压 U_{ab} 为(　　)。

(1) 0 V　(2) 2 V　(3) −2 V

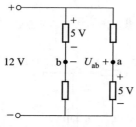 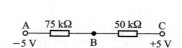

图1.06　习题 1.6.2 的图　　　　图 1.07　习题 1.7.1 的图

1.7.1 在图 1.07 中，B 点的电位 V_B 为(　　)。

(1) −1 V　(2) 1 V　(3) 4 V

1.7.2　图 1.08 所示电路中 A 点的电位 V_A 为(　　)。

(1) 2 V　(2) 4 V　(3) –2 V

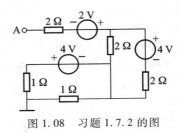

图 1.08　习题 1.7.2 的图

B　基　本　题

1.5.8　在图 1.09 所示的各段电路中，已知 $U_{ab} = 10$ V，$E = 5$ V，$R = 5$ Ω，试求 I 的表达式及其数值。

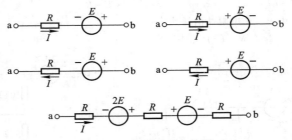

图 1.09　习题 1.5.8 的图

1.5.9　在图 1.10 中，五个元器件代表电源或负载。电流和电压的参考方向如图中所示，今通过实验测量得知

$$I_1 = -4 \text{ A} \quad I_2 = 6 \text{ A} \quad I_3 = 10 \text{ A}$$
$$U_1 = 140 \text{ V} \quad U_2 = -90 \text{ V} \quad U_3 = 60 \text{ V}$$
$$U_4 = -80 \text{ V} \quad U_5 = 30 \text{ V}$$

(1) 试标出各电流的实际方向和各电压的实际极性(可另画一图)；

(2) 判断哪些元器件是电源，哪些是负载；

(3) 计算各元器件的功率，电源发出的功率和负载取用的功率是否平衡？

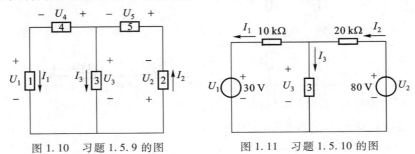

图 1.10　习题 1.5.9 的图　　　　图 1.11　习题 1.5.10 的图

1.5.10　在图 1.11 中，已知 $I_1 = 3$ mA，$I_2 = 1$ mA。试确定电路元器件 3 中的电流 I_3 和其两端电压 U_3，并说明它是电源还是负载。校验整个电路的功率是否平衡。

1.5.11　有一直流电源，其额定功率 $P_N = 200$ W，额定电压 $U_N = 50$ V，内阻 $R_0 = 0.5 \ \Omega$，负载电阻 R 可以调节，其电路如图 1.5.1 所示。试求：（1）额定工作状态下的电流及负载电阻；（2）开路状态下的电源端电压；（3）电源短路状态下的电流。

1.5.12　有一台直流稳压电源，其额定输出电压为 30 V，额定输出电流为 2 A，从空载到额定负载，其输出电压的变化率为千分之一 $\left(\text{即} \ \Delta U = \dfrac{U_0 - U_N}{U_N} = 0.1\%\right)$，试求该电源的内阻。

1.5.13　在图 1.12 所示的两个电路中，要在 12 V 的直流电源上使 6 V/50 mA 的电珠正常发光，应该采用哪一个连接电路？

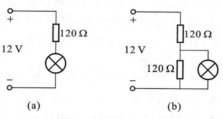

(a)　　　　　　　(b)

图 1.12　习题 1.5.13 的图

1.5.14　图 1.13 所示的电路可用来测量电源的电动势 E 和内阻 R_0。图中，$R_1 = 2.6 \ \Omega$，$R_2 = 5.5 \ \Omega$。当将开关 S_1 闭合时，电流表读数为 2 A；断开 S_1，闭合 S_2 后，读数为 1 A。试求 E 和 R_0。

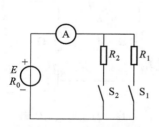

图 1.13　习题 1.5.14 的图

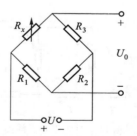

图 1.14　习题 1.5.15 的图

1.5.15　图 1.14 所示是电阻应变仪中的测量电桥的原理电路。R_x 是电阻应变片，粘在被测零件上。当零件发生变形(伸长或缩短)时，R_x 的阻值随之改变，这反映在输出信号 U_0 上。在测量前如果把各个电阻调节到 $R_x = 100 \ \Omega$，$R_1 = R_2 = 200 \ \Omega$，$R_3 = 100 \ \Omega$，这时满足 $\dfrac{R_x}{R_3} = \dfrac{R_1}{R_2}$ 的电桥平衡条件，$U_0 = 0$。在进行测量时，如果测出 (1) $U_0 = +1$ mV，(2) $U_0 = -1$ mV，试计算两种情况下的 ΔR_x。U_0 极性的改变反映了什么？设电源电压 U 是直流 3 V。

1.5.16　电路如图 1.15 所示。当开关 S 断开时，电压表读数为 18 V；当开关 S 闭合时，电流表读数为 1.8 A。试求电源的电动势 E 和内阻 R_0，并求 S 闭合时电压表的读数。

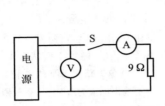

图 1.15   习题 1.5.16 的图

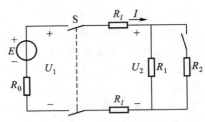

图 1.16   习题 1.5.17 的图

1.5.17   图 1.16 是电源有载工作的电路。电源的电动势 $E = 220$ V，内阻 $R_0 = 0.2$ Ω；负载电阻 $R_1 = 10$ Ω，$R_2 = 6.67$ Ω；线路电阻 $R_l = 0.1$ Ω。试求负载电阻 R_2 并联前后：（1）电路中电流 I；（2）电源端电压 U_1 和负载端电压 U_2；（3）负载功率 P。当负载增大时，总的负载电阻、线路中电流、负载功率、电源端和负载端的电压是如何变化的？

1.5.18   计算下列两只电阻元件的最大容许电压和最大容许电流：（1）1 W/1 kΩ；（2）$\frac{1}{2}$ W/500 Ω。能否将两只 $\frac{1}{2}$ W/500 Ω 的电阻元件串联起来代替一只 1 W/1 kΩ 的电阻？

1.5.19   有一电源设备，额定输出功率 $P_N = 400$ W，额定电压 $U_N = 110$ V，电源内阻 $R_0 = 1.38$ Ω。（1）当负载电阻 R_L 分别为 50 Ω 和 10 Ω 时，试求电源输出功率 P，是否过载？（2）当发生电源短路时，试求短路电流 I_s，它是额定电流的多少倍？

1.6.3   在图 1.17 中，已知 $I_1 = 0.01$ μA，$I_2 = 0.3$ μA，$I_5 = 9.61$ μA，试求电流 I_3，I_4 和 I_6。

1.6.4   在图 1.18 所示的部分电路中，计算电流 I_2，I_4 和 I_5。

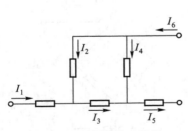

图 1.17   习题 1.6.3 的图

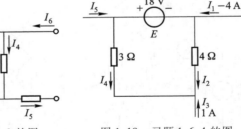

图 1.18   习题 1.6.4 的图

1.6.5   计算图 1.19 所示电路中的电流 I_1，I_2，I_3，I_4 和电压 U。

1.7.3   试求图 1.20 所示电路中 A，B，C，D 各点电位。

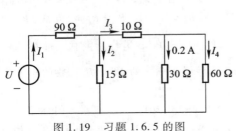

图 1.19   习题 1.6.5 的图

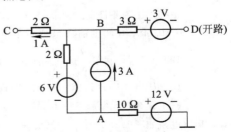

图 1.20   习题 1.7.3 的图

1.7.4 试求图 1.21 所示电路中 A 点和 B 点的电位。如将 A，B 两点直接连接或接一电阻，对电路工作有无影响？

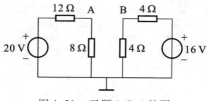

图 1.21　习题 1.7.4 的图

1.7.5 在图 1.22 中，在开关 S 断开和闭合的两种情况下试求 A 点的电位。

1.7.6 在图 1.23 中，求 A 点电位 V_A。

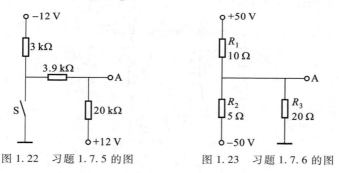

图 1.22　习题 1.7.5 的图　　　　　图 1.23　习题 1.7.6 的图

C　拓　宽　题

1.6.6 在图 1.24 所示的电路中，欲使指示灯上的电压 U_3 和电流 I_3 分别为 12 V 和 0.3 A，试求电源电压 U 应为多少？

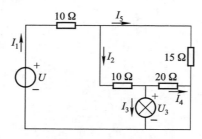

图 1.24　习题 1.6.6 的图

1.7.7 图 1.25 所示是某晶体管静态（直流）工作时的等效电路，图中 $I_C = 1.5$ mA，$I_B = 0.04$ mA。试求 CB 间和 BE 间的等效电阻 R_{CB} 和 R_{BE}，并计算 C 点和 B 点的电位 V_C 和 V_B①。

———————————

① C——集电极，B——基极，E——发射极。

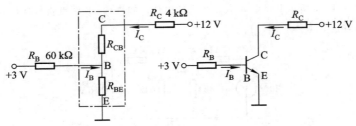

图 1.25　习题 1.7.7 的图

1.7.8　在图 1.26 所示电路中，已知 $U_1 = 12\text{ V}$，$U_2 = -12\text{ V}$，$R_1 = 2\text{ k}\Omega$，$R_2 = 4\text{ k}\Omega$，$R_3 = 1\text{ k}\Omega$，$R_4 = 4\text{ k}\Omega$，$R_5 = 2\text{ k}\Omega$。试求：（1）各支路电流 I_1，I_2，I_3，I_4，I_5；（2）A 点和 B 点的电位 V_A 和 V_B。

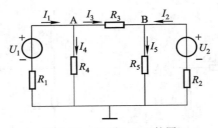

图 1.26　习题 1.7.8 的图

第2章

电路的分析方法

> 根据实际需要，电路的结构形式是很多的。最简单的电路只有一个回路，即所谓单回路电路。有的电路虽然有好多个回路，但是能够不太复杂地用串并联的方法化简为单回路电路。然而有的多回路电路(含有一个或多个电源)则不然，或者不能用串并联的方法化简为单回路电路，或者即使能化简也是相当繁复的。这种多回路电路称为复杂电路。
>
> 分析与计算电路要应用欧姆定律和基尔霍夫定律，往往由于电路复杂，计算手续极为繁复。因此，要根据电路的结构特点去寻找分析与计算的简便方法。在本章中以电阻电路为例将扼要地讨论几种常用的电路分析方法，其中如等效变换、支路电流法、叠加定理、戴维宁定理、结点电压法及非线性电阻电路的图解法等，都是分析电路的基本原理和方法。

2.1　电阻串并联连接的等效变换

在电路中，电阻的连接形式是多种多样的，其中最简单和最常用的是串联与并联。

2.1.1　电阻的串联

如果电路中有两个或更多个电阻一个接一个地顺序相连，并且在这些电阻中通过同一电流，则这样的连接法就称为电阻的串联。图 2.1.1(a)所示是两个电阻串联的电路。

两个串联电阻可用一个等效电阻 R 来代替[图 2.1.1(b)]，等效的条件是在同一电压 U 的作用下电流 I 保持不变。等效电阻等于各个串联电阻之和，即

$$R = R_1 + R_2 \qquad (2.1.1)$$

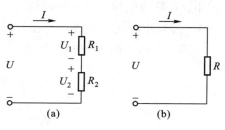

图 2.1.1

(a) 电阻的串联；(b) 等效电阻

两个串联电阻上的电压分别为

$$
\left.\begin{aligned}
U_1 &= R_1 I = \frac{R_1}{R_1 + R_2} U \\
U_2 &= R_2 I = \frac{R_2}{R_1 + R_2} U
\end{aligned}\right\}
\tag{2.1.2}
$$

可见，串联电阻上电压的分配与电阻成正比。当其中某个电阻较其他电阻小很多时，在它两端的电压也较其他电阻上的电压低很多，因此，这个电阻的分压作用常可忽略不计。

电阻串联的应用很多。譬如在负载的额定电压低于电源电压的情况下，通常需要与负载串联一个电阻，以降落一部分电压。有时为了限制负载中通过过大的电流，也可以与负载串联一个限流电阻。如果需要调节电路中的电流时，一般也可以在电路中串联一个变阻器来进行调节。另外，改变串联电阻的大小以得到不同的输出电压，这也是常见的。

2.1.2　电阻的并联

如果电路中有两个或更多个电阻连接在两个公共的结点之间，则这样的连接法就称为电阻的并联。在各个并联支路（电阻）上受到同一电压。图 2.1.2(a) 所示是两个电阻并联的电路。

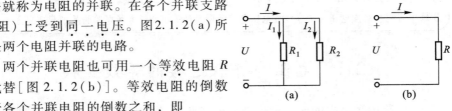

两个并联电阻也可用一个等效电阻 R 来代替［图 2.1.2(b)］。等效电阻的倒数等于各个并联电阻的倒数之和，即

$$
\frac{1}{R} = \frac{1}{R_1} + \frac{1}{R_2}
\tag{2.1.3}
$$

图 2.1.2

(a) 电阻的并联；(b) 等效电阻

上式也可写成

$$
G = G_1 + G_2
\tag{2.1.4}
$$

式中，G 称为电导，是电阻的倒数。在国际单位制中，电导的单位是西［门子］(S)。并联电阻用电导表示，在分析计算多支路并联电路时可以简便些。

两个并联电阻上的电流分别为

$$
\left.\begin{aligned}
I_1 &= \frac{U}{R_1} = \frac{RI}{R_1} = \frac{R_2}{R_1 + R_2} I \\
I_2 &= \frac{U}{R_2} = \frac{RI}{R_2} = \frac{R_1}{R_1 + R_2} I
\end{aligned}\right\}
\tag{2.1.5}
$$

可见，并联电阻上电流的分配与电阻成反比。当其中某个电阻较其他电阻大很多时，通过它的电流就较其他电阻上的电流小很多，因此，这个电阻的分流作用常可忽略不计。

一般负载都是并联运用的。负载并联运用时，它们处于同一电压之下，任何一个负载的工作情况基本上不受其他负载的影响。

并联的负载电阻愈多(负载增加)，则总电阻愈小，电路中总电流和总功率也就愈大。但是每个负载的电流和功率却没有变动(严格地讲，基本上不变)。

有时为了某种需要，可将电路中的某一段与电阻或变阻器并联，以起分流或调节电流的作用。

【例 2.1.1】 计算图 2.1.3 所示电阻并联电路的等效电阻。

【解】 等效电阻为 R，即

$$\frac{1}{R} = \frac{1}{R_1} + \frac{1}{R_2} + \frac{1}{R_3} = \left(\frac{1}{30} + \frac{1}{15} + \frac{1}{0.8}\right) \text{mS} = 1.35 \text{ mS}$$

$$R = \frac{1}{1.35} \text{ k}\Omega = 0.74 \text{ k}\Omega \approx 0.8 \text{ k}\Omega$$

有时不需要精确计算，只要求估算。阻值相差很大的两个电阻串联，小电阻的分压作用常可忽略不计；如果是并联，则大电阻的分流作用常可忽略不计。在本例中，因 $R_1 \gg R_3$，$R_2 \gg R_3$，所以 R_1 和 R_2 的分流作用可忽略不计。可将等效电阻估算为 $0.8 \text{ k}\Omega$。

【例 2.1.2】 图 2.1.4 所示的是用变阻器调节负载电阻 R_L 两端电压的分压电路。$R_L = 50 \ \Omega$，电源电压 $U = 220 \text{ V}$，中间环节是变阻器。变阻器的规格是 $100 \ \Omega/3 \text{ A}$。今把它等分为四段，在图上用 a，b，c，d，e 标出。试求滑动触点分别在 a，c，d，e 四点时，负载和变阻器各段所通过的电流及负载电压，并就流过变阻器的电流与其额定电流比较来说明使用时的安全问题。

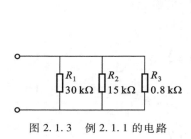

图 2.1.3 例 2.1.1 的电路

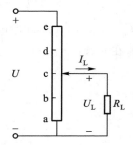

图 2.1.4 例 2.1.2 的电路

【解】 (1) 在 a 点：

$$U_L = 0 \quad I_L = 0$$

$$I_{ea} = \frac{U}{R_{ea}} = \frac{220}{100} \text{ A} = 2.2 \text{ A}$$

(2) 在 c 点：

等效电阻 R' 为 R_{ca} 与 R_L 并联，再与 R_{ec} 串联，即

$$R' = \frac{R_{ca}R_L}{R_{ca}+R_L} + R_{ec} = \left(\frac{50 \times 50}{50+50} + 50\right)\Omega = (25+50)\,\Omega = 75\,\Omega$$

$$I_{ec} = \frac{U}{R'} = \frac{220}{75}\,A = 2.93\,A$$

$$I_L = I_{ca} = \frac{2.93}{2}\,A = 1.47\,A$$

$$U_L = R_L I_L = 50 \times 1.47\,V = 73.5\,V$$

注意，这时滑动触点虽然在变阻器的中点，但是输出电压不等于电源电压的一半，而是 73.5 V。

（3）在 d 点：

$$R' = \frac{R_{da}R_L}{R_{da}+R_L} + R_{ed} = \left(\frac{75 \times 50}{75+50} + 25\right)\Omega = (30+25)\,\Omega = 55\,\Omega$$

$$I_{ed} = \frac{U}{R'} = \frac{220}{55}\,A = 4\,A$$

$$I_L = \frac{R_{da}}{R_{da}+R_L}I_{ed} = \frac{75}{75+50} \times 4\,A = 2.4\,A$$

$$I_{da} = \frac{R_L}{R_{da}+R_L}I_{ed} = \frac{50}{75+50} \times 4\,A = 1.6\,A$$

$$U_L = R_L I_L = 50 \times 2.4\,V = 120\,V$$

因 $I_{ed} = 4\,A > 3\,A$，ed 段电阻有被烧毁的危险。

（4）在 e 点：

$$I_{ea} = \frac{U}{R_{ea}} = \frac{220}{100}\,A = 2.2\,A$$

$$I_L = \frac{U}{R_L} = \frac{220}{50}\,A = 4.4\,A$$

$$U_L = U = 220\,V$$

【练习与思考】

2.1.1　试估算图 2.1.5 所示两个电路中的电流 I。

2.1.2　通常电灯开得愈多，总负载电阻愈大还是愈小？

2.1.3　计算图 2.1.6 所示两电路中 a，b 间的等效电阻 R_{ab}。

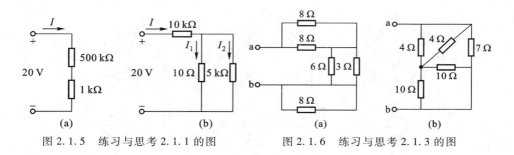

图 2.1.5　练习与思考 2.1.1 的图　　　图 2.1.6　练习与思考 2.1.3 的图

2.1.4　在图 2.1.7 所示电路中，试标出各个电阻上的电流数值和方向。

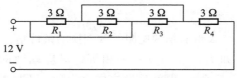

图 2.1.7　练习与思考 2.1.4 的图

通过上两题试总结如何从电路的结构来分析电阻的串联与并联。

2.1.5　在图 2.1.1 所示的电阻 R_1 和 R_2 的串联电路中，$U = 20$ V，$R_1 = 10$ kΩ。试分别求
（1）$R_2 = 30$ kΩ，（2）$R_2 = \infty$，（3）$R_2 = 0$ 三种情况下的电流 I、电压 U_1 和 U_2。

通过本题可知，对电阻 R_2 来说有三种情况：（1）有电压有电流；（2）有电压无电流；（3）无电压有电流。此外，在电路通电时还可得出又一种情况，即电阻 R_2 上无电压无电流，请画出电路。

2.1.6　图 2.1.8 所示是一调节电位器电阻 R_P 的分压电路，$R_P = 1$ kΩ。在开关 S 断开和闭合两种情况时，试分别求电位器的滑动触点在 a，b 和中点 c 三个位置时的输出电压 U_O。

2.1.7　在练习与思考 2.1.6 中，开关 S 闭合后调节电位器使 $U_O = 2$ V，这时电位器上下两段电阻 R_1 和 R_2 各为多少？

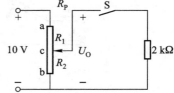

图 2.1.8　练习与思考
2.1.6 和 2.1.7 的图

2.2　电阻星形联结与三角形联结的等效变换

在计算电路时，将串联与并联的电阻化简为等效电阻，最为简便。但是有的电路，例如图 2.2.1(a) 所示的电路，五个电阻既非串联，又非并联，就不能用电阻串、并联来化简。

在图 2.2.1(a) 中，如果能将 a，b，c 三端间的连成三角形（Δ 形）的三个电阻等效变换为星形（Y 形）联结的另外三个电阻，那么，电路的结构形式就变为图 2.2.1(b) 所示。显然，该电路中五个电阻是串、并联的，这样，就很

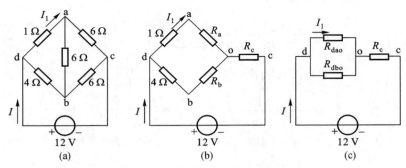

图 2.2.1 Y－Δ 等效变换一例

容易计算电流 I 和 I_1 了。

Y 形联结的电阻与 Δ 形联结的电阻等效变换的条件是：对应端（如 a，b，c）流入或流出的电流（如 I_a，I_b，I_c）一一相等，对应端间的电压（如 U_{ab}，U_{bc}，U_{ca}）也一一相等（图 2.2.2）。也就是经这样变换后，不影响电路其他部分的电压和电流。

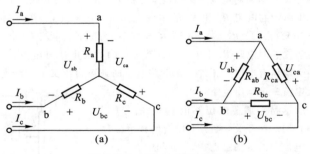

图 2.2.2 Y－Δ 等效变换

当满足上述等效条件后，在 Y 形和 Δ 形两种接法中，对应的任意两端间的等效电阻也必然相等。设某一对应端（例如 c 端）开路时，其他两端（a 和 b）间的等效电阻为

$$R_a + R_b = \frac{R_{ab}(R_{bc} + R_{ca})}{R_{ab} + R_{bc} + R_{ca}} \tag{2.2.1}$$

同理

$$R_b + R_c = \frac{R_{bc}(R_{ca} + R_{ab})}{R_{ab} + R_{bc} + R_{ca}} \tag{2.2.2}$$

$$R_c + R_a = \frac{R_{ca}(R_{ab} + R_{bc})}{R_{ab} + R_{bc} + R_{ca}} \tag{2.2.3}$$

（1）当 Y 形联结或 Δ 形联结的三个电阻相等，即

$$R_a = R_b = R_c = R_Y, \quad R_{ab} = R_{bc} = R_{ca} = R_\Delta$$

则可得出

$$R_Y = \frac{1}{3}R_\Delta \quad 或 \quad R_\Delta = 3R_Y \qquad (2.2.4)$$

*（2）当三个电阻不相等时，则解式（2.2.1）、式（2.2.2）、式（2.2.3），可得出

将 Y 形联结等效变换为 Δ 形联结时

$$\left.\begin{aligned} R_{ab} &= \frac{R_a R_b + R_b R_c + R_c R_a}{R_c} \\[2mm] R_{bc} &= \frac{R_a R_b + R_b R_c + R_c R_a}{R_a} \\[2mm] R_{ca} &= \frac{R_a R_b + R_b R_c + R_c R_a}{R_b} \end{aligned}\right\} \qquad (2.2.5)$$

将 Δ 形联结等效变换为 Y 形联结时

$$\left.\begin{aligned} R_a &= \frac{R_{ab} R_{ca}}{R_{ab} + R_{bc} + R_{ca}} \\[2mm] R_b &= \frac{R_{bc} R_{ab}}{R_{ab} + R_{bc} + R_{ca}} \\[2mm] R_c &= \frac{R_{ca} R_{bc}}{R_{ab} + R_{bc} + R_{ca}} \end{aligned}\right\} \qquad (2.2.6)$$

【例 2.2.1】 计算图 2.2.1(a)所示电路中的电流 I_1。

【解】 将连成 Δ 形 abc 的电阻变换为 Y 形联结的等效电阻，其电路如图 2.2.1(b)所示。由式（2.2.4）得出

$$R_a = R_b = R_c = R_Y = \frac{1}{3}R_\Delta = \frac{1}{3} \times 6 \ \Omega = 2 \ \Omega$$

将图 2.2.1(b)化为图 2.2.1(c)所示的电路，其中

$$R_{dao} = (1+2) \ \Omega = 3 \ \Omega$$
$$R_{dbo} = (4+2) \ \Omega = 6 \ \Omega$$

于是

$$I = \frac{12}{\frac{6 \times 3}{6+3} + 2} \ A = 3 \ A$$

$$I_1 = \frac{6}{6+3} \times 3 \ A = 2 \ A$$

2.3　电源的两种模型及其等效变换

一个电源可以用两种不同的电路模型来表示。一种是用理想电压源与电阻串联的电路模型来表示，称为电源的电压源模型；另一种是用理想电流源与电阻并联的电路模型来表示，称为电源的电流源模型。

2.3.1　电压源模型

任何一个电源，例如发电机、电池或各种信号源，都含有电动势 E 和内阻 R_0。在分析与计算电路时，往往把它们分开，组成的电路模型如图 2.3.1 所示，此即电压源模型，简称电压源。图中，U 是电源端电压，R_L 是负载电阻，I 是负载电流。这在 1.3 节中就已提出。

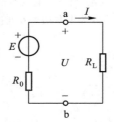

图 2.3.1　电压源电路

根据图 2.3.1 所示的电路，可得出

$$U = E - R_0 I \qquad (2.3.1)$$

由此可作出电压源的外特性曲线，如图 2.3.2 所示。当电压源开路时，$I = 0$，$U = U_0 = E$；当短路时，$U = 0$，$I = I_S = \dfrac{E}{R_0}$。内阻 R_0 愈小，则直线愈平。

当 $R_0 = 0$ 时，电压 U 恒等于电动势 E，是一定值，而其中的电流 I 则是任意的，由负载电阻 R_L 及电压 U 本身确定。这样的电源称为理想电压源或恒压源[①]，其符号及电路模型如图 2.3.3 所示。它的外特性曲线将是与横轴平行的一条直线，如图 2.3.2 所示。

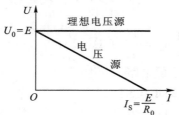
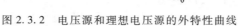
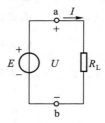

图 2.3.2　电压源和理想电压源的外特性曲线　　　图 2.3.3　理想电压源电路

理想电压源是理想的电源。如果一个电源的内阻远较负载电阻为小，即 $R_0 \ll R_L$ 时，则内阻电压降 $R_0 I \ll U$，于是 $U \approx E$，基本上恒定，可以认为是理想电压源。通常用的稳压电源也可认为是一个理想电压源。

2.3.2　电流源模型

电源除用电动势 E 和内阻 R_0 的电路模型来表示外，还可以用另一种电路模型来表示。

———————————————

[①] 这里是指直流电压或者电压是按一定规律（例如正弦规律）变化的时间函数，其幅值恒定，与电路中的其他量无关。下面讲的理想电流源亦如此。

如将式(2.3.1)两端除以 R_0，则得

$$\frac{U}{R_0} = \frac{E}{R_0} - I = I_S - I$$

即

$$I_S = \frac{U}{R_0} + I \qquad\qquad (2.3.2)$$

式中，$I_S = \frac{E}{R_0}$ 为电源的短路电流；I 还是负载电流；而 $\frac{U}{R_0}$ 是引出的另一个电流。如用电路图表示，则如图 2.3.4 所示。

图 2.3.4 是用电流来表示的电源的电路模型，此即电流源模型，简称电流源。两条支路并联，其中电流分别为 I_S 和 $\frac{U}{R_0}$。对负载电阻 R_L 讲，和图 2.3.1 是一样的，其上电压 U 和通过的电流 I 未有改变。

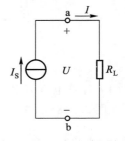

图 2.3.4 电流源电路

由式(2.3.2)可作出电流源的外特性曲线，如图 2.3.5 所示。当电流源开路时，$I = 0$，$U = U_0 = R_0 I_S$；当短路时，$U = 0$，$I = I_S$。内阻 R_0 愈大，则直线愈陡。

当 $R_0 = \infty$（相当于并联支路 R_0 断开）时，电流 I 恒等于电流 I_S，是一定值，而其两端的电压 U 则是任意的，由负载电阻 R_L 及电流 I_S 本身确定。这样的电源称为理想电流源或恒流源，其符号及电路模型如图 2.3.6 所示。它的外特性曲线将是与纵轴平行的一条直线，如图 2.3.5 所示。

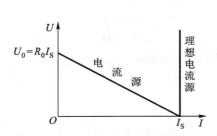

图 2.3.5 电流源和理想电流源的外特性曲线

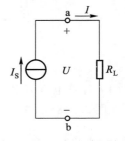

图 2.3.6 理想电流源电路

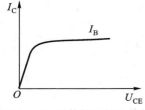

图 2.3.7 晶体管的输出特性

理想电流源也是理想的电源。如果一个电源的内阻远较负载电阻为大，即 $R_0 \gg R_L$ 时，则 $I \approx I_S$，基本上恒定，可以认为是理想电流源。晶体管也可近似地认为是一个理想电流源。因为从它的输出特性（图 2.3.7）可见，当基极电流 I_B 为某个值并当 U_{CE} 超过一定值时，电流 I_C 可以近似地认为不随电

压 U_{CE} 而变。

2.3.3　电源两种模型之间的等效变换

电压源模型的外特性(图 2.3.2)和电流源模型的外特性(图 2.3.5)是相同的。因此，电源的两种电路模型(图 2.3.1 和图 2.3.4)相互间是等效的，可以等效变换。

但是，电压源模型和电流源模型的等效关系只是对外电路而言的，至于对电源内部，则是不等效的。例如在图 2.3.1 中，当电压源开路时，$I = 0$，电源内阻 R_0 上不损耗功率；但在图 2.3.4 中，当电流源开路时，电源内部仍有电流，内阻 R_0 上有功率损耗。当电压源和电流源短路时也是这样，两者对外电路是等效的 $\left(U = 0 , I_{\mathrm{s}} = \dfrac{E}{R_0} \right)$，但电源内部的功率损耗也不一样，电压源有损耗，而电流源无损耗(R_0 被短路，其中不通过电流)。

【例 2.3.1】　有一直流发电机，$E = 230 \text{ V}$，$R_0 = 1 \ \Omega$，当负载电阻 $R_{\mathrm{L}} = 22 \ \Omega$ 时，用电源的两种电路模型分别求电压 U 和电流 I，并计算电源内部的损耗功率和内阻电压降，看是否也相等？

【解】　图 2.3.8 所示的是直流发电机的电压源电路和电流源电路。

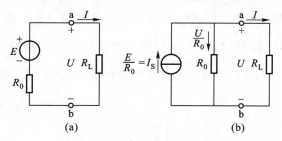

图 2.3.8　例 2.3.1 的电路

(1) 计算电压 U 和电流 I

在图 2.3.8(a)中

$$I = \frac{E}{R_{\mathrm{L}} + R_0} = \frac{230}{22 + 1} \text{ A} = 10 \text{ A}$$

$$U = R_{\mathrm{L}} I = 22 \times 10 \text{ A} = 220 \text{ V}$$

在图 2.3.8(b)中

$$I = \frac{R_0}{R_{\mathrm{L}} + R_0} I_{\mathrm{s}} = \frac{1}{22 + 1} \times \frac{230}{1} \text{ A} = 10 \text{ A}$$

$$U = R_{\mathrm{L}} I = 22 \times 10 \text{ V} = 220 \text{ V}$$

(2) 计算内阻电压降和电源内部损耗的功率

在图 2.3.8(a)中

$$R_0 I = 1 \times 10 \text{ V} = 10 \text{ V}$$

$$\Delta P_0 = R_0 I^2 = 1 \times 10^2 \text{ W} = 100 \text{ W}$$

在图 2.3.8(b)中

$$\frac{U}{R_0} R_0 = 220 \text{ V}$$

$$\Delta P_0 = \left(\frac{U}{R_0} \right)^2 R_0 = \frac{U^2}{R_0} = \frac{220^2}{1} \text{ W} = 48\,400 \text{ W} = 48.4 \text{ kW}$$

因此，电压源模型和电流源模型对外电路来讲，相互间是等效的；但对电源内部来讲，则是不等效的。

上面所讲的电源的两种电路模型，实际上，一种是电动势为 E 的理想电压源和内阻R_0串联的电路(图 2.3.1)；一种是电流为I_s的理想电流源和R_0并联的电路(图 2.3.4)。

一般不限于内阻 R_0，只要一个电动势为 E 的理想电压源和某个电阻 R 串联的电路，都可以化为一个电流为I_s的理想电流源和这个电阻并联的电路(图 2.3.9)，两者是等效的，其中

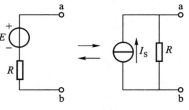

$$I_\text{s} = \frac{E}{R} \quad \text{或} \quad E = R I_\text{s}$$

在分析与计算电路时，也可以用这种等效变换的方法。

图 2.3.9　电压源和
电流源的等效变换

但是，理想电压源和理想电流源本身之间没有等效的关系。因为对理想电压源($R_0 = 0$)来讲，其短路电流 I_s 为无穷大，对理想电流源($R_0 = \infty$)来讲，其开路电压 U_0 为无穷大，都不能得到有限的数值，故两者之间不存在等效变换的条件。

今列出表 2.3.1 将电压源和电流源作一对照。

表 2.3.1　电压源和电流源的对照

状态 \ 电源		电压源	电流源	理想电压源	理想电流源
开路	U	E	$R_0 I_\text{s}$	E	×
	I	0	0	0	×
短路	U	0	0	×	0
	I	$\dfrac{E}{R_0}$	I_s	×	I_s
等效条件		$E = R_0 I_\text{s}$ $\dfrac{E}{R_0} = I_\text{s}$		不等效	

【例 2.3.2】   试用电压源与电流源等效变换的方法计算图 2.3.10(a)中 1 Ω
电阻上的电流 I。

【解】   根据图 2.3.10 的变换次序，最后化简为图 2.3.10(f)所示电路，
由此可得

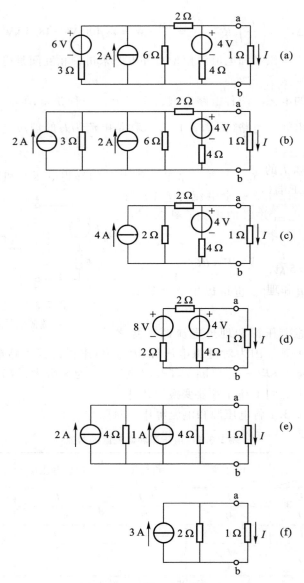

图 2.3.10   例 2.3.2 的电路

$$I = \frac{2}{2+1} \times 3 \text{ A} = 2 \text{ A}$$

变换时应注意电流源电流的方向和电压源电压的极性。

【**例 2.3.3**】 在图 2.3.11 中，一个理想电压源和一个理想电流源相连，试讨论它们的工作状态。

【**解**】 在图 2.3.11 所示电路中，理想电压源中的电流（大小和方向）决定于理想电流源的电流 I，理想电流源两端的电压决定于理想电压源的电压 U。

在图 2.3.11(a)中，电流从电压源的正端流出（U 和 I 的实际方向相反），而流进电流源的正端（U 和 I 的实际方向相同），故电压源处于电源状态，发出功率 $P = UI$，而电流源则处于负载状态，取用功率 $P = UI$。

在图 2.3.11(b)中，电流从电流源的正端流出（U 和 I 的实际方向相反），而流进电压源的正端（U 和 I 的实际方向相同），故电流源发出功率，处于电源状态，而电压源取用功率，处于负载状态。

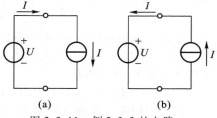

图 2.3.11 例 2.3.3 的电路

【**例 2.3.4**】 电路如图 2.3.12(a)所示，$U_1 = 10$ V，$I_S = 2$ A，$R_1 = 1$ Ω，$R_2 = 2$ Ω，$R_3 = 5$ Ω，$R = 1$ Ω。（1）求电阻 R 中的电流 I；（2）计算理想电压源 U_1 中的电流 I_{U_1} 和理想电流源 I_S 两端的电压 U_{I_S}；（3）分析功率平衡。

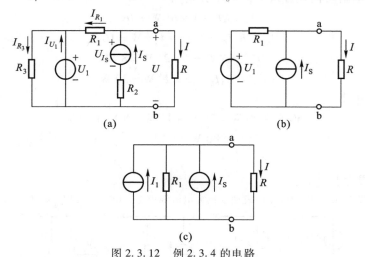

图 2.3.12 例 2.3.4 的电路

【**解**】 （1）可将与理想电压源 U_1 并联的电阻 R_3 除去（断开），并不影响该并联电路两端的电压 U_1；也可将与理想电流源串联的电阻 R_2 除去（短接），并不影响该支路中的电流 I_S。这样简化后得出图 2.3.12(b)所示的电路。而后

将电压源$(U_1，R_1)$等效变换为电流源$(I_1、R_1)$，得出图 2.3.12(c)所示的电路。由此可得

$$I_1 = \frac{U_1}{R_1} = \frac{10}{1} \text{ A} = 10 \text{ A}$$

$$I = \frac{I_1 + I_S}{2} = \frac{10 + 2}{2} \text{ A} = 6 \text{ A}$$

（2）应注意，求理想电压源 U_1 和电阻 R_3 中的电流和理想电流源 I_S 两端的电压以及电源的功率时，相应的电阻 R_3 和 R_2 应保留。在图 2.3.12(a)中

$$I_{R_1} = I_S - I = (2 - 6) \text{ A} = -4 \text{ A}$$

$$I_{R_3} = \frac{U_1}{R_3} = \frac{10}{5} \text{ A} = 2 \text{ A}$$

于是，理想电压源 U_1 中的电流

$$I_{U_1} = I_{R_3} - I_{R_1} = [2 - (-4)] \text{ A} = 6 \text{ A}$$

理想电流源 I_S 两端的电压

$$U_{I_S} = U + R_2 I_S = RI + R_2 I_S = (1 \times 6 + 2 \times 2) \text{ V} = 10 \text{ V}$$

（3）本例中，理想电压源 U_1 和理想电流源 I_S 都是电源，它们发出的功率分别为

$$P_{U_1} = U_1 I_{U_1} = 10 \times 6 \text{ W} = 60 \text{ W}$$

$$P_{I_S} = U_{I_S} I_S = 10 \times 2 \text{ W} = 20 \text{ W}$$

各个电阻所消耗或取用的功率分别为

$$P_R = RI^2 = 1 \times 6^2 \text{ W} = 36 \text{ W}$$

$$P_{R_1} = R_1 I_{R_1}^2 = 1 \times (-4)^2 \text{ W} = 16 \text{ W}$$

$$P_{R_2} = R_2 I_S^2 = 2 \times 2^2 \text{ W} = 8 \text{ W}$$

$$P_{R_3} = R_3 I_{R_3}^2 = 5 \times 2^2 \text{ W} = 20 \text{ W}$$

两者平衡

$$60 \text{ W} + 20 \text{ W} = 36 \text{ W} + 16 \text{ W} + 8 \text{ W} + 20 \text{ W}$$

$$80 \text{ W} = 80 \text{ W}$$

【练习与思考】

2.3.1 把图 2.3.13 中的电压源模型变换为电流源模型，电流源模型变换为电压源模型。

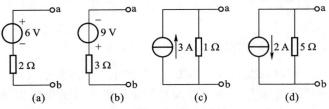

(a)　　　　(b)　　　　(c)　　　　(d)

图 2.3.13　练习与思考 2.3.1 的图

2.3.2 在图 2.3.14 所示的两个电路中，(1) R_1 是不是电源的内阻？(2) R_2 中的电流 I_2 及其两端的电压 U_2 各等于多少？(3) 改变 R_1 的阻值，对 I_2 和 U_2 有无影响？(4) 理想电压源中的电流 I 和理想电流源两端的电压 U 各等于多少？(5) 改变 R_1 的阻值，对(4)中的 I 和 U 有无影响？

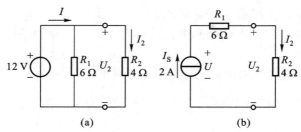

(a) **(b)**

图 2.3.14　练习与思考 2.3.2 的图

2.3.3 在图 2.3.15 所示的两个电路中，(1) 负载电阻 R_L 中的电流 I 及其两端的电压 U 各为多少？如果在图(a)中除去(断开)与理想电压源并联的理想电流源，在图(b)中除去(短接)与理想电流源串联的理想电压源，对计算结果有无影响？(2) 理想电压源和理想电流源，何者为电源，何者为负载？(3) 试分析功率平衡关系。

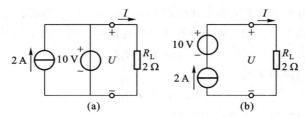

(a) **(b)**

图 2.3.15　练习与思考 2.3.3 的图

2.3.4 试用电压源和电流源等效变换的方法计算图 2.3.16 中的电流 I。

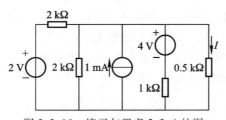

图 2.3.16　练习与思考 2.3.4 的图

2.4　支路电流法

凡不能用电阻串并联等效变换化简的电路，一般称为复杂电路。在计算复杂电路的各种方法中，支路电流法是最基本的。它是应用基尔霍夫电流定律和电压定律分别对结点和回路列出所需要的方程组，而后解出各未知支路电流。

列方程时，必须先在电路图上选定好未知支路电流以及电压或电动势的参考方向。

今以图 2.4.1 所示的两个电源并联的电路为例，来说明支路电流法的应用。在本电路中，支路数 $b = 3$，结点数 $n = 2$，共要列出三个独立方程。电动势和电流的参考方向如图中所示。

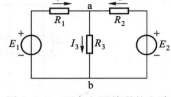

首先，应用基尔霍夫电流定律对结点 a 列出

$$I_1 + I_2 - I_3 = 0 \qquad (2.4.1)$$

对结点 b 列出

图 2.4.1　两个电源并联的电路

$$I_3 - I_1 - I_2 = 0 \qquad (2.4.2)$$

式（2.4.2）即为式（2.4.1），它是非独立的方程。因此，对具有两个结点的电路，应用电流定律只能列出 $2 - 1 = 1$ 个独立方程。

一般地说，对具有 n 个结点的电路应用基尔霍夫电流定律只能得到 $(n-1)$ 个独立方程。

其次，应用基尔霍夫电压定律列出其余 $b - (n-1)$ 个方程，通常可取单孔回路（或称网孔）列出。在图 2.4.1 中有两个单孔回路。对左面的单孔回路可列出

$$E_1 = R_1 I_1 + R_3 I_3 \qquad (2.4.3)$$

对右面的单孔回路可列出

$$E_2 = R_2 I_2 + R_3 I_3 \qquad (2.4.4)$$

单孔回路的数目恰好等于 $b - (n-1)$。

应用基尔霍夫电流定律和电压定律一共可列出 $(n-1) + [b - (n-1)] = b$ 个独立方程，所以能解出 b 个支路电流。

【例 2.4.1】　在图 2.4.1 所示的电路中，设 $E_1 = 140$ V，$E_2 = 90$ V，$R_1 = 20\ \Omega$，$R_2 = 5\ \Omega$，$R_3 = 6\ \Omega$，试求各支路电流。

【解】　应用基尔霍夫电流定律和电压定律列出式（2.4.1）、式（2.4.3）及式（2.4.4），并将已知数据代入，即得

$$\begin{cases} I_1 + I_2 - I_3 = 0 \\ 140 = 20 I_1 + 6 I_3 \\ 90 = 5 I_2 + 6 I_3 \end{cases}$$

解之，得

$$I_1 = 4\ \text{A}$$
$$I_2 = 6\ \text{A}$$
$$I_3 = 10\ \text{A}$$

解出的结果是否正确，有必要时可以验算。一般验算方法有下列两种。

（1）选用求解时未用过的回路，应用基尔霍夫电压定律进行验算

在本例中，可对外围回路列出

$$E_1 - E_2 = R_1 I_1 - R_2 I_2$$

代入已知数据，得

$$(140 - 90)\ \mathrm{V} = (20 \times 4 - 5 \times 6)\ \mathrm{V}$$

$$50\ \mathrm{V} = 50\ \mathrm{V}$$

（2）用电路中功率平衡关系进行验算

$$E_1 I_1 + E_2 I_2 = R_1 I_1^2 + R_2 I_2^2 + R_3 I_3^2$$

$$(140 \times 4 + 90 \times 6)\ \mathrm{W} = (20 \times 4^2 + 5 \times 6^2 + 6 \times 10^2)\ \mathrm{W}$$

$$(560 + 540)\ \mathrm{W} = (320 + 180 + 600)\ \mathrm{W}$$

$$1\ 100\ \mathrm{W} = 1\ 100\ \mathrm{W}$$

即两个电源产生的功率等于各个电阻上损耗的功率。

【例 2.4.2】 在图 2.4.2 所示的桥式电路中，设 $E = 12\ \mathrm{V}$，$R_1 = R_2 = 5\ \Omega$，$R_3 = 10\ \Omega$，$R_4 = 5\ \Omega$。中间支路是一检流计，其电阻 $R_G = 10\ \Omega$。试求检流计中的电流 I_G。

【解】 这个电路的支路数 $b = 6$，结点数 $n = 4$。因此应用基尔霍夫定律列出下列六个方程：

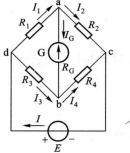

对结点 a $I_1 - I_2 - I_G = 0$

对结点 b $I_3 + I_G - I_4 = 0$

对结点 c $I_2 + I_4 - I = 0$

对回路 abda $R_1 I_1 + R_G I_G - R_3 I_3 = 0$

对回路 acba $R_2 I_2 - R_4 I_4 - R_G I_G = 0$

对回路 dbcd $E = R_3 I_3 + R_4 I_4$

图 2.4.2　例 2.4.2 的电路

解之，得

$$I_G = \frac{E(R_2 R_3 - R_1 R_4)}{R_G(R_1 + R_2)(R_3 + R_4) + R_1 R_2(R_3 + R_4) + R_3 R_4(R_1 + R_2)}$$

将已知数代入，得

$$I_G = 0.126\ \mathrm{A}$$

当 $R_2 R_3 = R_1 R_4$ 时，$I_G = 0$，这时电桥平衡。

可见当支路数较多而只求一条支路的电流时，用支路电流法计算，手续极为繁复。将在 2.7 节中用其他方法计算。

【例 2.4.3】 将例 2.4.1 的电路[重画于图 2.4.3(a)]中左边的支路化为用电流源模型表示的电路，如图 2.4.3(b)所示，用支路电流法求 I_3。

【解】 在图 2.4.3 中

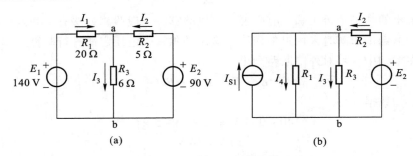

图 2.4.3　例 2.4.3 的电路

$$I_{S1} = \frac{E_1}{R_1} = \frac{140}{20}\ \text{A} = 7\ \text{A}$$

在图 2.4.3(b)中，虽有四条支路，但因 I_{S1} 已知，故可少列一个回路电压方程。

应用基尔霍夫电流定律对结点和应用电压定律对右、中两个单孔回路分别列出方程

$$\begin{cases} I_{S1} - I_4 - I_3 + I_2 = 0 \\ R_2 I_2 + R_3 I_3 = E_2 \\ R_1 I_4 - R_3 I_3 = 0 \end{cases}$$

将例 2.4.1 中的已知数据代入，得

$$\begin{cases} 7 - I_4 - I_3 + I_2 = 0 \\ 5I_2 + 6I_3 = 90 \\ 20I_4 - 6I_3 = 0 \end{cases}$$

解之，得

$$I_3 = 10\ \text{A}$$

【练习与思考】

2.4.1　图 2.4.1 所示的电路共有三个回路，是否也可应用基尔霍夫电压定律列出三个方程求解三个支路电流？

2.4.2　对图 2.4.1 所示电路，下列各式是否正确？

$$I_1 = \frac{E_1 - E_2}{R_1 + R_2} \qquad I_1 = \frac{E_1 - U_{ab}}{R_1 + R_3}$$

$$I_2 = \frac{E_2}{R_2} \qquad I_2 = \frac{E_2 - U_{ab}}{R_2}$$

2.4.3　试总结用支路电流法求解复杂电路的步骤。

2.5　结点电压法

图 2.5.1 所示的电路有一特点，就是只有两个结点 a 和 b。结点间的电压

U 称为结点电压，在图中，其参考方向由 a 指向 b。

各支路的电流可应用基尔霍夫电压定律 [参照图 1.6.6(b)]或欧姆定律得出

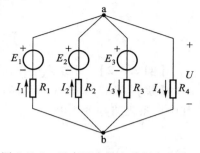

$$\left. \begin{array}{ll} U = E_1 - R_1 I_1\,, & I_1 = \dfrac{E_1 - U}{R_1} \\[3mm] U = E_2 - R_2 I_2\,, & I_2 = \dfrac{E_2 - U}{R_2} \\[3mm] U = E_3 + R_3 I_3\,, & I_3 = \dfrac{-E_3 + U}{R_3} \\[3mm] U = R_4 I_4\,, & I_4 = \dfrac{U}{R_4} \end{array} \right\} \qquad (2.5.1)$$

图 2.5.1　具有两个结点的复杂电路

由式(2.5.1)可见，在已知电动势和电阻的情况下，只要先求出结点电压 U，就可计算各支路电流了。

计算结点电压的公式可应用基尔霍夫电流定律得出。在图 2.5.1 中，有

$$I_1 + I_2 - I_3 - I_4 = 0$$

将式(2.5.1)代入上式，则得

$$\frac{E_1 - U}{R_1} + \frac{E_2 - U}{R_2} - \frac{-E_3 + U}{R_3} - \frac{U}{R_4} = 0$$

经整理后即得出结点电压的公式

$$U = \frac{\dfrac{E_1}{R_1} + \dfrac{E_2}{R_2} + \dfrac{E_3}{R_3}}{\dfrac{1}{R_1} + \dfrac{1}{R_2} + \dfrac{1}{R_3} + \dfrac{1}{R_4}} = \frac{\sum \dfrac{E}{R}}{\sum \dfrac{1}{R}} \qquad (2.5.2)$$

在上式中，分母的各项总为正；分子的各项可以为正，也可以为负。当电动势和结点电压的参考方向相反时取正号，相同时则取负号，而与各支路电流的参考方向无关。

由式(2.5.2)求出结点电压后，即可根据式(2.5.1)计算各支路电流。这种计算方法就称为结点电压法。

【例 2.5.1】　用结点电压法计算例 2.4.1。

【解】　图 2.4.1 所示的电路也只有两个结点 a 和 b。结点电压为

$$U_{ab} = \frac{\dfrac{E_1}{R_1} + \dfrac{E_2}{R_2}}{\dfrac{1}{R_1} + \dfrac{1}{R_2} + \dfrac{1}{R_3}} = \frac{\dfrac{140}{20} + \dfrac{90}{5}}{\dfrac{1}{20} + \dfrac{1}{5} + \dfrac{1}{6}} \text{ V} = 60 \text{ V}$$

由此可计算出各支路电流

$$I_1 = \frac{E_1 - U_{ab}}{R_1} = \frac{140 - 60}{20} \text{ A} = 4 \text{ A}$$

$$I_2 = \frac{E_2 - U_{ab}}{R_2} = \frac{90 - 60}{5} \text{A} = 6 \text{ A}$$

$$I_3 = \frac{U_{ab}}{R_3} = \frac{60}{6} \text{A} = 10 \text{ A}$$

【例 2.5.2】 用结点电压法计算图 2.4.3(b)[例 2.4.3]的电压 U_{ab}。

【解】 图 2.4.3(b)所示的电路有两个结点和四条支路,但与前不同者,其中一条支路是理想电流源 I_{S1},故结点电压的公式要改为

$$U_{ab} = \frac{I_{S1} + \dfrac{E_2}{R_2}}{\dfrac{1}{R_1} + \dfrac{1}{R_2} + \dfrac{1}{R_3}}$$

在此,I_{S1} 与 U_{ab} 的参考方向相反,故取正号;否则,取负号。

将已知数据代入上式,则得

$$U_{ab} = \frac{7 + \dfrac{90}{5}}{\dfrac{1}{20} + \dfrac{1}{5} + \dfrac{1}{6}} \text{V} = 60 \text{ V}$$

【例 2.5.3】 试求图 2.5.2 所示电路中的 U_{A0} 和 I_{A0}。

【解】 图 2.5.2 的电路也只有两个结点:A 和参考点 0。U_{A0} 即为结点电压或 A 点的电位 V_A。

$$U_{A0} = \frac{-\dfrac{4}{2} + \dfrac{6}{3} - \dfrac{8}{4}}{\dfrac{1}{2} + \dfrac{1}{3} + \dfrac{1}{4} + \dfrac{1}{4}} \text{V} = \frac{-2}{\dfrac{4}{3}} \text{V} = -1.5 \text{ V}$$

$$I_{A0} = -\frac{1.5}{4} \text{A} = -0.375 \text{ A}$$

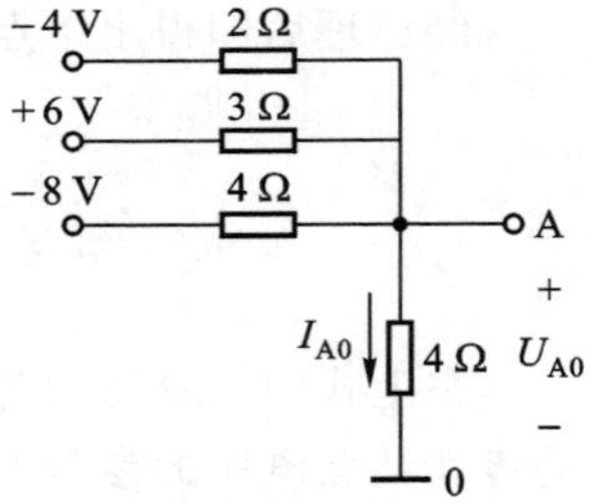

图 2.5.2   例 2.5.3 的电路

【练习与思考】

2.5.1   试列出图 2.5.3 所示电路结点电压 U_{ab} 的方程式。

2.5.2   电路如图 2.5.4 所示,试求结点电压 U_{A0} 和电流 I_1 与 I_2。

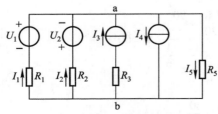

图 2.5.3   练习与思考 2.5.1 的图

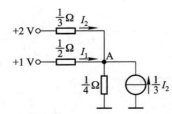

图 2.5.4   练习与思考 2.5.2 的图

2.6 叠 加 定 理

在图 2.6.1(a)(即图 2.4.1)所示电路中有两个电源,各支路中的电流是由这两个电源共同作用产生的。对于线性电路,任何一条支路中的电流,都可以看成是由电路中各个电源(电压源或电流源)分别作用时,在此支路中所产生的电流的代数和。这就是叠加定理。

叠加定理的正确性可用下例说明。

如以图 2.6.1(a)中支路电流 I_1 为例,它可用支路电流法求出,即应用基尔霍夫定律列出方程组

$$\left.\begin{array}{l} I_1 + I_2 - I_3 = 0 \\ E_1 = R_1 I_1 + R_3 I_3 \\ E_2 = R_2 I_2 + R_3 I_3 \end{array}\right\} \qquad (2.6.1)$$

而后解之,得

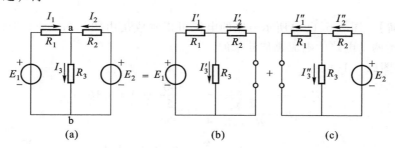

图 2.6.1 叠加定理

$$I_1 = \left(\frac{R_2 + R_3}{R_1 R_2 + R_2 R_3 + R_3 R_1}\right) E_1 - \left(\frac{R_3}{R_1 R_2 + R_2 R_3 + R_3 R_1}\right) E_2 \qquad (2.6.2)$$

设

$$\left.\begin{array}{l} I_1' = \dfrac{R_2 + R_3}{R_1 R_2 + R_2 R_3 + R_3 R_1} E_1 \\[2mm] I_1'' = \dfrac{R_3}{R_1 R_2 + R_2 R_3 + R_3 R_1} E_2 \end{array}\right\} \qquad (2.6.3)$$

于是

$$I_1 = I_1' - I_1'' \qquad (2.6.4)$$

显然, I_1' 是当电路中只有 E_1 单独作用时,在第一支路中所产生的电流[图 2.6.1(b)]。而 I_1'' 是当电路中只有 E_2 单独作用时,在第一支路中所产生的电流[图 2.6.1(c)]。因为 I_1'' 的方向同 I_1 的参考方向相反,所以带负号。

同理

$$I_2 = I_2'' - I_2' \qquad (2.6.5)$$

$$I_3 = I_3' + I_3'' \qquad (2.6.6)$$

所谓电路中只有一个电源单独作用，就是假设将其余电源均除去(将各个理想电压源短接，即其电动势为零；将各个理想电流源开路，即其电流为零)，但是它们的内阻(如果给出的话)仍应计及。

用叠加定理计算复杂电路，就是把一个多电源的复杂电路化为几个单电源电路来进行计算。

从数学上看，叠加定理就是线性方程的可加性。由前面支路电流法和结点电压法得出的都是线性代数方程，所以支路电流或电压都可以用叠加定理来求解。但功率的计算就不能用叠加定理。如以图 2.6.1(a)中电阻 R_3 上的功率为例，显然

$$P_3 = R_3 I_3^2 = R_3 (I_3' + I_3'')^2 \neq R_3 (I_3')^2 + R_3 (I_3'')^2$$

这是因为电流与功率不成正比，它们之间不是线性关系。

叠加定理不仅可以用来计算复杂电路，而且也是分析与计算线性问题的普遍原理，在后面还常用到。

【例 2.6.1】 用叠加定理计算例 2.4.1，即图 2.6.1(a)所示电路中的各个电流。

【解】 图 2.6.1(a)所示电路的电流可以看成是由图 2.6.1(b)和图 2.6.1(c)所示两个电路的电流叠加起来的。

在图 2.6.1(b)中

$$I_1' = \frac{E_1}{R_1 + \dfrac{R_2 R_3}{R_2 + R_3}} = \frac{140}{20 + \dfrac{5 \times 6}{5 + 6}} \text{ A} = 6.16 \text{ A}$$

$$I_2' = \frac{R_3}{R_2 + R_3} I_1' = \frac{6}{5 + 6} \times 6.16 \text{ A} = 3.36 \text{ A}$$

$$I_3' = \frac{R_2}{R_2 + R_3} I_1' = \frac{5}{5 + 6} \times 6.16 \text{ A} = 2.80 \text{ A}$$

在图 2.6.1(c)中

$$I_2'' = \frac{E_2}{R_2 + \dfrac{R_1 R_3}{R_1 + R_3}} = \frac{90}{5 + \dfrac{20 \times 6}{20 + 6}} \text{ A} = 9.36 \text{ A}$$

$$I_1'' = \frac{R_3}{R_1 + R_3} I_2'' = \frac{6}{20 + 6} \times 9.36 \text{ A} = 2.16 \text{ A}$$

$$I_3'' = \frac{R_1}{R_1 + R_3} I_2'' = \frac{20}{20 + 6} \times 9.36 \text{ A} = 7.20 \text{ A}$$

所以

$$I_1 = I_1' - I_1'' = (6.16 - 2.16) \text{ A} = 4.0 \text{ A}$$

$$I_2 = I_2'' - I_2' = (9.36 - 3.36) \text{ A} = 6.0 \text{ A}$$

$$I_3 = I_3' + I_3'' = (2.80 + 7.20) \text{ A} = 10.0 \text{ A}$$

【**例 2.6.2**】 用叠加定理计算图 2.4.3(b)[例 2.4.3]中的电流 I_3。

【**解**】 图 2.4.3(b)所示电路的电流 I_3 可以看成是由图 2.6.2(a)和图 2.6.2(b)两个电路的电流 I_3' 和 I_3'' 叠加起来的。

当理想电流源 I_{S1} 单独作用时,可将理想电压源短接($E_2 = 0$),如图 2.6.2(a)所示。应用两个并联电阻分流的公式,得出

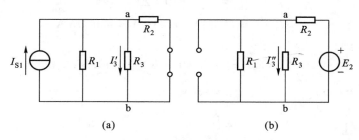

图 2.6.2 例 2.6.2 的电路

$$I_3' = \frac{R_1 /\!/ R_2}{(R_1 /\!/ R_2) + R_3} I_{S1}$$

式中,$R_1 /\!/ R_2$ 是电阻 R_1 和 R_2 并联的等效电阻,即

$$R_1 /\!/ R_2 = \frac{R_1 R_2}{R_1 + R_2} = \frac{20 \times 5}{20 + 5} \ \Omega = 4 \ \Omega$$

代入上式,则得

$$I_3' = \frac{4}{4 + 6} \times 7 \ \text{A} = 2.8 \ \text{A}$$

当理想电压源 E_2 单独作用时,可将理想电流源开路($I_{S1} = 0$),如图 2.6.2(b)所示。由图可得

$$I_3'' = \frac{R_1}{R_1 + R_3} \left(\frac{E_2}{R_2 + R_1 /\!/ R_3} \right)$$

式中

$$R_1 /\!/ R_3 = \frac{R_1 R_3}{R_1 + R_3} = \frac{20 \times 6}{20 + 6} \ \Omega = \frac{60}{13} \ \Omega$$

代入上式,则得

$$I_3'' = \frac{20}{20 + 6} \left(\frac{90}{5 + \dfrac{60}{13}} \right) \text{A} = 7.2 \ \text{A}$$

所以

$$I_3 = I_3' + I_3'' = (2.8 + 7.2) \ \text{A} = 10 \ \text{A}$$

与例 2.4.3 比较,所得结果是完全一致的。

【**例 2.6.3**】 用叠加定理计算图 2.6.3(a)所示电路中 A 点的电位 V_A。

【**解**】 在图 2.6.3 中,$I_3 = I_3' + I_3''$

$$I_3' = \frac{50}{R_1 + \dfrac{R_2 R_3}{R_2 + R_3}} \times \frac{R_2}{R_2 + R_3} = \frac{50}{10 + \dfrac{5 \times 20}{5 + 20}} \times \frac{5}{5 + 20} \text{ A} = 0.714 \text{ A}$$

$$I_3'' = \frac{-50}{R_2 + \dfrac{R_1 R_3}{R_1 + R_3}} \times \frac{R_1}{R_1 + R_3} = \frac{-50}{5 + \dfrac{10 \times 20}{10 + 20}} \times \frac{10}{10 + 20} \text{ A} = -1.43 \text{ A}$$

$$I_3 = I_3' + I_3'' = (0.714 - 1.43) \text{ A} = -0.716 \text{ A}$$

于是 A 点电位

$$V_A = R_3 I_3 = -20 \times 0.716 \text{ V} = -14.3 \text{ V}$$

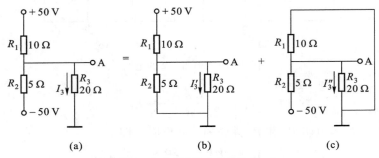

图 2.6.3 例 2.6.3 的电路

【练习与思考】

2.6.1 用叠加定理计算图 2.6.4 所示电路中的电流 I，并求电流源两端电压 U。

2.6.2 在图 2.6.5 所示电路中，当电压源单独作用时，电阻 R_1 上消耗的功率为 18 W。试问：（1）当电流源单独作用时，R_1 上消耗的功率为多少？（2）当电压源和电流源共同作用时，则 R_1 上消耗的功率为多少？（3）功率能否叠加？

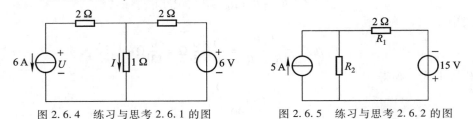

图 2.6.4 练习与思考 2.6.1 的图   图 2.6.5 练习与思考 2.6.2 的图

2.7 戴维宁定理与诺顿定理

在有些情况下，只需要计算一个复杂电路中某一支路的电流，如果用前面几节所述的方法来计算时，必然会引出一些不需要的电流来。为了使计算简便些，常常应用等效电源的方法。

现在来说明一下什么是等效电源。如果只需计算复杂电路中的一个支路时，可以将这个支路划出［图 2.7.1（a）中的 ab 支路，其中电阻为 R_L］，而把其余部分看作一个有源二端网络［图 2.7.1（a）中的方框部分］。所谓有源二端网络，就是具有两个出线端的部分电路，其中含有电源。有源二端网络可以是简单的或任意复杂的电路。但是不论它的简繁程度如何，它对所要计算的这个支

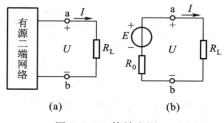

图 2.7.1 等效电源

路而言，仅相当于一个电源；因为它对这个支路供给电能。因此，这个有源二端网络一定可以化简为一个等效电源。经这种等效变换后，ab 支路中的电流 I 及其两端的电压 U 没有变动。

根据 2.3 节所述，一个电源可以用两种电路模型表示：一种是电动势为 E 的理想电压源和内阻 R_0 串联的电路（电压源）；一种是电流为 I_s 的理想电流源和内阻 R_0 并联的电路（电流源）。因此，有两种等效电源，由此而得出下述两个定理。

2.7.1 戴维宁定理

任何一个有源二端线性网络都可以用一个电动势为 E 的理想电压源和内阻 R_0 串联的电源来等效代替（图 2.7.1）。等效电源的电动势 E 就是有源二端网络的开路电压 U_0，即将负载断开后 a，b 两端之间的电压。等效电源的内阻 R_0 等于有源二端网络中所有电源均除去（将各个理想电压源短路，即其电动势为零；将各个理想电流源开路，即其电流为零）后所得到的无源网络 a，b 两端之间的等效电阻。这就是戴维宁定理。

图 2.7.1（b）所示的等效电路是一个最简单的电路，其中电流可由下式计算

$$I = \frac{E}{R_0 + R_L} \qquad (2.7.1)$$

等效电源的电动势和内阻①可通过实验（见例 1.5.4 及习题 1.5.14）或计算得出。

【**例 2.7.1**】 用戴维宁定理计算例 2.4.1 中的支路电流 I_3。

【**解**】 图 2.4.1 的电路可化为图 2.7.2 所示的等效电路。

等效电源的电动势 E 可由图 2.7.3（a）求得：

---

① 在电子电路中，电源的内阻也称为输出电阻。

$$I = \frac{E_1 - E_2}{R_1 + R_2} = \frac{140 - 90}{20 + 5} \text{A} = 2 \text{A}$$

于是

$$E = U_0 = E_1 - R_1 I = (140 - 20 \times 2) \text{ V} = 100 \text{ V}$$

或

$$E = U_0 = E_2 + R_2 I = (90 + 5 \times 2) \text{ V} = 100 \text{ V}$$

也可用结点电压法求。

等效电源的内阻 R_0 可由图 2.7.3(b)求得。对 a，b 两端来讲，R_1 和 R_2 是并联的，因此

$$R_0 = \frac{R_1 R_2}{R_1 + R_2} = \frac{20 \times 5}{20 + 5} \Omega = 4 \Omega$$

而后由图 2.7.2 求出

$$I_3 = \frac{E}{R_0 + R_3} = \frac{100}{4 + 6} \text{A} = 10 \text{A}$$

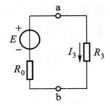

图 2.7.2　图 2.4.1 所
示电路的等效电路

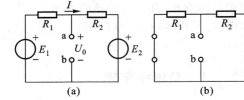

图 2.7.3　计算等效电源的 E 和 R_0 的电路

【例 2.7.2】　用戴维宁定理计算例 2.4.2 中的电流 I_G。

【解】　图 2.4.2 的电路可化简为图 2.7.4 所示的等效电路。
等效电源的电动势 E' 可由图 2.7.5(a)求得

$$I' = \frac{E}{R_1 + R_2} = \frac{12}{5 + 5} \text{A} = 1.2 \text{A}$$

$$I'' = \frac{E}{R_3 + R_4} = \frac{12}{10 + 5} \text{A} = 0.8 \text{A}$$

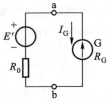

图 2.7.4　图 2.4.2 所示
电路的等效电路

于是

$$E' = U_0 = R_3 I'' - R_1 I' = (10 \times 0.8 - 5 \times 1.2) \text{ V} = 2 \text{ V}$$

或　　　　　　$$E' = U_0 = R_2 I' - R_4 I'' = (5 \times 1.2 - 5 \times 0.8) \text{ V} = 2 \text{ V}$$

等效电源的内阻 R_0 可由图 2.7.5(b)求得

$$R_0 = \frac{R_1 R_2}{R_1 + R_2} + \frac{R_3 R_4}{R_3 + R_4} = \left(\frac{5 \times 5}{5 + 5} + \frac{10 \times 5}{10 + 5} \right) \Omega = (2.5 + 3.3) \Omega = 5.8 \Omega$$

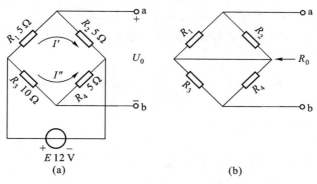

图 2.7.5 计算等效电源的 E' 的 R_0 的电路

而后由图 2.7.4 求出

$$I_G = \frac{E'}{R_0 + R_G} = \frac{2}{5.8 + 10} \text{ A} = \frac{2}{15.8} \text{ A} = 0.126 \text{ A}$$

显然，比例 2.4.2 用支路电流法求解简便得多。

【例 2.7.3】 电路如图 2.7.6 所示，试用戴维宁定理求电阻 R 中的电流 I。$R = 2.5 \text{ k}\Omega$。

【解】 图 2.7.6 的电路和图 2.7.7 的电路是一样的。

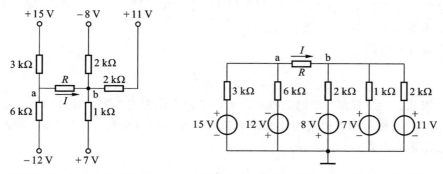

图 2.7.6 例 2.7.3 的电路   图 2.7.7 图 2.7.6 所示电路的另一种画法

（1）将 a，b 间开路，求等效电源的电动势 E，即开路电压 U_{ab0}

应用结点电压法求 a，b 间开路时 a 和 b 两点的电位，即

$$V_{a0} = \frac{\dfrac{15}{3 \times 10^3} - \dfrac{12}{6 \times 10^3}}{\dfrac{1}{3 \times 10^3} + \dfrac{1}{6 \times 10^3}} \text{ V} = 6 \text{ V}$$

$$V_{b0} = \frac{-\dfrac{8}{2 \times 10^3} + \dfrac{7}{1 \times 10^3} + \dfrac{11}{2 \times 10^3}}{\dfrac{1}{2 \times 10^3} + \dfrac{1}{1 \times 10^3} + \dfrac{1}{2 \times 10^3}} \text{ V} = 4.25 \text{ V}$$

$$E = U_{ab0} = V_{a0} - V_{b0} = (6 - 4.25)\,\text{V} = 1.75\,\text{V}$$

（2）将 a，b 间开路，求等效电源的内阻 R_0

$$R_0 = \left(\frac{1}{\dfrac{1}{3} + \dfrac{1}{6}} + \frac{1}{\dfrac{1}{2} + \dfrac{1}{1} + \dfrac{1}{2}} \right)\text{k}\Omega = 2.5\,\text{k}\Omega$$

（3）求电阻 R 中的电流 I

$$I = \frac{E}{R + R_0} = \frac{1.75}{(2.5 + 2.5) \times 10^3}\,\text{A} = 0.35 \times 10^{-3}\,\text{A} = 0.35\,\text{mA}$$

2.7.2　诺顿定理

任何一个有源二端线性网络都可以用一个电流为 I_S 的理想电流源和内阻 R_0 并联的电源来等效代替（图 2.7.8）。等效电源的电流 I_S 就是有源二端网络的短路电流，即将 a，b 两端短接后其中的电流。等效电源的内阻 R_0 等于有源二端网络中所有电源均除去（理想电压源短路，理想电流源开路）后所得到的无源网络 a，b 两端之间的等效电阻。这就是诺顿定理。

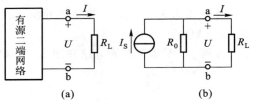

(a)　　　　**(b)**

图 2.7.8　等效电源

由图 2.7.8（b）的等效电路，可用下式计算电流

$$I = \frac{R_0}{R_0 + R_L} I_S \qquad\qquad (2.7.2)$$

因此，一个有源二端网络既可用戴维宁定理化为图 2.7.1 所示的等效电源（电压源），也可用诺顿定理化为图 2.7.8 所示的等效电源（电流源）。两者对外电路讲是等效的，关系是

$$E = R_0 I_S \quad 或 \quad I_S = \frac{E}{R_0}$$

【例 2.7.4】　用诺顿定理计算例 2.4.1 中的支路电流 I_3。

【解】　图 2.4.1 的电路可化为图 2.7.9 所示的等效电路。等效电源的电流 I_S 可由图 2.7.10 求得

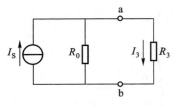

图 2.7.9　图 2.4.1 的等效电路

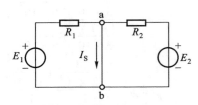

图 2.7.10　计算 I_S 的电路

$$I_s = \frac{E_1}{R_1} + \frac{E_2}{R_2} = \left(\frac{140}{20} + \frac{90}{5} \right) \text{ A}$$

$$= 25 \text{ A}$$

等效电源的内阻 R_0 同例 2.7.1 一样，可由图 2.7.3(b)求得

$$R_0 = 4 \ \Omega$$

于是

$$I_3 = \frac{R_0}{R_0 + R_3} I_s = \frac{4}{4 + 6} \times 25 \text{ A} = 10 \text{ A}$$

【练习与思考】

2.7.1 分别应用戴维宁定理和诺顿定理将图 2.7.11 所示各电路化为等效电压源和等效电流源。

2.7.2 分别应用戴维宁定理和诺顿定理计算图 2.7.12 所示电路中流过 8 kΩ 电阻的电流。

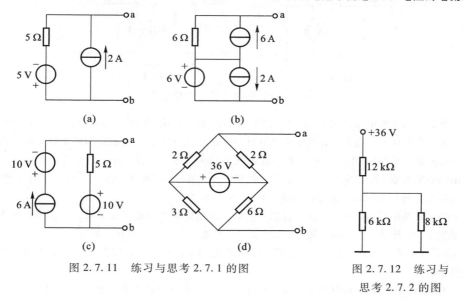

图 2.7.11　练习与思考 2.7.1 的图　　　图 2.7.12　练习与思考 2.7.2 的图

2.7.3 在例 2.7.1 和例 2.7.2 中，将 ab 支路短路求其短路电流 I_s。在两例中，该支路的开路电压 U_0 已求出。再用下式

$$R_0 = \frac{U_0}{I_s}$$

求等效电源的内阻，其结果是否与上述两例题中一致？

*2.8　受控电源电路的分析

上面所讨论的电压源和电流源，都是独立电源。所谓独立电源，就是电压源的电压或

电流源的电流不受外电路的控制而独立存在。此外，在电子电路中还将会遇到另一种类型的电源：电压源的电压和电流源的电流是受电路中其他部分的电流或电压控制的，这种电源称为受控电源。当控制的电压或电流消失或等于零时，受控电源的电压或电流也将为零。

根据受控电源是电压源还是电流源，以及受电压控制还是受电流控制，受控电源可分为电压控制电压源（VCVS）、电流控制电压源（CCVS）、电压控制电流源（VCCS）和电流控制电流源（CCCS）四种类型。四种理想受控电源的模型如图 2.8.1 所示。

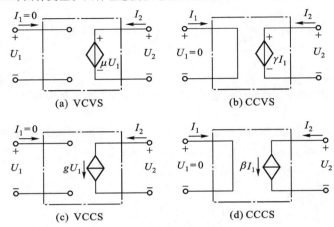

(a) VCVS   (b) CCVS

(c) VCCS   (d) CCCS

图 2.8.1   理想受控电源模型

所谓理想受控电源，就是它的控制端（输入端）和受控端（输出端）都是理想的。在控制端，对电压控制的受控电源，其输入端电阻为无穷大（$I_1 = 0$）；对电流控制的受控电源，其输入端电阻为零（$U_1 = 0$）。这样，控制端消耗的功率为零。在受控端，对受控电压源，其输出端电阻为零，输出电压恒定；对受控电流源，其输出端电阻为无穷大，输出电流恒定。这点和理想独立电压源、电流源相同。

如果受控电源的电压或电流和控制它们的电压或电流之间有正比关系，则这种控制作用是线性的，图 2.8.1 中的系数 μ，r，g 及 β 都是常数。这里 μ 和 β 量纲为一，r 具有电阻的量纲，g 具有电导的量纲。在电路图中，受控电源用菱形表示，以便与独立电源的圆形符号相区别。

对含有受控电源的线性电路，也可以用前几节所讲的电路分析方法进行分析与计算，但考虑到受控电源的特性，在分析与计算时有需要注意之点，将在下列各例题中说明。

【**例 2.8.1**】   求图 2.8.2 所示电路中的电压 U_2。

【**解**】   图 2.8.2 的电路中，含有一个电压控制电流源，$\frac{1}{6}$ 即为图 2.8.1（c）中的 g，其单位为 S。在求解时，它和其他电路元件一样，也按基尔霍夫定律列出方程，即

$$\begin{cases} I_1 - I_2 + \dfrac{1}{6}U_2 = 0 \\ 2I_1 + 3I_2 = 8 \end{cases}$$

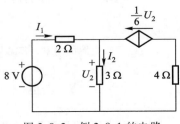

图 2.8.2   例 2.8.1 的电路

因 $U_2 = 3I_2$，故

$$\begin{cases} I_1 - I_2 + \dfrac{1}{2}I_2 = 0 \\ 2I_1 + 3I_2 = 8 \end{cases}$$

解之，得

$$I_2 = 2 \text{ A}$$
$$U_2 = 3I_2 = 3 \times 2 \text{ V} = 6 \text{ V}$$

【例 2.8.2】 应用叠加定理求图 2.8.3(a)所示电路中的电压 U 和电流 I_2。

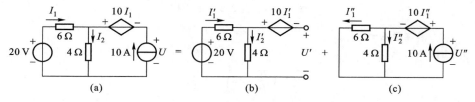

图 2.8.3 例 2.8.2 的电路

【解】 根据叠加定理，图 2.8.3(a)电路中的电压 U 等于图 2.8.3(b)和图 2.8.3(c)两个电路中电压 U' 和 U'' 的代数和。图 2.8.3(b)的电路中，20 V 电压源单独作用；图 2.8.3(c)的电路中，10 A 电流源单独作用。但在两个电路中，受控电源均应保留。

在图 2.8.3(b)中，

$$I_1' = I_2' = \frac{20}{6+4} \text{ A} = 2 \text{ A}$$

$$U' = -10I_1' + 4I_2' = -12 \text{ V}$$

在图 2.8.3(c)中，

$$I_1'' = \frac{4}{6+4} \times 10 \text{ A} = 4 \text{ A}$$

$$I_2'' = \frac{6}{6+4} \times 10 \text{ A} = 6 \text{ A}$$

$$U'' = 10I_1'' + 4I_2'' = 64 \text{ V}$$

所以

$$U = U' + U'' = (-12 + 64) \text{ V} = 52 \text{ V}$$
$$I_2 = I_2' + I_2'' = (2 + 6) \text{ A} = 8 \text{ A}$$

注意，在图 2.8.3(c)中，由于 I_1'' 的参考方向改变，所以受控电压源的参考方向要相应改变。

此外，也可把受控电源当作独立电源处理，但当它单独作用时，应保持原来的受控量，在本例中即为 $10I_1$。读者可自行计算，看结果是否一致。

【例 2.8.3】 应用戴维宁定理求图 2.8.3(a)所示电路中的电流 I_2。

【解】 (1) 求开路电压 U_0

由图 2.8.4(a)

$$I_1' = -10 \text{ A}$$

$$U_0 = 20 - 6I_1' = (20 + 60) \text{ V} = 80 \text{ V}$$

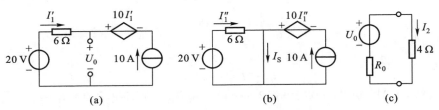

图 2.8.4 例 2.8.3 的电路

（2）求短路电流 I_s

由图 2.8.4(b)

$$I_s = \left(\frac{20}{6} + 10 \right) \text{ A} = \frac{40}{3} \text{ A}$$

（3）求等效电源的内阻 R_0

$$R_0 = \frac{U_0}{I_s} = \frac{80}{\frac{40}{3}} \ \Omega = 6 \ \Omega$$

由于除去独立电源后的二端网络中含有受控电源，一般不能用电阻串并联等效变换，所以用本法计算 R_0[①]。

（4）求电流 I_2

由图 2.8.4(c)

$$I_2 = \frac{80}{4+6} \text{ A} = 8 \text{ A}$$

【例 2.8.4】 在图 2.8.5(a)所示的电路中，用电压源模型与电流源模型的等效变换法求电流 I。

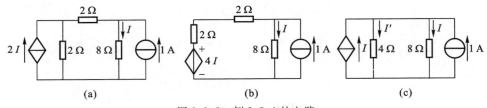

图 2.8.5 例 2.8.4 的电路

【解】 受控电压源与受控电流源也可等效变换，但在变换过程中不能把受控电源的控制量变换掉，在本例中，即不能把电阻 8 Ω 支路中的电流 I 变换掉。

进行变换后得出图 2.8.5(c)所示的电路，由此应用基尔霍夫电流定律列出

---

① 也可用外加电压法计算，即在除去独立电源而含有受控电源的二端网络端口处加一电压 U，求出相应的端口电流 I，于是得出 $R_0 = \dfrac{U}{I}$。

$$1 - I - I' + I = 0$$

$$1 - I - \frac{8I}{4} + I = 0$$

即

$$2I = 1, \quad I = 0.5 \text{ A}$$

2.9 非线性电阻电路的分析

如果电阻两端的电压与通过的电流成正比，这说明电阻是一个常数，不随电压或电流而变动，这种电阻称为线性电阻。线性电阻两端的电压与其中电流的关系遵循欧姆定律，即

$$R = \frac{U}{I}$$

实际上绝对的线性电阻是没有的，如果能基本上遵循上式，就可以认为是线性的。

如果电阻不是一个常数，而是随着电压或电流变动，那么，这种电阻就称为非线性电阻。非线性电阻两端的电压与其中电流的关系不遵循欧姆定律，一般不能用数学式表示，而是用电压与电流的关系曲线 $U = f(I)$ 或 $I = f(U)$ 来表示。这种曲线就是 1.4 节所讲的伏安特性曲线，是通过实验作出的。

非线性电阻元件在生产上应用很广。图 2.9.1 和图 2.9.2 所示的分别为白炽灯丝和二极管的伏安特性曲线。图 2.9.3 所示是非线性电阻的符号。

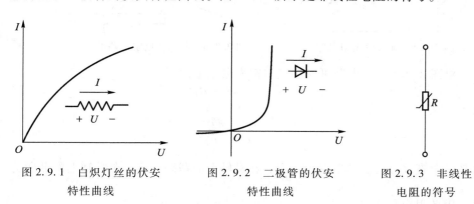

图 2.9.1　白炽灯丝的伏安　　　图 2.9.2　二极管的伏安　　　图 2.9.3　非线性
特性曲线　　　　　　　　特性曲线　　　　　　　电阻的符号

由于非线性电阻的阻值是随着电压或电流而变动的，计算它的电阻时就必须指明它的工作电流或工作电压，例如在图 2.9.4 中，就是工作点 Q 处的电阻。

非线性电阻元件的电阻有两种表示方式。一种称为静态电阻（或称为直流电阻），它等于工作点 Q 处的电压 U 与电流 I 之比，即

$$R = \frac{U}{I} \qquad\qquad (2.9.1)$$

由图 2.9.4 可见，Q 点的静态电阻正比于 $\tan \alpha$。

　　另一种称为动态电阻(或称为交流电阻)，它等于工作点 Q 附近的电压微变量 ΔU 与电流微变量 ΔI 之比的极限，即

$$r = \lim_{\Delta I \to 0} \frac{\Delta U}{\Delta I} = \frac{\mathrm{d}U}{\mathrm{d}I} \qquad (2.9.2)$$

动态电阻用小写字母表示。由图 2.9.4 可见，Q 点的动态电阻正比于 $\tan \beta$，β 是 Q 点的切线与纵轴的夹角。

　　由于非线性电阻的阻值不是常数，在分析与计算非线性电阻电路时一般都采用图解法。

　　图 2.9.5 所示是一非线性电阻电路，线性电阻 R_1 与非线性电阻元件 R 相串联。非线性电阻元件的伏安特性曲线 $I(U)$ 如图 2.9.6 所示。

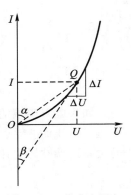

图 2.9.4　静态电阻与动态电阻的图解

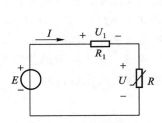

图 2.9.5　非线性电阻电路

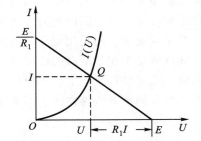

图 2.9.6　非线性电阻电路的图解法

对图 2.9.5 所示电路可应用基尔霍夫电压定律列出

$$U = E - U_1 = E - R_1 I \qquad (2.9.3)$$

或

$$I = -\frac{1}{R_1}U + \frac{E}{R_1} \qquad (2.9.4)$$

这是一个直线方程，其斜率为 $-\dfrac{1}{R_1}$，在横轴上的截距为 E，在纵轴上的截距为 $\dfrac{E}{R_1}$，因此很容易作出[①]。

　　显然，这一直线与电阻 R_1 及电源电动势 E 的大小有关，当电源电动势 E 一定时，该直线将随 R_1 的增大而趋近于与横轴平行；随 R_1 的减小而趋近于与

———————————

　　① 如果 R_1 是一负载电阻，因为这直线的斜率与 R_1 有关，所以它也称为负载线。

横轴垂直。当电阻 R_1 一定时，随着电源电动势 E 的不同，该直线将作平行的移动；因为它的斜率仅与 R_1 有关，不因 E 的改变而改变（图 2.9.7）。

电路的工作情况由表示式（2.9.4）的直线与非线性电阻元件 R 的伏安特性曲线 $I(U)$ 的交点 Q 确定；因为两者的交点，既表示了非线性电阻元件 R 上电压与电流间的关系，同时也符合电路中电压与电流的关系［即式（2.9.3）］。

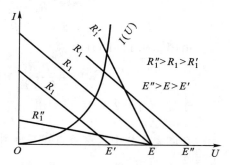

图 2.9.7 对应于不同 E 和 R_1 的情况

【例 2.9.1】 在图 2.9.8 所示的电路中，已知：$R_1 = 3$ kΩ，$R_2 = 1$ kΩ，$R_3 = 0.25$ kΩ，$E_1 = 5$ V，$E_2 = 1$ V。D 是二极管，其伏安特性曲线如图 2.9.9 所示。用图解法求出二极管中的电流 I 及其两端电压 U，并计算其他两个支路中的电流 I_1 和 I_2。

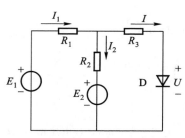

图 2.9.8 例 2.9.1 的电路

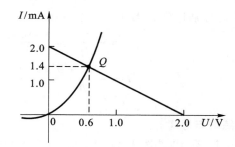

图 2.9.9 图解法

【解】 将二极管 D 划出，其余部分是一个有源二端网络，可应用戴维宁定理化为一个等效电源（图 2.9.10）。等效电源的电动势 E 和内阻 R_0 可通过图 2.9.11 所示电路计算。

由图 2.9.11（a）计算 $U_0 = E$

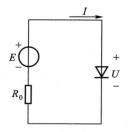

图 2.9.10 图 2.9.8 的
　　　　　等效电路

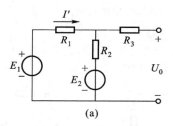

(a)

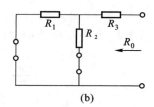

(b)

图 2.9.11 例 2.9.1 计算等效电源的 E 和 R_0 的电路

$$I' = \frac{E_1 - E_2}{R_1 + R_2} = \frac{5-1}{3+1} \text{ mA} = 1 \text{ mA}$$

$$U_0 = E = E_2 + R_2 I' = (1 + 1 \times 1) \text{ V} = 2 \text{ V}$$

由图 2.9.11(b)计算 R_0

$$R_0 = R_3 + \frac{R_1 R_2}{R_1 + R_2} = \left(0.25 + \frac{3 \times 1}{3+1}\right) \text{ k}\Omega = 1 \text{ k}\Omega$$

于是，由图 2.9.10 可列出

$$U = E - R_0 I$$

在图 2.9.9 中，这条直线在横轴上的截距为 $E = 2 \text{ V}$，在纵轴上的截距为

$\frac{E}{R_0} = \frac{2}{1} \text{ mA} = 2 \text{ mA}$。

它和二极管的伏安特性曲线交于 Q 点，由此可得

$$I = 1.4 \text{ mA}, \qquad U = 0.6 \text{ V}$$

要计算其他两个支路电流，可先求出结点电压 U'，即

$$U' = U + R_3 I = (0.6 + 0.25 \times 1.4) \text{ V} = 0.95 \text{ V}$$

而后分别计算 I_1 和 I_2

$$I_1 = \frac{E_1 - U'}{R_1} = \frac{5 - 0.95}{3} \text{ mA} = 1.35 \text{ mA}$$

$$I_2 = \frac{-E_2 + U'}{R_2} = \frac{-1 + 0.95}{1} \text{ mA} = -0.05 \text{ mA}$$

【练习与思考】

2.9.1 有一非线性电阻，当工作点电压 U 为 6 V 时，电流 I 为 3 mA。若电压增量 ΔU 为 0.1 V 时，电流增量 ΔI 为 0.01 mA。试求其静态电阻和动态电阻。

习　　题

A　选　择　题

2.1.1 在图 2.01 所示电路中，当电阻 R_2 增大时，则电流 I_1（　　）。

（1）增大　（2）减小　（3）不变

2.1.2 在图 2.02 所示电路中，当电阻 R_2 增大时，则电流 I_1（　　）。

（1）增大　（2）减小　（3）不变

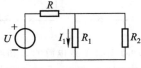

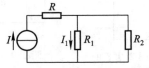

图 2.01　习题 2.1.1 的图　　　　图 2.02　习题 2.1.2 的图

2.1.3 在图 2.03 所示电路中，滑动触点处于 R_P 的中点 C，则输出电压 U_O （　　）。

（1）= 6 V　　（2）> 6 V　　（3）< 6 V

2.1.4 在图 2.04 所示电路中，电路两端的等效电阻 R_{ab} 为（　　）。

（1）30 Ω　　（2）10 Ω　　（3）20 Ω

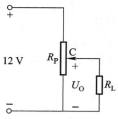

图 2.03　习题 2.1.3 的图

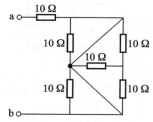

图 2.04　习题 2.1.4 的图

2.1.5 在图 2.05 所示的电阻 R_1 和 R_2 并联的电路中，支路电流 I_2 等于（　　）。

（1）$\dfrac{R_2}{R_1 + R_2} I$　　（2）$\dfrac{R_1}{R_1 + R_2} I$　　（3）$\dfrac{R_1 + R_2}{R_1} I$

2.1.6 在图 2.06 所示电路中，当 ab 间因故障断开时，用电压表测得 U_{ab} 为 （　　）。

（1）0 V　　（2）9 V　　（3）36 V

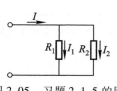

图 2.05　习题 2.1.5 的图

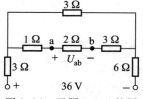

图 2.06　习题 2.1.6 的图

2.1.7 有一 220 V/1 000 W 的电炉，今欲接在 380 V 的电源上使用，可串联的变阻器是（　　）。

（1）100 Ω/3 A　　（2）50 Ω/5 A　　（3）30 Ω/10 A

2.3.1 在图 2.07 中，发出功率的电源是（　　）。

（1）电压源　　（2）电流源　　（3）电压源和电流源

2.3.2 在图 2.08 中，理想电流源两端电压 U_S 为（　　）。

（1）0 V　　（2）– 18 V　　（3）– 6 V

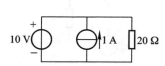

图 2.07　习题 2.3.1 的图

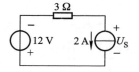

图 2.08　习题 2.3.2 的图

2.3.3 在图 2.09 中，电压源发出的功率为（　　）。

（1）30 W　　（2）6 W　　（3）12 W

2.3.4 在图 2.10 所示电路中，$I=2\,A$，若将电流源断开，则电流 I 为（　　）。

(1) 1 A　　(2) 3 A　　(3) $-1\,A$

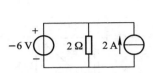

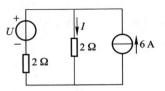

图 2.09　习题 2.3.3

图 2.10　习题 2.3.4 的图

2.5.1 用结点电压法计算图 2.11 中的结点电压 U_{A0} 为（　　）。

(1) 2 V　　(2) 1 V　　(3) 4 V

2.6.1 用叠加定理计算图 2.12 中的电流 I 为（　　）。

(1) 20 A　　(2) $-10\,A$　　(3) 10 A

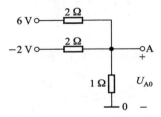

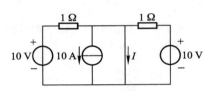

图 2.11　习题 2.5.1 的图

图 2.12　习题 2.6.1 的图

2.6.2 叠加定理用于计算（　　）。

(1) 线性电路中的电压、电流和功率

(2) 线性电路中的电压和电流

(3) 非线性电路中的电压和电流

2.7.1 将图 2.13 所示电路化为电流源模型，其电流 I_S 和电阻 R 为（　　）。

(1) 1 A，2 Ω　　(2) 1 A，1 Ω　　(3) 2 A，1 Ω

2.7.2 将图 2.14 所示电路化为电压源模型，其电压 U 和电阻 R 为（　　）。

(1) 2 V，1 Ω　　(2) 1 V，2 Ω　　(3) 2 V，2 Ω

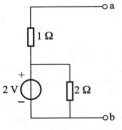

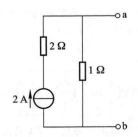

图 2.13　习题 2.7.1 的图

图 2.14　习题 2.7.2 的图

B　基　本　题

2.1.8　在图 2.15 所示电路中，试求等效电阻 R_{ab} 和电流 I。已知 U_{ab} 为 16 V。

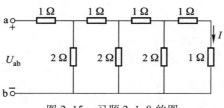

图 2.15　习题 2.1.8 的图

2.1.9　图 2.16 所示是一衰减电路，共有四挡。当输入电压 $U_1 = 16$ V 时，试计算各挡输出电压 U_2。

2.1.10　在图 2.17 的电路中，$E = 6$ V，$R_1 = 6\ \Omega$，$R_2 = 3\ \Omega$，$R_3 = 4\ \Omega$，$R_4 = 3\ \Omega$，$R_5 = 1\ \Omega$。试求 I_3 和 I_4。

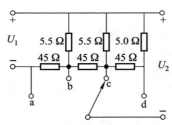

图 2.16　习题 2.1.9 的图

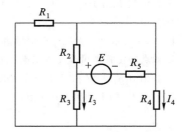

图 2.17　习题 2.1.10 的图

2.1.11　有一无源二端电阻网络 N（图 2.18），通过实验测得：当 $U = 10$ V 时，$I = 2$ A；并已知该电阻网络由四个 $3\ \Omega$ 的电阻构成，试问这四个电阻是如何连接的？

2.1.12　图 2.19 所示的是直流电动机的一种调速电阻，它由四个固定电阻串联而成。利用几个开关的闭合或断开，可以得到多种电阻值。设四个电阻都是 $1\ \Omega$，试求在下列三种情况下 a，b 两点间的电阻值：（1）S_1 和 S_5 闭合，其他断开；（2）S_2，S_3 和 S_5 闭合，其他断开；（3）S_1，S_3 和 S_4 闭合，其他断开。

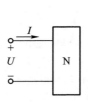

图 2.18　习题 2.1.11 的图

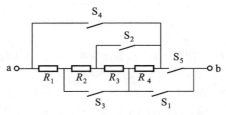

图 2.19　习题 2.1.12 的图

2.1.13　在图 2.20 中，$R_1 = R_2 = R_3 = R_4 = 300\ \Omega$，$R_5 = 600\ \Omega$，试求开关 S 断开和闭合时 a 和 b 之间的等效电阻。

2.1.14 图 2.21 所示的是用变阻器 R 调节直流电机励磁电流 I_f 的电路。设电机励磁绕组的电阻为 315 Ω，其额定电压为 220 V，如果要求励磁电流在 0.35 ~ 0.7 A 的范围内变动，试在下列三个变阻器中选用一个合适的：（1）1 000 Ω/0.5 A；（2）200 Ω/1 A；（3）350 Ω/1 A。

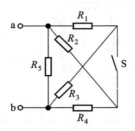

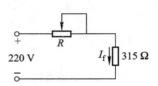

图 2.20　习题 2.1.13 的图　　　　图 2.21　习题 2.1.14 的图

2.1.15 图 2.22 所示的是由电位器组成的分压电路，电位器的电阻 $R_P = 270$ Ω，两边的串联电阻 $R_1 = 350$ Ω，$R_2 = 550$ Ω。设输入电压 $U_1 = 12$ V，试求输出电压 U_2 的变化范围。

2.1.16 图 2.23 所示是一直流电压信号输出电路。调节电位器 R_{P1}（粗调）和 R_{P2}（细调）滑动触点的位置即可改变输出电压 U_0 的大小。试分析：

（1）调节 R_{P1} 和 R_{P2}，电压 U_0 的变化范围是多少？

（2）当 R_{P1} 的滑动触点在中点位置，调节 R_{P2} 时电压 U_0 的变化范围又是多少？

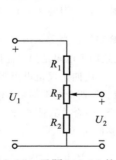

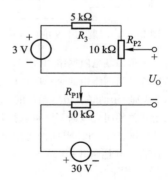

图 2.22　习题 2.1.15 的图　　　　图 2.23　习题 2.1.16 的图

2.1.17 试用两个 6 V 的直流电源、两个 1 kΩ 的电阻和一个 10 kΩ 的电位器连成调压范围为 −5 ~ +5 V 的调压电路。

2.1.18 在图 2.24 所示的电路中，R_{P1} 和 R_{P2} 是同轴电位器，试问当滑动触点 a，b 移到最左端、最右端和中间位置时，输出电压 U_{ab} 各为多少伏？

2.1.19 一只 110 V/8 W 的指示灯，现在要接在 380 V 的电源上，问要串联多大阻值的电阻？该电阻应选用多大瓦数的？

2.1.20 有两只电阻，其额定值分别为 40 Ω/10 W 和 200 Ω/40 W，试问它们允许通过的电流是多少? 如将两者串联起来, 其两端最高允许电压可加多大? 如将两者并联起来, 允许流入的最大电流为多少?

2.1.21 求图 2.25 所示电路中的电流 I 和电压 U。

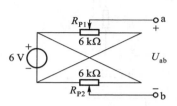 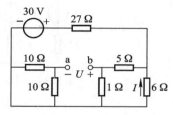

图 2.24 习题 2.1.18 的图　　　图 2.25 习题 2.1.21 的图

2.3.5 在图 2.26 所示电路中, 求各理想电流源的端电压、功率及各电阻上消耗的功率。

2.3.6 电路如图 2.27 所示, 试求 I, I_1, U_S, 并判断 20 V 的理想电压源和 5 A 的理想电流源是电源还是负载?

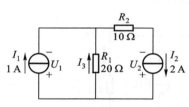 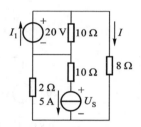

图 2.26 习题 2.3.5 的图　　　图 2.27 习题 2.3.6 的图

2.3.7 计算图 2.28 所示电路中的电流 I_3。

2.3.8 计算图 2.29 中的电压 U_5。

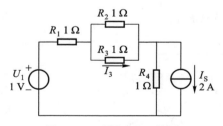 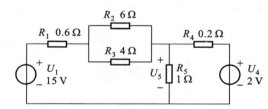

图 2.28 习题 2.3.7 的图　　　图 2.29 习题 2.3.8 的图

2.3.9 试用电压源与电流源等效变换的方法计算图 2.30 中 2 Ω 电阻中的电流 I。

2.4.1 图 2.31 所示是两台发电机并联运行的电路。已知 $E_1 = 230$ V, $R_{01} = 0.5$ Ω, $E_2 = 226$ V, $R_{02} = 0.3$ Ω, 负载电阻 $R_L = 5.5$ Ω, 试分别用支路电流法和结点电压法求各支路电流。

2.4.2 试用支路电流法或结点电压法求图 2.32 所示电路中的各支路电流, 并求三个电源的输出功率和负载电阻 R_L 取用的功率。0.8 Ω 和 0.4 Ω 分别为两个电压源的内阻。

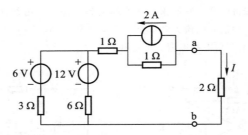

图 2.30　习题 2.3.9 和习题 2.7.4 的图

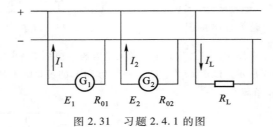

图 2.31　习题 2.4.1 的图

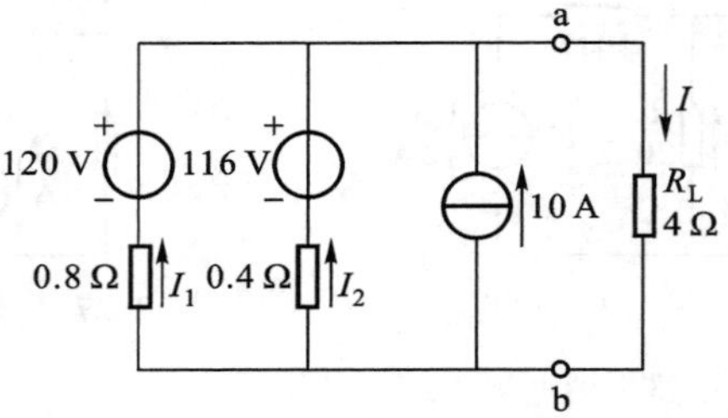

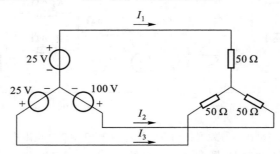

图 2.32　习题 2.4.2 的图

2.5.2　试用结点电压法求图 2.33 所示电路中的各支路电流。

图 2.33　习题 2.5.2 的图

2.5.3　用结点电压法计算例 2.6.3 的图 2.6.3(a) 所示电路中 A 点的电位。

2.5.4　电路如图 2.34 所示，试用结点电压法求电压 U，并计算理想电流源的功率。

2.6.3　在图 2.35 中，(1) 当将开关 S 合在 a 点时，求电流 I_1，I_2 和 I_3；(2) 当将开关 S 合

在 b 点时，利用(1)的结果，用叠加定理计算电流 I_1，I_2 和 I_3。

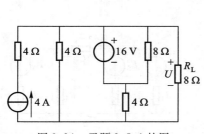

图 2.34　习题 2.5.4 的图

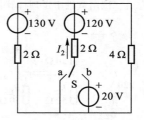

图2.35　习题 2.6.3 的图

2.6.4 电路如图 2.36(a)所示，$E = 12$ V，$R_1 = R_2 = R_3 = R_4$，$U_{ab} = 10$ V。若将理想电压源除去后[图 2.36(b)]，试问这时 U_{ab} 等于多少？

2.6.5 应用叠加定理计算图 2.37 所示电路中各支路的电流和各元器件(电源和电阻)两端的电压，并说明功率平衡关系。

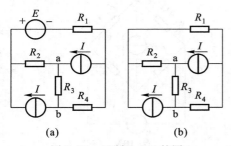

(a)　　　　　　　(b)

图2.36　习题 2.6.4 的图

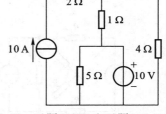

图2.37　习题 2.6.5 和习题 2.7.3 的图

2.6.6 图 2.38 所示的是用于电子技术数模转换中的 R-$2R$ 梯形网络，试用叠加定理求证输出端的电流 I 为

$$I = \frac{U}{3R \times 2^4}(2^3 + 2^2 + 2^1 + 2^0)$$

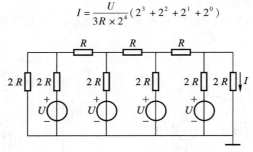

图 2.38　习题 2.6.6 的图

2.7.3 应用戴维宁定理计算图 2.37 中 1 Ω 电阻中的电流。

2.7.4 应用戴维宁定理计算图 2.30 中 2 Ω 电阻中的电流 I。

2.7.5 图 2.39 所示是常见的分压电路，试用戴维宁定理和诺顿定理分别求负载电流 I_L。

2.7.6 在图 2.40 中，已知 $E_1 = 15$ V，$E_2 = 13$ V，$E_3 = 4$ V，$R_1 = R_2 = R_3 = R_4 = 1$ Ω，$R_5 =$ 10 Ω。（1）当开关 S 断开时，试求电阻 R_5 上的电压 U_5 和电流 I_5；（2）当开关 S 闭合后，试用戴维宁定理计算 I_5。

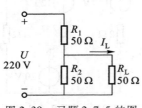 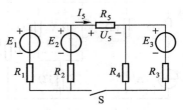

图 2.39　习题 2.7.5 的图　　　　　　图 2.40　习题 2.7.6 的图

2.7.7 用戴维宁定理计算图 2.41 所示电路中的电流 I。已知：$R_1 = R_2 = 6$ Ω，$R_3 = R_4 = 3$ Ω，$R = 1$ Ω，$U = 18$ V，$I_S = 4$ A。

2.7.8 用戴维宁定理和诺顿定理分别计算图 2.42 所示桥式电路中电阻 R_1 上的电流。

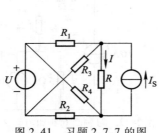 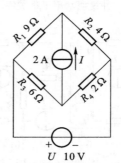

图 2.41　习题 2.7.7 的图　　　　　图 2.42　习题 2.7.8 的图

2.7.9 在图 2.43 中，（1）试求电流 I；（2）计算理想电压源和理想电流源的功率，并说明是取用的还是发出的功率。

2.7.10 电路如图 2.44 所示，试计算电阻 R_L 上的电流 I_L：（1）用戴维宁定理；（2）用诺顿定理。

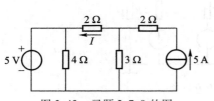 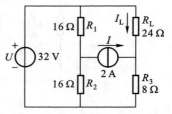

图 2.43　习题 2.7.9 的图　　　　　图 2.44　习题 2.7.10 的图

2.7.11 电路如图 2.45 所示，当 $R = 4$ Ω 时，$I = 2$ A。求当 $R = 9$ Ω 时，I 等于多少？

2.7.12 试求图 2.46 所示电路中的电流 I。

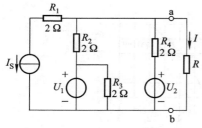

图 2.45　习题 2.7.11 的图

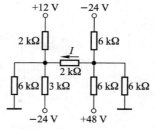

图 2.46　例 2.7.12 的图

2.7.13 两个相同的有源二端网络 N 与 N′连接如图 2.47(a)所示，测得 $U_1 = 4$ V。若连接如图 2.47(b)所示，则测得 $I_1 = 1$ A。试求连接如图 2.47(c)时的电流 I 为多少？

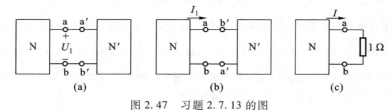

图 2.47　习题 2.7.13 的图

***2.8.1** 用叠加定理求图 2.48 所示电路中的电流 I_1。

***2.8.2** 试求图 2.49 所示电路的戴维宁等效电路和诺顿等效电路。

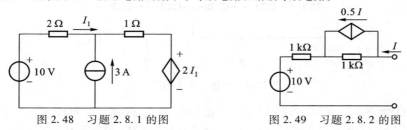

图 2.48　习题 2.8.1 的图　　　　　　图 2.49　习题 2.8.2 的图

2.9.1 试用图解法计算图 2.50(a)所示电路中非线性电阻元件 R 中的电流 I 及其两端电压 U。图 2.50(b)所示是非线性电阻元件的伏安特性曲线。

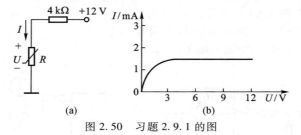

图 2.50　习题 2.9.1 的图

2.9.2 在图 2.51(a)所示电路中，已知 $U_1 = 6$ V，$R_1 = R_2 = 2$ kΩ，非线性电阻元件 R_3 的伏安特性曲线如图 2.51(b)所示。试求：(1)非线性电阻元件 R_3 中的电流 I 及其两端电压 U；(2)工作点 Q 处的静态电阻和动态电阻。

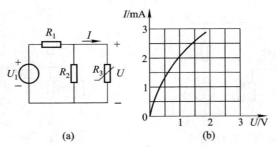

图 2.51　习题 2.9.2 的图

C　拓　宽　题

2.1.22　某次修理仪表发现一个 2 W/5 kΩ 的电阻烧了，手边没有这种电阻，只有几个其他电阻：$\frac{1}{2}$ W/2.5 kΩ 两个，1 W/2.5 kΩ 一个，$\frac{1}{2}$ W/5 kΩ 两个，1 W/15 kΩ 三个。
试问应选哪几个电阻组合起来代用最为合适？如果通过的电流是原来电路的额定值，问组合后每个电阻上的电压是多少？

2.2.1　试求图 2.52 所示电路的等效电阻 R_{ab}。

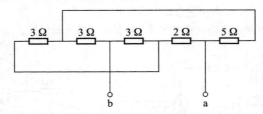

图 2.52　习题 2.2.1 的图

2.6.7　电路如图 2.53 所示。当开关 S 合在位置 1 时，毫安表的读数为 40 mA；当 S 合在位置 2 时，毫安表的读数为 − 60 mA；当 S 合在位置 3 时，毫安表的读数为多少？已知 $U_2 = 4$ V，$U_3 = 6$ V。

2.7.14　在图 2.54 中，$I_S = 2$ A，$U = 6$ V，$R_1 = 1$ Ω，$R_2 = 2$ Ω。如果：
（1）当 I_S 的方向如图中所示时，电流 $I = 0$；
（2）当 I_S 的方向与图示相反时，则电流 $I = 1$ A。
试求线性有源二端网络的戴维宁等效电路。

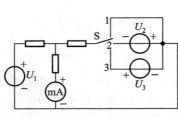

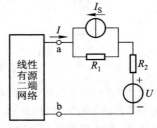

图 2.53　习题 2.6.7 的图　　　　　图 2.54　习题 2.7.14 的图

第3章

电路的暂态分析

上面两章讨论的都是电阻元件电路，一旦接通或断开电源时，电路立即处于稳定状态(简称稳态)。但当电路中含有电感元件或电容元件时，则不然。譬如当 RC 串联电路与直流电源接通后，电容元件被充电，其上电压是逐渐增长到稳定值(电源电压)的；电路中有充电电流，它是逐渐衰减到零的。可见，这种电路中电压或电流的增长或衰减有一个暂态过程。

研究暂态过程的目的就是：认识和掌握这种客观存在的物理现象的规律，既要充分利用暂态过程的特性，同时也必须预防它所产生的危害。例如，在电子技术中常利用电路中的暂态过程现象来改善波形和产生特定波形；但某些电路在与电源接通或断开的暂态过程中，会产生过电压或过电流，从而使电气设备或器件遭受损坏。

本章首先讨论电阻元件、电感元件、电容元件的特征和引起暂态过程的原因，而后讨论暂态过程中电压与电流随时间而变化的规律和影响暂态过程快慢的电路时间常数。

3.1　电阻元件、电感元件与电容元件

3.1.1　电阻元件

在图 3.1.1 中，u 和 i 的参考方向相同，根据欧姆定律得出

$$u = Ri \qquad (3.1.1)$$

电阻元件的参数

$$R = \frac{u}{i}$$

称为电阻，它具有对电流起阻碍作用的物理性质。

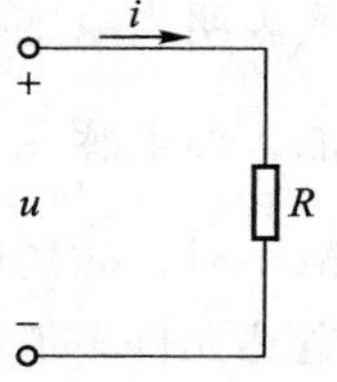

将式(3.1.1)两边乘以 i，并积分之，则得

$$\int_0^t u i \, \mathrm{d}t = \int_0^t R i^2 \, \mathrm{d}t \qquad (3.1.2)$$

图 3.1.1　电阻元件

上式表明电能全部消耗在电阻元件上，转换为热能。电阻元件是耗能元件。

3.1.2   电感元件

图 3.1.2 所示是一电感元件(线圈)，其上电压为 u。当通过电流 i 时，将产生磁通 Φ。设磁通通过每匝线圈，如果线圈有 N 匝，则电感元件的参数

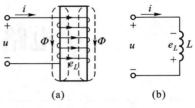

$$L = \frac{N\Phi}{i} \qquad (3.1.3)$$

称为电感或自感。线圈的匝数 N 愈多，其电感愈大；线圈中单位电流产生的磁通愈大，电感也愈大。

图 3.1.2   电感元件

电感的单位是亨[利](H)或毫亨(mH)。磁通的单位是韦[伯](Wb)。

当电感元件中磁通 Φ 或电流 i 发生变化时，则在电感元件中产生的感应电动势为[①]

$$e_L = -N\frac{\mathrm{d}\Phi}{\mathrm{d}t} = -L\frac{\mathrm{d}i}{\mathrm{d}t}$$

并根据基尔霍夫电压定律可写出

$$u + e_L = 0$$

或

$$u = -e_L = L\frac{\mathrm{d}i}{\mathrm{d}t} \qquad (3.1.4)$$

当线圈中通过恒定电流时，其上电压 u 为零，故电感元件可视为短路。

将式(3.1.4)两边乘以 i，并积分之，则得

$$\int_0^t ui\mathrm{d}t = \int_0^i Li\mathrm{d}i = \frac{1}{2}Li^2 \qquad (3.1.5)$$

上式表明当电感元件中的电流增大时，磁场能量增大；在此过程中电能转换为磁能，即电感元件从电源取用能量。$\frac{1}{2}Li^2$ 就是电感元件中的磁场能量。当电流减小时，磁场能量减小，磁能转换为电能，即电感元件向电源放还能量。可见电感元件不消耗能量，是储能元件。

---

① 习惯上规定：u 和 i 的参考方向选得一致；i 与 Φ，Φ 与 e_L 的参考方向之间均符合右手螺旋定则。因此，u，i，e_L 的参考方向如图 3.1.2 所示。

3.1.3 电容元件

图 3.1.3 所示是电容元件，其参数

$$C = \frac{q}{u} \qquad (3.1.6)$$

图 3.1.3 电容
元件

称为电容，它的单位是法[拉](F)。由于法[拉]的单位太大，工程上多采用微法（μF）或皮法（pF）。1 μF = 10^{-6} F，1 pF = 10^{-12} F。

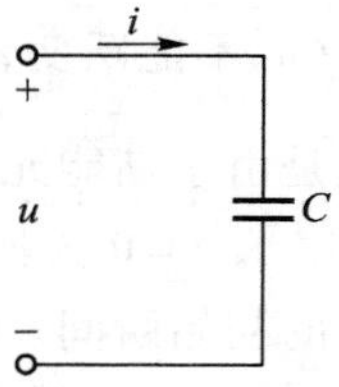

当电容元件上电荷[量]q 或电压 u 发生变化时，则在电路中引起电流

$$i = \frac{\mathrm{d}q}{\mathrm{d}t} = C\frac{\mathrm{d}u}{\mathrm{d}t} \qquad (3.1.7)$$

上式是在 u 和 i 的参考方向相同的情况下得出的，否则要加一负号。

当电容元件两端加恒定电压时，其中电流 i 为零，故电容元件可视为开路。

将式（3.1.7）两边乘以 u，并积分之，则得

$$\int_0^t ui\mathrm{d}t = \int_0^u Cu\mathrm{d}u = \frac{1}{2}Cu^2 \qquad (3.1.8)$$

上式表明当电容元件上的电压增高时，电场能量增大；在此过程中电容元件从电源取用能量（充电）。$\frac{1}{2}Cu^2$ 就是电容元件中的电场能量。当电压降低时，电场能量减小，即电容元件向电源放还能量（放电）。可见电容元件也是储能元件。

本节所讲的都是线性元件。R，L 和 C 都是常数，即相应的 u 和 i，Φ 和 i 及 q 和 u 之间都是线性关系。

【练习与思考】

3.1.1 如果一个电感元件两端的电压为零，其储能是否也一定等于零？如果一个电容元件中的电流为零，其储能是否也一定等于零？

3.1.2 电感元件中通过恒定电流时可视为短路，是否此时电感 L 为零？电容元件两端加恒定电压时可视为开路，是否此时电容 C 为无穷大？

3.2 储能元件和换路定则

由于电路的接通、断开、短路、电压改变或参数改变等——所谓换路，使电路中的能量发生变化，但是不能跃变的，否则将使功率

$$p = \frac{\mathrm{d}W}{\mathrm{d}t}$$

达到无穷大，这在实际上是不可能的。因此，电感元件中储有的磁能 $\frac{1}{2}Li_L^2$ 不能跃变，这反映在电感元件中的电流 i_L 不能跃变；电容元件中储有的电能 $\frac{1}{2}Cu_C^2$ 不能跃变，这反映在电容元件上的电压 u_C 不能跃变。可见电路的暂态过程是由于储能元件的能量不能跃变而产生的。

设 $t=0$ 为换路瞬间，而以 $t=0_-$ 表示换路前的终了瞬间，$t=0_+$ 表示换路后的初始瞬间。0_- 和 0_+ 在数值上都等于 0，但前者是指 t 从负值趋近于零，后者是指 t 从正值趋近于零。从 $t=0_-$ 到 $t=0_+$ 瞬间，电感元件中的电流和电容元件上的电压不能跃变，这称为换路定则。如用公式表示，则为

$$\left.\begin{array}{l} i_L(0_-)=i_L(0_+) \\ u_C(0_-)=u_C(0_+) \end{array}\right\} \tag{3.2.1}$$

换路定则仅适用于换路瞬间，可根据它来确定 $t=0_+$ 时电路中电压和电流之值，即暂态过程的初始值。确定各个电压和电流的初始值时，先由 $t=0_-$ 的电路求出 $i_L(0_-)$ 或 $u_C(0_-)$，而后由 $t=0_+$ 的电路在已求得的 $i_L(0_+)$ 或 $u_C(0_+)$ 的条件下求其他电压和电流的初始值。

【例 3.2.1】 确定图 3.2.1(a)所示电路中各电流和电压的初始值。设开关 S 闭合前电感元件和电容元件均未储能。

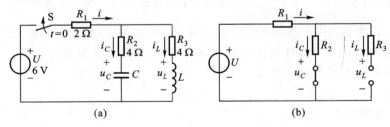

图 3.2.1 例 3.2.1 的电路

(a) $t=0_-$；(b) $t=0_+$

【解】 先由 $t=0_-$ 的电路[即图 3.2.1(a)开关 S 未闭合时的电路]得知

$$u_C(0_-)=0, \quad i_L(0_-)=0$$

因此 $u_C(0_+)=0$ 和 $i_L(0_+)=0$。在 $t=0_+$ 的电路[图 3.2.1(b)]中将电容元件短路，将电感元件开路，于是得出其他各个初始值

$$i(0_+)=i_C(0_+)=\frac{U}{R_1+R_2}=\frac{6}{2+4}\,\text{A}=1\,\text{A}$$

$$u_L(0_+)=R_2i_C(0_+)=4\times1\,\text{V}=4\,\text{V}$$

【练习与思考】

3.2.1 确定图 3.2.2 所示电路中各电流的初始值。换路前电路已处于稳态。

3.2.2 在图 3.2.3 所示电路中，试确定在开关 S 断开后初始瞬间的电压 u_C 和电流 i_C，i_1，i_2 之值。S 断开前电路已处于稳态。

3.2.3 在图 3.2.4 中，已知 $R = 2\ \Omega$，电压表的内阻为 2.5 kΩ，电源电压 $U = 4$ V。试求开关 S 断开瞬间电压表两端的电压，分析其后果，并请考虑采取何种措施来防止这种后果的发生。换路前电路已处于稳态。

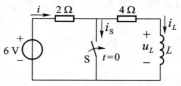

图 3.2.2　练习与思考 3.2.1 的图

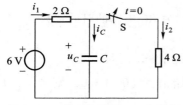

图 3.2.3　练习与思考 3.2.2 的图

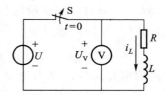

图 3.2.4　练习与思考 3.2.3 的图

3.3　*RC* 电路的响应

　　用经典法分析电路的暂态过程，就是根据激励(电压或电流)，通过求解电路的微分方程以得出电路的响应(电压和电流)。

3.3.1　*RC* 电路的零状态响应

　　所谓 *RC* 电路的零状态，是指换路前电容元件未储有能量，$u_C(0_-) = 0$。在此条件下，由电源激励所产生的电路的响应，称为零状态响应。

　　分析 *RC* 电路的零状态响应，实际上就是分析它的充电过程。图 3.3.1 所示是一 *RC* 串联电路。在 $t = 0$ 时将开关 S 合到位置 1 上，电路即与一恒定电压为 U 的电压源接通，对电容元件开始充电，其上电压为 u_C。

　　根据基尔霍夫电压定律，列出 $t \geqslant 0$ 时电路的微分方程

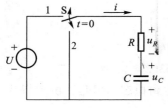

图 3.3.1　*RC* 电路

$$U = Ri + u_C = RC\frac{\mathrm{d}u_C}{\mathrm{d}t} + u_C \qquad (3.3.1)$$

上式的通解有两个部分：一个是特解 u_C'，一个是补函数 u_C''。

特解取电路的稳态值，或称稳态分量，即

$$u'_c = u_c(\infty) = U$$

补函数是齐次微分方程

$$RC\frac{\mathrm{d}u_c}{\mathrm{d}t} + u_c = 0$$

的通解，即为暂态分量，其式为

$$u''_c = Ae^{pt}$$

代入上式，得特征方程

$$RCp + 1 = 0$$

其根为

$$p = -\frac{1}{RC} = -\frac{1}{\tau}$$

式中，$\tau = RC$，它具有时间的量纲[①]，所以称为 RC 电路的时间常数。

因此，式(3.3.1)的通解为

$$u_c = u'_c + u''_c = U + Ae^{-\frac{t}{\tau}}$$

设换路前电容元件未储有能量，即初始值 $u_c(0_+) = 0$，则 $A = -U$，于是得

$$u_c = U - Ue^{-\frac{t}{\tau}} = U(1 - e^{-\frac{t}{\tau}}) \tag{3.3.2}$$

其随时间的变化曲线路如图 3.3.2(a)所示。

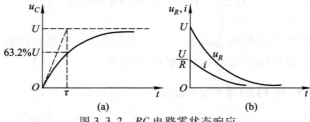

图 3.3.2　RC 电路零状态响应

(a) u_c 变化曲线；(b) i 和 u_R 变化曲线

当 $t = \tau$ 时[②]

$$u_c = U(1 - e^{-1}) = U\left(1 - \frac{1}{2.718}\right)$$
$$= U(1 - 0.368) = 63.2\% U$$

即从 $t = 0$ 经过一个 τ 的时间 u_c 增长到稳态值 U 的 63.2%。

从理论上讲，电路只有经过 $t = \infty$ 的时间才能达到稳态。但是，由于指数

---

① τ 的单位是：$\Omega \cdot F = \Omega \cdot \dfrac{C}{V} = \dfrac{\Omega \cdot A \cdot s}{V} = s$

② 可以证明，经过原点作 u_c 的切线，它交虚线 U 于 $t = \tau$ 点。

曲线开始变化较快，而后逐渐缓慢，见表 3.3.1。

表 3.3.1　$e^{-\frac{t}{\tau}}$ 随时间而衰减

τ	2τ	3τ	4τ	5τ	6τ
e^{-1}	e^{-2}	e^{-3}	e^{-4}	e^{-5}	e^{-6}
0.368	0.135	0.050	0.018	0.007	0.002

所以，实际上经过 $t = 5\tau$ 的时间，就足可认为到达稳态了。这时

$$u_C = U(1 - e^{-5}) = U(1 - 0.007) = 99.3\% \, U$$

时间常数 τ 愈大，u_C 增长愈慢。因此，改变电路的时间常数，也就是改变 R 或 C 的数值，就可以改变电容元件充电的快慢。

至于 $t \geq 0$ 时电容元件充电电路中的电流，也可求出，即

$$i = C \frac{\mathrm{d}u_C}{\mathrm{d}t} = \frac{U}{R} e^{-\frac{t}{\tau}} \tag{3.3.3}$$

由此也可得出电阻元件 R 上的电压

$$u_R = Ri = U e^{-\frac{t}{\tau}} \tag{3.3.4}$$

所求 u_R 和 i 随时间变化的曲线如图 3.3.2(b)所示。

综上所述，可将计算线性电路暂态过程的步骤归纳如下。

（1）按换路后的电路列出微分方程式。

（2）求微分方程式的特解，即稳态分量。

（3）求微分方程式的补函数，即暂态分量。

（4）按照换路定则确定暂态过程的初始值，从而定出积分常数。

分析较为复杂的电路的暂态过程时，也可以应用戴维宁定理或诺顿定理将换路后的电路化简为一个简单电路（如图 3.3.1 所示的一个 RC 串联电路），而后利用由上述经典法所得出的式子。

【例 3.3.1】　在图 3.3.3(a)所示的电路中，$U = 9$ V，$R_1 = 6$ kΩ，$R_2 = 3$ kΩ，$C = 1\,000$ pF，$u_C(0) = 0$。试求 $t \geq 0$ 时的电压 u_C。

【解】

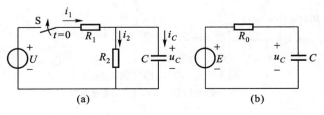

图 3.3.3　例 3.3.1 的图

（a）电路图；（b）$t \geq 0$ 时的等效电路

应用戴维宁定理将换路后的电路化为图 3.3.3(b)所示等效电路($R_0 C$ 串联电路)。等效电源的电动势和内阻分别为

$$E = \frac{R_2 U}{R_1 + R_2} = \frac{3 \times 10^3 \times 9}{(6 + 3) \times 10^3} \text{ V} = 3 \text{ V}$$

$$R_0 = \frac{R_1 R_2}{R_1 + R_2} = \frac{(6 \times 3) \times 10^6}{(6 + 3) \times 10^3} \Omega = 2 \times 10^3 \ \Omega = 2 \text{ k}\Omega$$

电路的时间常数为

$$\tau = R_0 C = 2 \times 10^3 \times 1\,000 \times 10^{-12} \text{ s} = 2 \times 10^{-6} \text{ s}$$

于是由式(3.3.2)得

$$\begin{aligned} u_C &= E(1 - \mathrm{e}^{-\frac{t}{\tau}}) \\ &= 3(1 - \mathrm{e}^{-\frac{t}{2 \times 10^{-6}}}) \text{ V} = 3(1 - \mathrm{e}^{-5 \times 10^5 t}) \text{ V} \end{aligned}$$

3.3.2 RC 电路的零输入响应

所谓 RC 电路的零输入，是指无电源激励，输入信号为零。在此条件下，由电容元件的初始状态 $u_C(0_+)$ 所产生的电路的响应，称为零输入响应。

分析 RC 电路的零输入响应，实际上就是分析它的放电过程。如果在图 3.3.1 中，当电容元件充电到 $u_C = U_0$ 时，即将开关 S 从位置 1 合到 2，使电路脱离电源，输入为零。此时，电容元件上电压的初始值 $u_C(0_+) = U_0$[①]，于是电容元件经过电阻 R 开始放电。

$t \geq 0$ 时电路的微分方程为

$$RC \frac{\mathrm{d}u_C}{\mathrm{d}t} + u_C = 0$$

经过求解可得

$$u_C = U_0 \mathrm{e}^{-\frac{t}{\tau}} = U_0 \mathrm{e}^{-\frac{t}{RC}} \tag{3.3.5}$$

其随时间的变化曲线如图 3.3.4(a)所示。

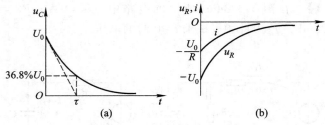

图 3.3.4 RC 电路零输入响应

(a) u_C 变化曲线；(b) i 和 u_R 变化曲线

---

① 若换路前电路已处于稳态，则 $U_0 = U$。

当 $t = \tau$ 时[①]

$$u_C = U_0 e^{-1} = 0.368 U_0 = 36.8\% \cdot U_0$$

即从 $t = 0$ 经过一个 τ 的时间 u_C 衰减到初始值 U_0 的 36.8%。τ 愈小，u_C 衰减愈快，即电容元件放电愈快。

至于 $t \geqslant 0$ 时电容元件的放电电流和电阻元件 R 上的电压，也可求出，即

$$i = C \frac{\mathrm{d}u_C}{\mathrm{d}t} = -\frac{U_0}{R} e^{-\frac{t}{\tau}} \tag{3.3.6}$$

$$u_R = Ri = -U_0 e^{-\frac{t}{\tau}} \tag{3.3.7}$$

上两式中的负号表示放电电流的实际方向与图 3.3.1 中所选定的参考方向相反。

所求 u_R 和 i 随时间变化的曲线如图 3.3.4(b) 所示。

【**例 3.3.2**】   一个实际电容器可用电容 C 和漏电阻 R_S 并联的模型表示，如图 3.3.5 所示。为了测定漏电阻：先将开关 S 合到位置 1，把电容器充电到 110 V；然后断开开关，电容器经 R_S 放电；经 10 s 后再将开关合到位置 2，把电容器与电荷测定计 G 接通，这时读出的电容电荷为 10×10^{-6} C（C 为电荷单位库）。已知 $C = 0.1\ \mu F$，试计算漏电阻 R_S。

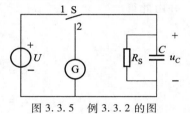

图 3.3.5   例 3.3.2 的图

【**解**】 $u_C(0_+) = u_C(0_-) = U_0 = 110$ V

$$\tau = R_S C = 0.1 \times 10^{-6} R_S$$

$$u_C = U_0 e^{-\frac{t}{\tau}} = 110 e^{-\frac{10^7}{R_S} t}\ \text{V}$$

$t = 10$ s 时

$$u_C(10\ \text{s}) = \frac{q}{C} = \frac{10 \times 10^{-6}}{0.1 \times 10^{-6}}\ \text{V} = 100\ \text{V}$$

由此得

$$100 = 110 e^{-\frac{10^8}{R_S}}$$

$$-\frac{10^8}{R_S} = \ln\left(\frac{100}{110}\right) = -0.095\ 3$$

$$R_S = \frac{10^8}{0.095\ 3}\ \Omega = 1\ 049\ \text{M}\Omega$$

---

① 可以证明，由曲线 $t = 0$ 的一点作一切线，它在横轴交点所截取的时间就是时间常数 τ。

【**例 3.3.3**】　电路如图 3.3.6 所示，开关 S 闭合前电路已处于稳态。在 $t = 0$ 时，将开关闭合，试求 $t \geqslant 0$ 时电压 u_C 和电流 i_C，i_1 及 i_2。

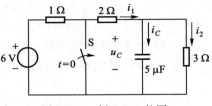

图 3.3.6　例 3.3.3 的图

【**解**】　在 $t = 0_-$ 时

$$u_C(0_-) = \frac{6}{1+2+3} \times 3 \text{ V} = 3 \text{ V}$$

在 $t \geqslant 0$ 时，6 V 电压源与 1 Ω 电阻串联的支路被开关短路，对右边电路不起作用。这时电容器经两支路放电，时间常数为

$$\tau = \frac{2 \times 3}{2+3} \times 5 \times 10^{-6} \text{ s} = 6 \times 10^{-6} \text{ s}$$

由式(3.3.5)可得

$$u_C = 3\text{e}^{-\frac{10^6}{6}t} \text{ V} = 3\text{e}^{-1.7 \times 10^5 t} \text{ V}$$

并由此得

$$i_C = C\frac{\mathrm{d}u_C}{\mathrm{d}t} = -2.5\text{e}^{-1.7 \times 10^5 t} \text{ A}$$

$$i_2 = \frac{u_C}{3} = \text{e}^{-1.7 \times 10^5 t} \text{ A}$$

$$i_1 = i_2 + i_C = -1.5\,\text{e}^{-1.7 \times 10^5 t} \text{ A}$$

3.3.3　*RC* 电路的全响应

所谓 *RC* 电路的全响应，是指电源激励和电容元件的初始状态 $u_C(0_+)$ 均不为零时电路的响应，也就是零输入响应与零状态响应两者的叠加。

在图 3.3.1 的电路中，电源激励电压为 U，$u_C(0_-) = U_0$。$t \geqslant 0$ 时电路的微分方程和式(3.3.1)相同，也由此得出

$$u_C = u_C' + u_C'' = U + A\text{e}^{-\frac{1}{RC}t}$$

但积分常数 A 与零状态时不同。在 $t = 0_+$ 时，$u_C(0_+) = U_0$，则 $A = U_0 - U$。所以

$$u_C = U + (U_0 - U)\text{e}^{-\frac{1}{RC}t} \tag{3.3.8}$$

经改写后得出

$$u_C = U_0\text{e}^{-\frac{t}{\tau}} + U(1 - \text{e}^{-\frac{t}{\tau}}) \tag{3.3.9}$$

显然，右边第一项即为式(3.3.5)，是零输入响应；第二项即为式(3.3.2)，是零状态响应。于是

$$全响应 = 零输入响应 + 零状态响应$$

这是叠加定理在电路暂态分析中的体现。在求全响应时，可把电容元件的初始状态 $u_C(0_+)$ 看作一种电压源。$u_C(0_+)$ 和电源激励分别单独作用时所得出

的零输入响应和零状态响应叠加，即为全响应。

如果来看式(3.3.8)，它的右边也有两项：U 为稳态分量；$(U_0 - U)\mathrm{e}^{-\frac{t}{\tau}}$ 为暂态分量。于是全响应也可表示为

$$全响应 = 稳态分量 + 暂态分量$$

求出 u_C 后，就可得出

$$i = C\frac{\mathrm{d}u_C}{\mathrm{d}t}, \quad u_R = Ri$$

【例 3.3.4】 在图 3.3.7 中，开关长期合在位置 1 上，如在 $t = 0$ 时把它合到位置 2 后，试求电容元件上的电压 u_C。已知 $R_1 = 1\ \mathrm{k\Omega}$，$R_2 = 2\ \mathrm{k\Omega}$，$C = 3\ \mathrm{\mu F}$，电压源 $U_1 = 3\ \mathrm{V}$ 和 $U_2 = 5\ \mathrm{V}$。

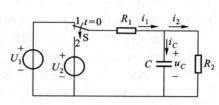

图 3.3.7 例 3.3.4 的电路

【解】 在 $t = 0_-$ 时，

$$u_C(0_-) = \frac{U_1 R_2}{R_1 + R_2} = \frac{3 \times (2 \times 10^3)}{(1+2) \times 10^3}\ \mathrm{V} = 2\ \mathrm{V}$$

在 $t \geqslant 0$ 时，根据基尔霍夫电流定律列出

$$i_1 - i_2 - i_C = 0$$

$$\frac{U_2 - u_C}{R_1} - \frac{u_C}{R_2} - C\frac{\mathrm{d}u_C}{\mathrm{d}t} = 0$$

经整理后得

$$R_1 C\frac{\mathrm{d}u_C}{\mathrm{d}t} + \left(1 + \frac{R_1}{R_2}\right)u_C = U_2$$

或

$$(3 \times 10^{-3})\frac{\mathrm{d}u_C}{\mathrm{d}t} + \frac{3}{2}u_C = 5$$

解之，得

$$u_C = u_C' + u_C'' = \left(\frac{10}{3} + A\mathrm{e}^{-\frac{1}{2 \times 10^{-3}}t}\right)\ \mathrm{V}$$

当 $t = 0_+$ 时，$u_C(0_+) = 2\ \mathrm{V}$，则 $A = -\dfrac{4}{3}$，所以

$$u_C = \left(\frac{10}{3} - \frac{4}{3}\mathrm{e}^{-\frac{1}{2 \times 10^{-3}}t}\right)\ \mathrm{V} = \left(\frac{10}{3} - \frac{4}{3}\mathrm{e}^{-500t}\right)\ \mathrm{V}$$

【练习与思考】

3.3.1 在图 3.3.1 中，$U = 20\ \mathrm{V}$，$R = 7\ \mathrm{k\Omega}$，$C = 0.47\ \mathrm{\mu F}$。电容 C 原先不带电荷。试求在将开关 S 合到位置 1 上瞬间电容和电阻上的电压 u_C 和 u_R 以及充电电流 i。经过多少时间后电容元件上的电压充电到 12.64 V？

3.3.2 有一 *RC* 放电电路（图 3.3.1 中的开关合到位置 2），电容元件上电压的初始值 $u_C(0_+) = U_0 = 20$ V，$R = 10$ kΩ，放电开始（$t = 0$）经 0.01 s 后，测得放电电流为 0.736 mA，试问电容值 *C* 为多少？

3.3.3 有一 *RC* 放电电路（同上题），放电开始（$t = 0$）时，电容电压为 10 V，放电电流为 1 mA，经过 0.1 s（约 5τ）后电流趋近于零。试求电阻 *R* 和电容 *C* 的数值，并写出放电电流 *i* 的表达式。

3.3.4 电路如图 3.3.8 所示，试求换路后的 u_C。设 $u_C(0) = 0$。

3.3.5 上题中如果 $u_C(0) = 2$ V 和 8 V，分别求 u_C。

3.3.6 常用万用表的"$R \times 1$ k"挡来检查电容器（电容量应较大）的质量。如在检查时发现下列现象，试解释之，并说明电容器的好坏：（1）指针满偏转；（2）指针不动；（3）指针很快偏转后又返回原刻度（∞）处；（4）指针偏转后不能返回原刻度处；（5）指针偏转后返回速度很慢。

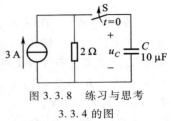

图 3.3.8　练习与思考
3.3.4 的图

3.3.7 试证明电容元件 *C* 通过电阻 *R* 放电，当电容电压降到初始值的一半时所需时间约为 0.7τ。

3.3.8 今有一电容元件 *C*，对 2.5 kΩ 的电阻 *R* 放电，如 $u_C(0_-) = U_0$，并经过 0.1 s 后电容电压降到初始值的 $\frac{1}{10}$，试求电容 *C*。

3.4　一阶线性电路暂态分析的三要素法

只含有一个储能元件或可等效为一个储能元件的线性电路，不论是简单的或复杂的，它的微分方程都是一阶常系数线性微分方程［见式（3.3.1）］。这种电路称为一阶线性电路。

上述的 *RC* 电路是一阶线性电路，电路的响应由稳态分量（包括零值）和暂态分量两部分相加而得，如写成一般式子，则为

$$f(t) = f'(t) + f''(t) = f(\infty) + Ae^{-\frac{t}{\tau}}$$

式中，$f(t)$ 是电流或电压，$f(\infty)$ 是稳态分量（即稳态值），$Ae^{-\frac{t}{\tau}}$ 是暂态分量。若初始值为 $f(0_+)$，则得 $A = f(0_+) - f(\infty)$。于是

$$f(t) = f(\infty) + [f(0_+) - f(\infty)]e^{-\frac{t}{\tau}} \tag{3.4.1}$$

这就是分析一阶线性电路暂态过程中任意变量的一般公式［式（3.3.8）中变量是 u_C］。只要求得 $f(0_+)$、$f(\infty)$ 和 τ 这三个"要素"，就能直接写出电路的响应（电流或电压）。至于电路响应的变化曲线，如图 3.4.1 所示，都是按指数规律变化的（增长或衰减）。下面举例说明三要素法的应用。

【例 3.4.1】 应用三要素法求例 3.3.4 中的 u_C。

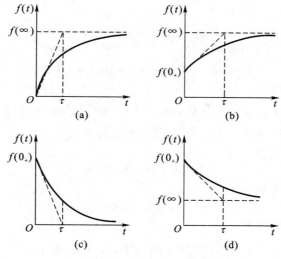

图 3.4.1 $f(t)$ 的变化曲线

（a）$f(0_+) = 0$；（b）$f(0_+) \neq 0$；（c）$f(\infty) = 0$；（d）$f(\infty) \neq 0$

【解】

（1）初始值

$$u_C(0_+) = \frac{R_2}{R_1 + R_2} U_1 = \frac{2}{1+2} \times 3 \text{ V} = 2 \text{ V}$$

（2）稳态值

$$u_C(\infty) = \frac{R_2}{R_1 + R_2} U_2 = \frac{2}{1+2} \times 5 \text{ V} = \frac{10}{3} \text{ V}$$

（3）时间常数

$$\tau = (R_1 /\!/ R_2) C = \frac{1 \times 2 \times 10^6}{(1+2) \times 10^3} \times 3 \times 10^{-6} \text{ s}$$

$$= 2 \times 10^{-3} \text{ s}$$

于是由式（3.4.1）可写出

$$u_C = \left[\frac{10}{3} + \left(2 - \frac{10}{3} \right) e^{-\frac{1}{2 \times 10^{-3}} t} \right] \text{ V}$$

$$= \left(\frac{10}{3} - \frac{4}{3} e^{-500t} \right) \text{ V}$$

【例 3.4.2】 在图 3.4.2 中，$U = 20$ V，$C = 4$ μF，$R = 50$ kΩ。在 $t = 0$ 时闭合 S_1，在 $t = 0.1$ s 时闭合 S_2，求 S_2 闭合后的电压 u_R。设 $u_C(0_-) = 0$。

【解】 在 $t = 0$ 时闭合 S_1 后，由式（3.3.4）

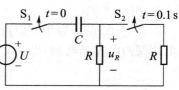

图 3.4.2 例 3.4.2 的图

得出

$$u_R = U\mathrm{e}^{-\frac{t}{\tau_1}} = 20\mathrm{e}^{-\frac{t}{0.2}} \ \mathrm{V}$$

式中

$$\tau_1 = RC = 50 \times 10^3 \times 4 \times 10^{-6} \ \mathrm{s} = 0.2 \ \mathrm{s}$$

在 $t = 0.1 \ \mathrm{s}$ 时

$$u_R(0.1 \ \mathrm{s}) = 20\mathrm{e}^{-\frac{0.1}{0.2}} \ \mathrm{V} = 20\mathrm{e}^{-0.5} \ \mathrm{V} = 20 \times 0.607 \ \mathrm{V} = 12.14 \ \mathrm{V}$$

在 $t = 0.1 \ \mathrm{s}$ 时闭合 S_2 后，可应用三要素法求 u_R：

（1）确定初始值

$$u_R(0.1 \ \mathrm{s}) = 12.14 \ \mathrm{V}$$

（2）确定稳态值

$$u_R(\infty) = 0$$

（3）确定时间常数

$$\tau_2 = \frac{R}{2}C = 25 \times 10^3 \times 4 \times 10^{-6} \ \mathrm{s} = 0.1 \ \mathrm{s}$$

于是可写出

$$u_R = u_R(\infty) + [u_R(0.1 \ \mathrm{s}) - u_R(\infty)]\mathrm{e}^{-\frac{t-0.1}{\tau_2}}$$

$$= [0 + (12.14 - 0)\mathrm{e}^{-\frac{t-0.1}{0.1}}] \ \mathrm{V} = 12.14\mathrm{e}^{-10(t-0.1)} \ \mathrm{V}$$

【例 3.4.3】 在图 3.4.3(a)所示的电容分压电路中，设 $u_{C_1}(0_-) = u_{C_2}(0_-) = 0$，试求 $t \geqslant 0$ 时的 u_{C_1} 或 u_{C_2}。

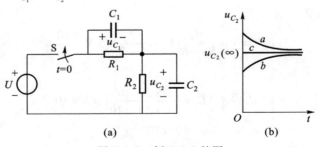

图 3.4.3 例 3.4.3 的图

【解】 一般来说，$u_C(0_+) = u_C(0_-)$，符合换路定则。但在某些情况下，例如本例题的电路换路后理想电压源与电容构成回路，电容电压 u_C 是可以跃变的。显然，换路后 $u_{C_1}(0_+)$ 或 $u_{C_2}(0_+)$ 不等于零；否则，就不符合基尔霍夫电压定律。

在 $t = 0_+$ 的电路中，应用基尔霍夫电压定律及两电容上电荷量相等（冲激电流使两电容充电）列出联立方程求初始值 $u_{C_1}(0_+)$ 和 $u_{C_2}(0_+)$：

$$\begin{cases} u_{C_1}(0_+) + u_{C_2}(0_+) = U \\ C_1 u_{C_1}(0_+) = C_2 u_{C_2}(0_+) \end{cases}$$

由此得

$$u_{C_1}(0_+) = \frac{C_2}{C_1 + C_2} U, \quad u_{C_2}(0_+) = \frac{C_1}{C_1 + C_2} U$$

可见在 $t = 0_+$ 时，电容电压发生跃变。

如用三要素法求 u_{C_2}，再求出

$$u_{C_2}(\infty) = \frac{U}{R_1 + R_2} R_2$$

$$\tau = \frac{R_1 R_2}{R_1 + R_2}(C_1 + C_2)$$

故

$$u_{C_2} = \frac{R_2}{R_1 + R_2} U + \left(\frac{C_1}{C_1 + C_2} U - \frac{R_2}{R_1 + R_2} U \right) e^{-\frac{t}{\tau}}$$

这里有三种情况：

a. $\dfrac{C_1}{C_1 + C_2} > \dfrac{R_2}{R_1 + R_2}$

b. $\dfrac{C_1}{C_1 + C_2} < \dfrac{R_2}{R_1 + R_2}$

c. $\dfrac{C_1}{C_1 + C_2} = \dfrac{R_2}{R_1 + R_2}$

其曲线如图 3.4.3(b) 所示。第三种情况是换路后立即进入稳定状态，不发生暂态过程，一般电容分压式衰减器就是这种情况。

【练习与思考】

3.4.1 试用三要素法写出图 3.4.4 所示指数曲线的表达式 u_C。

3.4.2 试用三要素法计算图 3.4.5 所示电路在 $t \geq 0$ 时的 u_C。

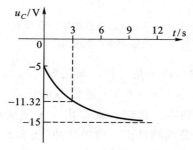

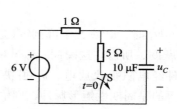

图 3.4.4 练习与思考 3.4.1 的图   图 3.4.5 练习与思考 3.4.2 的图

3.5   微分电路与积分电路

本节所讲的微分电路与积分电路是指电容元件充放电的 RC 电路，但与 3.3 节所讲的电路不同，这里是矩形脉冲激励，并且可以选取不同的电路的时间常数而构成输出电压波形和输入电压波形之间的特定（微分或积分）的关系。

3.5.1   微分电路

图 3.5.1 所示是 RC 微分电路（设电路处于零状态）。输入的是矩形脉冲电压 u_1（图 3.5.2），在电阻 R 两端输出的电压为 u_2。设 $R = 20 \text{ k}\Omega$，$C = 100 \text{ pF}$，u_1 的幅值 $U = 6 \text{ V}$，脉冲宽度 $t_p = 50 \text{ μs}$。由此可得电路的时间常数

$$\tau = RC = 20 \times 10^3 \times 100 \times 10^{-12} \text{ s} = 2 \times 10^{-6} \text{ s} = 2 \text{ μs}$$

$\tau \ll t_p$。

在 $t = 0$ 时，u_1 从零突然上升到 6 V，即 $u_1 = U = 6 \text{ V}$，开始对电容元件充电。由于电容元件两端电压不能跃变，在这瞬间它相当于短路（$u_C = 0$），所以 $u_2 = U = 6 \text{ V}$。因为 $\tau \ll t_p$，相对于 t_p 而言，充电很快，u_C 很快增长到 U 值；与此同时，u_2 很快衰减到零值。这样，在电阻两端就输出一个正尖脉冲（图 3.5.2）。

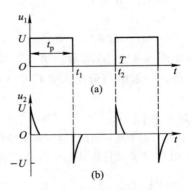

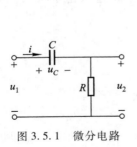

图 3.5.1   微分电路

图 3.5.2   微分电路的输入电压和
输出电压的波形

在 $t = t_1$ 时，u_1 突然下降到零（这时输入端不是开路，而是短路），也由于 u_C 不能跃变，所以在这瞬间，$u_2 = -u_C = -U = -6 \text{ V}$，极性与前相反。而后电容元件经电阻很快放电，$u_2$ 很快衰减到零。这样，就输出一个负尖脉冲。如果输入的是周期性矩形脉冲，则输出的是周期性正、负尖脉冲（图 3.5.2）。

比较 u_1 和 u_2 的波形，可看到在 u_1 的上升跃变部分，$u_2 = U = 6 \text{ V}$，此时正

值最大；在 u_1 的平直部分，$u_2 \approx 0$；在 u_1 的下降跃变部分，$u_2 = -U = -6\,\mathrm{V}$，此时负值最大。这种输出尖脉冲反映了输入矩形脉冲的跃变部分，是对矩形脉冲微分的结果。因此这种电路称为微分电路。

RC 微分电路具有两个条件：（1）$\tau \ll t_\mathrm{p}$（一般 $\tau < 0.2t_\mathrm{p}$）；（2）从电阻端输出。

在脉冲电路中，常应用微分电路把矩形脉冲变换为尖脉冲，作为触发信号。

3.5.2　积分电路

微分和积分在数学上是矛盾的两个方面，同样，微分电路和积分电路也是矛盾的两个方面。虽然它们都是 RC 串联电路，但是，当条件不同时，所得结果也就相反。如上面所述，微分电路必须具有（1）$\tau \ll t_\mathrm{p}$ 和（2）从电阻端输出两个条件。如果条件变为：（1）$\tau \gg t_\mathrm{p}$；（2）从电容器两端输出。这样，电路就转化为积分电路了[图 3.5.3(a)]。

图 3.5.3(b)所示是积分电路的输入电压 u_1 和输出电压 u_2 的波形。由于 $\tau \gg t_\mathrm{p}$，电容器缓慢充电，其上的电压在整个脉冲持续时间内缓慢增长，当还未增长到趋近稳定值时，脉冲已告终止($t = t_1$)。以后电容器经电阻缓慢放电，电容器上电压也缓慢衰减①。在输出端输出一个锯齿波电压。时间常数 τ 越大，充放电越是缓慢，所得锯齿波电压的线性也就越好。

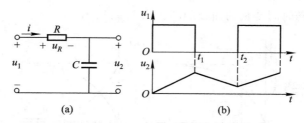

图 3.5.3　积分电路及输入电压和输出电压的波形

从图 3.5.3(b)的波形上看，u_2 是对 u_1 积分的结果。因此这种电路称为积分电路。

在脉冲电路中，可应用积分电路把矩形脉冲变换为锯齿波电压，作扫描等用。

---

① 经过若干周期之后，充电时电压的初始值和放电时电压的初始值在一定的数值下稳定下来。参见秦曾煌编《电工学学习指导》例 6.13，高等教育出版社，1994 年。

3.6 *RL* 电路的响应

3.6.1 *RL* 电路的零状态响应

图 3.6.1 所示是一 *RL* 串联电路。在 $t=0$ 时将开关 S 合到位置 1 上，电路即与一恒定电压为 U 的电压源接通，其中电流为 i。

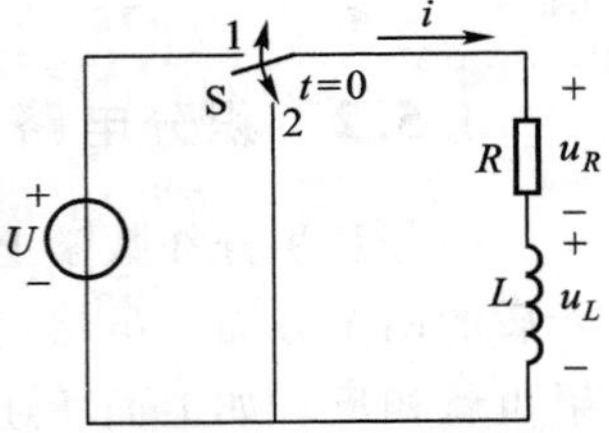

在换路前电感元件未储有能量，$i(0_-) = i(0_+) = 0$，即电路处于零状态。

根据基尔霍夫电压定律，列出 $t \geqslant 0$ 时电路的微分方程

$$U = Ri + L\frac{\mathrm{d}i}{\mathrm{d}t} \qquad (3.6.1)$$

参照 3.3.1 节，可知其通解为

$$i = \frac{U}{R} - \frac{U}{R}\mathrm{e}^{-\frac{R}{L}t} = \frac{U}{R}(1 - \mathrm{e}^{-\frac{t}{\tau}}) \qquad (3.6.2)$$

也是由稳态分量和暂态分量相加而得。电路的时间常数为

$$\tau = \frac{L}{R}$$

它也具有时间的量纲[①]。

所求电流随时间变化的曲线如图 3.6.2(a)所示。

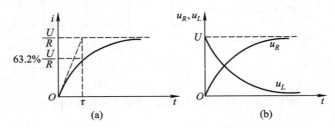

图 3.6.2 *RL* 电路零状态响应

(a) i 变化曲线；(b) u_R 和 u_L 变化曲线

由式(3.6.2)可得出 $t \geqslant 0$ 时电阻元件和电感元件上的电压

$$u_R = Ri = U(1 - \mathrm{e}^{-\frac{t}{\tau}}) \qquad (3.6.3)$$

---

① 电感的单位是亨(H)，即欧·秒($\Omega \cdot$s)[见式(3.1.4)]，因此 τ 的单位是：$\dfrac{\Omega \cdot \mathrm{s}}{\Omega} = \mathrm{s}$。

图 3.6.1 *RL* 电路

$$u_L = L\frac{\mathrm{d}i}{\mathrm{d}t} = U\mathrm{e}^{-\frac{t}{\tau}} \tag{3.6.4}$$

它们随时间变化的曲线如图 3.6.2(b) 所示。在稳态时，电感元件相当于短路，其上电压为零，所以电阻元件上的电压就等于电源电压。

【**例 3.6.1**】　如图 3.6.1 所示的 *RL* 串联电路，已知 $R = 50\ \Omega$，$L = 10\ \mathrm{H}$，$U = 100\ \mathrm{V}$，当 $t = 0$ 时将开关 S 合到位置 1 上，试求：（1）$t \geqslant 0$ 时的 i，u_R 和 u_L；（2）$t = 0.5\ \mathrm{s}$ 时的电流 i；（3）出现 $u_R = u_L$ 的时间；（4）电感储能。

【**解**】　（1）$\tau = \dfrac{L}{R} = \dfrac{10}{50}\ \mathrm{s} = 0.2\ \mathrm{s}$

由式（3.6.2）、（3.6.3）及（3.6.4）可得：

$$i = \frac{100}{50}(1 - \mathrm{e}^{-\frac{t}{0.2}})\ \mathrm{A} = 2(1 - \mathrm{e}^{-5t})\ \mathrm{A}$$

$$u_R = 100(1 - \mathrm{e}^{-5t})\ \mathrm{V}$$

$$u_L = 100\mathrm{e}^{-5t}\ \mathrm{V}$$

（2）$t = 0.5\ \mathrm{s}$ 时

$$i = 2(1 - \mathrm{e}^{-5 \times 0.5})\ \mathrm{A} = 2(1 - \mathrm{e}^{-2.5})\ \mathrm{A} = 2(1 - 0.082)\ \mathrm{A} = 1.84\ \mathrm{A}$$

（3）　　　　　　　　　$u_R + u_L = U = 100\ \mathrm{V}$

当 $u_R = u_L$ 时，$u_R = u_L = 50\ \mathrm{V}$，于是

$$50 = 100\mathrm{e}^{-5t}$$

$$\mathrm{e}^{-5t} = 0.5$$

$$5t = 0.693$$

$$t = 0.139\ \mathrm{s}$$

（4）电感储能

$$W_L = \int_0^\infty u_L i\mathrm{d}t = \int_0^\infty 100\mathrm{e}^{-5t} \times 2(1 - \mathrm{e}^{-5t})\mathrm{d}t$$

$$= \int_0^\infty 200(\mathrm{e}^{-5t} - \mathrm{e}^{-10t})\mathrm{d}t = 20\ \mathrm{J}$$

3.6.2　*RL* 电路的零输入响应

如果在图 3.6.1 中，电路接通电源后，当其中电流 i 达到 I_0 时，即将开关 S 从位置 1 合到 2，使电路脱离电源，输入为零。电流初始值 $i(0_+) = I_0$[①]。

———————————————

① 若换路前电路已处于稳态，则 $I_0 = \dfrac{U}{R}$。

$t \geqslant 0$ 时电路的微分方程

$$Ri + L\frac{\mathrm{d}i}{\mathrm{d}t} = 0 \qquad (3.6.5)$$

参照 3.3.2 节，可知其通解为

$$i = I_0 \mathrm{e}^{-\frac{R}{L}t} = I_0 \mathrm{e}^{-\frac{t}{\tau}} \qquad (3.6.6)$$

式中

$$\tau = \frac{L}{R}$$

i 随时间变化的曲线如图 3.6.3(a)所示。

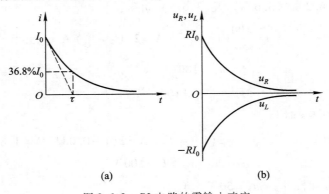

(a)   (b)

图 3.6.3 RL 电路的零输入响应

(a) 电流 i 的变化曲线；(b) 电压 u_R 和 u_L 的变化曲线

由式(3.6.6) 可得出 $t \geqslant 0$ 时电阻元件和电感元件上的电压，它们分别为

$$u_R = Ri = RI_0 \mathrm{e}^{-\frac{t}{\tau}} \qquad (3.6.7)$$

$$u_L = L\frac{\mathrm{d}i}{\mathrm{d}t} = -RI_0 \mathrm{e}^{-\frac{t}{\tau}} \qquad (3.6.8)$$

其变化曲线如图 3.6.3(b)所示。

【例 3.6.2】 在图 3.6.4 中，RL 是一线圈，和它并联一个二极管 D。设二极管的正向电阻为零，反向电阻为无穷大。试问二极管在此起何作用？

【解】 在正常工作开关 S 闭合时，电流只通过线圈。当 S 断开时，由于线圈中产生自感电动势，它维持电流 i 经二极管 D 在原方向流动而逐渐衰减为零。在此，二极管起续流作用。

如无二极管与线圈并联，当将 S 断开时，线圈中产生很高的自感电动势，它可能将开关两触点之间的空气击穿而造成电

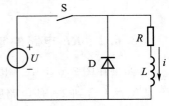

图 3.6.4 例 3.6.2 的图

弧以延缓电流的中断，开关触点因而被烧坏。此外，很高的电动势对线圈的绝缘和人身安全也都是不利的。并联上二极管后，线圈两端电压接近于零，起保护作用。

对此也要一分为二，有时也可以利用。例如在汽车点火上，利用拉开开关时电感线圈产生的高电压击穿火花间隙，产生电火花而将汽缸点燃。

3.6.3 *RL* 电路的全响应

在图 3.6.5 所示电路中，电源电压为 U，$i(0_-) = I_0$。当将开关闭合时，即和图 3.6.1 一样，是一 *RL* 串联电路。

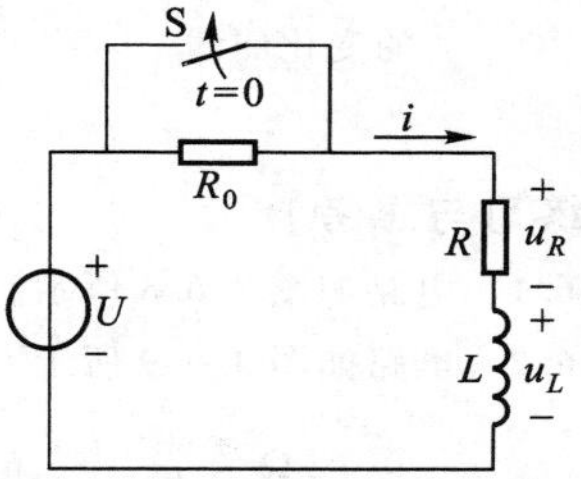

$t \geqslant 0$ 时电路的微分方程和式（3.6.1）相同，参照 3.3.1 节，可知其通解为

$$i = \frac{U}{R} + \left(I_0 - \frac{U}{R} \right) \mathrm{e}^{-\frac{R}{L}t} \qquad (3.6.9)$$

式中，右边第一项为稳态分量，第二项为暂态分量。两者相加即为全响应 i。

图 3.6.5 *RL* 电路的全响应

可见，式（3.6.9）的一般式子就是式（3.4.1）。因此，三要素法可以同样应用于一阶 *RL* 线性电路，由它直接得出上式。

式（3.6.9）经改写后得出

$$i = I_0 \mathrm{e}^{-\frac{t}{\tau}} + \frac{U}{R} \left(1 - \mathrm{e}^{-\frac{t}{\tau}} \right) \qquad (3.6.10)$$

式中，右边第一项即为式（3.6.6），是零输入响应；第二项即为式（3.6.2），是零状态响应。两者叠加即为全响应 i。

【例 3.6.3】 在图 3.6.6 中，如在稳定状态下 R_1 被短路，试问短路后经多少时间电流才达到 15 A？

图 3.6.6 例 3.6.3 的图

【解】 先应用三要素法求 i。

（1）确定 i 的初始值

$$i(0_+) = \frac{U}{R_1 + R_2} = \frac{220}{8 + 12} \ \mathrm{A} = 11 \ \mathrm{A}$$

（2）确定 i 的稳态值

$$i(\infty) = \frac{U}{R_2} = \frac{220}{12} \ \mathrm{A} = 18.3 \ \mathrm{A}$$

（3）确定电路的时间常数

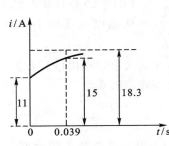

图 3.6.7　例 3.6.3 中电流
的变化曲线

$$\tau = \frac{L}{R_2} = \frac{0.6}{12} \text{ s} = 0.05 \text{ s}$$

于是根据式(3.4.1)可写出

$$i = [18.3 + (11 - 18.3)e^{-\frac{1}{0.05}t}] \text{ A} = (18.3 - 7.3e^{-20t}) \text{ A}$$

当电流到达 15 A 时

$$15 \text{ A} = (18.3 - 7.3e^{-20t}) \text{ A}$$

所经过的时间为

$$t = 0.039 \text{ s}$$

电流 i 的变化曲线如图 3.6.7 所示。

【练习与思考】

3.6.1　电路如图 3.6.8 所示，试求 $t \geq 0$ 时的电流 i_L。开关闭合前电感未储能。

3.6.2　电路如图 3.6.9 所示，试求 $t \geq 0$ 时的电流 i_L 和电压 u_L。开关闭合前电感未储能。

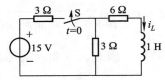

图 3.6.8　练习与思考 3.6.1 的图

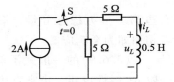

图 3.6.9　练习与思考 3.6.2 的图

3.6.3　电路如图 3.6.10 所示，试求 $t \geq 0$ 时的电流 i_L 和电压 u_L。换路前电路已处于稳态。

3.6.4　有一台直流电动机，它的励磁线圈的电阻为 50 Ω，当加上额定励磁电压经过 0.1 s 后，励磁电流增长到稳态值的 63.2%。试求线圈的电感。

3.6.5　一个线圈的电感 $L = 0.1$ H，通有直流 $I = 5$ A，现将此线圈短路，经过 $t = 0.01$ s 后，线圈中电流减小到初始值的 36.8%。试求线圈的电阻 R。

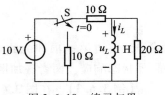

图 3.6.10　练习与思考 3.6.3 的图

习　　题

A　选　择　题

3.1.1　在直流稳态时，电感元件上(　　)。

(1) 有电流，有电压　(2) 有电流，无电压　(3) 无电流，有电压

3.1.2　在直流稳态时，电容元件上(　　)。

(1) 有电压，有电流　(2) 有电压，无电流　(3) 无电压，有电流

3.2.1 在图 3.01 中，开关 S 闭合前电路已处于稳态，试问闭合开关 S 的瞬间，$u_L(0_+)$ 为
（　　）。

（1）0 V　（2）100 V　（3）63.2 V

3.2.2 在图 3.02 中，开关 S 闭合前电路已处于稳态，试问闭合开关瞬间，初始值 $i_L(0_+)$
和 $i(0_+)$ 分别为（　　）。

（1）0 A，1.5 A　（2）3 A，3 A　（3）3 A，1.5 A

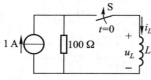

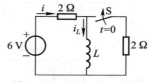

图 3.01　习题 3.2.1 的图　　　　　　图 3.02　习题 3.2.2 的图

3.2.3 在图 3.03 中，开关 S 闭合前电路已处于稳态，试问闭合开关瞬间，电流初始值
$i(0_+)$ 为（　　）。

（1）1 A　（2）0.8 A　（3）0 A

3.2.4 在图 3.04 中，开关 S 闭合前电容元件和电感元件均未储能，试问闭合开关瞬间发
生跃变的是（　　）。

（1）i 和 i_1　（2）i 和 i_3　（3）i_2 和 u_C

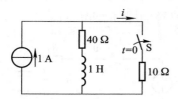

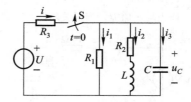

图 3.03　习题 3.2.3 的图　　　　　　图 3.04　习题 3.2.4 的图

3.3.1 在电路的暂态过程中，电路的时间常数 τ 愈大，则电流和电压的增长或衰减就（　　）。

（1）愈快　（2）愈慢　（3）无影响

3.3.2 电路的暂态过程从 $t=0$ 大致经过（　　）时间，就认为到达稳定状态了。

（1）τ　（2）$(3\sim5)\tau$　（3）10τ

3.6.1 RL 串联电路的时间常数 τ 为（　　）。

（1）RL　（2）$\dfrac{L}{R}$　（3）$\dfrac{R}{L}$

3.6.2 在图 3.05 所示电路中，在开关 S 闭合前电路已处于
稳态。当开关闭合后，（　　）。

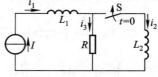

图 3.05　习题 3.6.2 的图

（1）i_1，i_2，i_3 均不变　（2）i_1 不变，i_2 增长为 i_1，i_3 衰减为零

（3）i_1 增长，i_2 增长，i_3 不变

B　基　本　题

3.2.5 图 3.06 所示各电路在换路前都处于稳态，试求换路后电流 i 的初始值 $i(0_+)$ 和稳态

值 $i(\infty)$。

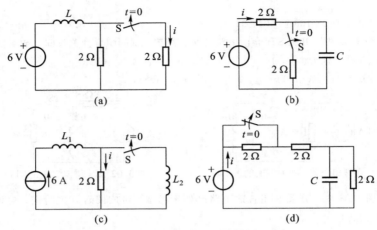

图 3.06　习题 3.2.5 的图

3.3.3　在图 3.07 所示电路中，$u_C(0_-)=0$。试求：（1）$t \geqslant 0$ 时的 u_C 和 i；（2）u_C 到达 5 V 所需时间。

3.3.4　在图 3.08 中，$U=20$ V，$R_1=12$ kΩ，$R_2=6$ kΩ，$C_1=10$ μF，$C_2=20$ μF。电容元件原先均未储能。当开关闭合后，试求两串联电容元件两端的电压 u_C。

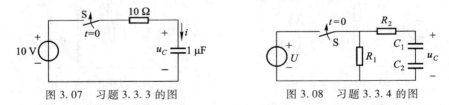

图 3.07　习题 3.3.3 的图　　　　　　　图 3.08　习题 3.3.4 的图

3.3.5　在图 3.09 中，$I=10$ mA，$R_1=3$ kΩ，$R_2=3$ kΩ，$R_3=6$ kΩ，$C=2$ μF。在开关 S 闭合前电路已处于稳态。求在 $t \geqslant 0$ 时 u_C 和 i_1，并作出它们随时间的变化曲线。

3.3.6　电路如图 3.10 所示，在开关闭合前电路已处于稳态，求开关闭合后的电压 u_C。

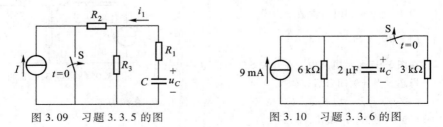

图 3.09　习题 3.3.5 的图　　　　　　　图 3.10　习题 3.3.6 的图

3.3.7　有一线性无源二端网络 N[图 3.11（a）]，其中储能元件未储有能量，当输入电流 i[其波形如图 3.11（b）所示]后，其两端电压 u 的波形如图 3.11（c）所示。（1）写出 u 的指数表达式；（2）画出该网络的电路，并确定元件的参数值。

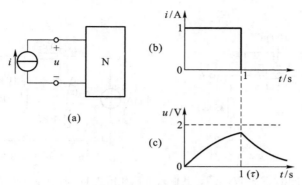

图 3.11　习题 3.3.7 的图

3.4.1 电路如图 3.12 所示，$u_C(0_-) = U_0 = 40\text{ V}$，试问闭合开关 S 后需多长时间 u_C 才能增长到 80 V？

3.4.2 电路如图 3.13 所示，$u_C(0_-) = 10\text{ V}$，试求 $t \geq 0$ 时的 u_C 和 u_O，并画出它们的变化曲线。

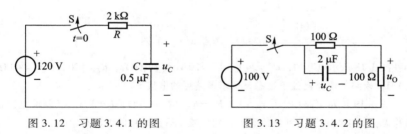

图 3.12　习题 3.4.1 的图　　　　　图 3.13　习题 3.4.2 的图

3.4.3 在图 3.14(a) 所示的电路中，u 为一阶跃电压，如图 3.14(b) 所示①，试求 i_3 和 u_C。设 $u_C(0_-) = 1\text{ V}$。

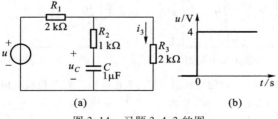

图 3.14　习题 3.4.3 的图

3.4.4 电路如图 3.15 所示，求 $t \geq 0$ 时(1)电容电压 u_C，(2)B 点电位 v_B 和 A 点电位 v_A 的变化规律。换路前电路处于稳态。

3.4.5 电路如图 3.16 所示，换路前已处于稳态，试求换路后($t \geq 0$)的 u_C。

———————————

① $u = \begin{cases} 0, & t < 0 \\ U, & t > 0 \end{cases}$

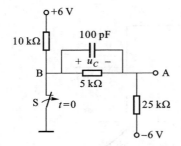

图 3.15   习题 3.4.4 的图

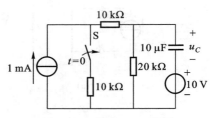

图 3.16   习题 3.4.5 的图

3.4.6   有一 RC 电路[图 3.17(a)]，其输入电压如图 3.17(b)所示。设脉冲宽度 $T = RC$。试求负脉冲的幅值 U_- 等于多大才能在 $t = 2T$ 时使 $u_C = 0$。设 $u_C(0) = 0$。

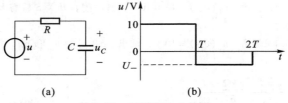

(a)   (b)

图 3.17   习题 3.4.6 的图

3.6.3   在图 3.18 所示电路中，$U_1 = 24\,\text{V}$，$U_2 = 20\,\text{V}$，$R_1 = 60\,\Omega$，$R_2 = 120\,\Omega$，$R_3 = 40\,\Omega$，$L = 4\,\text{H}$。换路前电路已处于稳态，试求换路后的电流 i_L。

3.6.4   在图 3.19 所示电路中，$U = 15\,\text{V}$，$R_1 = R_2 = R_3 = 30\,\Omega$，$L = 2\,\text{H}$。换路前电路已处于稳态，试求当将开关 S 从位置 1 合到位置 2 后 $(t \geqslant 0)$ 的电流 i_L，i_2，i_3。

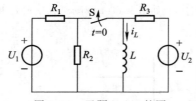

图 3.18   习题 3.6.3 的图

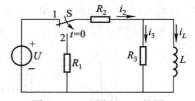

图 3.19   习题 3.6.4 的图

3.6.5   在图 3.20 中，RL 为电磁铁线圈，R′为泄放电阻，R_1 为限流电阻。当电磁铁未吸合时，时间继电器的触点 KT 是闭合的，R_1 被短接，使电源电压全部加在电磁铁线圈上以增大吸力。当电磁铁吸合后，触点 KT 断开，将电阻 R_1 接入电路以减小线圈中的电流。试求触点 KT 断开后线圈中的电流 i_L 的变化规律。设 $U = 200\,\text{V}$，$L = 25\,\text{H}$，$R = 50\,\Omega$，$R_1 = 50\,\Omega$，$R' = 500\,\Omega$。

3.6.6   电路如图 3.21 所示，试用三要素法求 $t \geqslant 0$ 时的 i_1，i_2 及 i_L。换路前电路处于稳态。

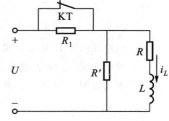

图 3.20   习题 3.6.5 的图

3.6.7 当具有电阻 $R = 1\ \Omega$ 及电感 $L = 0.2\ H$ 的电磁继电器线圈（图 3.22）中的电流 $i = 30\ A$ 时，继电器立即动作而将电源切断。设负载电阻和线路电阻分别为 $R_L = 20\ \Omega$ 和 $R_l = 1\ \Omega$，直流电源电压 $U = 220\ V$，试问当负载被短路后，需要经过多少时间继电器才能将电源切断？

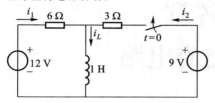

图 3.21　习题 3.6.6 的图

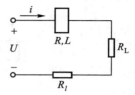

图 3.22　习题 3.6.7 的图

C　拓　宽　题

3.3.8 图 3.23 所示电路为一测子弹速度的设备示意图。如已知 $U = 100\ V$，$R = 6\ k\Omega$，$C = 0.1\ \mu F$，$l = 3\ m$。设测速时电路已处于稳态，子弹先将开关 S_1 打开，经一段路程 l 飞至 $S_2 - S_3$ 连锁开关，将 S_2 打开，S_3 同时闭合，使电容器 C 和电荷测定计 G 连上，若此时测出的电容电荷 Q 为 $3.45\ \mu C$，试求子弹速度。

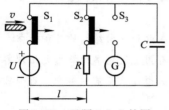

图 3.23　习题 3.3.8 的图

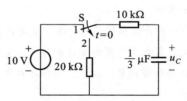

图 3.24　习题 3.4.7 的图

3.4.7 在图 3.24 中，开关 S 先合在位置 1，电路处于稳态。$t = 0$ 时，将开关从位置 1 合到位置 2，试求 $t = \tau$ 时 u_C 之值。在 $t = \tau$ 时，又将开关合到位置 1，试求 $t = 2 \times 10^{-2}\ s$ 时 u_C 之值。此时再将开关合到 2，作出 u_C 的变化曲线。充电电路和放电电路的时间常数是否相等？

3.6.8 在图 3.25 中，$R_1 = 2\ \Omega$，$R_2 = 1\ \Omega$，$L_1 = 0.01\ H$，$L_2 = 0.02\ H$，$U = 6\ V$。（1）试求 S_1 闭合后电路中电流 i_1 和 i_2 的变化规律；（2）当 S_1 闭合后电路到达稳定状态时再闭合 S_2，试求 i_1 和 i_2 的变化规律。

3.6.9 电路如图 3.26 所示，在换路前已处于稳态。当将开关从位置 1 合到位置 2 后，试求 i_L 和 i，并作出它们的变化曲线。

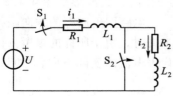

图 3.25　习题 3.6.8 的图

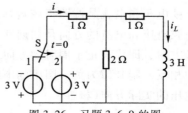

图 3.26　习题 3.6.9 的图

第4章

正弦交流电路

所谓正弦交流电路，是指含有正弦电源(激励)而且电路各部分所产生的电压和电流(响应)均按正弦规律变化的电路。交流发电机中所产生的电动势和正弦信号发生器所输出的信号电压，都是随时间按正弦规律变化的。它们是常用的正弦电源。在生产上和日常生活中所用的交流电，一般都是指正弦交流电。因此，正弦交流电路是电工学中很重要的一个部分。对本章中所讨论的一些基本概念、基本理论和基本分析方法，应很好地掌握，并能运用，为后面学习交流电机、电器及电子技术打下理论基础。

分析与计算正弦交流电路，主要是确定不同参数和不同结构的各种正弦交流电路中电压与电流之间的关系和功率。交流电路具有用直流电路的概念无法理解和无法分析的物理现象，因此，在学习本章的时候，必须建立交流的概念，否则容易引起错误。

在不少实际应用中，例如在后面将讲述的电子电路中，我们还会遇到这样的电压或电流，它们虽然是周期性变化的，但不是正弦量。对此，也可以把它们分解为恒定分量和一系列频率不同的正弦分量来分析。

4.1 正弦电压与电流

前面3章分析的是直流电路，除在换路瞬间，其中电流和电压的大小与方向(或电压的极性)是不随时间而变化的，如图4.1.1所示。

正弦电压和电流是按照正弦规律周期性变化的，其波形如图4.1.2所示。由于正弦电压和电流的方向是周期性变化的，在电路图上所标的方向是指它们的参考方向，即代表正半周时的方向。在负半周时，由于所标的参考方向与实际方向相反，则其值为负。图中的虚线箭标代表电流的实际方向；"⊕"，"⊖"代表电压的实际方向(极性)。

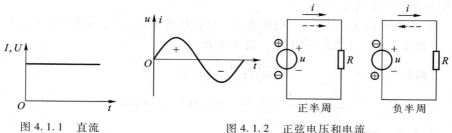

图 4.1.1 直流   图 4.1.2 正弦电压和电流

正弦电压和电流等物理量，常统称为正弦量。正弦量的特征表现在变化的快慢、大小及初始值三个方面，而它们分别由频率（或周期）、幅值（或有效值）和初相位来确定。所以频率、幅值和初相位就称为确定正弦量的三要素，今分述于后。

4.1.1 频率与周期

正弦量变化一次所需的时间（秒）称为周期 T。每秒内变化的次数称为频率 f，它的单位是赫［兹］（Hz）。

频率是周期的倒数，即

$$f = \frac{1}{T} \tag{4.1.1}$$

在我国和大多数国家都采用 50 Hz 作为电力标准频率，有些国家（如美国、日本等）采用 60 Hz。这种频率在工业上应用广泛，习惯上也称为工频。通常的交流电动机和照明负载都用这种频率。

在其他各种不同的技术领域内使用着各种不同的频率。例如，高频炉的频率是 200～300 kHz；中频炉的频率是 500～8 000 Hz；高速电动机的频率是 150～2 000 Hz；通常收音机中波段的频率是 530～1 600 kHz，短波段是 2.3～23 MHz；移动通信的频率是 900 MHz 和 1 800 MHz；在无线通信中使用的频率可高达 300 GHz。[①]

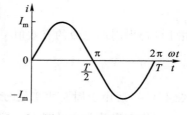

图 4.1.3 正弦波形

正弦量变化的快慢除用周期和频率表示外，还可用角频率 ω 来表示。因为一周期内经历了 2π 弧度（图 4.1.3），所以角频率为

$$\omega = \frac{2\pi}{T} = 2\pi f \tag{4.1.2}$$

---

① GHz 称为吉赫，1 GHz $= 10^9$ Hz。

它的单位是弧度每秒(rad/s)。

　　上式表示 T，f，ω 三者之间的关系，只要知道其中之一，则其余均可求出。

　　【例 4.1.1】　已知 $f = 50$ Hz，试求 T 和 ω。

　　【解】
$$T = \frac{1}{f} = \frac{1}{50}\, \text{s} = 0.02\ \text{s}$$

$$\omega = 2\pi f = 2 \times 3.14 \times 50\ \text{rad/s} = 314\ \text{rad/s}$$

4.1.2　幅值与有效值

　　正弦量在任一瞬间的值称为瞬时值，用小写字母来表示，如 i，u 及 e 分别表示电流、电压及电动势的瞬时值。瞬时值中最大的值称为幅值或最大值，用带下标 m 的大写字母来表示，如 I_m，U_m 及 E_m 分别表示电流、电压及电动势的幅值。

　　图 4.1.3 所示是正弦电流的波形，它的数学表达式为

$$i = I_m \sin \omega t \tag{4.1.3}$$

　　正弦电流、电压和电动势的大小往往不是用它们的幅值，而是常用有效值(均方根值)来计量的。

　　有效值是从电流的热效应来规定的，因为在电工技术中，电流常表现出其热效应。不论是周期性变化的电流还是直流电流，只要它们在相等的时间内通过同一电阻而两者的热效应相等，就把它们的安[培]值看作是相等的。就是说，某一个周期电流 i 通过电阻 R(譬如电阻炉)在一个周期内产生的热量，和另一个直流电流 I 通过同样大小的电阻在相等的时间内产生的热量相等，那么这个周期性变化的电流 i 的有效值在数值上就等于这个直流电流 I。

　　根据上述，可得

$$\int_0^T R i^2 \mathrm{d}t = R I^2 T$$

由此可得出周期电流的有效值

$$I = \sqrt{\frac{1}{T} \int_0^T i^2 \mathrm{d}t} \tag{4.1.4}$$

式(4.1.4)适用于周期性变化的量，但不能用于非周期量。

　　当周期电流为正弦量时，即 $i = I_m \sin \omega t$，则

$$I = \sqrt{\frac{1}{T} \int_0^T I_m^2 \sin^2 \omega t\, \mathrm{d}t}$$

因为

$$\int_0^T \sin^2 \omega t\, \mathrm{d}t = \int_0^T \frac{1 - \cos 2\omega t}{2} \mathrm{d}t = \frac{1}{2} \int_0^T \mathrm{d}t - \frac{1}{2} \int_0^T \cos 2\omega t\, \mathrm{d}t$$

$$= \frac{T}{2} - 0 = \frac{T}{2}$$

所以

$$I = \sqrt{\frac{1}{T} I_{\mathrm{m}}^2 \frac{T}{2}} = \frac{I_{\mathrm{m}}}{\sqrt{2}} \qquad (4.1.5)$$

如果考虑到周期电流 i 是作用在电阻 R 两端的周期电压 u 产生的，则由式 (4.1.4) 就可推得周期电压的有效值。

$$U = \sqrt{\frac{1}{T} \int_0^T u^2 \, \mathrm{d}t}$$

当周期电压为正弦量时，即 $u = U_{\mathrm{m}} \sin \omega t$，则

$$U = \frac{U_{\mathrm{m}}}{\sqrt{2}} \qquad (4.1.6)$$

同理

$$E = \frac{E_{\mathrm{m}}}{\sqrt{2}}$$

按照规定，有效值都用大写字母表示，和表示直流的字母一样。

一般所讲的正弦电压或电流的大小，例如交流电压 380 V 或 220 V，都是指它的有效值。一般交流电流表和电压表的刻度也是根据有效值来定的。

【例 4.1.2】 已知 $u = U_{\mathrm{m}} \sin \omega t$，$U_{\mathrm{m}} = 310$ V，$f = 50$ Hz，试求有效值 U 和 $t = \frac{1}{10}$ s 时的瞬时值。

【解】
$$U = \frac{U_{\mathrm{m}}}{\sqrt{2}} = \frac{310}{\sqrt{2}} \text{ V} = 220 \text{ V}$$

$$u = U_{\mathrm{m}} \sin 2\pi f t = 310 \sin \frac{100\pi}{10} = 0$$

4.1.3 初相位 ψ

正弦量是随时间而变化的，要确定一个正弦量还须从计时起点（$t = 0$）上看。所取的计时起点不同，正弦量的初始值（$t = 0$ 时的值）就不同，到达幅值或某一特定值所需的时间也就不同。

正弦量可用下式表示为

$$i = I_{\mathrm{m}} \sin \omega t \qquad (4.1.7)$$

其波形如图 4.1.3 所示。它的初始值为零。

正弦量也可用下式表示为

$$i = I_{\mathrm{m}} \sin (\omega t + \psi) \qquad (4.1.8)$$

其波形如图 4.1.4 所示。在这种情况下，初始值 $i_0 = I_{\mathrm{m}} \sin \psi$，不等于零。

上两式中的角度 ωt 和 $(\omega t + \psi)$ 称为正弦量的相位角或相位，它反映出正弦量变化的进程。当相位角随时间连续变化时，正弦量的瞬时值随之作连续变化。

$t = 0$ 时的相位角称为初相位角或初相位。在式 (4.1.7) 中初相位为零；在式 (4.1.8) 中初相位为 ψ。因此，所取计时起点不同，正弦量的初相位不同，其初始值也就不同。

在一个正弦交流电路中，电压 u 和电流 i 的频率是相同的，但初相位不一定相同，例如图 4.1.5 所示。图中 u 和 i 的波形可用下式表示

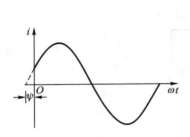
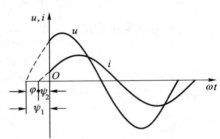

图 4.1.4　初相位不等于零的正弦波形　　　　图 4.1.5　u 和 i 的初相位不相等

$$\left. \begin{array}{l} u = U_{\mathrm{m}} \sin \left(\omega t + \psi_1 \right) \\ i = I_{\mathrm{m}} \sin \left(\omega t + \psi_2 \right) \end{array} \right\} \tag{4.1.9}$$

它们的初相位分别为 ψ_1 和 ψ_2。

两个同频率正弦量的相位角之差或初相位角之差，称为相位角差或相位差，用 φ 表示。在式 (4.1.9) 中，u 和 i 的相位差为

$$\varphi = \left(\omega t + \psi_1 \right) - \left(\omega t + \psi_2 \right) = \psi_1 - \psi_2 \tag{4.1.10}$$

当两个同频率正弦量的计时起点 ($t = 0$) 改变时，它们的相位和初相位即跟着改变，但是两者之间的相位差仍保持不变。

由图 4.1.5 所示的正弦波形可见，因为 u 和 i 的初相位不同 (不同相)，所以它们的变化步调是不一致的，即不是同时到达正的幅值或零值。图中，$\psi_1 > \psi_2$，所以 u 较 i 先到达正的幅值。这时就说，在相位上 u 比 i 超前 φ 角，或者说 i 比 u 滞后 φ 角。

在图 4.1.6 所示的情况下，i_1 和 i_2 具有相同的初相位，即相位差 $\varphi = 0$，则两者同相 (相位相同)；而 i_1 和 i_3 反相 (相位相反)，即两者的相位差 $\varphi = 180°$。

在近代电工技术中，正弦量的应用极为广泛。在强电方面，可以说电能几乎都是以

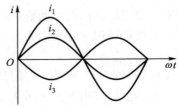

图 4.1.6　正弦量的同相和反相

正弦交流的形式生产出来的，即使在有些场合下所需要的直流电，主要也是将正弦交流电通过整流设备变换得到的。在弱电方面，也常用各种正弦信号发生器作为信号源。

正弦量之所以能得到广泛应用，第一，是因为可以利用变压器把正弦电压升高或降低，这种变换电压的方法既灵活又简单经济。第二，在分析电路时常遇到加、减、求导及积分的问题，而由于同频率的正弦量之和或差仍为同一频率的正弦量，正弦量对时间的导数 $\left(\dfrac{\mathrm{d}i}{\mathrm{d}t}\right)$ 或积分 $\left(\displaystyle\int i\mathrm{d}t\right)$ 也仍为同一频率的正弦量，这样，就有可能使电路各部分的电压和电流的波形相同，这在技术上具有重大意义。第三，正弦量变化平滑，在正常情况下不会引起过电压而破坏电气设备的绝缘。另外，非正弦周期量中含有高次谐波（将在本章 4.9 节讨论），而这些高次谐波往往不利于电气设备的运行。

【练习与思考】

4.1.1 在某电路中，$i = 100\sin\left(6\,280\,t - \dfrac{\pi}{4}\right)$ mA，（1）试指出它的频率、周期、角频率、幅值、有效值及初相位各为多少；（2）画出波形图；（3）如果 i 的参考方向选得相反，写出它的三角函数式，画出波形图，并问（1）中各项有无改变？

4.1.2 设 $i = 100\sin\left(\omega t - \dfrac{\pi}{4}\right)$ mA，试求在下列情况下电流的瞬时值：（1）$f = 1\,000$ Hz，$t = 0.375$ ms；（2）$\omega t = 1.25\pi$ rad；（3）$\omega t = 90°$；（4）$t = \dfrac{7}{8}T$。

4.1.3 已知 $i_1 = 15\sin\left(314t + 45°\right)$ A，$i_2 = 10\sin\left(314t - 30°\right)$ A，（1）试问 i_1 与 i_2 的相位差等于多少？（2）画 i_1 和 i_2 的波形图；（3）在相位上比较 i_1 和 i_2，谁超前，谁滞后。

4.1.4 $i_1 = 15\sin\left(100\pi t + 45°\right)$ A，$i_2 = 10\sin\left(200\pi t - 30°\right)$ A，两者相位差为 75°，对不对？

4.1.5 根据本书规定的符号，写成 $I = 15\sin\left(314t + 45°\right)$ A，$i = I\sin\left(\omega t + \psi\right)$，对不对？

4.1.6 已知某正弦电压在 $t = 0$ 时为 220 V，其初相位为 45°，试问它的有效值等于多少？

4.1.7 设 $i = 10\sin\omega t$ mA，请改正图 4.1.7 中的三处错误。

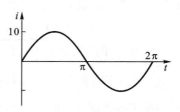

图 4.1.7 练习与思考 4.1.7 的图

4.2 正弦量的相量表示法

如上节所述，一个正弦量具有幅值、频率及初相位三个特征或要素。而这些特征可以用一些方法表示出来。正弦量的各种表示方法是分析与计算正弦交流电路的工具。

　　前面已经讲过两种表示法。一种是用三角函数式来表示，如 $i = I_m \sin \omega t$，这是正弦量的基本表示法；另一种是用正弦波形来表示，如图 4.1.3 所示。

　　此外，正弦量还可以用相量来表示。相量表示法的基础是复数，就是用复数来表示正弦量。

　　设复平面中有一复数 A，其模为 r，辐角为 ψ（图 4.2.1），它可用下列三种式子表示

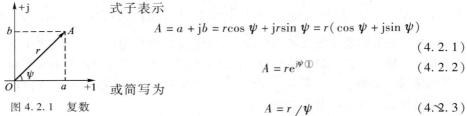

$$A = a + jb = r\cos\psi + jr\sin\psi = r(\cos\psi + j\sin\psi) \tag{4.2.1}$$

$$A = re^{j\psi}① \tag{4.2.2}$$

或简写为

$$A = r \underline{/\psi} \tag{4.2.3}$$

图 4.2.1　复数

　　因此，一个复数可用上述几种复数式来表示。式(4.2.1)称为复数的代数式；式(4.2.2)称为指数式；式(4.2.3)则称为极坐标式。三者可以互相转换。复数的加减运算可用代数式，复数的乘除运算可用指数式或极坐标式。

　　由上可知，一个复数由模和辐角两个特征来确定。而正弦量由幅值、初相位和频率三个特征来确定。但在分析线性电路时，正弦激励和响应均为同频率的正弦量，频率是已知的，可不必考虑。因此，一个正弦量由幅值（或有效值）和初相位就可确定。

　　比照复数和正弦量，正弦量可用复数表示。复数的模即为正弦量的幅值或有效值，复数的辐角即为正弦量的初相位。

　　为了与一般的复数相区别，把表示正弦量的复数称为相量，并在大写字母上打"·"。于是表示正弦电压 $u = U_m \sin(\omega t + \psi)$ 的相量式为

$$\dot{U} = U(\cos\psi + j\sin\psi) = Ue^{j\psi} = U\underline{/\psi} \tag{4.2.4}$$

注意，相量只是表示正弦量，而不是等于正弦量。

　　上式中的 j 是复数的虚数单位，即 $j = \sqrt{-1}$，并由此得 $j^2 = -1$，$\dfrac{1}{j} = -j$。

　　按照各个正弦量的大小和相位关系画出的若干个相量的图形，称为相量图。在相量图上能形象地看出各个正弦量的大小和相互间的相位关系。例如，在图 4.1.5 中用正弦波形表示的电压 u 和电流 i 两个正弦量，在式(4.1.9)中是用三角函数式表示的，如用相量图表示则如图 4.2.2

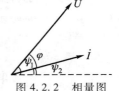

图 4.2.2　相量图

────────────

① 由欧拉公式 $\cos\psi = \dfrac{e^{j\psi} + e^{-j\psi}}{2}$ 和 $\sin\psi = \dfrac{e^{j\psi} - e^{-j\psi}}{2j}$ 推出。

所示。电压相量 $\dot{U}$ 比电流相量 $\dot{I}$ 超前 φ 角，也就是正弦电压 u 比正弦电流 i 超前 φ 角。

只有正弦周期量才能用相量表示，相量不能表示非正弦周期量。只有同频率的正弦量才能画在同一相量图上，不同频率的正弦量不能画在一个相量图上，否则就无法比较和计算。

由上可知，表示正弦量的相量有两种形式：相量图和复数式（相量式）。

当 $\psi = \pm 90°$ 时，则

$$e^{\pm j90°} = \cos 90° \pm j\sin 90° = 0 \pm j = \pm j$$

因此任意一个相量乘上 $+j$ 后，即向前（逆时针方向）旋转了 $90°$；乘上 $-j$ 后，即向后（顺时针方向）旋转了 $90°$。

【例 4.2.1】 在图 4.2.3 所示的电路中，设

$$i_1 = I_{1m}\sin(\omega t + \psi_1) = 100\sin(\omega t + 45°) \text{ A}$$

$$i_2 = I_{2m}\sin(\omega t + \psi_2) = 60\sin(\omega t - 30°) \text{ A}$$

求总电流 i，并画出电流相量图。

【解】 将 $i = i_1 + i_2$ 化为基尔霍夫电流定律的相量表示式，求 i 的相量 $\dot{I}_m$

$$\dot{I}_m = \dot{I}_{1m} + \dot{I}_{2m} = I_{1m}e^{j\psi_1} + I_{2m}e^{j\psi_2}$$

$$= (100e^{j45°} + 60e^{-j30°}) \text{ A}$$

$$= [(100\cos 45° + j100\sin 45°) + (60\cos 30° - j60\sin 30°)] \text{ A}$$

$$= [(70.7 + j70.7) + (52 - j30)] \text{ A}$$

$$= (122.7 + j40.7) \text{ A} = 129e^{j18°20'} \text{ A}$$

于是得

$$i = 129\sin(\omega t + 18°20') \text{ A}$$

电流相量图如图 4.2.4 所示。

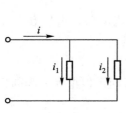

图 4.2.3 例 4.2.1 的图

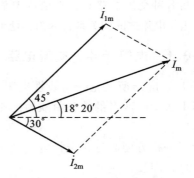

图 4.2.4 电流相量图

【练习与思考】

4.2.1 已知复数 $A = -8 + j6$ 和 $B = 3 + j4$，试求 $A + B$，$A - B$，AB 和 A/B。

4.2.2 已知相量 $\dot{I}_1 = (2\sqrt{3} + j2)$ A，$\dot{I}_2 = (-2\sqrt{3} + j2)$ A，$\dot{I}_3 = (-2\sqrt{3} - j2)$ A 和 $\dot{I}_4 = (2\sqrt{3} - j2)$ A，试把它们化为极坐标式，并写成正弦量 i_1，i_2，i_3 和 i_4。

4.2.3 将 4.2.2 题中各正弦电流用相量图和正弦波形表示。

4.2.4 写出下列正弦电压的相量式，画出相量图，并求其和：

（1）$u = 10\sin \omega t$ V；

（2）$u = 20\sin\left(\omega t + \dfrac{\pi}{2}\right)$ V；

（3）$u = 10\sin\left(\omega t - \dfrac{\pi}{2}\right)$ V；

（4）$u = 10\sqrt{2}\sin\left(\omega t - \dfrac{3\pi}{4}\right)$ V。

4.2.5 指出下列各式的错误：

（1）$i = 5\sin\left(\omega t - 30°\right) = 5e^{-j30°}$ A；

（2）$U = 100e^{j45°}$ V $= 100\sqrt{2}\sin\left(\omega t + 45°\right)$ V；

（3）$i = 10\sin \omega t$；

（4）$I = 10\ \underline{/30°}$ A；

（5）$\dot{I} = 20e^{20°}$ A。

4.2.6 已知两正弦电流 $i_1 = 8\sin\left(\omega t + 60°\right)$ A 和 $i_2 = 6\sin\left(\omega t - 30°\right)$ A，试用复数计算电流 $i = i_1 + i_2$，并画出相量图。

4.3 单一参数的交流电路

分析各种正弦交流电路，不外乎要确定电路中电压与电流之间的关系（大小和相位），并讨论电路中能量的转换和功率问题。

分析各种交流电路时，必须首先掌握单一参数（电阻、电感、电容）元件电路中电压与电流之间的关系，因为其他电路无非是一些单一参数元件的组合而已。

4.3.1 电阻元件的交流电路

图 4.3.1（a）所示是一个线性电阻元件的交流电路。电压和电流的参考方向如图中所示。两者的关系由欧姆定律确定，即

$$u = Ri$$

为了分析方便起见，选择电流经过零值并将向正值增加的瞬间作为计时起点（$t = 0$），即设

$$i = I_m\sin \omega t$$

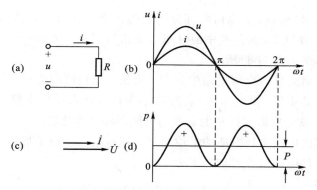

图 4.3.1　电阻元件的交流电路

（a）电路图；（b）电压与电流的正弦波形；（c）电压与电流的相量图；（d）功率波形

为参考正弦量，则

$$u = Ri = RI_\mathrm{m}\sin \omega t = U_\mathrm{m}\sin \omega t \tag{4.3.1}$$

也是一个同频率的正弦量。

比较上列两式即可看出，在电阻元件的交流电路中，电流和电压是同相的（相位差 $\varphi = 0$）。表示电压和电流的正弦波形如图 4.3.1(b) 所示。

在式 (4.3.1) 中

$$U_\mathrm{m} = RI_\mathrm{m}$$

或

$$\frac{U_\mathrm{m}}{I_\mathrm{m}} = \frac{U}{I} = R \tag{4.3.2}$$

由此可知，在电阻元件电路中，电压的幅值（或有效值）与电流的幅值（或有效值）之比值，就是电阻 R。

如用相量表示电压与电流的关系，则为

$$\dot{U} = U\mathrm{e}^{\mathrm{j}0°} \qquad \dot{I} = I\mathrm{e}^{\mathrm{j}0°}$$

$$\frac{\dot{U}}{\dot{I}} = \frac{U}{I}\mathrm{e}^{\mathrm{j}0°} = R$$

或

$$\boxed{\dot{U} = R\dot{I}} \tag{4.3.3}$$

此即欧姆定律的相量表示式。电压和电流的相量图如图 4.3.1(c) 所示。

知道了电压与电流的变化规律和相互关系后，便可计算出电路中的功率。在任意瞬间，电压瞬时值 u 与电流瞬时值 i 的乘积，称为瞬时功率，用小写字母 p 代表，即

$$p = p_R = ui = U_\mathrm{m}I_\mathrm{m}\sin^2 \omega t = \frac{U_\mathrm{m}I_\mathrm{m}}{2}(1 - \cos 2\omega t)$$

$$= UI(1 - \cos 2\omega t) \tag{4.3.4}$$

由式(4.3.4)可见，p 是由两部分组成的，第一部分是常数 UI，第二部分是幅值为 UI，并以 2ω 的角频率随时间而变化的交变量 $UI\cos 2\omega t$。p 随时间而变化的波形如图 4.3.1(d)所示。

由于在电阻元件的交流电路中 u 与 i 同相，它们同时为正，同时为负，所以瞬时功率总是正值，即 $p \geqslant 0$。瞬时功率为正，这表示外电路从电源取用能[量]。在这里就是电阻元件从电源取用电能而转换为热能。

一个周期内电路消耗电能的平均速度，即瞬时功率的平均值，称为平均功率。在电阻元件电路中，平均功率为　　　　　　　　　　　　　　*有功功率*

$$P = \frac{1}{T}\int_0^T p\,\mathrm{d}t = \frac{1}{T}\int_0^T UI(1 - \cos 2\omega t)\,\mathrm{d}t = UI = RI^2 = \frac{U^2}{R} \qquad (4.3.5)$$

【例 4.3.1】　把一个 $100\ \Omega$ 的电阻元件接到频率为 50 Hz，电压有效值为 10 V 的正弦电源上，问电流是多少？如保持电压值不变，而电源频率改变为 5 000 Hz，这时电流将为多少？

【解】　因为电阻与频率无关，所以电压有效值保持不变时，电流有效值相等，即

$$I = \frac{U}{R} = \frac{10}{100}\ \mathrm{A} = 0.1\ \mathrm{A} = 100\ \mathrm{mA}$$

4.3.2　电感元件的交流电路

图 4.3.2(a)所示是一个线性电感元件的交流电路。

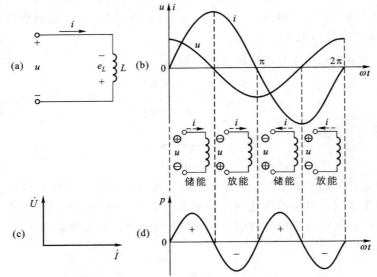

图 4.3.2　电感元件的交流电路

(a)电路图；(b)电压与电流的正弦波形；(c)电压与电流的相量图；(d)功率波形

　　当电感线圈中通过交流电流 i 时，其中产生自感电动势 e_L。设电流 i、电动势 e_L 和电压 u 的参考方向如图 4.3.2(a)所示（见 3.1.2 节注①）。根据基尔霍夫电压定律得出式(3.1.4)，即

$$u = -e_L = L\frac{\mathrm{d}i}{\mathrm{d}t}$$

　　设电流为参考正弦量，即

$$i = I_{\mathrm{m}}\sin\omega t$$

则

$$u = L\frac{\mathrm{d}(I_{\mathrm{m}}\sin\omega t)}{\mathrm{d}t} = \omega L I_{\mathrm{m}}\cos\omega t = \omega L I_{\mathrm{m}}\sin(\omega t + 90°) = U_{\mathrm{m}}\sin(\omega t + 90°)$$

$$(4.3.6)$$

也是一个同频率的正弦量。

　　比较上列两式可知，在电感元件电路中，在相位上电流比电压滞后 90°（相位差 $\varphi = +90°$）。

　　表示电压 u 和电流 i 的正弦波形如图 4.3.2(b)所示。

　　在式(4.3.6)中

$$U_{\mathrm{m}} = \omega L I_{\mathrm{m}}$$

或

$$\frac{U_{\mathrm{m}}}{I_{\mathrm{m}}} = \frac{U}{I} = \omega L \qquad\qquad (4.3.7)$$

由此可知，在电感元件电路中，电压的幅值（或有效值）与电流的幅值（或有效值）之比值为 ωL。显然，它的单位为欧[姆]。当电压 U 一定时，ωL 愈大，则电流 I 愈小。可见它具有对交流电流起阻碍作用的物理性质，所以称为感抗，用 X_L 代表，即

$$\boxed{X_L = \omega L = 2\pi f L}\qquad\qquad 阻交通直 \qquad (4.3.8)$$

　　感抗 X_L 与电感 L、频率 f 成正比。因此，电感线圈对高频电流的阻碍作用很大，而对直流则可视为短路，即对直流讲，$X_L = 0$（注意，不是 $L = 0$，而是 $f = 0$）。

　　当 U 和 L 一定时，X_L 和 I 同 f 的关系表示在图 4.3.3 中。

　　应该注意，感抗只是电压与电流的幅值或有效值之比，而不是它们的瞬时值之比，即 $\dfrac{u}{i} \neq X_L$。因为这与上述电阻电路不一样。在这里电压与电流之间成导数的关系，而不是成正比关系。

　　如设电压为

$$u = U_{\mathrm{m}}\sin\omega t$$

则电流应为

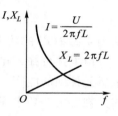

图 4.3.3　X_L 和
I 同 f 的关系

$$i = \frac{U_\mathrm{m}}{X_L}\sin\ (\omega t - 90°)\ = I_\mathrm{m}\sin\ (\omega t - 90°)$$

因此，在分析与计算交流电路时，以电压或电流作为参考量都可以，它们之间的关系（大小和相位差）是一样的。

如用相量表示电压与电流的关系，则为

$$\dot{U} = U\mathrm{e}^{\mathrm{j}90°}\qquad \dot{I} = I\mathrm{e}^{\mathrm{j}0°}$$

$$\frac{\dot{U}}{\dot{I}} = \frac{U}{I}\mathrm{e}^{\mathrm{j}90°} = \mathrm{j}X_L$$

或

$$\boxed{\dot{U} = \mathrm{j}X_L\dot{I} = \mathrm{j}\omega L\dot{I}} \tag{4.3.9}$$

式(4.3.9)表示电压的有效值等于电流的有效值与感抗的乘积，在相位上电压比电流超前 90°。因电流相量 $\dot{I}$ 乘上 j 后，即向前（逆时针方向）旋转 90°。电压和电流的相量图如图 4.3.2(c)所示。

知道了电压 u 和电流 i 的变化规律和相互关系后，便可找出瞬时功率的变化规律，即

$$p\ = p_L = ui = U_\mathrm{m}I_\mathrm{m}\sin \omega t\sin\ (\omega t + 90°)$$

$$= U_\mathrm{m}I_\mathrm{m}\sin \omega t\cos \omega t = \frac{U_\mathrm{m}I_\mathrm{m}}{2}\sin 2\omega t = UI\sin 2\omega t \tag{4.3.10}$$

由上式可见，p 是一个幅值为 UI，并以 2ω 的角频率随时间而变化的交变量，其变化波形如图 4.3.2(d)所示。

在第一个和第三个 $\frac{1}{4}$ 周期内，p 是正的（u 和 i 正、负相同）；在第二个和第四个 $\frac{1}{4}$ 周期内，p 是负的（u 和 i 一正一负）。瞬时功率的正、负可以这样来理解：当瞬时功率为正值时，电感元件处于受电状态，它从电源取用电能；当瞬时功率为负值时，电感元件处于供电状态，它把电能归还电源。

在电感元件电路中，平均功率

$$P\ = \frac{1}{T}\int_0^T p\mathrm{d}t\ =\ \frac{1}{T}\int_0^T UI\sin 2\omega t\,\mathrm{d}t\ =\ 0$$

从图 4.3.2(d)的功率波形也容易看出，p 的平均值为零。

由上述可知，在电感元件的交流电路中，没有能[量]消耗，只有电源与电感元件间的能[量]互换。这种能[量]互换的规模，用无功功率 Q 来衡量。这里规定无功功率等于瞬时功率 p_L 的幅值，即

$$Q = UI = X_L I^2 \tag{4.3.11}$$

它并不等于单位时间内互换了多少能量。无功功率的单位是乏(var)或千乏(kvar)。

应当指出，电感元件和后面将要讲的电容元件都是储能元件，它们与电源间进行能量互换是工作所需。这对电源来说，也是一种负担。但对储能元件本身说，没有消耗能量，故将往返于电源与储能元件之间的功率命名为无功功率。因此，平均功率也可称为有功功率。

【例 4.3.2】 把一个 0.1 H 的电感元件接到频率为 50 Hz，电压有效值为 10 V 的正弦电源上，问电流是多少？如保持电压值不变，而电源频率改变为 5 000 Hz，这时电流将为多少？

【解】 当 $f = 50$ Hz 时

$$X_L = 2\pi fL = 2 \times 3.14 \times 50 \times 0.1 \ \Omega = 31.4 \ \Omega$$

$$I = \frac{U}{X_L} = \frac{10}{31.4} \ A = 0.318 \ A = 318 \ mA$$

当 $f = 5\ 000$ Hz 时

$$X_L = 2 \times 3.14 \times 5\ 000 \times 0.1 \ \Omega = 3\ 140 \ \Omega$$

$$I = \frac{10}{3\ 140} \ A = 0.003\ 18 \ A = 3.18 \ mA$$

可见，在电压有效值一定时，频率愈高，则通过电感元件的电流有效值愈小。

4.3.3 电容元件的交流电路

图 4.3.4(a) 所示是一个线性电容元件的交流电路，电流 i 和电压 u 的参考方向如图中所示，两者相同。由此得出式(3.1.7)，即

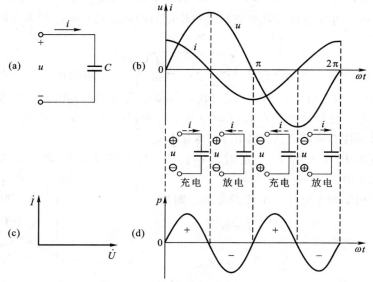

图 4.3.4 电容元件的交流电路

(a) 电路图；(b) 电压与电流的正弦波形；(c) 电压与电流的相量图；(d) 功率波形

$$i = C \frac{\mathrm{d}u}{\mathrm{d}t}$$

如果在电容器的两端加一正弦电压

$$u = U_{\mathrm{m}} \sin \omega t$$

则

$$i = C \frac{\mathrm{d}(U_{\mathrm{m}} \sin \omega t)}{\mathrm{d}t} = \omega C U_{\mathrm{m}} \cos \omega t = \omega C U_{\mathrm{m}} \sin(\omega t + 90°) = I_{\mathrm{m}} \sin(\omega t + 90°)$$

$$(4.3.12)$$

也是一个同频率的正弦量。

比较上面两式可知，在电容元件电路中，在相位上电流比电压超前 90°（$\varphi = -90°$）。这里规定：当电流比电压滞后时，其相位差 φ 为正；当电流比电压超前时，其相位差 φ 为负。这样的规定是为了便于说明电路是电感性的还是电容性的。

表示电压和电流的正弦波形如图 4.3.4(b) 所示。

在式 (4.3.12) 中

$$I_{\mathrm{m}} = \omega C U_{\mathrm{m}}$$

或

$$\frac{U_{\mathrm{m}}}{I_{\mathrm{m}}} = \frac{U}{I} = \frac{1}{\omega C} \qquad (4.3.13)$$

由此可知，在电容元件电路中，电压的幅值（或有效值）与电流的幅值（或有效值）的比值为 $\frac{1}{\omega C}$。显然，它的单位是欧［姆］。当电压 U 一定时，$\frac{1}{\omega C}$ 愈大，则电流 I 愈小。可见它具有对电流起阻碍作用的物理性质，所以称为容抗，用 X_C 代表，即

$$X_C = \frac{1}{\omega C} = \frac{1}{2\pi f C} \qquad (4.3.14)$$

容抗 X_C 与电容 C、频率 f 成反比。所以电容元件对高频电流所呈现的容抗很小，是一捷径，而对直流（$f = 0$）所呈现的容抗 $X_C \to \infty$，可视为开路。因此，电容元件有隔断直流的作用。隔直通交

当电压 U 和电容 C 一定时，容抗 X_C 和电流 I 同频率 f 的关系表示在图 4.3.5 中。

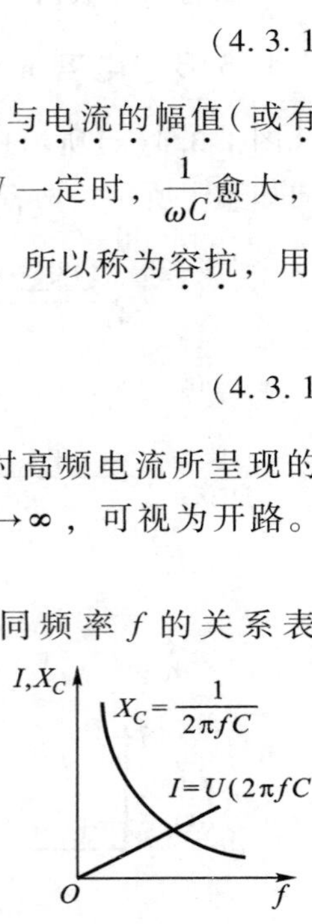

如用相量表示电压与电流的关系，则为

$$\dot{U} = U\mathrm{e}^{\mathrm{j}0°} \qquad \dot{I} = I\mathrm{e}^{\mathrm{j}90°}$$

$$\frac{\dot{U}}{\dot{I}} = \frac{U}{I}\mathrm{e}^{-\mathrm{j}90°} = -\mathrm{j}X_C$$

图 4.3.5　X_C 和 I 同 f 的关系

或

$$\dot{U} = -jX_c\dot{I} = -j\frac{\dot{I}}{\omega C} = \frac{\dot{I}}{j\omega C} \tag{4.3.15}$$

式(4.3.15)表示电压的有效值等于电流的有效值与容抗的乘积，而在相位上电压比电流滞后 90°。因为电流相量 $\dot{I}$ 乘上 $-j$ 后，即向后(顺时针方向)旋转 90°。电压和电流的相量图如图 4.3.4(c)所示。

知道了电压 u 和电流 i 的变化规律与相互关系后，便可找出瞬时功率的变化规律，即

$$p = p_C = ui = U_m I_m \sin\omega t\sin(\omega t + 90°) = U_m I_m\sin\omega t\cos\omega t$$

$$= \frac{U_m I_m}{2}\sin 2\omega t = UI\sin 2\omega t \tag{4.3.16}$$

由上式可见，p 是一个以 2ω 的角频率随时间而变化的交变量，它的幅值为 UI。p 的波形如图 4.3.4(d)所示。

在第一个和第三个 $\frac{1}{4}$ 周期内，电压值在增高，就是电容元件在充电。这时，电容元件从电源取用电能而储存在它的电场中，所以 p 是正的。在第二个和第四个 $\frac{1}{4}$ 周期内，电压值在降低，就是电容元件在放电。这时，电容元件放出在充电时所储存的能[量]，把它归还给电源，所以 p 是负的。

在电容元件电路中，平均功率

$$P = \frac{1}{T}\int_0^T p\,\mathrm{d}t = \frac{1}{T}\int_0^T UI\sin 2\omega t\,\mathrm{d}t = 0$$

这说明电容元件是不消耗能[量]的，在电源与电容元件之间只发生能[量]的互换。能[量]互换的规模，用无功功率来衡量，它等于瞬时功率 p_C 的幅值。

为了同电感元件电路的无功功率相比较，也设电流

$$i = I_m\sin\omega t$$

为参考正弦量，则

$$u = U_m\sin(\omega t - 90°)$$

于是得出瞬时功率

$$p = p_C = ui = -UI\sin 2\omega t$$

由此可见，电容元件电路的无功功率

$$Q = -UI = -X_c I^2 \tag{4.3.17}$$

即电容性无功功率取负值，而电感性无功功率取正值，以资区别。

【例 4.3.3】 把一个 25 μF 的电容元件接到频率为 50 Hz，电压有效值为 10 V 的正弦电源上，问电流是多少？如保持电压值不变，而电源频率改为 5 000 Hz，这时电流将为多少？

【解】　当 $f = 50$ Hz 时

$$X_C = \frac{1}{2\pi f C} = \frac{1}{2 \times 3.14 \times 50 \times (25 \times 10^{-6})} \ \Omega = 127.4 \ \Omega$$

$$I = \frac{U}{X_C} = \frac{10}{127.4} \ \text{A} = 0.078 \ \text{A} = 78 \ \text{mA}$$

当 $f = 5\,000$ Hz 时

$$X_C = \frac{1}{2 \times 3.14 \times 5\,000 \times (25 \times 10^{-6})} \ \Omega = 1.274 \ \Omega$$

$$I = \frac{10}{1.274} \ \text{A} = 7.8 \ \text{A}$$

可见，在电压有效值一定时，频率愈高，则通过电容元件的电流有效值愈大。

【练习与思考】

4.3.1　在图 4.3.2(a) 所示的电感元件的正弦交流电路中，$L = 100$ mH，$f = 50$ Hz，(1) 已知 $i = 7\sqrt{2}\sin \omega t$ A，求电压 u；(2) 已知 $\dot{U} = 127 \ \underline{/-30°}$ V，求 $\dot{I}$，并画出相量图。

4.3.2　在图 4.3.4(a) 所示的电容元件的正弦交流电路中，$C = 4$ μF，$f = 50$ Hz，(1) 已知 $u = 220\sqrt{2}\sin \omega t$ V，求电流 i；(2) 已知 $\dot{I} = 0.1 \ \underline{/-60°}$ A，求 $\dot{U}$，并画出相量图。

4.3.3　指出下列各式哪些是对的，哪些是错的。

$$\frac{u}{i} = X_L, \qquad \frac{U}{I} = \text{j}\omega L, \qquad \frac{\dot{U}}{\dot{I}} = X_L, \qquad \dot{I} = -\text{j}\frac{\dot{U}}{\omega L},$$

$$u = L\frac{\text{d}i}{\text{d}t}, \qquad \frac{U}{I} = X_C, \qquad \frac{U}{I} = \omega C, \qquad \dot{U} = -\frac{\dot{I}}{\text{j}\omega C}$$

4.3.4　在图 4.3.6 所示电路中，设 $i = 2\sin 6\,280t$ mA，试分析电流在 R 和 C 两个支路之间的分配，并估算电容器两端电压的有效值。

4.3.5　在图 4.3.7 所示电路中，当电源频率升高或降低时，各个电流表的读数有何变动？

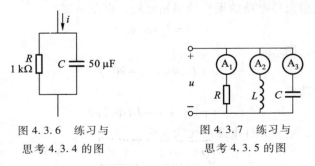

图 4.3.6　练习与　　　　　图 4.3.7　练习与
思考 4.3.4 的图　　　　　　思考 4.3.5 的图

4.4　电阻、电感与电容元件串联的交流电路

电阻、电感与电容元件串联的交流电路如图 4.4.1 所示。电路的各元件通

过同一电流。电流与各个电压的参考方向如图中所示。分析这种电路可以应用上节所得的结果。

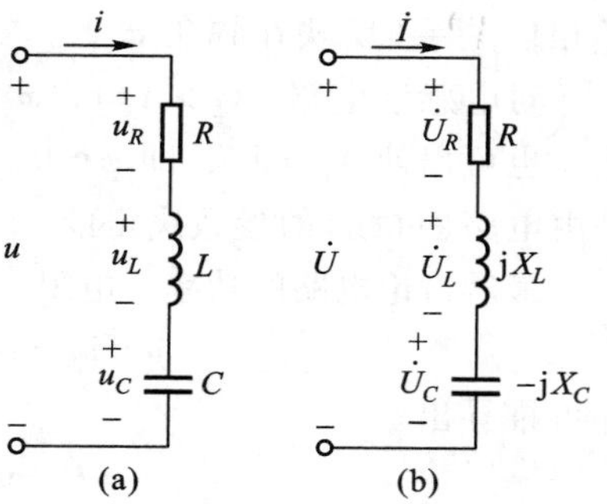

根据基尔霍夫电压定律可列出

$$u = u_R + u_L + u_C$$

$$= Ri + L\frac{\mathrm{d}i}{\mathrm{d}t} + \frac{1}{C}\int i\mathrm{d}t \qquad (4.4.1)$$

如用相量表示电压与电流的关系，则为

$$\dot{U} = \dot{U}_R + \dot{U}_L + \dot{U}_C = R\dot{I} + \mathrm{j}X_L\dot{I} - \mathrm{j}X_C\dot{I}$$

$$= \left[R + \mathrm{j}(X_L - X_C)\right]\dot{I} \qquad (4.4.2)$$

此即为基尔霍夫电压定律的相量表示式。

将上式写成

$$\frac{\dot{U}}{\dot{I}} = R + \mathrm{j}(X_L - X_C) \qquad (4.4.3)$$

式中的 $R + \mathrm{j}(X_L - X_C)$ 称为电路的阻抗，用大写的 Z 代表，即

$$Z = R + \mathrm{j}(X_L - X_C) = \sqrt{R^2 + (X_L - X_C)^2}\, \mathrm{e}^{\mathrm{j}\arctan\frac{X_L - X_C}{R}}$$

$$= |Z|\mathrm{e}^{\mathrm{j}\varphi} \qquad (4.4.4)$$

在上式中

$$|Z| = \sqrt{R^2 + (X_L - X_C)^2} = \sqrt{R^2 + \left(\omega L - \frac{1}{\omega C}\right)^2} \qquad (4.4.5)$$

是阻抗的模，称为阻抗模，即

$$\frac{U}{I} = \sqrt{R^2 + (X_L - X_C)^2} = |Z| \qquad (4.4.6)$$

阻抗的单位也是欧［姆］，也具有对电流起阻碍作用的性质；

$$\varphi = \arctan\frac{X_L - X_C}{R} \qquad (4.4.7)$$

是阻抗的辐角，即为电流与电压之间的相位差。

设电流

$$i = I_m\sin\omega t$$

为参考正弦量，则电压

$$u = U_m\sin(\omega t + \varphi)$$

图 4.4.2 所示是电流与各个电压的相量图。

由式（4.4.4）可见，阻抗的实部为"阻"，虚部为"抗"，它表示了电路的电压与电流之间的关系，既表示了大小关系（反映在阻抗模 $|Z|$ 上），又表示

图 4.4.1　电阻、电感与电容
元件串联的交流电路

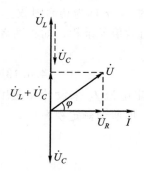

图 4.4.2　电流与
电压的相量图

了相位关系(反映在辐角 φ 上)。

对电感性电路($X_L > X_C$)，φ 为正；对电容性电路($X_L < X_C$)，φ 为负。当然，也可以使 $X_L = X_C$，即 $\varphi = 0$，则为电阻性电路）因此，φ 角的正负和大小是由电路(负载)的参数决定的。

最后讨论电路的功率。电阻、电感与电容元件串联的交流电路的瞬时功率为

$$p = ui = U_m I_m \sin(\omega t + \varphi) \sin \omega t \qquad (4.4.8)$$

并可推导出

$$p = UI\cos\varphi - UI\cos(2\omega t + \varphi) \qquad (4.4.9)$$

由于电阻元件上要消耗电能，相应的平均功率为

$$P = \frac{1}{T}\int_0^T p\,\mathrm{d}t = \frac{1}{T}\int_0^T [UI\cos\varphi - UI\cos(2\omega t + \varphi)]\,\mathrm{d}t$$

$$= UI\cos\varphi \qquad (4.4.10)$$

从图 4.4.2 所示的相量图可得出

$$U\cos\varphi = U_R = RI$$

于是

$$P = U_R I = RI^2 = UI\cos\varphi \qquad (4.4.11)$$

而电感元件与电容元件要储放能[量]，即它们与电源之间要进行能[量]互换，相应的无功功率可根据式(4.3.11)和式(4.3.17)，并由图 4.4.2 的相量图得出

$$Q = U_L I - U_C I = (U_L - U_C)I = (X_L - X_C)I^2 = UI\sin\varphi \qquad (4.4.12)$$

式(4.4.11)和式(4.4.12)是计算正弦交流电路中平均功率(有功功率)和无功功率的一般公式。

由上述可知，一个交流发电机输出的功率不仅与发电机的端电压及其输出电流的有效值的乘积有关，而且还与电路(负载)的参数有关。电路所具有的参数不同，则电压与电流间的相位差 φ 就不同，在同样电压 U 和电流 I 之下，这时电路的有功功率和无功功率也就不同。式(4.4.11)中的 $\cos\varphi$ 称为功率因数。

在交流电路中，平均功率一般不等于电压与电流有效值的乘积，如将两者的有效值相乘，则得出所谓视在功率 S，即

$$S = UI = |Z|I^2 \qquad (4.4.13)$$

交流电气设备是按照规定了的额定电压 U_N 和额定电流 I_N 来设计和使用的，变压器的容量就是以额定电压和额定电流的乘积，即所谓额定视在功率

$$S_N = U_N I_N$$

来表示的。

视在功率的单位是伏安(V·A)或千伏安(kV·A)。

由于平均功率 P、无功功率 Q 和视在功率 S 三者所代表的意义不同，为了

区别起见，各采用不同的单位。

这三个功率之间有一定的关系，即

$$S = \sqrt{P^2 + Q^2} \tag{4.4.14}$$

显然，它们可以用一个直角三角形——功率三角形来表示。

另外，由式（4.4.5）可见，$|Z|$，R，$(X_L - X_C)$ 三者之间关系以及由图 4.4.2 可见，$\dot{U}$，$\dot{U}_R$，$(\dot{U}_L + \dot{U}_C)$ 三者之间关系也都可以用直角三角形表示，它们分别称为阻抗三角形和电压三角形。

功率、电压和阻抗这三个三角形是相似的，现在把它们同时表示在图 4.4.3 中。引出这三个三角形的目的，主要是为了帮助读者分析与记忆。

应当注意：功率和阻抗都不是正弦量，所以不能用相量表示。

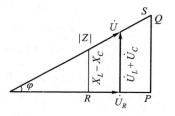

图 4.4.3 功率、电压、阻抗三角形

在这一节中，分析了电阻、电感与电容元件串联的交流电路，但在实际中常见到的是电阻与电感元件串联的电路（电容的作用可忽略不计）和电阻与电容元件串联的电路（电感的作用可忽略不计）。

交流电路中电压与电流的关系（大小和相位）有一定的规律性，是容易掌握的。现将几种正弦交流电路中电压与电流的关系列入表 4.4.1 中，以帮助读者总结和记忆。

表 4.4.1　正弦交流电路中电压与电流的关系

电路	一般关系式	相位关系	大小关系	复数式
R	$u = Ri$	$\varphi = 0$	$I = \dfrac{U}{R}$	$\dot{I} = \dfrac{\dot{U}}{R}$
L	$u = L\dfrac{\mathrm{d}i}{\mathrm{d}t}$	$\varphi = +90°$	$I = \dfrac{U}{X_L}$	$\dot{I} = \dfrac{\dot{U}}{jX_L}$
C	$u = \dfrac{1}{C}\int i\,\mathrm{d}t$	$\varphi = -90°$	$I = \dfrac{U}{X_C}$	$\dot{I} = \dfrac{\dot{U}}{-jX_C}$
R,L 串联	$u = Ri + L\dfrac{\mathrm{d}i}{\mathrm{d}t}$	$\varphi > 0$	$I = \dfrac{U}{\sqrt{R^2 + X_L^2}}$	$\dot{I} = \dfrac{\dot{U}}{R + jX_L}$
R,C 串联	$u = Ri + \dfrac{1}{C}\int i\,\mathrm{d}t$	$\varphi < 0$	$I = \dfrac{U}{\sqrt{R^2 + X_C^2}}$	$\dot{I} = \dfrac{\dot{U}}{R - jX_C}$
R,L,C 串联	$u = Ri + L\dfrac{\mathrm{d}i}{\mathrm{d}t} + \dfrac{1}{C}\int i\,\mathrm{d}t$	$\varphi > 0$ $\varphi = 0$ $\varphi < 0$	$I = \dfrac{U}{\sqrt{R^2 + (X_L - X_C)^2}}$	$\dot{I} = \dfrac{\dot{U}}{R + j(X_L - X_C)}$

前提R、L、C 串联

【例 4.4.1】　在电阻、电感与电容元件串联的交流电路中，已知 $R = 30\ \Omega$，$L = 127\ mH$，$C = 40\ \mu F$，电源电压 $u = 220\sqrt{2}\sin(314t + 20°)\ V$；（1）求电流 i 及各部分电压 u_R，u_L，u_C；（2）作相量图；（3）求功率 P 和 Q。

【解】　（1）$X_L = \omega L = 314 \times 127 \times 10^{-3}\ \Omega = 40\ \Omega$

$$X_C = \frac{1}{\omega C} = \frac{1}{314 \times 40 \times 10^{-6}}\ \Omega = 80\ \Omega$$

$$Z = R + j(X_L - X_C) = [30 + j(40 - 80)]\ \Omega$$
$$= (30 - j40)\ \Omega = 50\ \underline{/-53°}\ \Omega$$

$$\dot{U} = 220\ \underline{/20°}\ V$$

于是得

$$\dot{I} = \frac{\dot{U}}{Z} = \frac{220\ \underline{/20°}}{50\ \underline{/-53°}}\ A = 4.4\ \underline{/73°}\ A$$

$$i = 4.4\sqrt{2}\sin(314t + 73°)\ A$$

$$\dot{U}_R = R\dot{I} = 30 \times 4.4\ \underline{/73°}\ V = 132\ \underline{/73°}\ V$$

$$u_R = 132\sqrt{2}\sin(314t + 73°)\ V$$

$$\dot{U}_L = jX_L\dot{I} = j40 \times 4.4\ \underline{/73°}\ V = 176\ \underline{/163°}\ V$$

$$u_L = 176\sqrt{2}\sin(314t + 163°)\ V$$

$$\dot{U}_C = -jX_C\dot{I} = -j80 \times 4.4\ \underline{/73°}\ V = 352\ \underline{/-17°}\ V$$

$$u_C = 352\sqrt{2}\sin(314t - 17°)\ V$$

注意：　$\dot{U} = \dot{U}_R + \dot{U}_L + \dot{U}_C$
$$U \neq U_R + U_L + U_C$$

（2）电流和各个电压的相量图如图 4.4.4 所示。

（3）$P = UI\cos\varphi = 220 \times 4.4 \times \cos(-53°)\ W$
$$= 220 \times 4.4 \times 0.6\ W = 580.8\ W$$

$Q = UI\sin\varphi = 220 \times 4.4\sin(-53°)$
$$= 220 \times 4.4 \times (-0.8)\ var$$
$$= -774.4\ var(电容性)$$

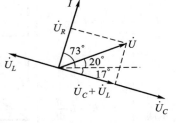

图 4.4.4　例 4.4.1 的相量图

【例 4.4.2】　有一 RC 电路［图 4.4.5（a）］，$R = 2\ k\Omega$，$C = 0.1\ \mu F$。输入端接正弦信号源，$U_1 = 1\ V$，$f = 500\ Hz$。（1）试求输出电压 U_2，并讨论输出电压与输入电压间的大小与相位关系；（2）当将电容 C 改为 $20\ \mu F$ 时求（1）中各项；（3）或将频率 f 改为 $4\,000\ Hz$ 时，再求（1）中各项。

【解】　（1）$X_C = \dfrac{1}{2\pi f C} = \dfrac{1}{2 \times 3.14 \times 500 \times (0.1 \times 10^{-6})}\ \Omega$

$\qquad\qquad = 3\,200\ \Omega = 3.2\ \mathrm{k\Omega}$

$\qquad |Z| = \sqrt{R^2 + X_C^2} = \sqrt{2^2 + 3.2^2}\ \mathrm{k\Omega} = 3.77\ \mathrm{k\Omega}$

$\qquad I = \dfrac{U_1}{|Z|} = \dfrac{1}{3.77 \times 10^3}\ \mathrm{A} = 0.27 \times 10^{-3}\ \mathrm{A} = 0.27\ \mathrm{mA}$

$\qquad U_2 = RI = (2 \times 10^3) \times (0.27 \times 10^{-3})\ \mathrm{V} = 0.54\ \mathrm{V}$

$\qquad \varphi = \arctan \dfrac{-X_C}{R} = \arctan \dfrac{-3.2}{2} = \arctan(-1.6) = -58°$

电压与电流的相量图如图 4.4.5(b) 所示，$\dfrac{U_2}{U_1} = \dfrac{0.54}{1} = 54\%$，$\dot{U}_2$ 比 $\dot{U}_1$ 超前 58°。

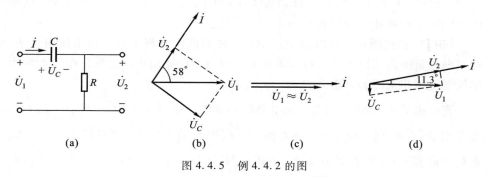

图 4.4.5　例 4.4.2 的图

（2）$X_C = \dfrac{1}{2 \times 3.14 \times 500 \times (20 \times 10^{-6})}\ \Omega = 16\ \Omega \ll R$

$\qquad |Z| = \sqrt{2\,000^2 + 16^2}\ \Omega \approx 2\ \mathrm{k\Omega}$

$\qquad U_2 \approx U_1，\varphi \approx 0°，U_c \approx 0$

电压与电流的相量图如图 4.4.5(c) 所示。

（3）$X_C = \dfrac{1}{2 \times 3.14 \times 4\,000 \times (0.1 \times 10^{-6})}\ \Omega = 400\ \Omega = 0.4\ \mathrm{k\Omega}$

$\qquad |Z| = \sqrt{2^2 + 0.4^2}\ \mathrm{k\Omega} = 2.04\ \mathrm{k\Omega}$

$\qquad I = \dfrac{1}{2.04}\ \mathrm{mA} = 0.49\ \mathrm{mA}$

$\qquad U_2 = RI = (2 \times 10^3) \times (0.49 \times 10^{-3})\ \mathrm{V} = 0.98\ \mathrm{V}$

$\qquad \varphi = \arctan \dfrac{-0.4}{2} = \arctan(-0.2) = -11.3°$

电压与电流的相量图如图 4.4.5(d) 所示，$\dfrac{U_2}{U_1} = \dfrac{0.98}{1} = 98\%$，$\dot{U}_2$ 比 $\dot{U}_1$ 超

前 11.3°。

通过本例可了解下列两个实际问题：

第一，图 4.4.5(a)实际上是晶体管交流放大器中常用的 *RC* 耦合电路。串联电容 *C* 的目的是为了要隔断直流(输入端往往有直流)。但是在传递交流信号时，又不希望电容 *C* 上有电压损失(电压降)而要求输入电压基本上能传递到输出端。为此，要根据信号频率选择电容值的大小，使 $X_C \ll R$[比较(1)和(2)]。图 4.4.5(a)也是一种移相电路，$\dot{U}_2$ 的相位与 $\dot{U}_1$ 不同[见(1)]，改变 *C* 或 *R* 的数值都能达到移相的目的。

第二，输出电压的大小和相位随着信号频率的不同而发生变化[比较(1)和(3)]。这是因为频率愈高，容抗愈小，电容 *C* 的分压作用也就愈小。

【**例 4.4.3**】　利用图 4.4.6(a)所示电路，可以测量电感线圈的参数 *R* 和 *L*。现已知三个电压表的读数分别为 $U = 149\,\text{V}$，$U_1 = 50\,\text{V}$，$U_2 = 121\,\text{V}$，且知 $R_1 = 5\,\Omega$，$f = 50\,\text{Hz}$。求线圈的参数。

【**解**】　相量图在正弦电路中常作为一种辅助的分析工具，如果使用得法，可根据相量图的几何关系进行简单运算，以简化电路的求解过程。今以本题为例说明使用相量图的分析方法。

先画出图 4.4.6(a)的电压和电流的相量图，如图 4.4.6(b)所示。以 $\dot{I}$ 为参考相量[1]，R_1 两端电压 $\dot{U}_1$ 与 $\dot{I}$ 同相。线圈上的电压 $\dot{U}_2$ 含有两个分量：$\dot{U}_R$ 也与 $\dot{I}$ 同相；$\dot{U}_L$ 较 $\dot{I}$ 超前90°。由相量图得($\dot{U}$，$\dot{U}_1$，$\dot{U}_2$)和($\dot{U}_2$，$\dot{U}_R$，$\dot{U}_L$)两个电压三角形。$\cos\varphi$ 是线圈的功率因数。

由相量图应用余弦定理计算

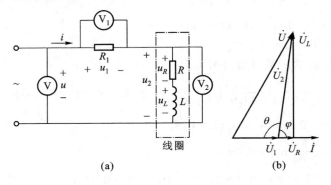

(a)　　　　　　　　　　(b)

图 4.4.6　例 4.4.3 的图

---

① 串联电路常以电流为参考量，因为各串联元件上的电压都与此电流有关；并联电路常以电压为参考量，因为各并联支路中的电流都与此电压有关。

$$U^2 = U_1^2 + U_2^2 - 2U_1U_2\cos\theta$$

$$\cos\theta = \frac{U_1^2 + U_2^2 - U^2}{2U_1U_2} = \frac{50^2 + 121^2 - 149^2}{2 \times 50 \times 121} = -0.418$$

$$\theta = 114.7°, \quad \varphi = 180° - 114.7° = 65.3°$$

电路中电流

$$I = \frac{U_1}{R_1} = \frac{50}{5} \text{ A} = 10 \text{ A}$$

因

$$U_R = RI = U_2\cos\varphi$$

则

$$R = \frac{U_2\cos\varphi}{I} = \frac{121\cos65.3°}{10} \ \Omega = 5.06 \ \Omega$$

同理

$$X_L = \frac{U_2\sin\varphi}{I} = \frac{121\sin65.3°}{10} \ \Omega = 11 \ \Omega$$

$$L = \frac{X_L}{2\pi f} = \frac{11}{314} \text{ H} = 0.035 \text{ H} = 35 \text{ mH}$$

【练习与思考】

4.4.1 用下列各式表示 RC 串联电路中的电压和电流，哪些式子是错的？哪些是对的？

$$i = \frac{u}{|Z|}, \quad I = \frac{U}{R + X_C}, \quad \dot{I} = \frac{\dot{U}}{R - j\omega C}, \quad I = \frac{U}{|Z|},$$

$$u = u_R + u_C, \quad U = U_R + U_C, \quad \dot{U} = \dot{U}_R + \dot{U}_C, \quad u = Ri + \frac{1}{C}\int i\,\mathrm{d}t$$

$$U_R = \frac{R}{\sqrt{R^2 + X_C^2}}U, \quad \dot{U}_C = -\frac{\mathrm{j}\dfrac{1}{\omega C}}{R + \dfrac{1}{\mathrm{j}\omega C}}\dot{U}$$

4.4.2 RL 串联电路的阻抗 $Z = (4 + \mathrm{j}3) \ \Omega$，试问该电路的电阻和感抗各为多少？并求电路的功率因数和电压与电流间的相位差。

4.4.3 计算下列各题，并说明电路的性质：

(1) $\dot{U} = 10 \underline{/30°}$ V，$Z = (5 + \mathrm{j}5) \ \Omega$，$\dot{I} = ?$ $P = ?$

(2) $\dot{U} = 30 \underline{/15°}$ V，$\dot{I} = -3 \underline{/-165°}$ A，$R = ?$ $X = ?$ $P = ?$

(3) $\dot{U} = -100 \underline{/30°}$ V，$\dot{I} = 5\mathrm{e}^{-\mathrm{j}60°}$ A，$R = ?$ $X = ?$ $P = ?$

4.4.4 有一 RLC 串联的交流电路，已知 $R = X_L = X_C = 10 \ \Omega$，$I = 1$ A，试求其两端的电压 U。

4.4.5 RLC 串联交流电路的功率因数 $\cos\varphi$ 是否一定小于1？

4.4.6 在例4.4.1中，$U_C > U$，即部分电压大于电源电压，为什么？在 RLC 串联电路中，是否还可能出现 $U_L > U$？ $U_R > U$？

4.4.7 有一 RC 串联电路，已知 $R = 4 \ \Omega$，$X_C = 3 \ \Omega$，电源电压 $\dot{U} = 100 \underline{/0°}$ V，试求电流 $\dot{I}$。

4.5   阻抗的串联与并联

在交流电路中，阻抗的连接形式是多种多样的，其中最简单和最常用的是串联与并联。

4.5.1   阻抗的串联

图 4.5.1(a)所示是两个阻抗串联的电路。根据基尔霍夫电压定律可写出它的相量表示式

$$\dot{U} = \dot{U}_1 + \dot{U}_2 = Z_1\dot{I} + Z_2\dot{I} = (Z_1 + Z_2)\dot{I}$$

$$(4.5.1)$$

两个串联的阻抗可用一个等效阻抗 Z 来代替，在同样电压的作用下，电路中电流的有效值和相位保持不变。根据图 4.5.1(b)所示的等效电路可写出

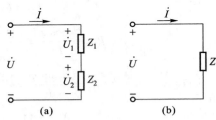

图 4.5.1

(a) 阻抗的串联；(b) 等效电路

$$\dot{U} = Z\dot{I}$$

$$(4.5.2)$$

比较上列两式，则得

$$Z = Z_1 + Z_2$$

$$(4.5.3)$$

因为一般

$$U \neq U_1 + U_2$$

即

$$|Z|I \neq |Z_1|I + |Z_2|I$$

所以

$$|Z| \neq |Z_1| + |Z_2|$$

由此可见，只有等效阻抗才等于各个串联阻抗之和。在一般的情况下，等效阻抗可写为

$$Z = \sum Z_k = \sum R_k + j\sum X_k = |Z|e^{j\varphi}$$

$$(4.5.4)$$

式中

$$|Z| = \sqrt{\left(\sum R_k\right)^2 + \left(\sum X_k\right)^2}$$

$$\varphi = \arctan\frac{\sum X_k}{\sum R_k}$$

在上列各式的 $\sum X_k$ 中，感抗 X_L 取正号，容抗 X_C 取负号。

【例 4.5.1】   在图 4.5.1(a)中，有两个阻抗 $Z_1 = (6.16 + j9)\ \Omega$ 和 $Z_2 =$

$(2.5-j4)\ \Omega$，它们串联接在 $\dot{U}=220\ \underline{/30°}$ V 的电源上。试用相量计算电路中的电流 $\dot{I}$ 和各个阻抗上的电压 $\dot{U}_1$ 和 $\dot{U}_2$，并作出相量图。

【解】
$$Z=Z_1+Z_2=\sum R_k+j\sum X_k$$
$$=\left[(6.16+2.5)+j(9-4)\right]\ \Omega$$
$$=(8.66+j5)\ \Omega=10\ \underline{/30°}\ \Omega$$

$$\dot{I}=\frac{\dot{U}}{Z}=\frac{220\ \underline{/30°}}{10\ \underline{/30°}}\ A=22\ \underline{/0°}\ A$$

$$\dot{U}_1=Z_1\dot{I}=(6.16+j9)22\ V$$
$$=10.9\ \underline{/55.6°}\times22\ V=239.8\ \underline{/55.6°}\ V$$

$$\dot{U}_2=Z_2\dot{I}=(2.5-j4)22\ V$$
$$=4.71\ \underline{/-58°}\times22\ V=103.6\ \underline{/-58°}\ V$$

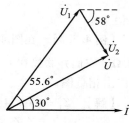

可用 $\dot{U}=\dot{U}_1+\dot{U}_2$ 验算。电流与电压的相量图如图 4.5.2 所示。

图 4.5.2　例 4.5.1 的图

4.5.2　阻抗的并联

图 4.5.3(a)所示是两个阻抗并联的电路。根据基尔霍夫电流定律可写出它的相量表示式

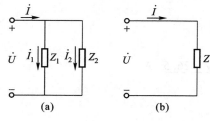

图 4.5.3

(a) 阻抗的并联；(b) 等效电路

$$\dot{I}=\dot{I}_1+\dot{I}_2=\frac{\dot{U}}{Z_1}+\frac{\dot{U}}{Z_2}$$
$$=\dot{U}\left(\frac{1}{Z_1}+\frac{1}{Z_2}\right)\qquad(4.5.5)$$

两个并联的阻抗也可用一个等效阻抗 Z 来代替。根据图 4.5.3(b)所示的等效电路可写出

$$\dot{I}=\frac{\dot{U}}{Z}\qquad\qquad(4.5.6)$$

比较上列两式，则得

$$\frac{1}{Z}=\frac{1}{Z_1}+\frac{1}{Z_2}\qquad(4.5.7)$$

或

$$Z=\frac{Z_1Z_2}{Z_1+Z_2}$$

因为一般

$$I\neq I_1+I_2$$

即

$$\frac{U}{|Z|} \neq \frac{U}{|Z_1|} + \frac{U}{|Z_2|}$$

所以

$$\frac{1}{|Z|} \neq \frac{1}{|Z_1|} + \frac{1}{|Z_2|}$$

由此可见，只有等效阻抗的倒数才等于各个并联阻抗的倒数之和，在一般情况下可写为

$$\frac{1}{Z} = \sum \frac{1}{Z_k} \qquad (4.5.8)$$

【例 4.5.2】　在图 4.5.3(a)中，有两个阻抗 $Z_1 = (3 + \mathrm{j}4)\ \Omega$ 和 $Z_2 = (8 - \mathrm{j}6)\ \Omega$，它们并联接在 $\dot{U} = 220\ \underline{/0°}$ V 的电源上。试计算电路中的电流 $\dot{I}_1$，$\dot{I}_2$ 和 $\dot{I}$，并作出相量图。

【解】　$Z_1 = (3 + \mathrm{j}4)\ \Omega = 5\ \underline{/53°}\ \Omega$，$Z_2 = (8 - \mathrm{j}6)\ \Omega = 10\ \underline{/-37°}\ \Omega$

$$Z = \frac{Z_1 Z_2}{Z_1 + Z_2} = \frac{5\ \underline{/53°} \times 10\ \underline{/-37°}}{3 + \mathrm{j}4 + 8 - \mathrm{j}6}\ \Omega = \frac{50\ \underline{/16°}}{11 - \mathrm{j}2}\ \Omega = \frac{50\ \underline{/16°}}{11.8\ \underline{/-10.5°}}\ \Omega$$

$$= 4.47\ \underline{/26.5°}\ \Omega$$

$$\dot{I}_1 = \frac{\dot{U}}{Z_1} = \frac{220\ \underline{/0°}}{5\ \underline{/53°}}\ \mathrm{A} = 44\ \underline{/-53°}\ \mathrm{A}$$

$$\dot{I}_2 = \frac{\dot{U}}{Z_2} = \frac{220\ \underline{/0°}}{10\ \underline{/-37°}}\ \mathrm{A} = 22\ \underline{/37°}\ \mathrm{A}$$

$$\dot{I} = \frac{\dot{U}}{Z} = \frac{220\ \underline{/0°}}{4.47\ \underline{/26.5°}}\ \mathrm{A} = 49.2\ \underline{/-26.5°}\ \mathrm{A}$$

可用 $\dot{I} = \dot{I}_1 + \dot{I}_2$ 验算。

电压与电流的相量图如图 4.5.4 所示。

【例 4.5.3】　在图 4.5.5 中，电源电压 $\dot{U} = 220\ \underline{/0°}$ V。试求：(1) 等效阻抗 Z；(2) 电流 $\dot{I}$，$\dot{I}_1$ 和 $\dot{I}_2$。

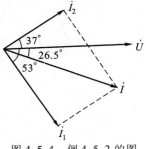

图 4.5.4　例 4.5.2 的图

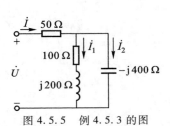

图 4.5.5　例 4.5.3 的图

【解】 （1）等效阻抗

$$Z = \left[50 + \frac{(100 + \text{j}200)(-\text{j}400)}{100 + \text{j}200 - \text{j}400} \right] \Omega = (50 + 320 + \text{j}240) \, \Omega = (370 + \text{j}240) \, \Omega$$

$$= 440 \underline{/33°} \, \Omega$$

（2）电流

$$\dot{I} = \frac{\dot{U}}{Z} = \frac{220 \underline{/0°}}{440 \underline{/33°}} \, \text{A} = 0.5 \underline{/-33°} \, \text{A}$$

$$\dot{I}_1 = \frac{-\text{j}400}{100 + \text{j}200 - \text{j}400} \times 0.5 \underline{/-33°} \, \text{A}$$

$$= \frac{400 \underline{/-90°}}{224 \underline{/-63.4°}} \times 0.5 \underline{/-33°} \, \text{A} = 0.89 \underline{/-59.6°} \, \text{A}$$

$$\dot{I}_2 = \frac{100 + \text{j}200}{100 + \text{j}200 - \text{j}400} \times 0.5 \underline{/-33°} \, \text{A}$$

$$= \frac{224 \underline{/63.4°}}{224 \underline{/-63.4°}} \times 0.5 \underline{/-33°} \, \text{A} = 0.5 \underline{/93.8°} \, \text{A}$$

【练习与思考】

4.5.1 有图4.5.6所示的四个电路，每个电路图下的电压、电流和电路阻抗模的答案对不对？

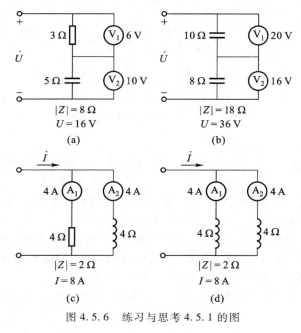

图4.5.6 练习与思考4.5.1的图

4.5.2   计算图 4.5.7 所示两电路的阻抗 Z_{ab}。

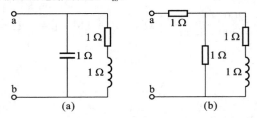

图 4.5.7   练习与思考 4.5.2 的图

4.5.3   电路如图 4.5.8 所示，试求各电路的阻抗，画出相量图，并问电流 i 较电压 u 滞后还是超前？

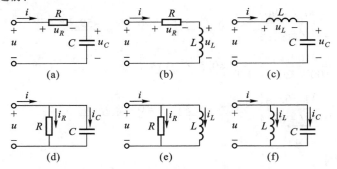

图 4.5.8   练习与思考 4.5.3 的图

4.5.4   在图 4.5.9 所示的电路中，$X_L = X_C = R$，并已知电流表 A_1 的读数为 3 A，试问 A_2 和 A_3 的读数为多少？

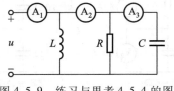

图 4.5.9   练习与思考 4.5.4 的图

*4.6   复杂正弦交流电路的分析与计算

在前面几节中，讨论了用相量表示法对由 R，L，C 元件组成的串、并联交流电路的分析与计算。在此基础上，进一步研究复杂交流电路的计算。

和第 2 章计算复杂直流电路一样，复杂交流电路也要应用支路电流法、结点电压法、叠加定理和戴维宁定理等方法来分析与计算。所不同者，电压和电流应以相量表示，电阻、电感和电容及其组成的电路应以阻抗来表示。下面举例说明。

【**例 4.6.1**】   在图 4.6.1 所示的电路中，已知 $\dot{U}_1 = 230 \underline{/0°}$ V，$\dot{U}_2 = 227 \underline{/0°}$ V，$Z_1 =$

$(0.1 + j0.5)$ Ω，$Z_2 = (0.1 + j0.5)$ Ω，$Z_3 = (5 + j5)$ Ω。试用支路电流法求电流 $\dot{I}_3$。

【解】 应用基尔霍夫定律列出下列相量表示式方程

$$\begin{cases} \dot{I}_1 + \dot{I}_2 - \dot{I}_3 = 0 \\ Z_1\dot{I}_1 + Z_3\dot{I}_3 = \dot{U}_1 \\ Z_2\dot{I}_2 + Z_3\dot{I}_3 = \dot{U}_2 \end{cases}$$

将已知数据代入，即得

$$\begin{cases} \dot{I}_1 + \dot{I}_2 - \dot{I}_3 = 0 \\ (0.1 + j0.5)\dot{I}_1 + (5 + j5)\dot{I}_3 = 230\underline{/0°} \\ (0.1 + j0.5)\dot{I}_2 + (5 + j5)\dot{I}_3 = 227\underline{/0°} \end{cases}$$

解之，得

$$\dot{I}_3 = 31.3\underline{/-46.1°}\ \text{A}$$

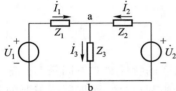
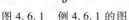

图 4.6.1 例 4.6.1 的图

图 4.6.2 图 4.6.1 所示电路的等效电路

【例 4.6.2】 应用戴维宁定理计算上例中的电流 $\dot{I}_3$。

【解】 图 4.6.1 的电路可化为图 4.6.2 所示的等效电路。等效电源的电压 $\dot{U}_0$ 可由图 4.6.3(a)求得

$$\dot{U}_0 = \frac{\dot{U}_1 - \dot{U}_2}{Z_1 + Z_2} \cdot Z_2 + \dot{U}_2 = \left[\frac{230\underline{/0°} - 227\underline{/0°}}{2(0.1 + j0.5)} \times (0.1 + j0.5) + 227\underline{/0°} \right] \text{V}$$

$$= 228.85\underline{/0°}\ \text{V}$$

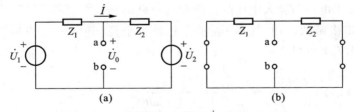

图 4.6.3 计算等效电源的 $\dot{U}_0$ 和 Z_0 的电路

等效电源的内阻抗 Z_0 可由图 4.6.3(b)求得

$$Z_0 = \frac{Z_1 Z_2}{Z_1 + Z_2} = \frac{Z_1}{2} = \frac{0.1 + j0.5}{2}\ \Omega = (0.05 + j0.25)\ \Omega$$

而后由图 4.6.2 求出

$$\dot{I}_3 = \frac{\dot{U}_0}{Z_0 + Z_3} = \frac{228.85\underline{/0°}}{(0.05 + j0.25) + (5 + j5)}\ \text{A} = 31.3\underline{/-46.1°}\ \text{A}$$

4.7 交流电路的频率特性

在交流电路中，电容元件的容抗和电感元件的感抗都与频率有关，在电源频率一定时，它们有一确定值。但当电源电压或电流(激励)的频率改变(即使它们的幅值不变)时，容抗和感抗值随着改变，而使电路中各部分所产生的电流和电压(响应)的大小和相位也随着改变。响应与频率的关系称为电路的频率特性或频率响应。在电力系统中，频率一般是固定的，但在电子技术和控制系统中，经常要研究在不同频率下电路的工作情况。

本章前面几节所讨论的电压和电流都是时间函数，在时间领域内对电路进行分析，所以常称为时域分析。本节是在频率领域内对电路进行分析，就称为频域分析。

△4.7.1 滤波电路

所谓滤波就是利用容抗或感抗随频率而改变的特性，对不同频率的输入信号产生不同的响应，让需要的某一频带的信号顺利通过，而抑制不需要的其他频率的信号。

滤波电路通常可分为低通、高通和带通等多种。除 RC 电路外，其他电路也可组成各种滤波电路。

1. 低通滤波电路

图 4.7.1 所示是 RC 串联电路，$U_1(j\omega)$ 是输入信号电压，$U_2(j\omega)$ 是输出信号电压，两者都是频率的函数。

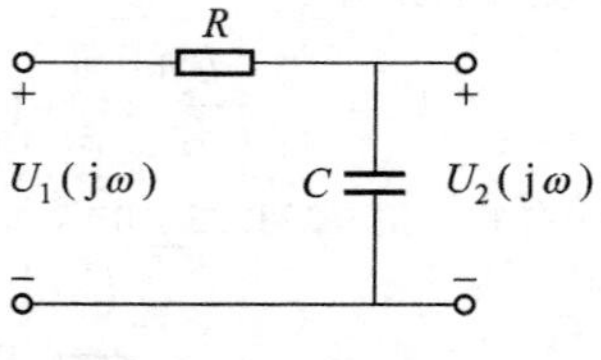

电路输出电压与输入电压的比值称为电路的传递函数或转移函数，用 $T(j\omega)$ 表示，它是一个复数。由图 4.7.1 可得

图 4.7.1 RC 低通滤波电路

$$T(j\omega) = \frac{U_2(j\omega)}{U_1(j\omega)} = \frac{\dfrac{1}{j\omega C}}{R + \dfrac{1}{j\omega C}} = \frac{1}{1 + j\omega RC}$$

$$= \frac{1}{\sqrt{1 + (\omega RC)^2}} \underline{/-\arctan(\omega RC)} = |T(j\omega)| \underline{/\varphi(\omega)} \quad (4.7.1)$$

式中

$$|T(j\omega)| = \frac{U_2(\omega)}{U_1(\omega)} = \frac{1}{\sqrt{1 + (\omega RC)^2}}$$

是传递函数 $T(j\omega)$ 的模，是角频率 ω 的函数；

$$\varphi(\omega) = -\arctan(\omega RC)$$

是 $T(\mathrm{j}\omega)$ 的辐角，也是 ω 的函数。

设

$$\omega_0 = \frac{1}{RC}$$

则

$$T(\mathrm{j}\omega) = \frac{1}{1 + \mathrm{j}\dfrac{\omega}{\omega_0}} = \frac{1}{\sqrt{1 + \left(\dfrac{\omega}{\omega_0}\right)^2}} \angle -\arctan\frac{\omega}{\omega_0}$$

表示 $|T(\mathrm{j}\omega)|$ 随 ω 变化的特性称为幅频特性，表示 $\varphi(\omega)$ 随 ω 变化的特性称为相频特性，两者统称频率特性。

由上列式子可见，当

$$\omega = 0 \text{ 时}, \quad |T(\mathrm{j}\omega)| = 1, \quad \varphi(\omega) = 0$$

$$\omega = \infty \text{ 时}, \quad |T(\mathrm{j}\omega)| = 0, \quad \varphi(\omega) = -\frac{\pi}{2}$$

又当

$$\omega = \omega_0 = \frac{1}{RC} \text{时}, \quad |T(\mathrm{j}\omega)| = \frac{1}{\sqrt{2}} = 0.707, \quad \varphi(\omega) = -\frac{\pi}{4}$$

见表 4.7.1，并如图 4.7.2 所示。

表 4.7.1 频 率 特 性

ω	0	ω_0	∞
$\lvert T(\mathrm{j}\omega) \rvert$	1	0.707	0
$\varphi(\omega)$	0	$-\dfrac{\pi}{4}$	$-\dfrac{\pi}{2}$

在实际应用上，输出电压不能下降过多。通常规定：当输出电压下降到输入电压的 70.7%，即 $|T(\mathrm{j}\omega)|$ 下降到 0.707 时为最低限。此时，$\omega = \omega_0$，而将频率范围 $0 < \omega \leqslant \omega_0$ 称为通频带。ω_0 称为截止频率，它又称为半功率点频率[1] 或 3 dB 频率[2]。

当 $\omega < \omega_0$ 时，$|T(\mathrm{j}\omega)|$ 变化不大，接近等于 1；当 $\omega > \omega_0$ 时，$|T(\mathrm{j}\omega)|$ 明显下降。这表明上述 RC 电路具有使低频信号较易通过而抑制较高频率信号的作用，故常称为低通滤波电路。

---

[1] 如果电路输出端接一电阻负载，当 $|T(\mathrm{j}\omega)|$ 下降到 0.707 $\left(\text{即} \dfrac{1}{\sqrt{2}}\right)$ 时，因为功率正比于电压平方，这时输出功率只是输入功率的一半，故有此名。

[2] 传递函数 $|T(\mathrm{j}\omega)|$ 可用对数形式表示，其表示单位为分贝（dB）。当 $|T(\mathrm{j}\omega)| = 0.707$ 时，$|T(\mathrm{j}\omega)| = 20\lg 0.707 = 20 \times (-0.151)\ \text{dB} = -3\ \text{dB}$

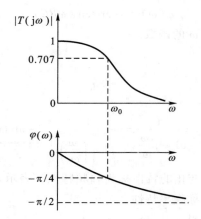

图 4.7.2　低通滤波电路的频率特性

2. 高通滤波电路

图 4.7.3 所示的电路与图 4.7.1 的电路所不同者，是从电阻 R 两端输出。电路的传递函数为

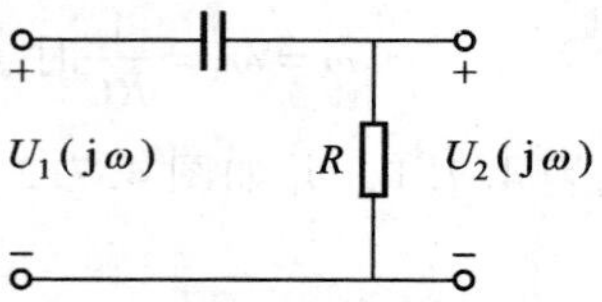

$$T(j\omega) = \frac{U_2(j\omega)}{U_1(j\omega)} = \frac{R}{R + \frac{1}{j\omega C}} = \frac{j\omega RC}{1 + j\omega RC}$$

图 4.7.3　RC 高通滤波电路

$$= \frac{1}{1 - j\frac{1}{\omega RC}} = \frac{1}{\sqrt{1 + \left(\frac{1}{\omega RC}\right)^2}} \Big/\!\arctan\frac{1}{\omega RC}$$

$$= |T(j\omega)| \Big/\!\underline{\varphi(\omega)} \tag{4.7.2}$$

式中

$$|T(j\omega)| = \frac{U_2(\omega)}{U_1(\omega)} = \frac{1}{\sqrt{1 + \left(\frac{1}{\omega RC}\right)^2}} \qquad \varphi(\omega) = \arctan\frac{1}{\omega RC}$$

设

$$\omega_0 = \frac{1}{RC}$$

则

$$T(j\omega) = \frac{1}{1 - j\frac{\omega_0}{\omega}} = \frac{1}{\sqrt{1 + \left(\frac{\omega_0}{\omega}\right)^2}} \Big/\!\arctan\frac{\omega_0}{\omega}$$

频率特性列在表 4.7.2 中，并如图 4.7.4 所示。由图可见，上述 RC 电路具有使高频信号较易通过而抑制较低频率信号的作用，故常称为高通滤波电路。

表 4.7.2　频 率 特 性

ω	0	ω_0	∞
$\mid T(\mathrm{j}\omega) \mid$	0	0.707	1
$\varphi(\omega)$	$\dfrac{\pi}{2}$	$\dfrac{\pi}{4}$	0

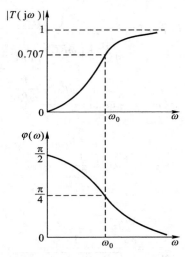

图 4.7.4　高通滤波电路的频率特性

3. 带通滤波电路

图 4.7.5 所示的是 RC 带通滤波电路。电路的传递函数为

$$T(\mathrm{j}\omega) = \frac{U_2(\mathrm{j}\omega)}{U_1(\mathrm{j}\omega)} = \frac{\cfrac{\cfrac{R}{\mathrm{j}\omega C}}{R + \cfrac{1}{\mathrm{j}\omega C}}}{R + \cfrac{1}{\mathrm{j}\omega C} + \cfrac{\cfrac{R}{\mathrm{j}\omega C}}{R + \cfrac{1}{\mathrm{j}\omega C}}}$$

图 4.7.5　RC 带通滤波电路

$$= \frac{\cfrac{R}{1 + \mathrm{j}\omega RC}}{\cfrac{1 + \mathrm{j}\omega RC}{\mathrm{j}\omega C} + \cfrac{R}{1 + \mathrm{j}\omega RC}} = \frac{\mathrm{j}\omega RC}{(1 + \mathrm{j}\omega RC)^2 + \mathrm{j}\omega RC}$$

$$= \frac{1}{3 + \mathrm{j}\left(\omega RC - \dfrac{1}{\omega RC}\right)}$$

$$= \frac{1}{\sqrt{3^2 + \left(\omega RC - \frac{1}{\omega RC}\right)^2}} \bigg/ -\arctan \frac{\omega RC - \frac{1}{\omega RC}}{3}$$

$$= |T(\text{j}\omega)| \bigg/ \underline{\varphi(\omega)} \qquad (4.7.3)$$

式中

$$|T(\text{j}\omega)| = \frac{1}{\sqrt{3^2 + \left(\omega RC - \frac{1}{\omega RC}\right)^2}}$$

$$\varphi(\omega) = -\arctan \frac{\omega RC - \frac{1}{\omega RC}}{3}$$

设

$$\omega_0 = \frac{1}{RC}$$

则

$$T(\text{j}\omega) = \frac{1}{3 + \text{j}\left(\frac{\omega}{\omega_0} - \frac{\omega_0}{\omega}\right)} = \frac{1}{\sqrt{3^2 + \left(\frac{\omega}{\omega_0} - \frac{\omega_0}{\omega}\right)^2}} \bigg/ -\arctan \frac{\frac{\omega}{\omega_0} - \frac{\omega_0}{\omega}}{3}$$

频率特性列在表 4.7.3 中，并如图 4.7.6 所示。由图可见，当 $\omega = \omega_0 = \frac{1}{RC}$ 时，输入电压 $\dot{U}_1$ 与输出电压 $\dot{U}_2$ 同相，且 $\frac{U_2}{U_1} = \frac{1}{3}$。[①] 同时也规定，当 $|T(\text{j}\omega)|$ 等于最大值$\left(\text{即}\frac{1}{3}\right)$的 70.7% 处频率的上下限之间宽度称为通频带宽度，简称通频带，即

$$\Delta\omega = \omega_2 - \omega_1$$

表 4.7.3 频 率 特 性

ω	0	ω_0	∞
$\mid T(\text{j}\omega) \mid$	0	$\frac{1}{3}$	0
$\varphi(\omega)$	$\frac{\pi}{2}$	0	$-\frac{\pi}{2}$

---

① 当频率值给定后，上述三种滤波电路的电压均可用相量表示。

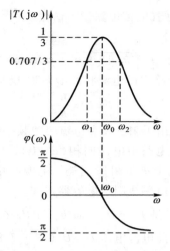

图 4.7.6 带通滤波电路的频率特性

图 4.7.5 的 *RC* 串并联电路实为 *RC* 振荡器中的选频电路(见下册第 17 章)。

4. 7. 2 谐振电路

在具有电感和电容元件的电路中,电路两端的电压与其中的电流一般是不同相的。如果调节电路的参数或电源的频率而使它们同相,这时电路中就发生谐振现象。研究谐振的目的就是要认识这种客观现象,并在生产上充分利用谐振的特征,同时又要预防它所产生的危害。按发生谐振的电路的不同,谐振现象可分为串联谐振和并联谐振。下面将分别讨论这两种谐振的条件和特征,以及谐振电路的频率特性。

1. 串联谐振

在 *R*,*L*,*C* 元件串联的电路中(图 4.4.1),当

$$X_L = X_C \quad \text{或} \quad 2\pi fL = \frac{1}{2\pi fC} \qquad (4.7.4)$$

时,则

$$\varphi = \arctan \frac{X_L - X_C}{R} = 0$$

即电源电压 *u* 与电路中的电流 *i* 同相。这时电路中发生谐振现象。因为发生在串联电路中,所以称为串联谐振。

式(4.7.4)是发生串联谐振的条件,并由此得出谐振频率

$$f = f_0 = \frac{1}{2\pi \sqrt{LC}} \qquad (4.7.5)$$

即当电源频率 *f* 与电路参数 *L* 和 *C* 之间满足上式关系时,则发生谐振。可见只

要调节 L，C 或电源频率 f 都能使电路发生谐振。

串联谐振具有下列特征。

（1）电路的阻抗模 $|Z| = \sqrt{R^2 + (X_L - X_C)^2} = R$，其值最小。因此，在电源电压 U 不变的情况下，电路中的电流将在谐振时达到最大值，即

$$I = I_0 = \frac{U}{R}$$

在图 4.7.7 中分别画出了阻抗模和电流等随频率变化的曲线。

（2）由于电源电压与电路中电流同相（$\varphi = 0$），因此电路对电源呈现电阻性。电源供给电路的能量全被电阻所消耗，电源与电路之间不发生能量的互换。能量的互换只发生在电感线圈与电容器之间。

（3）由于 $X_L = X_C$，于是 $U_L = U_C$。而 $\dot{U}_L$ 与 $\dot{U}_C$ 在相位上相反，互相抵消，对整个电路不起作用，因此电源电压 $\dot{U} = \dot{U}_R$（图 4.7.8）。

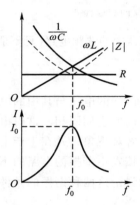

图4.7.7 阻抗模与电流
等随频率变化的曲线

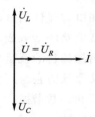

图 4.7.8 串联谐
振时的相量图

但是，U_L 和 U_C 的单独作用不容忽视，因为

$$\left. \begin{aligned} U_L = X_L I = X_L \frac{U}{R} \\ U_C = X_C I = X_C \frac{U}{R} \end{aligned} \right\} \tag{4.7.6}$$

当 $X_L = X_C > R$ 时，U_L 和 U_C 都高于电源电压 U。如果电压过高时，可能会击穿线圈和电容器的绝缘。因此，在电力工程中一般应避免发生串联谐振。但在无线电工程中则常利用串联谐振以获得较高电压，电容或电感元件上的电压常高于电源电压几十倍或几百倍。

U_C 或 U_L 与电源电压 U 的比值，通常用 Q 来表示

$$Q = \frac{U_C}{U} = \frac{U_L}{U} = \frac{1}{\omega_0 C R} = \frac{\omega_0 L}{R} \tag{4.7.7}$$

式中，ω_0 为谐振角频率，Q 称为电路的品质因数或简称 Q 值。在式(4.7.7)中，它的意义是表示在谐振时电容或电感元件上的电压是电源电压的 Q 倍。例如，$Q = 100$，$U = 6$ V，那么在谐振时电容或电感元件上的电压就高达 600 V。

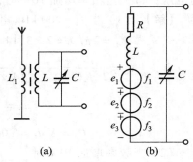

串联谐振在无线电工程中的应用较多，例如在接收机里被用来选择信号。图 4.7.9(a)所示是接收机里典型的输入电路。它的作用是将需要收听的信号从天线所收到的许多频率不同的信号之中选出来，其他不需要的信号则尽量地加以抑制。

输入电路的主要部分是天线线圈 L_1 和由电感线圈 L 与可变电容器 C 组成的串联谐振电路。天线所收到的各种频率不同的信号都会在 LC 谐振电路中感应出相应的电动势 e_1，e_2，e_3，$\cdots$，如图 4.7.9(b)所示，图中的 R 是线圈 L 的电阻。改变 C，对所需信号频率调到串联谐振，那么这时 LC 回路中该

图 4.7.9　接收机的输入电路
(a) 电路图；(b) 等效电路

频率的电流最大，在可变电容器两端的这种频率的电压也就较高。其他各种不同频率的信号虽然也在接收机里出现，但由于它们没有达到谐振，在回路中引起的电流很小。这样就起到了选择信号和抑制干扰的作用。

这里有一个选择性的问题。如图 4.7.10 所示，当谐振曲线比较尖锐时，稍有偏离谐振频率 f_0 的信号，就大大减弱。就是说，谐振曲线越尖锐，选择性就越强。此外，也引用通频带宽度的概念。就是规定，在电流 I 值等于最大值 I_0 的 70.7% 处频率的上下限之间宽度称为通频带宽度，即

$$\Delta f = f_2 - f_1$$

通频带宽度越小，表明谐振曲线越尖锐，电路的频率选择性就越强。而谐振曲线的尖锐或平坦同 Q 值有关，如图 4.7.11 所示。(设电路的 L 和 C 值不变，只改变 R 值。R 值越小，Q 值越大，则谐振曲线越尖锐，也就是选择性越强。) 这是品

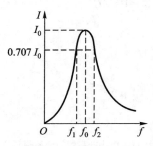

图 4.7.10　通频带宽度

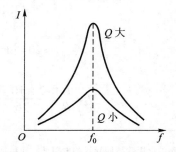

图 4.7.11　Q 与谐振曲线的关系

质因数 Q 的另外一个物理意义。减小 R 值，也就是减小线圈导线的电阻和电路中的各种能量损耗[①]。

【例 4.7.1】　将一线圈（$L = 4$ mH，$R = 50$ Ω）与电容器（$C = 160$ pF）串联，接在 $U = 25$ V 的电源上。（1）当 $f_0 = 200$ kHz 时发生谐振，求电流与电容器上的电压；（2）当频率增加 10% 时，求电流与电容器上的电压。

【解】　（1）当 $f_0 = 200$ kHz 电路发生谐振时

$$X_L = 2\pi f_0 L = 2 \times 3.14 \times 200 \times 10^3 \times 4 \times 10^{-3} \ \Omega \approx 5\,000 \ \Omega$$

$$X_C = \frac{1}{2\pi f_0 C} = \frac{1}{2 \times 3.14 \times 200 \times 10^3 \times 160 \times 10^{-12}} \ \Omega \approx 5\,000 \ \Omega$$

$$I_0 = \frac{U}{R} = \frac{25}{50} \ \text{A} = 0.5 \ \text{A}$$

$$U_C = X_C I_0 = 5\,000 \times 0.5 \ \text{V} = 2\,500 \ \text{V} \ (>U)$$

（2）当频率增加 10% 时

$$X_L \approx 5\,500 \ \Omega$$

$$X_C \approx 4\,500 \ \Omega$$

$$|Z| = \sqrt{50^2 + (5\,500 - 4\,500)^2} \ \Omega \approx 1\,000 \ \Omega \ (>R)$$

$$I = \frac{U}{|Z|} = \frac{25}{1\,000} \ \text{A} = 0.025 \ \text{A} \ (<I_0)$$

$$U_C = X_C I = 4\,500 \times 0.025 \ \text{V} = 112.5 \ \text{V} \ (<2\,500 \ \text{V})$$

可见偏离谐振频率 10% 时，I 和 U_C 就大大减小。

【例 4.7.2】　某收音机的输入电路如图 4.7.9(a) 所示，线圈 L 的电感 $L = 0.3$ mH，电阻 $R = 16$ Ω。今欲收听 640 kHz 某电台的广播，应将可变电容 C 调到多少皮法？如在调谐回路中感应出电压 $U = 2$ μV，试求这时回路中该信号的电流多大，并在线圈（或电容）两端得出多大电压？

【解】　根据 $f = \dfrac{1}{2\pi\sqrt{LC}}$ 可得

$$640 \times 10^3 = \frac{1}{2 \times 3.14 \sqrt{0.3 \times 10^{-3} C}}$$

由此求出

$$C = 204 \ \text{pF}$$

这时

$$I = \frac{U}{R} = \frac{2 \times 10^{-6}}{16} \ \text{A} = 0.13 \ \mu\text{A}$$

[①] 谐振电路的电阻除线圈导线的电阻外，还包括线圈的铁心损耗或电容器的介质损耗所反映出的等效电阻。

$$X_C = X_L = 2\pi fL = 2 \times 3.14 \times 640 \times 10^3 \times 0.3 \times 10^{-3}\ \Omega \approx 1\ 200\ \Omega$$

$$U_C \approx U_L = X_L I = 1\ 200 \times 0.13 \times 10^{-6}\ \text{V} = 156 \times 10^{-6}\ \text{V} = 156\ \mu\text{V}$$

2. 并联谐振

图 4.7.12 所示是线圈 RL 与电容器 C 并联的电路，其等效阻抗为

$$Z = \frac{(R + j\omega L)\left(-j\dfrac{1}{\omega C}\right)}{R + j\omega L - j\dfrac{1}{\omega C}} \approx \frac{j\omega L\left(-j\dfrac{1}{\omega C}\right)^{①}}{R + j\omega L - j\dfrac{1}{\omega C}}$$

$$= \frac{\dfrac{L}{C}}{R + j\left(\omega L - \dfrac{1}{\omega C}\right)} \tag{4.7.8}$$

当将电源角频率 ω 调到 ω_0 时

$$\omega_0 L = \frac{1}{\omega_0 C} \qquad \omega = \omega_0 = \frac{1}{\sqrt{LC}}$$

或

$$f = f_0 = \frac{1}{2\pi\ \sqrt{LC}} \tag{4.7.9}$$

时，发生并联谐振。

并联谐振具有下列特征：

（1）由式（4.7.8）可知，谐振时电路的阻抗模为

$$|Z_0| = \frac{L}{RC} \tag{4.7.10}$$

其值最大，因此在电源电压 U 一定的情况下，电流 I 将在谐振时达到最小值，即 $I = I_0 = \dfrac{U}{|Z_0|}$。

阻抗模与电流的谐振曲线如图 4.7.13 所示。

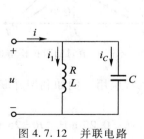

图 4.7.12　并联电路　　　　图 4.7.13　|Z| 和 I 的谐振曲线

---

① 由于设谐振时 $\omega_0 L \gg R$，式（4.7.8）和式（4.7.9）都是近似的。

（2）由于电源电压与电路中电流同相（$\varphi = 0$），因此电路对电源呈现电阻性。谐振时电路的阻抗模 $|Z_0|$ 相当于一个电阻。

（3）谐振时各并联支路的电流为

$$I_1 = \frac{U}{\sqrt{R^2 + (\omega_0 L)^2}} \approx \frac{U}{\omega_0 L}$$

$$I_C = \frac{U}{\dfrac{1}{\omega_0 C}}$$

因为

$$\omega_0 L \approx \frac{1}{\omega_0 C} \quad \omega_0 L \gg R \ \text{即}\ \varphi_1 \approx 90°$$

所以由上列各式和图 4.7.14 的相量图可知

$$I_1 \approx I_C \gg I_0$$

即在谐振时并联支路的电流近于相等，而比总电流大许多倍。

I_C 或 I_1 与总电流 I_0 的比值为电路的品质因数

$$Q = \frac{I_1}{I_0} = \frac{1}{\omega_0 CR} = \frac{\omega_0 L}{R} \tag{4.7.11}$$

即在谐振时，支路电流 I_C 或 I_1 是总电流 I_0 的 Q 倍，也就是谐振时电路的阻抗模为支路阻抗模的 Q 倍。

在 L 和 C 值不变时 R 值愈小，品质因数 Q 值愈大，阻抗模 $|Z_0|$ 也愈大[①]，阻抗谐振曲线也愈尖锐（图 4.7.15），选择性也就愈强。

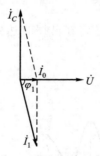

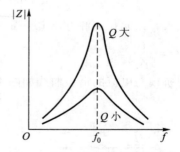

图 4.7.14　并联谐振时的相量图　　　图 4.7.15　不同 Q 值时的阻抗模谐振曲线

并联谐振在无线电工程和工业电子技术中也常应用。例如利用并联谐振时阻抗模高的特点来选择信号或消除干扰。

【**例 4.7.3**】　图 4.7.12 所示的并联电路中，$L = 0.25$ mH，$R = 25\ \Omega$，$C =$

---

① 可以推导出 $|Z_0| = Q \sqrt{\dfrac{L}{C}}$。

85 pF，试求谐振角频率 ω_0、品质因数 Q 和谐振时电路的阻抗模 $|Z_0|$。

【解】

$$\omega_0 \approx \sqrt{\frac{1}{LC}} = \sqrt{\frac{1}{0.25 \times 10^{-3} \times 85 \times 10^{-12}}} \text{ rad/s}$$

$$= \sqrt{4.7 \times 10^{13}} \text{ rad/s} = 6.86 \times 10^6 \text{ rad/s}$$

$$f_0 = \frac{\omega_0}{2\pi} = \frac{6.86 \times 10^6}{2\pi} \text{ Hz} \approx 1\,100 \text{ kHz}$$

$$Q = \frac{\omega_0 L}{R} = \frac{6.86 \times 10^6 \times 0.25 \times 10^{-3}}{25} = 68.6$$

$$|Z_0| = \frac{L}{RC} = \frac{0.25 \times 10^{-3}}{25 \times 85 \times 10^{-12}} \Omega = 117 \text{ k}\Omega$$

【例 4.7.4】 在图 4.7.16 所示的电路中，$U = 220$ V。（1）当电源频率 $\omega_1 = 1\,000$ rad/s 时，$U_R = 0$；（2）当电源频率 $\omega_2 = 2\,000$ rad/s 时，$U_R = U = 220$ V。试求电路参数 L_1 和 L_2，并已知 $C = 1$ μF。

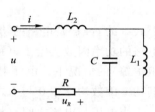

图 4.7.16 例 4.7.4 的图

【解】 （1）这时 $U_R = 0$，即 $I = 0$，电路处于并联谐振（并联谐振时，$L_1 C$ 并联电路的阻抗模为无穷大，读者自行证明），故

$$\omega_1 L_1 = \frac{1}{\omega_1 C}$$

$$L_1 = \frac{1}{\omega_1^2 C} = \frac{1}{1\,000^2 \times 1 \times 10^{-6}} \text{ H} = 1 \text{ H}$$

（2）这时电路处于串联谐振。先将 $L_1 C$ 并联电路等效为

$$Z_0 = \frac{(j\omega_2 L_1)\left(-j\dfrac{1}{\omega_2 C}\right)}{j\left(\omega_2 L_1 - \dfrac{1}{\omega_2 C}\right)} = -j\frac{\omega_2 L_1}{\omega_2^2 L_1 C - 1}$$

而后列出

$$\dot{U} = R\dot{I} + j\left(\omega_2 L_2 - \frac{\omega_2 L_1}{\omega_2^2 L_1 C - 1}\right)\dot{I}$$

在串联谐振时 $\dot{U}$ 和 $\dot{I}$ 同相，虚部为零，即

$$\omega_2 L_2 = \frac{\omega_2 L_1}{\omega_2^2 L_1 C - 1}$$

$$L_2 = \frac{1}{\omega_2^2 C - \dfrac{1}{L_1}} = \frac{1}{2\,000^2 \times 1 \times 10^{-6} - 1} \text{ H} = 0.33 \text{ H}$$

【练习与思考】

4.7.1 图 4.7.9(a)中，L 与 C 似乎是并联的，为什么说是串联谐振电路？

4.7.2 试分析电路发生谐振时能量的消耗和互换情况。

4.7.3 试说明当频率低于和高于谐振频率时，RLC 串联电路是电容性还是电感性的。

4.7.4 在图 4.7.12 中设线圈的电阻 R 趋于零，试分析发生并联谐振时的情况（$|Z_0|$，$\dot{I}_1$，$\dot{I}_c$，$\dot{I}$）。

4.8   功率因数的提高

大家都已知道，直流电路的功率等于电流与电压的乘积，但交流电路则不然。在计算交流电路的平均功率时还要考虑电压与电流间的相位差 φ，即

$$P = UI\cos\varphi$$

上式中的 $\cos\varphi$ 是电路的功率因数。在前面已讲过，电压与电流间的相位差或电路的功率因数决定于电路(负载)的参数。只有在电阻负载(例如白炽灯、电阻炉等)的情况下，电压和电流才同相，其功率因数为 1。对其他负载来说，其功率因数均介于 0 与 1 之间。

当电压与电流之间有相位差时，即功率因数不等于 1 时，电路中发生能量互换，出现无功功率 $Q = UI\sin\varphi$。这样就引起下面两个问题。

1. 发电设备的容量不能充分利用

$$P = U_N I_N \cos\varphi$$

由上式可见，当负载的功率因数 $\cos\varphi < 1$ 时，而发电机的电压和电流又不容许超过额定值，显然这时发电机所能发出的有功功率就减小了。功率因数愈低，发电机所发出的有功功率就愈小，而无功功率却愈大。无功功率愈大，即电路中能量互换的规模愈大，则发电机发出的能量就不能充分利用，其中有一部分即在发电机与负载之间进行互换。

例如容量为 1 000 kV·A 的变压器，如果 $\cos\varphi = 1$，即能发出 1 000 kW 的有功功率，而在 $\cos\varphi = 0.7$ 时，则只能发出 700 kW 的功率。

2. 增加线路和发电机绕组的功率损耗

当发电机的电压 U 和输出的功率 P 一定时，电流 I 与功率因数成反比，而线路和发电机绕组上的功率损耗 ΔP 则与 $\cos\varphi$ 的平方成反比，即

$$\Delta P = rI^2 = \left(r\frac{P^2}{U^2}\right)\frac{1}{\cos^2\varphi}$$

式中，r 是发电机绕组和线路的电阻。

由上述可知，提高电网的功率因数对国民经济的发展有着极为重要的意

义。功率因数的提高，能使发电设备的容量得到充分利用，同时也能使电能得到大量节约。也就是说，在同样的发电设备的条件下能够多发电。

　　功率因数不高，根本原因就是由于电感性负载的存在。例如生产中最常用的异步电动机在额定负载时的功率因数约为 0.7 ~ 0.9，如果在轻载时其功率因数就更低。其他如工频炉、电焊变压器以及日光灯等负载的功率因数也都是较低的。电感性负载的功率因数之所以小于 1，是由于负载本身需要一定的无功功率。从技术经济观点出发，如何解决这个矛盾，也就是如何才能减少电源与负载之间能量的互换，而又使电感性负载能取得所需的无功功率，这就是我们所提出的要提高功率因数的实际意义。

　　按照供用电规则，高压供电的工业企业的平均功率因数不低于 0.95，其他单位不低于 0.9。

　　提高功率因数，常用的方法就是与电感性负载并联静电电容器（设置在用户或变电所中），其电路图和相量图如图 4.8.1 所示。

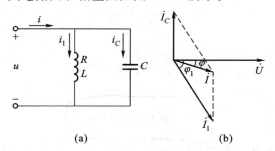

图 4.8.1　电容器与电感性负载并联以提高功率因数

(a) 电路图；(b) 相量图

　　并联电容器以后，电感性负载的电流 $I_1 = \dfrac{U}{\sqrt{R^2 + X_L^2}}$ 和功率因数 $\cos \varphi_1 =$

$\dfrac{R}{\sqrt{R^2 + X_L^2}}$ 均未变化，这是因为所加电压和负载参数没有改变。但电压 u 和线路
电流 i 之间的相位差 φ 变小了，即 $\cos \varphi$ 变大了。这里所讲的提高功率因数，是指提高电源或电网的功率因数，而不是指提高某个电感性负载的功率因数。

　　在电感性负载上并联了电容器以后，减少了电源与负载之间的能量互换。这时电感性负载所需的无功功率，大部分或全部都是就地供给（由电容器供给），就是说能量的互换现在主要或完全发生在电感性负载与电容器之间，因而使发电机容量能得到充分利用。

　　此外，由相量图可见，并联电容器以后线路电流也减小了（电流相量相加），因而减小了功率损耗。

　　应该注意，并联电容器以后有功功率并未改变，因为电容器是不消耗电能的。

【例 4.8.1】 有一电感性负载，其功率 $P = 10$ kW，功率因数 $\cos \varphi_1 = 0.6$，接在电压 $U = 220$ V 的电源上，电源频率 $f = 50$ Hz。（1）如果将功率因数提高到 $\cos \varphi = 0.95$，试求与负载并联的电容器的电容值和电容器并联前后的线路电流；（2）如要将功率因数从 0.95 再提高到 1，试问并联电容器的电容值还需增加多少？

【解】 计算并联电容器的电容值，可从图 4.8.1 的相量图导出一个公式。由图可得

$$I_C = I_1 \sin \varphi_1 - I \sin \varphi = \left(\frac{P}{U \cos \varphi_1} \right) \sin \varphi_1 - \left(\frac{P}{U \cos \varphi} \right) \sin \varphi$$

$$= \frac{P}{U} (\tan \varphi_1 - \tan \varphi)$$

又因

$$I_C = \frac{U}{X_C} = U \omega C$$

所以

$$U \omega C = \frac{P}{U} (\tan \varphi_1 - \tan \varphi)$$

由此得

$$\boxed{C = \frac{P}{\omega U^2} (\tan \varphi_1 - \tan \varphi)}$$

（1）$\cos \varphi_1 = 0.6$，即 $\varphi_1 = 53°$

$\cos \varphi = 0.95$，即 $\varphi = 18°$

因此所需电容值为

$$C = \frac{10 \times 10^3}{2 \pi \times 50 \times 220^2} (\tan 53° - \tan 18°) \text{ F} = 656 \text{ } \mu\text{F}$$

电容器并联前的线路电流（即负载电流）为

$$I_1 = \frac{P}{U \cos \varphi_1} = \frac{10 \times 10^3}{220 \times 0.6} \text{ A} = 75.6 \text{ A}$$

电容器并联后的线路电流为

$$I = \frac{P}{U \cos \varphi} = \frac{10 \times 10^3}{220 \times 0.95} \text{ A} = 47.8 \text{ A}$$

（2）如要将功率因数由 0.95 再提高到 1，则需要增加的电容值为

$$C = \frac{10 \times 10^3}{2 \pi \times 50 \times 220^2} (\tan 18° - \tan 0°) \text{ F} = 213.6 \text{ } \mu\text{F}$$

可见在功率因数已经接近 1 时再继续提高，则所需的电容值是很大的，因此一般不必提高到 1。

　　提高电路的功率因数，除与电感性负载并联电容器外，还可以并联电容性负载，例如并联过励磁的同步电动机(见 7.10 节)，它既作电动机用，又能提高电路的功率因数，一举两得。

　　【**例 4.8.2**】　在图 4.8.2 所示的电路中，电感性负载与一电容性负载并联，电源额定容量为 30 kV·A，额定电压为 1 000 V。试分析计算：(1) 无功功率；(2) 电路功率因数；(3) 电路电流是否超过电源的额定电流？

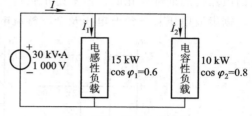

图 4.8.2　例 4.8.2 的图

　　【**解**】　(1) 根据功率三角形(见图 4.4.3)，电感性负载的无功功率为

$$Q_1 = P_1 \tan \varphi_1 = P_1 \tan (\arccos 0.6) = P_1 \tan 53°$$
$$= 15 \times 1.33 \text{ kvar} = 20 \text{ kvar}$$

电容性负载的无功功率为

$$Q_2 = P_2 \tan \varphi_2 = P_2 \tan (\arccos 0.8) = P_2 \tan 37°$$
$$= 10 \times 0.75 \text{ kvar} = 7.5 \text{ kvar}$$

　　电感性负载需要无功功率 20 kvar，由电容性负载供给 7.5 kvar，其余由电源供给。

　　(2) 由功率三角形得

$$\varphi = \arctan \frac{Q_1 - Q_2}{P_1 + P_2} = \arctan \frac{20 - 7.5}{15 + 10} = 26.6°$$

电路功率因数为

$$\cos \varphi = 0.89$$

　　并联电容性负载后，电路功率因数由 0.6 提高到 0.89。

　　(3) 电路电流为

$$I = \frac{P}{U \cos \varphi} = \frac{(15 + 10) \times 10^3}{1\,000 \times 0.89} \text{ A} = 28 \text{ A}$$

电源额定电流为

$$I_N = \frac{S_N}{U_N} = \frac{30 \times 10^3}{1\,000} \text{ A} = 30 \text{ A} > I$$

【**练习与思考**】

4.8.1　提高功率因数时，如将电容器并联在电源端(输电线始端)，是否能取得预期效果？

4.8.2　功率因数提高后，线路电流减小了，瓦时计的走字速度会慢些(省电)吗？

4.8.3　能否用超前电流来提高功率因数？

4.9 非正弦周期电压和电流

除了正弦电压和电流外，在不少实际应用中还会遇到这样的电压和电流，它们虽然是周期性变化的，但不是正弦量。例如图4.9.1中所举出的矩形波电压、锯齿波电压、三角波电压及全波整流电压。

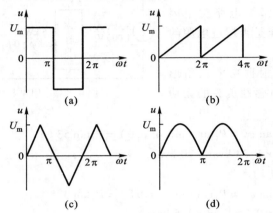

图 4.9.1 非正弦周期量

（a）矩形波；（b）锯齿波；（c）三角波；（d）全波整流波形

一个非正弦周期函数，只要满足狄里赫利条件[1]，都可以展开为傅里叶三角级数。

设周期函数为 $f(\omega t)$，其角频率为 ω，可以分解为下列傅里叶级数

$$f(\omega t) = A_0 + A_{1m}\sin(\omega t + \psi_1) + A_{2m}\sin(2\omega t + \psi_2) + \cdots$$

$$= A_0 + \sum_{k=1}^{\infty} A_{km}\sin(k\omega t + \psi_k) \tag{4.9.1}$$

式中，A_0 是不随时间而变的常数，称为恒定分量或直流分量，也就是一个周期内的平均值；第二项 $A_{1m}\sin(\omega t + \psi_1)$ 的频率与非正弦周期函数的频率相同，称为基波或一次谐波；其余各项的频率为周期函数的频率的整数倍，称为高次谐波，例如 $k = 2$，3，$\cdots$ 的各项，分别称为二次谐波、三次谐波等。

图4.9.1所示的几种非正弦周期电压的傅里叶级数的展开式分别如下。

矩形波电压

$$u = \frac{4U_m}{\pi}\left(\sin\omega t + \frac{1}{3}\sin 3\omega t + \frac{1}{5}\sin 5\omega t + \cdots\right) \tag{4.9.2}$$

---

[1] 所谓狄里赫利条件，就是周期函数在一个周期内包含有限个最大值和最小值以及有限个第一类间断点。电工中的非正弦周期量都能满足这个条件。

锯齿形波电压

$$u = U_{m}\left(\frac{1}{2} - \frac{1}{\pi}\sin \omega t - \frac{1}{2\pi}\sin 2\omega t - \frac{1}{3\pi}\sin 3\omega t - \cdots\right) \tag{4.9.3}$$

三角波电压

$$u = \frac{8U_{m}}{\pi^{2}}\left(\sin \omega t - \frac{1}{9}\sin 3\omega t + \frac{1}{25}\sin 5\omega t - \cdots\right) \tag{4.9.4}$$

全波整流电压

$$u = \frac{2U_{m}}{\pi}\left(1 - \frac{2}{3}\cos 2\omega t - \frac{2}{15}\cos 4\omega t - \cdots\right) \tag{4.9.5}$$

从上述四例中可以看出，各次谐波的幅值是不等的，频率愈高，则幅值愈小。这说明傅里叶级数具有收敛性。恒定分量（如果有的话）、基波及接近基波的高次谐波是非正弦周期量的主要组成部分。读者可试用所得级数的前三项去绘制一下 $f(\omega t)$ 的曲线，看它和实际波形相差多少。

非正弦周期电流 i 的有效值也是用

$$I = \sqrt{\frac{1}{T}\int_{0}^{T} i^{2}\,\mathrm{d}t}$$

计算。经计算后得出

$$I = \sqrt{I_{0}^{2} + I_{1}^{2} + I_{2}^{2} + \cdots} \tag{4.9.6}$$

式中

$$I_{1} = \frac{I_{1m}}{\sqrt{2}}, \quad I_{2} = \frac{I_{2m}}{\sqrt{2}}, \quad \cdots$$

各为基波、二次谐波等的有效值。因为它们本身都是正弦波，所以有效值等于各相应幅值的 $\dfrac{1}{\sqrt{2}}$。

同理，非正弦周期电压 u 的有效值为

$$U = \sqrt{U_{0}^{2} + U_{1}^{2} + U_{2}^{2} + \cdots} \tag{4.9.7}$$

【例 4.9.1】 图 4.9.2 所示是一可控半波整流电压的波形，在 $\dfrac{\pi}{3} \sim \pi$ 之间是正弦波，求其平均值和有效值。

【解】 平均值

$$U_{0} = \frac{1}{2\pi}\int_{\frac{\pi}{3}}^{\pi} u\,\mathrm{d}(\omega t)$$

$$= \frac{1}{2\pi}\int_{\frac{\pi}{3}}^{\pi} 10\sin \omega t\,\mathrm{d}(\omega t) = 2.39\ \mathrm{V}$$

有效值

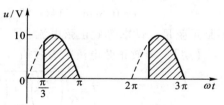

图 4.9.2　例 4.9.1 的图

$$U = \sqrt{\frac{1}{2\pi}\int_{\frac{\pi}{3}}^{\pi} u^2 \mathrm{d}(\omega t)} = \sqrt{\frac{1}{2\pi}\int_{\frac{\pi}{3}}^{\pi} 10^2 \sin^2 \omega t \mathrm{d}(\omega t)} = 4.49 \text{ V}$$

计算非正弦周期电流电路中的平均功率和在正弦交流电路中一样，也可应用下式

$$P = \frac{1}{T}\int_0^T p\mathrm{d}t = \frac{1}{T}\int_0^T ui\mathrm{d}t \qquad (4.9.8)$$

设非正弦周期电压和非正弦周期电流如下

$$u = U_0 + \sum_{k=1}^{\infty} U_{km} \sin(k\omega t + \psi_k)$$

$$i = I_0 + \sum_{k=1}^{\infty} I_{km} \sin(k\omega t + \psi_k - \varphi_k)$$

经过计算，式(4.9.8)所表示的平均功率为

$$P = U_0 I_0 + \sum_{k=1}^{\infty} U_k I_k \cos\varphi_k = P_0 + \sum_{k=1}^{\infty} P_k$$
$$= P_0 + P_1 + P_2 + \cdots \qquad (4.9.9)$$

可见，非正弦周期电流电路中的平均功率等于恒定分量和各正弦谐波分量的平均功率之和。

为了便于分析与计算，通常可将非正弦周期电压和电流用**等效正弦电压和电流**来代替。等效的条件是：等效正弦量的有效值应等于已知非正弦周期量的有效值，等效正弦量的频率应等于非正弦周期量基波的频率，用等效正弦量代替非正弦周期电压和电流后，其功率必须等于电路的实际功率。这样等效代替之后，就可以用相量表示。等效正弦电压与电流之间的相位差应由下式确定

$$\cos\varphi = \frac{P}{UI} \qquad (4.9.10)$$

式中，P 是非正弦周期电流电路的平均功率，U 和 I 是非正弦周期电压和电流的有效值。

【**例 4.9.2**】 铁心线圈是一种非线性元件，因此加上正弦电压

$$u = 311 \sin 314t \text{ V}$$

后，其中电流

$$i = 0.8 \sin(314t - 85°) + 0.25 \sin(942t - 105°) \text{ A}$$

不是正弦量。试求等效正弦电流。

【**解**】 等效正弦电流的有效值等于非正弦周期电流的有效值，即

$$I = \sqrt{\left(\frac{0.8}{\sqrt{2}}\right)^2 + \left(\frac{0.25}{\sqrt{2}}\right)^2} \text{ A} = 0.593 \text{ A}$$

平均功率为

$$P = U_1 I_1 \cos \varphi_1 = \frac{311}{\sqrt{2}} \times \frac{0.8}{\sqrt{2}} \cos 85° \text{ W} = 10.8 \text{ W}$$

等效正弦电流与正弦电压之间的相位差为

$$\varphi = \arccos \frac{P}{UI} = \arccos \frac{10.8}{\frac{311}{\sqrt{2}} \times 0.593} = 85.2°$$

所以等效正弦电流为

$$i = \sqrt{2} \times 0.593 \sin (314t - 85.2°) \text{ A}$$

【练习与思考】

4.9.1 举出非正弦周期电压或电流的实际例子。

4.9.2 设 $u_{BE} = (0.6 + 0.02 \sin \omega t)$ V，$u_{CE} = [6 + 3\sin(\omega t - \pi)]$ V，试分别用波形图表示，并说明其中两个交流分量的大小和相位关系。

4.9.3 计算图 4.9.3 所示半波整流电压的平均值和有效值。

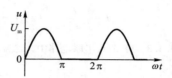

图 4.9.3　半波整流电压

习　题

A　选　择　题

4.1.1 有一正弦电流，其初相位 $\psi = 30°$，初始值 $i_0 = 10$ A，则该电流的幅值 I_m 为（　　　）。

（1）$10\sqrt{2}$ A　　（2）20 A　　（3）10 A

4.1.2 已知某负载的电压 u 和电流 i 分别为 $u = -100\sin 314t$ V 和 $i = 10\cos 314t$ A，则该负载为（　　　）的。

（1）电阻性　　（2）电感性　　（3）电容性

4.2.1 $u = 10\sqrt{2}\sin(\omega t - 30°)$ V 的相量表示式为（　　　）。

（1）$\dot{U} = 10\sqrt{2} \underline{/-30°}$ V　　（2）$\dot{U} = 10 \underline{/-30°}$ V　　（3）$\dot{U} = 10e^{j(\omega t - 30°)}$ V

4.2.2 $i = i_1 + i_2 + i_3 = 4\sqrt{2}\sin \omega t$ A $+ 8\sqrt{2}\sin(\omega t + 90°)$ A $+ 4\sqrt{2}\sin(\omega t - 90°)$ A，则总电流 i 的相量表示式为（　　　）。

（1）$\dot{I} = 4\sqrt{2} \underline{/45°}$ A　　（2）$\dot{I} = 4\sqrt{2} \underline{/-45°}$ A　　（3）$\dot{I} = 4 \underline{/45°}$ A

4.2.3 $\dot{U} = (\underline{/30°} + \underline{/-30°} + 2\sqrt{3} \underline{/180°})$ V，则总电压 $\dot{U}$ 的三角函数式为（　　　）。

（1）$u = \sqrt{3}\sin(\omega t + \pi)$ V　　（2）$u = -\sqrt{6}\sin \omega t$ V　　（3）$u = \sqrt{3}\sqrt{2}\sin \omega t$ V

4.3.1 在电感元件的交流电路中，已知 $u = \sqrt{2}U\sin \omega t$，则（　　　）。

（1）$\dot{I} = \dfrac{\dot{U}}{jL}$　　（2）$\dot{I} = j\dfrac{\dot{U}}{\omega L}$　　（3）$\dot{I} = j\omega L\dot{U}$

4.3.2 在电容元件的交流电路中，已知 $u = \sqrt{2}U\sin\omega t$，则（　　　）。

（1）$\dot{I} = \dfrac{\dot{U}}{j\omega C}$　　（2）$\dot{I} = j\dfrac{\dot{U}}{\omega C}$　　（3）$\dot{I} = j\omega C\dot{U}$

4.3.3 有一电感元件，$X_L = 5\ \Omega$，其上电压 $u = 10\sin(\omega t + 60°)$ V，则通过的电流 i 的相量为（　　　）。

（1）$\dot{I} = 50\ \underline{/60°}\ \text{A}$　　（2）$\dot{I} = 2\sqrt{2}\ \underline{/150°}\ \text{A}$　　（3）$\dot{I} = \sqrt{2}\ \underline{/-30°}\ \text{A}$

4.4.1 在 RLC 串联电路中，阻抗模（　　　）。

（1）$|Z| = \dfrac{u}{i}$　　（2）$|Z| = \dfrac{U}{I}$　　（3）$|Z| = \dfrac{\dot{U}}{\dot{I}}$

4.4.2 在 RC 串联电路中，电流的表达式为（　　　）。

（1）$\dot{I} = \dfrac{\dot{U}}{R + jX_C}$　　（2）$\dot{I} = \dfrac{\dot{U}}{R - j\omega C}$　　（3）$I = \dfrac{U}{\sqrt{R^2 + X_C^2}}$

4.4.3 在 RLC 串联电路中，已知 $R = 3\ \Omega$，$X_L = 8\ \Omega$，$X_C = 4\ \Omega$，则电路的功率因数 $\cos\varphi$ 等于（　　　）。

（1）0.8　　（2）0.6　　（3）$\dfrac{3}{4}$

4.4.4 在 RLC 串联电路中，已知 $R = X_L = X_C = 5\ \Omega$，$\dot{I} = 1\ \underline{/0°}\ \text{A}$，则电路的端电压 $\dot{U}$ 等于（　　　）。

（1）$5\ \underline{/0°}\ \text{V}$　　（2）$1\ \underline{/0°} \times (5 + j10)\ \text{V}$　　（3）$15\ \underline{/0°}\ \text{V}$

4.4.5 在 RLC 串联电路中，调节电容值时，（　　　）。

（1）电容调大，电路的电容性增强

（2）电容调小，电路的电感性增强

（3）电容调小，电路的电容性增强

4.5.1 在图 4.01 中，$I = ($　　　$)$，$Z = ($　　　$)$。

（1）7 A　　（2）1 A　　（3）$j(3-4)\ \Omega$　　（4）$12\ \underline{/90°}\ \Omega$

4.5.2 在图 4.02 中，$u = 20\sin(\omega t + 90°)$ V，则 i 等于（　　　）。

（1）$4\sin(\omega t + 90°)$ A　　（2）$4\sin\omega t$ A　　（3）$4\sqrt{2}\sin(\omega t + 90°)$ A

4.5.3 图 4.03 所示电路的等效阻抗 Z_{ab} 为（　　　）。

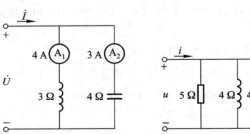
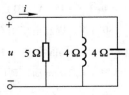

图 4.01　习题 4.5.1 的图　　　图 4.02　习题 4.5.2 的图　　　图 4.03　习题 4.5.3 的图

(1) $1\ \Omega$　　(2) $\dfrac{1}{\sqrt{2}}\ \angle 45°\ \Omega$　　(3) $\dfrac{\sqrt{2}}{2}\ \angle -45°\ \Omega$

4.7.1 在 RLC 串联谐振电路中，增大电阻 R，将使（　　）。

    （1）谐振频率降低

    （2）电流谐振曲线变尖锐

    （3）电流谐振曲线变平坦

4.7.2 在 RL 与 C 并联的谐振电路中，增大电阻 R，将使（　　）。

    （1）谐振频率升高

    （2）阻抗谐振曲线变尖锐

    （3）阻抗谐振曲线变平坦

B　基　本　题

4.2.4 某实验中，在双踪示波器的屏幕上显示出两个同频率正弦电压 u_1 和 u_2 的波形，如
图 4.04 所示。

    （1）求电压 u_1 和 u_2 的周期和频率；

    （2）若时间起点（$t=0$）选在图示位置，试写出 u_1 和 u_2 的三角函数式，并用相量式表示。

4.2.5 已知正弦量 $\dot{U}=220\mathrm{e}^{\mathrm{j}30°}$ V 和 $\dot{I}=(-4-\mathrm{j}3)$ A，试分别用三角函数式、正弦波形及相
量图表示它们。如 $\dot{I}=(4-\mathrm{j}3)$ A，则又如何？

4.3.4 已知通过线圈的电流 $i=10\sqrt{2}\sin 314t$ A，线圈的电感 $L=70$ mH（电阻忽略不计），设
电源电压 u、电流 i 及感应电动势 e_L 的参考方向如图 4.05 所示，试分别计算在 $t=$
$\dfrac{T}{6}$，$t=\dfrac{T}{4}$ 和 $t=\dfrac{T}{2}$ 瞬间的电流、电压及电动势的大小，并在电路图上标出它们在
该瞬间的实际方向，同时用正弦波形表示出三者之间的关系。

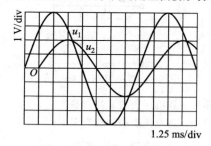

图 4.04　习题 4.2.4 的图

图 4.05　习题 4.3.4 的图

4.3.5 在电容为 $64\ \mu\mathrm{F}$ 的电容器两端加一正弦电压 $u=220\sqrt{2}\sin$
$314t$ V，设电压和电流的参考方向如图 4.06 所示，试计
算在 $t=\dfrac{T}{6}$，$t=\dfrac{T}{4}$ 和 $t=\dfrac{T}{2}$ 瞬间的电流和电压的大小。

4.4.6 有一由 R，L，C 元件串联的交流电路，已知 $R=10\ \Omega$，
$L=\dfrac{1}{31.4}$ H，$C=\dfrac{10^6}{3\ 140}\ \mu\mathrm{F}$。在电容元件的两端并联一短

图 4.06　习题 4.3.5 的图

路开关 S。（1）当电源电压为 220 V 的直流电压时，试分别计算在短路开关闭合和断开两种情况下电路中的电流 I 及各元件上的电压 U_R，U_L，U_C。（2）当电源电压为正弦电压 $u = 220\sqrt{2}\sin 314t$ V 时，试分别计算在上述两种情况下电流及各电压的有效值。

4.4.7   有一 CJ0 – 10 A 交流接触器，其线圈数据为 380 V 30 mA 50 Hz，线圈电阻 1.6 kΩ，试求线圈电感。

4.4.8   一个线圈接在 $U = 120$ V 的直流电源上，$I = 20$ A；若接在 $f = 50$ Hz，$U = 220$ V 的交流电源上，则 $I = 28.2$ A。试求线圈的电阻 R 和电感 L。

4.4.9   有一 JZ7 型中间继电器，其线圈数据为 380 V 50 Hz，线圈电阻 2 kΩ，线圈电感 43.3 H，试求线圈电流及功率因数。

4.4.10   日光灯管与镇流器串联接到交流电压上，可看作 R，L 串联电路。如已知某灯管的等效电阻 $R_1 = 280$ Ω，镇流器的电阻和电感分别为 $R_2 = 20$ Ω 和 $L = 1.65$ H，电源电压 $U = 220$ V，试求电路中的电流和灯管两端与镇流器上的电压。这两个电压加起来是否等于 220 V？电源频率为 50 Hz。

4.4.11   在图 4.07 所示电路中，已知 $u = 100\sqrt{2}\sin 314t$ V，$i = 5\sqrt{2}\sin 314t$ A，$R = 10$ Ω，$L = 0.032$ H。试求无源网络内等效串联电路的元件参数值，并求整个电路的功率因数、有功功率和无功功率。

4.4.12   有一 RC 串联电路，电源电压为 u，电阻和电容上的电压分别为 u_R 和 u_C，已知电路阻抗模为 2 000 Ω，频率为 1 000 Hz，并设 u 与 u_C 之间的相位差为 30°，试求 R 和 C，并说明在相位上 u_C 比 u 超前还是滞后。

4.4.13   图 4.08 所示是一移相电路。如果 $C = 0.01$ μF，输入电压 $u_1 = \sqrt{2}\sin 6\,280t$ V，今欲使输出电压 u_2 在相位上前移 60°，问应配多大的电阻 R？此时输出电压的有效值 U_2 等于多少？

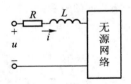

图 4.07　习题 4.4.11 的图

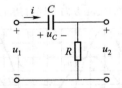

图 4.08　习题 4.4.13 的图

4.4.14   在图 4.09 所示 R、X_L、X_C 串联电路中，各电压表的读数为多少？

4.4.15   在图 4.10 所示 R、X_L、X_C 并联电路中，各电流表的读数为多少？

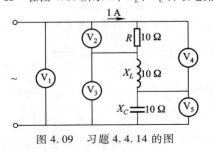

图 4.09　习题 4.4.14 的图

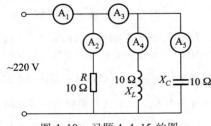

图 4.10　习题 4.4.15 的图

4.4.16 有一 220 V/600 W 的电炉，不得不用在 380 V 的电源上。欲使电炉的电压保持在 220 V 的额定值，（1）应和它串联多大的电阻？或（2）应和它串联感抗为多大的电感线圈（其电阻可忽略不计）？（3）从效率和功率因数上比较上述两法。串联电容器是否也可以？电源频率为 50 Hz。

4.5.4 在图 4.11 所示的各电路图中，除 A_0 和 V_0 外，其余电流表和电压表的读数在图上都已标出（都是正弦量的有效值），试求电流表 A_0 或电压表 V_0 的读数。

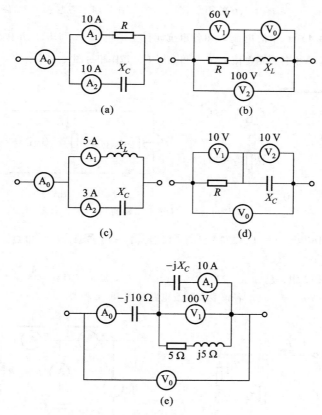

图 4.11　习题 4.5.4 的图

4.5.5 在图 4.12 中，电流表 A_1 和 A_2 的读数分别为 $I_1 = 3$ A，$I_2 = 4$ A。（1）设 $Z_1 = R$，$Z_2 = -jX_C$，则电流表 A_0 的读数应为多少？（2）设 $Z_1 = R$，问 Z_2 为何种参数才能使电流表 A_0 的读数最大？此读数应为多少？（3）设 $Z_1 = jX_L$，问 Z_2 为何种参数才能使电流表 A_0 的读数最小？此读数应为多少？

4.5.6 在图 4.13 中，$I_1 = 10$ A，$I_2 = 10\sqrt{2}$ A，$U = 200$ V，$R = 5$ Ω，$R_2 = X_L$，试求 I，X_C，X_L 及 R_2。

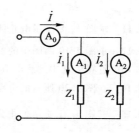

图 4.12　习题 4.5.5 的图

4.5.7　在图 4.14 中，$I_1 = I_2 = 10$ A，$U = 100$ V，u 与 i 同相，试求 I，R，X_C 及 X_L。

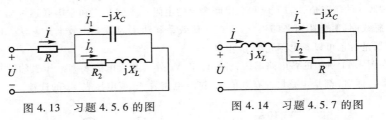

图 4.13　习题 4.5.6 的图　　　　图 4.14　习题 4.5.7 的图

4.5.8　计算图 4.15(a) 中的电流 $\dot{I}$ 和各阻抗元件上的电压 $\dot{U}_1$ 与 $\dot{U}_2$，并作相量图；计算图 4.15(b) 中各支路电流 $\dot{I}_1$ 与 $\dot{I}_2$ 和电压 $\dot{U}$，并作相量图。

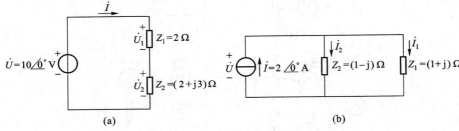

图 4.15　习题 4.5.8 的图

4.5.9　在图 4.16 中，已知 $U = 220$ V，$R_1 = 10\ \Omega$，$X_1 = 10\sqrt{3}\ \Omega$，$R_2 = 20\ \Omega$，试求各个电流和平均功率。

4.5.10　在图 4.17 中，已知 $u = 220\sqrt{2}\sin 314t$ V，$i_1 = 22\sin(314t - 45°)$ A。$i_2 = 11\sqrt{2}\sin(314t + 90°)$ A，试求各仪表读数及电路参数 R，L 和 C。

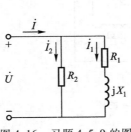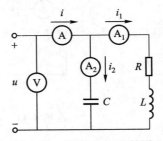

图 4.16　习题 4.5.9 的图　　　　图 4.17　习题 4.5.10 的图

4.5.11　求图 4.18 所示电路的阻抗 Z_{ab}。

4.5.12　求图 4.19 两图中的电流 $\dot{I}$。

4.5.13　计算上题中理想电流源两端的电压。

4.5.14　在图 4.20 所示的电路中，已知 $\dot{U}_C = 1\ \underline{/0°}$ V，求 $\dot{U}$。

4.5.15　在图 4.21 所示的电路中，已知 $U_{ab} = U_{bc}$，$R = 10\ \Omega$，$X_C = \dfrac{1}{\omega C} = 10\ \Omega$，$Z_{ab} = R + jX_L$。试求 $\dot{U}$ 和 $\dot{I}$ 同相时 Z_{ab} 等于多少？

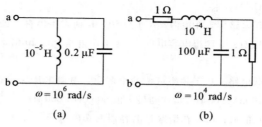

图 4.18　习题 4.5.11 的图

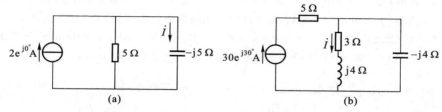

图 4.19　习题 4.5.12 的图

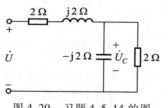

图 4.20　习题 4.5.14 的图

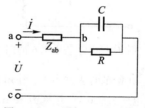

图 4.21　习题 4.5.15 的图

4.5.16 某教学楼装有 220 V/40 W 日光灯 100 支和 220 V/40 W 白炽灯 20 个。日光灯的功率因数为 0.5。日光灯管和镇流器串联接到交流电源上可看作 RL 串联电路。(1) 试求电源向电路提供的电流 $\dot{I}$，并画出电压和各个电流的相量图，设电源电压 $\dot{U} = 220 \underline{/0°}$ V；(2) 若全部照明灯点亮 4 h，共耗电多少 kW·h?

4.5.17 设有 R，L 和 C 元件若干个，每一元件均为 10 Ω。每次选两个元件串联或并联，问如何选择元件和连接方式才能得到：(1) 20 Ω，(2) $10\sqrt{2}$ Ω，(3) $\dfrac{10}{\sqrt{2}}$ Ω，(4) 5 Ω，(5) 0 Ω，(6) ∞ 的阻抗模?

*4.6.1 在图 4.22 所示电路中，已知 $\dot{U} = 100 \underline{/0°}$ V，$X_C = 500$ Ω，$X_L = 1\,000$ Ω，$R = 2\,000$ Ω，求电流 $\dot{I}$。

*4.6.2 分别用结点电压法和叠加定理计算例 4.6.1 中的电流 I_3。

4.7.3 某收音机输入电路的电感约为 0.3 mH，可变电容器的调节范围为 25 ~ 360 pF。试问能否满足收听中波段

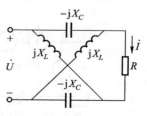

图 4.22　习题 4.6.1 的图

535 ~ 1 605 kHz 的要求。

4.7.4 有一 RLC 串联电路，它在电源频率 f 为 500 Hz 时发生谐振。谐振时电流 I 为0.2 A，容抗 X_C 为 314 Ω，并测得电容电压 U_C 为电源电压 U 的 20 倍。试求该电路的电阻 R 和电感 L。

4.7.5 有一 RLC 串联电路，接于频率可调的电源上，电源电压保持在 10 V，当频率增加时，电流从 10 mA(500 Hz)增加到最大值 60 mA(1 000 Hz)。试求：(1) 电阻 R、电感 L 和电容 C 的值；(2) 在谐振时电容器两端的电压 U_c；(3) 谐振时磁场中和电场中所储的最大能量。

4.7.6 在图 4.23 所示的电路中，$R_1 = 5\ \Omega$。今调节电容 C 值使并联电路发生谐振，并此时测得：$I_1 = 10$ A，$I_2 = 6$ A，$U_Z = 113$ V，电路总功率 $P = 1\ 140$ W。求阻抗 Z。

4.7.7 电路如图 4.24 所示，已知 $R = R_1 = R_2 = 10\ \Omega$，$L = 31.8$ mH，$C = 318\ \mu$F，$f = 50$ Hz，$U = 10$ V，试求并联支路端电压 U_{ab} 及电路的 P，Q，S 及 $\cos \varphi$。

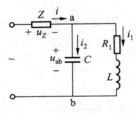
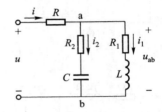

图 4.23　习题 4.7.6 的图　　　　图 4.24　习题 4.7.7 的图

4.8.1 今有 40 W 的日光灯一支，使用时灯管与镇流器(可近似地把镇流器看作纯电感)串联在电压为 220 V、频率为 50 Hz 的电源上。已知灯管工作时属于纯电阻负载，灯管两端的电压等于 110 V，试求镇流器的感抗与电感。这时电路的功率因数等于多少？若将功率因数提高到 0.8，应并联多大电容？

4.8.2 用图 4.25 所示的电路测得无源线性二端网络 N 的数据如下：$U = 220$ V，$I = 5$ A，$P = 500$ W。又知当与 N 并联一个适当数值的电容 C 后，电流 I 减小，而其他读数不变。试确定该网络的性质(电阻性、电感性或电容性)、等效参数及功率因数。$f = 50$ Hz。

4.8.3 在图 4.26 中，$U = 220$ V，$f = 50$ Hz，$R_1 = 10\ \Omega$，$X_1 = 10\sqrt{3}\ \Omega$，$R_2 = 5\ \Omega$，$X_2 = 5\sqrt{3}\ \Omega$。(1) 求电流表的读数 I 和电路功率因数 $\cos\varphi_1$；(2) 欲使电路的功率因数提高到 0.866，则需要并联多大电容？(3) 并联电容后电流表的读数为多少？

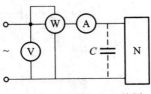
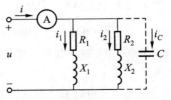

图 4.25　习题 4.8.2 的图　　　　图 4.26　习题 4.8.3 的图

4.8.4　在 380 V 50 Hz 的电路中，接有电感性负载，其功率为 20 kW，功率因数为 0.6，试求电流。如果在负载两端并联电容值为 374 μF 的一组电容器，问线路电流和整个电路的功率因数等于多大？

4.8.5　某照明电源的额定容量为 10 kV·A、额定电压为 220 V、频率为 50 Hz，今接有 40 W/220 V、功率因数为 0.5 的日光灯 120 支。（1）试问日光灯的总电流是否超过电源的额定电流？（2）若并联若干电容后将电路功率因数提高到 0.9，试问这时还可接入多少个 40 W/220 V 的白炽灯？

4.8.6　某交流电源的额定容量为 10 kV·A、额定电压为 220 V、频率为 50 Hz，接有电感性负载，其功率为 8 kW，功率因数为 0.6。试问：

（1）负载电流是否超过电源的额定电流？

（2）欲将电路的功率因数提高到 0.95，需并联多大电容？

（3）功率因数提高后线路电流多大？

（4）并联电容后电源还能提供多少有功功率？

4.9.1　有一电容元件，$C = 0.01$ μF，在其两端加一三角波形的周期电压［图 4.27（b）］，（1）求电流 i；（2）作出 i 的波形；（3）计算 i 的平均值及有效值。

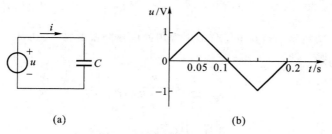

图 4.27　习题 4.9.1 的图

4.9.2　图 4.28 所示的是一滤波电路，要求四次谐波电流能传送至负载电阻 R，而基波电流不能到达负载。如果 $C = 1$ μF，$\omega = 1\,000$ rad/s，求 L_1 和 L_2。

4.9.3　在图 4.29 中，已知输入电压 $u_1 = (6 + \sqrt{2}\sin 6\,280\,t)$ V，若 $R \gg X_C$，试求：（1）输出电压 u_2；（2）电容器两端电压，并标出极性。

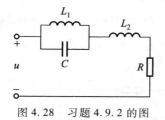 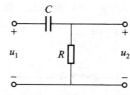

图 4.28　习题 4.9.2 的图　　　　图 4.29　习题 4.9.3 的图

4.9.4　某电路的电压和电流分别为

$$u = (5 + 14.14\sin \omega t + 7.07\sin 3\omega t) \text{ V};$$

$$i = [10\sin (\omega t - 60°) + 2\sin (3\omega t - 135°)] \text{ A}$$

试求：（1）电压和电流的有效值；（2）平均功率。

C 拓 宽 题

4.4.17　图 4.30 所示是一移相电路。已知 $R = 100\ \Omega$，输入信号频率为 500 Hz。如要求输出电压 u_2 与输入电压 u_1 间的相位差为 45°，试求电容值。同习题 4.4.13 比较，u_2 与 u_1 在相位上（滞后和超前）有何不同？

4.4.18　图 4.31 所示的是桥式移相电路。当改变电阻 R 时，可改变控制电压 u_g 与电源电压 u 之间的相位差 θ，但电压 u_g 的有效值是不变的，试证明之。图中的 Tr 是一变压器。

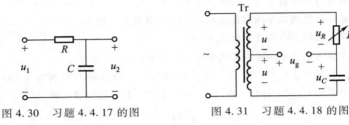

图 4.30　习题 4.4.17 的图　　　　图 4.31　习题 4.4.18 的图

*4.6.3　图 4.32 所示的是在电子仪器中常用的电容分压电路。试证明当满足 $R_1 C_1 = R_2 C_2$ 时

$$\frac{\dot{U}_2}{\dot{U}_1} = \frac{R_2}{R_1 + R_2} = \frac{C_1}{C_1 + C_2}$$

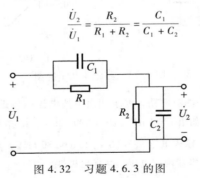

图 4.32　习题 4.6.3 的图

△4.7.8　试证明图 4.33(a) 所示是一低通滤波电路，图 4.33(b) 所示是一高通滤波电路，其中截止频率 $\omega_0 = \dfrac{R}{L}$。

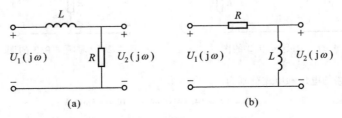

(a)　　　　　　　　　　(b)

图 4.33　习题 4.7.8 的图

△**4.7.9**　交流放大电路的级间 RC 耦合电路如图 4.34 所示，设 $R = 200\ \Omega$，$C = 50\ \mu\text{F}$。
（1）求该电路的通频带范围；（2）画出其幅频特性；（3）若减小电容值，对通频
带有何影响？

4.9.5　有一电容元件，$C = 0.5\ \text{F}$，今通入一三角形的周期电流 i[图 4.35(b)]。（1）求电
容元件两端电压 u_C；（2）作出 u_C 的波形；（3）计算 $t = 2.5\ \text{s}$ 时电容元件电场中储
存的能量。设 $u_C(0) = 0$。

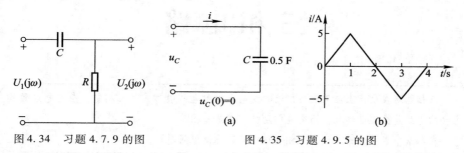

图 4.34　习题 4.7.9 的图　　　　　图 4.35　习题 4.9.5 的图

第5章

三 相 电 路

三相电路在生产上应用最为广泛。发电和输配电一般都采用三相制。在用电方面最主要的负载是交流电动机，而交流电动机多数是三相的。

在本章中着重讨论负载在三相电路中的连接使用问题。

5.1　三 相 电 压

图 5.1.1 所示是三相交流发电机的原理图，它的主要组成部分是电枢和磁极。

电枢是固定的，亦称定子。定子铁心的内圆周表面冲有槽，用以放置三相电枢绕组。每相绕组是同样的，如图 5.1.2 所示。它们的始端（头）标以 U_1，V_1，W_1，末端（尾）标以 U_2，V_2，W_2。每个绕组的两边放置在相应的定子铁心的槽内，但要求绕组的始端之间或末端之间都彼此相隔 120°。

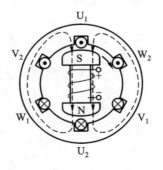

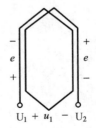

图 5.1.1　三相交流发电机的原理图　　　　图 5.1.2　每相电枢绕组

磁极是转动的，亦称转子。转子铁心上绕有励磁绕组，用直流励磁。选择合适的极面形状和励磁绕组的布置情况，可使空气隙中的磁感应强度按正弦规律分布。

当转子由原动机带动，并以匀速按顺时针方向转动时，则每相绕组依次切割磁通，产生感应电动势；因而在 U_1U_2，V_1V_2，W_1W_2 三相绕组上得到频率相同、幅值相等、相位互差 120° 的三相对称正弦电压，它们分别为 u_1，u_2，u_3，并以 u_1 为参考正弦量，则

$$
\left.
\begin{aligned}
u_1 &= U_m \sin \omega t \\
u_2 &= U_m \sin (\omega t - 120°) \\
u_3 &= U_m \sin (\omega t - 240°) = U_m \sin (\omega t + 120°)
\end{aligned}
\right\}
\tag{5.1.1}
$$

也可用相量表示

$$
\left.
\begin{aligned}
\dot{U}_1 &= U \underline{/0°} = U \\
\dot{U}_2 &= U \underline{/-120°} = U\left(-\frac{1}{2} - j\frac{\sqrt{3}}{2}\right) \\
\dot{U}_3 &= U \underline{/120°} = U\left(-\frac{1}{2} + j\frac{\sqrt{3}}{2}\right)
\end{aligned}
\right\}
\tag{5.1.2}
$$

如果用相量图和正弦波形来表示，则如图 5.1.3 所示。

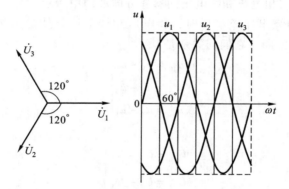

图 5.1.3　表示三相电压的相量图和正弦波形

显然，三相对称正弦电压的瞬时值或相量之和为零，即

$$
\left.
\begin{aligned}
u_1 + u_2 + u_3 &= 0 \\
\dot{U}_1 + \dot{U}_2 + \dot{U}_3 &= 0
\end{aligned}
\right\}
\tag{5.1.3}
$$

三相交流电压出现正幅值（或相应零值）的顺序称为相序。在此，相序是 $U_1 \rightarrow V_1 \rightarrow W_1$。

发电机三相绕组的接法通常如图 5.1.4 所示，即将三个末端连在一起，这一连接点称为中性点或零点，用 N 表示。这种连接方法称为星形联结[①]。从中性点引出的导线称为中性线或零线。从始端 U_1，V_1，W_1 引出的三根导线 L_1，

---

① 如将三相绕组的始末端相连，即 U_2 与 V_1，V_2 与 W_1，W_2 与 U_1 各各相连，连成闭合的三角形，这种连接法称为三角形联结。

L_2，L_3 称为相线或端线，俗称火线。相序也可以是 $L_1 \rightarrow L_2 \rightarrow L_3$。

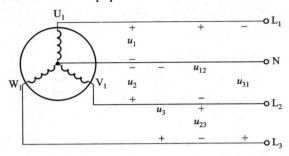

图 5.1.4　发电机的星形联结

在图 5.1.4 中，每相始端与末端间的电压，亦即相线与中性线间的电压，称为相电压，其有效值用 U_1，U_2，U_3 或一般地用 U_P 表示。而任意两始端间的电压，亦即两相线间的电压，称为线电压，其有效值用 U_{12}，U_{23}，U_{31} 或一般地用 U_L 表示。相电压和线电压的参考方向如图中所示。

当发电机的绕组连成星形时，相电压和线电压显然是不相等的。根据图 5.1.4 上的参考方向，它们的关系是

$$\left.\begin{aligned} u_{12} &= u_1 - u_2 \\ u_{23} &= u_2 - u_3 \\ u_{31} &= u_3 - u_1 \end{aligned}\right\} \qquad (5.1.4)$$

或用相量表示

$$\left.\begin{aligned} \dot{U}_{12} &= \dot{U}_1 - \dot{U}_2 \\ \dot{U}_{23} &= \dot{U}_2 - \dot{U}_3 \\ \dot{U}_{31} &= \dot{U}_3 - \dot{U}_1 \end{aligned}\right\} \qquad (5.1.5)$$

图 5.1.5 所示是它们的相量图。作相量图时，先作出相电压 $\dot{U}_1$，$\dot{U}_2$，$\dot{U}_3$，而后根据式（5.1.5）分别作出线电压 $\dot{U}_{12}$，$\dot{U}_{23}$，$\dot{U}_{31}$。可见线电压也是频率相同、幅值相等、相位互差 $120°$ 的三相对称电压，在相位上比相应的相电压超前 $30°$。

至于线电压和相电压在大小上的关系，也很容易从相量图上得出

$$U_L = \sqrt{3}\, U_P \qquad (5.1.6)$$

发电机（或变压器）的绕组连成星形时，

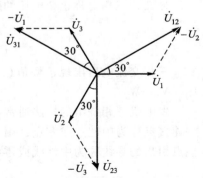

图 5.1.5　发电机绕组星形联结时，相电压和线电压的相量图

可引出四根导线(三相四线制),这样就有可能给予负载两种电压。通常在低压配电系统中相电压为 220 V,线电压为 380 V($380 = \sqrt{3} \times 220$)。

当发电机(或变压器)的绕组连成星形时,不一定都引出中性线。

【练习与思考】

5.1.1 欲将发电机的三相绕组连成星形时,如果误将 U_2,V_2,W_1 连成一点(中性点),是否也可以产生对称三相电压?

5.1.2 当发电机的三相绕组连成星形,设线电压 $u_{12} = 380\sqrt{2}\sin(\omega t - 30°)$ V,试写出相电压 u_1 的三角函数式。

5.2 负载星形联结的三相电路

分析三相电路和分析单相电路一样,首先也应画出电路图,并标出电压和电流的参考方向,而后应用电路的基本定律找出电压和电流之间的关系,再确定三相功率。

三相电路中负载的连接方法有两种——星形联结和三角形联结。

图 5.2.1 所示的是三相四线制电路,设其线电压为 380 V。负载如何连接,应视其额定电压而定。通常电灯(单相负载)的额定电压为 220 V,因此要接在相线与中性线之间。电灯负载是大量使用的,不能集中接在一相中,从总的线路来说,它们应当比较均匀地分配在各相之中,如图 5.2.1 所示。电灯的这种连接方法称为星形联结。至于其他单相负载(如单相电动机、电炉、继电器吸引线圈等),该接在相线之间还是相线与中性线之间,应视额定电压是 380 V 还是 220 V 而定。如果负载的额定电压不等于电源电压,则需用变压器。例如机床照明灯的额定电压为 36 V,就要用一个 380/36 V 的降压变压器。

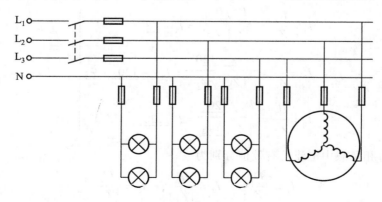

图 5.2.1 电灯与电动机的星形联结

三相电动机的三个接线端总是与电源的三根相线相连。但电动机本身的三相绕组可以连成星形或三角形。它的连接方法在铭牌上标出，例如 380 V Y 形联结或 380 VΔ 形联结。

负载星形联结的三相四线制电路一般可用图 5.2.2 所示的电路表示。每相负载的阻抗模分别为 $|Z_1|$，$|Z_2|$ 和 $|Z_3|$。电压和电流的参考方向都已在图中标出。

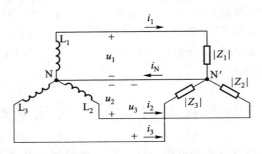

图 5.2.2　负载星形联结的三相四线制电路

三相电路中的电流也有相电流与线电流之分。每相负载中的电流 I_P 称为相电流，每根相线中的电流 I_L 称为线电流。在负载为星形联结时，显然，相电流即为线电流，即

$$I_P = I_L \tag{5.2.1}$$

对三相电路应该一相一相计算。

设电源相电压 $\dot{U}_1$ 为参考正弦量，则得

$$\dot{U}_1 = U_1 \underline{/0°}, \quad \dot{U}_2 = U_2 \underline{/-120°}, \quad \dot{U}_3 = U_3 \underline{/120°}$$

在图 5.2.2 的电路中，电源相电压即为每相负载电压。于是每相负载中的电流可分别求出，即

$$
\left.
\begin{aligned}
\dot{I}_1 &= \frac{\dot{U}_1}{Z_1} = \frac{U_1 \underline{/0°}}{|Z_1| \underline{/\varphi_1}} = I_1 \underline{/-\varphi_1} \\[2mm]
\dot{I}_2 &= \frac{\dot{U}_2}{Z_2} = \frac{U_2 \underline{/-120°}}{|Z_2| \underline{/\varphi_2}} = I_2 \underline{/-120° - \varphi_2} \\[2mm]
\dot{I}_3 &= \frac{\dot{U}_3}{Z_3} = \frac{U_3 \underline{/120°}}{|Z_3| \underline{/\varphi_3}} = I_3 \underline{/120° - \varphi_3}
\end{aligned}
\right\} \tag{5.2.2}
$$

式中，每相负载中电流的有效值分别为

$$I_1 = \frac{U_1}{|Z_3|}, \quad I_2 = \frac{U_2}{|Z_2|}, \quad I_3 = \frac{U_3}{|Z_3|} \tag{5.2.3}$$

各相负载的电压与电流之间的相位差分别为

$$\varphi_1 = \arctan \frac{X_1}{R_1}, \quad \varphi_2 = \arctan \frac{X_2}{R_2}, \quad \varphi_3 = \arctan \frac{X_3}{R_3} \qquad (5.2.4)$$

中性线中的电流可以按照图 5.2.2 中所选定的参考方向，应用基尔霍夫电流定律得出，即

$$\dot{I}_N = \dot{I}_1 + \dot{I}_2 + \dot{I}_3 \qquad (5.2.5)$$

电压和电流的相量图如图 5.2.3 所示。作相量图时，先画出以 $\dot{U}_1$ 为参考相量的电源相电压 $\dot{U}_1$，$\dot{U}_2$，$\dot{U}_3$ 的相量；而后逐相按照式 (5.2.3) 和式 (5.2.4) 画出各相电流 $\dot{I}_1$，$\dot{I}_2$，$\dot{I}_3$ 的相量；再由式 (5.2.5) 画出中性线电流 $\dot{I}_N$ 的相量。

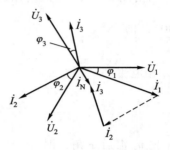

图 5.2.3　负载星形联结时
电压和电流的相量图

现在来讨论图 5.2.2 所示电路中负载对称的情况。所谓负载对称，就是指各相阻抗相等，即

$$Z_1 = Z_2 = Z_3 = Z$$

或阻抗模和相位角相等，即

$$|Z_1| = |Z_2| = |Z_3| = |Z| \quad 和 \quad \varphi_1 = \varphi_2 = \varphi_3 = \varphi$$

由式 (5.2.3) 和式 (5.2.4) 可见，因为电压对称，所以负载相电流也是对称的，即

$$I_1 = I_2 = I_3 = I_P = \frac{U_P}{|Z|}$$

$$\varphi_1 = \varphi_2 = \varphi_3 = \varphi = \arctan \frac{X}{R}$$

因此，这时中性线电流等于零，即

$$\dot{I}_N = \dot{I}_1 + \dot{I}_2 + \dot{I}_3 = 0$$

电压和电流的相量图如图 5.2.4 所示。

中性线中既然没有电流通过，中性线就不需要了。因此图 5.2.2 所示的电路就变为图 5.2.5 所示的电路，这就是三相三线制电路。三相三线制电路在

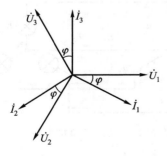

图 5.2.4　对称负载星形联结
时电压和电流的相量图

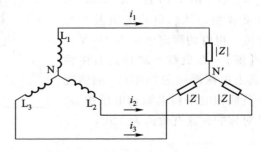

图 5.2.5　对称负载星形联结的
三相三线制电路

生产上的应用极为广泛，因为生产上的三相负载（通常所见的是三相电动机）一般都是对称的。

【**例 5.2.1**】　有一星形联结的三相负载，每相的电阻 $R = 6\ \Omega$，感抗 $X_L = 8\ \Omega$。电源电压对称，设 $u_{12} = 380\sqrt{2}\sin(\omega t + 30°)$ V，试求电流（参照图 5.2.5）。

【**解**】　因为负载对称，只须计算一相（譬如 L_1 相）即可。

由图 5.1.5 的相量图可知，$U_1 = \dfrac{U_{12}}{\sqrt{3}} = \dfrac{380}{\sqrt{3}}$ V $= 220$ V，u_1 比 u_{12} 滞后 $30°$，即

$$u_1 = 220\sqrt{2}\sin \omega t \text{ V}$$

L_1 相电流

$$I_1 = \frac{U_1}{|Z_1|} = \frac{220}{\sqrt{6^2 + 8^2}} \text{ A} = 22 \text{ A}$$

i_1 比 u_1 滞后 φ 角，即

$$\varphi = \arctan \frac{X_L}{R} = \arctan \frac{8}{6} = 53°$$

所以

$$i_1 = 22\sqrt{2}\sin(\omega t - 53°) \text{ A}$$

因为电流对称，其他两相的电流则为

$$i_2 = 22\sqrt{2}\sin(\omega t - 53° - 120°) \text{ A} = 22\sqrt{2}\sin(\omega t - 173°) \text{ A}$$
$$i_3 = 22\sqrt{2}\sin(\omega t - 53° + 120°) \text{ A} = 22\sqrt{2}\sin(\omega t + 67°) \text{ A}$$

关于负载不对称[①]的三相电路，举下面几个例子来分析一下。

【**例 5.2.2**】　在图 5.2.6 中，电源电压对称，每相电压 $U_P = 220$ V；负载为白炽灯组，在额定电压下其电阻分别为 $R_1 = 5\ \Omega$，$R_2 = 10\ \Omega$，$R_3 = 20\ \Omega$。试求负载相电压、负载电流及中性线电流。电灯的额定电压为 220 V。

【**解**】　在负载不对称而有中性线（其上电压降可忽略不计）的情况下，负载相电压和电源相电压相等，也是对称的，其有效值为 220 V。

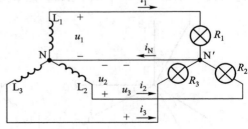

图 5.2.6　例 5.2.2 的电路

① 负载不对称一般是由于下列原因造成的：（1）在电源端、负载端或连接导线的任何处某一相发生短路或断路；（2）照明负载或其他单相负载难于安排对称。

本题如用复数计算，求中性线电流较为容易。先计算各相电流：

$$\dot{I}_1 = \frac{\dot{U}_1}{R_1} = \frac{220\ \underline{/0^\circ}}{5}\ \mathrm{A} = 44\ \underline{/0^\circ}\ \mathrm{A}$$

$$\dot{I}_2 = \frac{\dot{U}_2}{R_2} = \frac{220\ \underline{/-120^\circ}}{10}\ \mathrm{A} = 22\ \underline{/-120^\circ}\ \mathrm{A}$$

$$\dot{I}_3 = \frac{\dot{U}_3}{R_3} = \frac{220\ \underline{/120^\circ}}{20}\ \mathrm{A} = 11\ \underline{/120^\circ}\ \mathrm{A}$$

根据图中电流的参考方向，中性线电流

$$\dot{I}_N = \dot{I}_1 + \dot{I}_2 + \dot{I}_3 = (44\ \underline{/0^\circ} + 22\ \underline{/-120^\circ} + 11\ \underline{/120^\circ})\ \mathrm{A}$$

$$= [44 + (-11 - \mathrm{j}18.9) + (-5.5 + \mathrm{j}9.45)]\ \mathrm{A}$$

$$= (27.5 - \mathrm{j}9.45)\ \mathrm{A}$$

$$= 29.1\ \underline{/-19^\circ}\ \mathrm{A}$$

【**例 5. 2. 3**】　在上例中，（1）L_1 相短路时，（2）L_1 相短路而中性线又断开时（图 5.2.7），试求各相负载上的电压。

【**解**】　（1）此时 L_1 相短路电流很大，将 L_1 相中的熔断器熔断，而 L_2 相和 L_3 相未受影响，其相电压仍为 220 V。

（2）此时负载中性点 N′ 即为 L_1，因此各相负载电压为

$$\dot{U}_1' = 0, \quad U_1' = 0$$

$$\dot{U}_2' = \dot{U}_{21}, \quad U_2' = 380\ \mathrm{V}$$

$$\dot{U}_3' = \dot{U}_{31}, \quad U_3' = 380\ \mathrm{V}$$

在这种情况下，L_2 相与 L_3 相的电灯组上所加的电压都超过电灯的额定电压（220 V），这是不容许的。

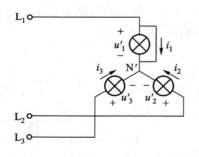

图 5.2.7　例 5.2.3 的电路

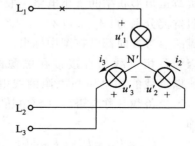

图 5.2.8　例 5.2.4 的电路

【**例 5. 2. 4**】　在例 5.2.2 中，（1）L_1 相断开时；（2）L_1 相断开而中性线也断开时（图 5.2.8），试求各相负载上的电压。

【解】　（1）L_2 相和 L_3 相未受影响。

（2）这时电路已成为单相电路，即 L_2 相的电灯组和 L_3 相的电灯组串联，接在线电压 U_{23} = 380 V 的电源上，两相电流相同。至于两相电压如何分配，决定于两相的电灯组电阻。如果 L_2 相的电阻比 L_3 相的电阻小，则其相电压低于电灯的额定电压，而 L_3 相的电压可能高于电灯的额定电压。这是不容许的。

从上面所举的几个例题可以看出：

（1）负载不对称而又没有中性线时，负载的相电压就不对称。当负载的相电压不对称时，势必引起有的相的电压过高，高于负载的额定电压；有的相的电压过低，低于负载的额定电压。这都是不容许的。三相负载的相电压必须对称。

（2）中性线的作用就在于使星形联结的不对称负载的相电压对称。为了保证负载的相电压对称，就不应让中性线断开。因此，中性线（指干线）内不接入熔断器或闸刀开关。

【练习与思考】

5.2.1　什么是三相负载、单相负载和单相负载的三相连接？三相交流电动机有三根电源线接到电源的 L_1，L_2，L_3 三端，称为三相负载，电灯有两根电源线，为什么不称为两相负载，而称单相负载？

5.2.2　在图 5.2.1 的电路中，为什么中性线中不接开关，也不接入熔断器？

5.2.3　有 220 V/100 W 的电灯 66 个，应如何接入线电压为 380 V 的三相四线制电路？求负载在对称情况下的线电流。

5.2.4　为什么电灯开关一定要接在相线（火线）上？

5.2.5　在图 5.2.5 中，三个电流都流向负载，又无中性线可流回电源，请解释之。

5.3　负载三角形联结的三相电路

负载三角形联结的三相电路一般可用图 5.3.1 所示的电路来表示。每相负载的阻抗模分别为 $|Z_{12}|$，$|Z_{23}|$，$|Z_{31}|$。电压和电流的参考方向都已在图中标出。

因为各相负载都直接接在电源的线电压上，所以负载的相电压与电源的线电压相等。因此，不论负载对称与否，其相电压总是对称的，即

$$U_{12} = U_{23} = U_{31} = U_L = U_P \qquad (5.3.1)$$

在负载三角形联结时，相电流和线电流是不一样的。

各相负载的相电流的有效值分别为

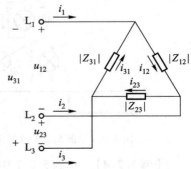

图 5.3.1　负载三角形联结的三相电路

$$I_{12} = \frac{U_{12}}{|Z_{12}|}, \quad I_{23} = \frac{U_{23}}{|Z_{23}|}, \quad I_{31} = \frac{U_{31}}{|Z_{31}|} \qquad (5.3.2)$$

各相负载的电压与电流之间的相位差分别为

$$\varphi_{12} = \arctan \frac{X_{12}}{R_{12}}, \quad \varphi_{23} = \arctan \frac{X_{23}}{R_{23}}, \quad \varphi_{31} = \arctan \frac{X_{31}}{R_{31}} \qquad (5.3.3)$$

负载的线电流可应用基尔霍夫电流定律列出下列各式进行计算

$$\left.\begin{array}{l} \dot{I}_1 = \dot{I}_{12} - \dot{I}_{31} \\ \dot{I}_2 = \dot{I}_{23} - \dot{I}_{12} \\ \dot{I}_3 = \dot{I}_{31} - \dot{I}_{23} \end{array}\right\} \qquad (5.3.4)$$

如果负载对称, 即

$$|Z_{12}| = |Z_{23}| = |Z_{31}| = |Z| \quad \text{和} \quad \varphi_{12} = \varphi_{23} = \varphi_{31} = \varphi$$

则负载的相电流也是对称的, 即

$$I_{12} = I_{23} = I_{31} = I_{\mathrm{P}} = \frac{U_{\mathrm{P}}}{|Z|}$$

$$\varphi_{12} = \varphi_{23} = \varphi_{31} = \varphi = \arctan \frac{X}{R}$$

至于负载对称时线电流和相电流的关系, 则可从根据式(5.3.4)所作出的相量图(图5.3.2)看出。显然, 线电流也是对称的, 在相位上比相应的相电流滞后30°。

线电流和相电流在大小上的关系, 也很容易从相量图得出, 即

$$I_{\mathrm{L}} = \sqrt{3} I_{\mathrm{P}} \qquad (5.3.5)$$

三相电动机的绕组可以接成星形, 也可以接成三角形, 而照明负载一般都接成星形(具有中性线)。

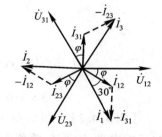

图 5.3.2 对称负载三角形联结时电压与电流的相量图

5.4 三 相 功 率

不论负载是星形联结或是三角形联结, 总的有功功率必定等于各相有功功率之和。当负载对称时, 每相的有功功率是相等的。因此三相总功率为

$$P = 3P_{\mathrm{P}} = 3U_{\mathrm{P}} I_{\mathrm{P}} \cos \varphi \qquad (5.4.1)$$

式中, φ 角是相电压 U_{P} 与相电流 I_{P} 之间的相位差。

当对称负载是星形联结时

$$U_{\mathrm{L}} = \sqrt{3} U_{\mathrm{P}} \quad I_{\mathrm{L}} = I_{\mathrm{P}}$$

当对称负载是三角形联结时

$$U_{\mathrm{L}} = U_{\mathrm{P}} \qquad I_{\mathrm{L}} = \sqrt{3} I_{\mathrm{P}}$$

不论对称负载是星形联结或是三角形联结，如将上述关系代入式（5.4.1），则得

$$P = \sqrt{3} U_{\mathrm{L}} I_{\mathrm{L}} \cos \varphi \tag{5.4.2}$$

应注意，上式中的 φ 角仍为相电压与相电流之间的相位差。

式（5.4.1）和式（5.4.2）都是用来计算三相有功功率的，但通常多应用式（5.4.2）；因为线电压和线电流的数值是容易测量出的，或者是已知的。

同理，可得出三相无功功率和视在功率

$$Q = 3 U_{\mathrm{P}} I_{\mathrm{P}} \sin \varphi = \sqrt{3} U_{\mathrm{L}} I_{\mathrm{L}} \sin \varphi \tag{5.4.3}$$

$$S = 3 U_{\mathrm{P}} I_{\mathrm{P}} = \sqrt{3} U_{\mathrm{L}} I_{\mathrm{L}} \tag{5.4.4}$$

【例 5.4.1】　有一三相电动机，每相等效电阻 $R = 29\ \Omega$，等效感抗 $X_{\mathrm{L}} = 21.8\ \Omega$。绕组为星形联结，接于线电压 $U_{\mathrm{L}} = 380\ \mathrm{V}$ 的三相电源上。试求电动机的相电流、线电流以及从电源输入的功率。

【解】

$$I_{\mathrm{P}} = \frac{U_{\mathrm{P}}}{|Z|} = \frac{220}{\sqrt{29^2 + 21.8^2}}\ \mathrm{A} = 6.1\ \mathrm{A}$$

$$I_{\mathrm{L}} = 6.1\ \mathrm{A}$$

$$P = \sqrt{3} U_{\mathrm{L}} I_{\mathrm{L}} \cos \varphi = \sqrt{3} \times 380 \times 6.1 \times \frac{29}{\sqrt{29^2 + 21.8^2}}\ \mathrm{W}$$

$$= \sqrt{3} \times 380 \times 6.1 \times 0.8\ \mathrm{W} \approx 3\,200\ \mathrm{W} = 3.2\ \mathrm{kW}$$

【例 5.4.2】　线电压 U_{L} 为 380 V 的三相电源上接有两组对称三相负载：一组是三角形联结的电感性负载，每相阻抗 $Z_{\Delta} = 36.3\ \underline{/37°}\ \Omega$；另一组是星形联结的电阻性负载，每相电阻 $R_{\mathrm{Y}} = 10\ \Omega$，如图 5.4.1 所示。试求：(1) 各组负载的相电流；(2) 电路线电流；(3) 三相有功功率。

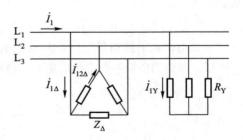

图 5.4.1　例 5.4.2 的图

【解】　设线电压 $\dot{U}_{12} = 380\ \underline{/0°}\ \mathrm{V}$，则相电压 $\dot{U}_1 = 220\ \underline{/-30°}\ \mathrm{V}$。

(1) 由于三相负载对称，所以计算一相即可，其他两相可以推知。

对于三角形联结的负载，其相电流为

$$\dot{I}_{12\Delta} = \frac{\dot{U}_{12}}{Z_{\Delta}} = \frac{380\ \underline{/0°}}{36.3\ \underline{/37°}}\ \mathrm{A} = 10.47\ \underline{/-37°}\ \mathrm{A}$$

对于星形联结的负载，其相电流即为线电流

$$\dot{I}_{1Y} = \frac{\dot{U}_1}{R_Y} = \frac{220 \,\underline{/-30°}}{10} \, \text{A} = 22 \,\underline{/-30°} \, \text{A}$$

（2）先求三角形联结的电感性负载的线电流 $\dot{I}_{1\triangle}$。由图 5.3.2 可知，$I_{1\triangle} = \sqrt{3} I_{12\triangle}$，且 $\dot{I}_{1\triangle}$ 较 $\dot{I}_{12\triangle}$ 滞后 $30°$，于是得出

$$\dot{I}_{1\triangle} = 10.47\sqrt{3} \,\underline{/-37° - 30°} \, \text{A} = 18.13 \,\underline{/-67°} \, \text{A}$$

$\dot{I}_{1Y}$ 与 $\dot{I}_{1\triangle}$ 相位不同，不能错误地把 22 A 和 18.13 A 相加作为电路线电流。两者相量相加才对，即

$$\dot{I}_1 = \dot{I}_{1\triangle} + \dot{I}_{1Y} = (18.13 \,\underline{/-67°} + 22 \,\underline{/-30°}) \, \text{A} = 38 \,\underline{/-46.7°} \, \text{A}$$

电路线电流也是对称的。

一相电压与电流的相量图如图 5.4.2 所示。

（3）三相电路有功功率为

$P = P_\triangle + P_Y$

$= \sqrt{3} U_L I_{1\triangle} \cos\varphi_\triangle + \sqrt{3} U_L I_{1Y}$

$= (\sqrt{3} \times 380 \times 18.13 \times 0.8 + \sqrt{3} \times 380 \times 22) \, \text{W}$

$= (9\,546 + 14\,480) \, \text{W} = 24\,026 \, \text{W}$

$\approx 24 \, \text{kW}$

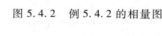

图 5.4.2　例 5.4.2 的相量图

【例 5.4.3】　试用电阻（阻抗）星形联结与三角形联结等效变换的方法计算上例中的线电流 $\dot{I}_1$。

【解】　先将上例中三角形联结的负载阻抗等效变换为星形联结。由于负载对称，其每相等效阻抗为

$$Z'_Y = \frac{Z_\triangle}{3} = \frac{36.3 \,\underline{/37°}}{3} \, \Omega = 12.1 \,\underline{/37°} \, \Omega$$

变换后的电路如图 5.4.3 所示。两组对称三相负载各相分别相互并接在电源相电压上，每相总阻抗为

$$Z = \frac{Z'_Y R_Y}{Z'_Y + R_Y} = \frac{12.1 \,\underline{/37°} \times 10}{12.1 \,\underline{/37°} + 10} \, \Omega$$

$$= \frac{121 \,\underline{/37°}}{20.93 \,\underline{/20.3°}} \, \Omega = 5.78 \,\underline{/16.7°} \, \Omega$$

仍设 $\dot{U}_{12} = 380 \,\underline{/0°}$ V，则 $\dot{U}_1 = 220 \,\underline{/-30°}$ V，电路线电流

$$\dot{I}_1 = \frac{\dot{U}_1}{Z} = \frac{220 \,\underline{/-30°}}{5.78 \,\underline{/16.7°}} \, \text{A} = 38 \,\underline{/-46.7°} \, \text{A}$$

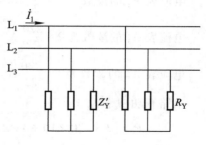

图 5.4.3　例 5.4.3 的图

【例 5.4.4】　在图 5.4.4 所示电路中，两组三相负载对称，均为电阻性。单相负载也为电阻性。试计算各电流表的读数和电路有功功率。

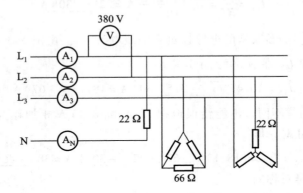

图 5.4.4　例 5.4.4 的图

【解】　将三角形联结的负载等效变换为星形联结，如图 5.4.5 所示。

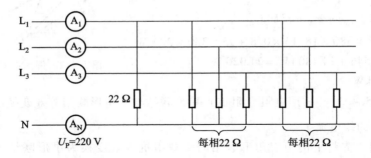

图 5.4.5　等效变换后例 5.4.4 的图

由图 5.4.5 所示电路可得：

电流表 A_1 的读数为 $3 \times \dfrac{220}{22}$ A = 30 A

电流表 A_2 的读数为 $2 \times \dfrac{220}{22}$ A = 20 A

电流表 A_3 的读数为 $2 \times \dfrac{220}{22}$ A = 20 A

电流表 A_N 的读数为 $1 \times \dfrac{220}{22}$ A = 10 A

电路有功功率为

$$P = [3 \times 220 \times 10 + 3 \times 220 \times 10 + 220 \times 10] \text{ W} = 15.4 \text{ kW}$$

A　选　择　题

5.2.1 对称三相负载是指(　　)。

(1) $|Z_1| = |Z_2| = |Z_3|$　　(2) $\varphi_1 = \varphi_2 = \varphi_3$　　(3) $Z_1 = Z_2 = Z_3$

5.2.2 在图 5.01 所示的三相四线制照明电路中,各相负载电阻不等。如果中性线在"×"处断开,后果是(　　)。

(1) 各相电灯中电流均为零

(2) 各相电灯中电流不变

(3) 各相电灯上电压将重新分配,高于或低于额定值,因此有的不能正常发光,有的可能烧坏灯丝

5.2.3 在图 5.01 中,若中性线未断开,测得 $I_1 = 2\,\text{A}$, $I_2 = 4\,\text{A}$, $I_3 = 4\,\text{A}$,则中性线中电流为(　　)。

(1) 10 A　　(2) 6 A　　(3) 2 A

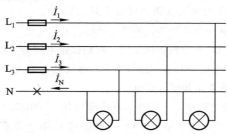

图 5.01　习题 5.2.2、5.2.3 和 5.2.4 的图

5.2.4 在上题中,中性线未断开,L_1 相电灯均未点亮,并设 L_1 相相电压 $\dot{U}_1 = 220 \underline{/0°}\,\text{V}$,则中性线电流 $\dot{I}_N$ 为(　　)。

(1) 0　　(2) $8\underline{/0°}\,\text{A}$　　(3) $-4\underline{/0°}\,\text{A}$

5.3.1 在图 5.02 所示三相电路中,有两组三相对称负载,均为电阻性。若电压表读数为 380 V,则电流表读数为(　　)。

(1) 76 A　　(2) 22 A　　(3) 44 A

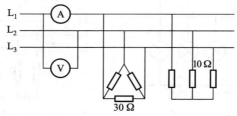

图 5.02　习题 5.3.1 的图

5.4.1 对称三相电路的有功功率 $P = \sqrt{3}U_L I_L \cos\varphi$，其中 φ 角为（　　　）。

(1) 线电压与线电流之间的相位差

(2) 相电压与相电流之间的相位差

(3) 线电压与相电压之间的相位差

B　基　本　题

5.2.5 图 5.03 所示的是三相四线制电路，电源线电压 $U_L = 380$ V。三个电阻性负载接成星形，其电阻为 $R_1 = 11\ \Omega$，$R_2 = R_3 = 22\ \Omega$。(1) 试求负载相电压、相电流及中性线电流，并作出它们的相量图；(2) 如无中性线，求负载相电压及中性点电压；(3) 如无中性线，当 L_1 相短路时求各相电压和电流，并作出它们的相量图；(4) 如无中性线，当 L_3 相断路时求另外两相的电压和电流；(5) 在 (3)、(4) 中如有中性线，则又如何？

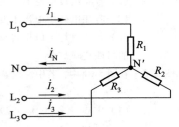

图 5.03　习题 5.2.5 的图

5.2.6 有一次某楼电灯发生故障，第二层和第三层楼的所有电灯突然都暗淡下来，而第一层楼的电灯亮度未变，试问这是什么原因？这楼的电灯是如何连接的？同时又发现第三层楼的电灯比第二层楼的还要暗些，这又是什么原因？画出电路图。

5.2.7 有一台三相发电机，其绕组接成星形，每相额定电压为 220 V。在一次试验时，用电压表量得相电压 $U_1 = U_2 = U_3 = 220$ V，而线电压则为 $U_{12} = U_{31} = 220$ V，$U_{23} = 380$ V，试问这种现象是如何造成的？

5.2.8 在图 5.04 所示的电路中，三相四线制电源电压为 380/220 V，接有对称星形联结的白炽灯负载，其总功率为 180 W。此外，在 L_3 相上接有额定电压为 220 V，功率为 40 W，功率因数 $\cos\varphi = 0.5$ 的日光灯一支。试求电流 $\dot{I}_1$，$\dot{I}_2$，$\dot{I}_3$ 及 $\dot{I}_N$。设 $\dot{U}_1 = 220\ \underline{/0°}$ V。

5.3.2 在线电压为 380 V 的三相电源上，接两组电阻性对称负载，如图 5.05 所示，试求线路电流 I。

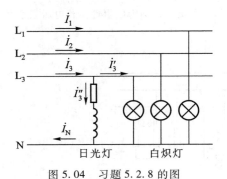

图 5.04　习题 5.2.8 的图

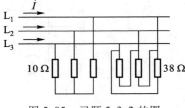

图 5.05　习题 5.3.2 的图

5.4.1 有一三相异步电动机，其绕组接成三角形，接在线电压 $U_L = 380$ V 的电源上，从电源所取用的功率 $P_1 = 11.43$ kW，功率因数 $\cos\varphi = 0.87$，试求电动机的相电流和线电流。

5.4.2 在图 5.06 中，电源线电压 $U_L = 380$ V。（1）如果图中各相负载的阻抗模都等于 10 Ω，是否可以说负载是对称的？（2）试求各相电流，并用电压与电流的相量图计算中性线电流。如果中性线电流的参考方向选定得同电路图上所示的方向相反，则结果有何不同？（3）试求三相平均功率 P。

5.4.3 在图 5.07 中，对称负载接成三角形，已知电源电压 $U_L = 220$ V，电流表读数 $I_L = 17.3$ A，三相功率 $P = 4.5$ kW，试求：（1）每相负载的电阻和感抗；（2）当 L_1L_2 相断开时，图中各电流表的读数和总功率 P；（3）当 L_1 线断开时，图中各电流表的读数和总功率 P。

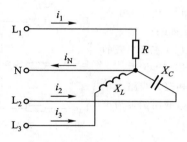
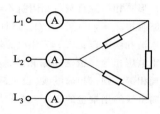

图 5.06　习题 5.4.2 的图　　　　　　图 5.07　习题 5.4.3 的图

5.4.4 在图 5.08 所示电路中，电源线电压 $U_L = 380$ V，频率 $f = 50$ Hz，对称电感性负载的功率 $P = 10$ kW，功率因数 $\cos\varphi_1 = 0.5$。为了将线路功率因数提高到 $\cos\varphi = 0.9$，试问在两图中每相并联的补偿电容器的电容值各为多少？采用哪种方式（三角形联结或星形联结）较好？〔提示：每相电容 $C = \dfrac{P(\tan\varphi_1 - \tan\varphi)}{3\,\omega U^2}$，式中，$P$ 为三相功率（W），U 为每相电容上所加电压〕

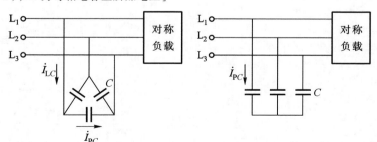

图 5.08　习题 5.4.4 的图

C　拓　宽　题

5.2.9 图 5.09 所示是两相异步电动机（见第 9 章）的一种电源分相电路，O 是铁心线圈的中心抽头。试用相量图说明 $\dot{U}_{12}$ 和 $\dot{U}_{O3}$ 之间相位差为 90°。

5.2.10 图 5.10 所示是小功率星形对称电阻性负载从单相电源获得三相对称电压的电路。已知每相负载电阻 $R = 10\ \Omega$，电源频率 $f = 50\ \text{Hz}$，试求所需的 L 和 C 的数值。

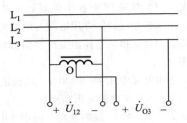

图 5.09　习题 5.2.9 的图

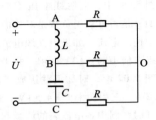

图 5.10　习题 5.2.10 的图

5.4.5 在图 5.11 所示电路中，已知电源线电压 $U_L = 380\ \text{V}$，三角形三相对称负载每相阻抗 $Z = (3 + \text{j}6)\ \Omega$，输电线线路阻抗 $Z_l = (1 + \text{j}0.2)\ \Omega$。试计算：（1）三相负载的线电流和线电压；（2）三相电源输出的平均功率。

5.4.6 如果电压相等，输送功率相等，距离相等，线路功率损耗相等，则三相输电线（设负载对称）的用铜量为单相输电线的用铜量的 3/4。试证明之。

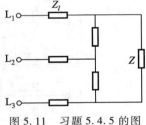

图 5.11　习题 5.4.5 的图

第 6 章

磁路与铁心线圈电路

在很多电工设备(如变压器、电机、电磁铁等)中，不仅有电路的问题，同时还有磁路的问题。只有同时掌握了电路和磁路的基本理论，才能对上述各种电工设备作全面分析。

本章结合磁路和铁心线圈电路的分析，讨论变压器和电磁铁，作为应用实例。

6.1　磁路及其分析方法

在上述的电工设备中常用磁性材料做成一定形状的铁心。铁心的磁导率比周围空气或其他物质的磁导率高得多，因此铁心线圈中电流产生的磁通绝大部分经过铁心而闭合。这种人为造成的磁通的闭合路径，称为磁路。图 6.1.1 和图 6.1.2 分别表示四极直流电机和交流接触器的磁路。磁通经过铁心（磁路的主要部分）和空气隙（有的磁路中没有空气隙）而闭合。

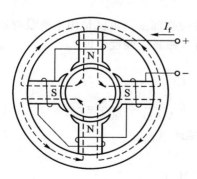

图 6.1.1　直流电机的磁路

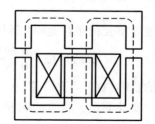

图 6.1.2　交流接触器的磁路

6.1.1　磁场的基本物理量

磁路问题也是局限于一定路径内的磁场问题。磁场的特性可用下列几个基本物理量来表示。

1. 磁感应强度

磁感应强度 B 是表示磁场内某点的磁场强弱和方向的物理量。它是一个矢量。它与电流(电流产生磁场)之间的方向关系可用右手螺旋定则来确定。

如果磁场内各点的磁感应强度的大小相等，方向相同，这样的磁场则称为均匀磁场。

2. 磁通

磁感应强度 B(如果不是均匀磁场，则取 B 的平均值)与垂直于磁场方向的面积 A 的乘积，称为通过该面积的磁通 Φ，即

$$\Phi = BA \quad 或 \quad B = \frac{\Phi}{A}$$

由上式可见，磁感应强度在数值上可以看作与磁场方向相垂直的单位面积所通过的磁通，故又称为磁通密度。

根据电磁感应定律的公式

$$e = -N \frac{\mathrm{d}\Phi}{\mathrm{d}t}$$

可知，磁通的单位是伏秒($\mathrm{V \cdot s}$)，通常称为韦[伯](Wb)。

磁感应强度的 SI 单位是特[斯拉](T)，特[斯拉]也就是韦[伯]每平方米($\mathrm{Wb/m^2}$)。

3. 磁场强度

磁场强度 H 是计算磁场时所引用的一个物理量，也是矢量，通过它来确定磁场与电流之间的关系(见 6.1.3 节)。

磁场强度的单位是安[培]每米($\mathrm{A/m}$)。

4. 磁导率

磁导率 μ 是一个用来表示磁场介质磁性的物理量，也就是用来衡量物质导磁能力的物理量。它与磁场强度的乘积就等于磁感应强度，即

$$B = \mu H$$

磁导率 μ 的单位是亨[利]每米($\mathrm{H/m}$)。即

$$\mu \text{ 的单位} = \frac{B \text{ 的单位}}{H \text{ 的单位}} = \frac{\mathrm{Wb/m^2}}{\mathrm{A/m}} = \frac{\mathrm{V \cdot s}}{\mathrm{A \cdot m}} = \frac{\Omega \cdot \mathrm{s}}{\mathrm{m}} = \frac{\mathrm{H}}{\mathrm{m}}$$

式中的欧秒($\Omega \cdot \mathrm{s}$)又称亨[利](H)，是电感的单位。

由实验测出，真空的磁导率

$$\mu_0 = 4\pi \times 10^{-7} \ \mathrm{H/m}$$

因为这是一个常数，所以将其他物质的磁导率和它去比较是很方便的。

任意一种物质的磁导率 μ 和真空的磁导率 μ_0 的比值，称为该物质的相对磁导率 μ_r，即

$$\mu_r = \frac{\mu}{\mu_0}$$

6.1.2 磁性材料的磁性能

分析磁路，首先要了解磁性材料的磁性能。磁性材料主要是指铁、镍、钴及其合金，常用的几种列在表 6.1.1 中。它们具有下列磁性能。

1. 高导磁性

磁性材料的磁导率很高，$\mu_r \gg 1$，可达数百、数千乃至数万。这就使它们具有被强烈磁化(呈现磁性)的特性。

由于高导磁性，在具有铁心的线圈中通入不大的励磁电流，便可产生足够大的磁通和磁感应强度。这就解决了既要磁通大，又要励磁电流小的矛盾。利用优质的磁性材料可使同一容量的电机的重量和体积大大减轻和减小。

2. 磁饱和性

将磁性材料放入磁场强度为 H 的磁场(常由线圈的励磁电流产生)内，会受到强烈的磁化，其磁化曲线(B-H 曲线)如图 6.1.3 所示。开始时，B 与 H 近于成正比地增加。而后，随着 H 的增加，B 的增加缓慢下来，最后趋于磁饱和。

磁性物质的磁导率 $\mu = \dfrac{B}{H}$，由于 B 与 H 不成正比，所以 μ 不是常数，随 H 而变(图 6.1.3)。

由于磁通 Φ 与 B 成正比，产生磁通的励磁电流 I 与 H 成正比，因此在存在磁性物质的情况下，Φ 与 I 也不成正比。

必须指出，在额定工作状态时通常电磁设备的磁感应强度都设计在接近磁饱和的拐点附近，如果此时再使磁通稍有增加，就会进入饱和状态其所需励磁电流将急剧增大，而导致设备损坏。

3. 磁滞性

当铁心线圈中通有交流电时，铁心就受到交变磁化。在电流变化一次时，磁感应强度 B 随磁场强度 H 而变化的关系如图 6.1.4 所示。由图可见，当 H

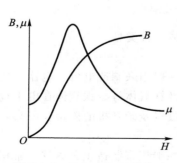

图 6.1.3 B 和 μ 与 H 的关系

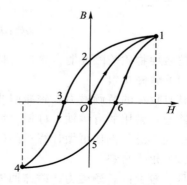

图 6.1.4 磁滞回线

已减到零值时，B 并未回到零值。这种磁感应强度滞后于磁场强度变化的性质称为磁性物质的磁滞性。图 6.1.4 所示的曲线也就称为磁滞回线。

当线圈中电流减到零值（即 $H=0$）时，铁心在磁化时所获得的磁性还未完全消失。这时铁心中所保留的磁感应强度称为剩磁感应强度 B_r（剩磁），在图 6.1.4 中即为纵坐标 $O-2$ 和 $O-5$，永久磁铁的磁性就是由剩磁产生的。但对剩磁也要一分为二，有时它是有害的。例如，当工件在平面磨床上加工完毕后，由于电磁吸盘有剩磁，还将工件吸住。为此，要通入反向去磁电流，去掉剩磁，才能将工件取下。再如，有些工件（如轴承）在平面磨床上加工后得到的剩磁也必须去掉。

如果要使铁心的剩磁消失，通常改变线圈中励磁电流的方向，也就是改变磁场强度 H 的方向来进行反向磁化。使 $B=0$ 的 H 值，在图 6.1.4 中用 $O-3$ 和 $O-6$ 代表，称为矫顽磁力 H_c。

磁性物质不同，其磁滞回线和磁化曲线也不同（由实验得出）。图 6.1.5 中示出了几种磁性材料的磁化曲线。

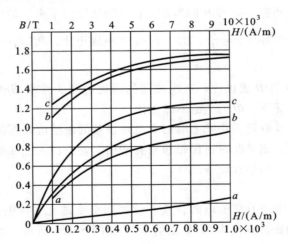

图 6.1.5　磁化曲线
a—铸铁；b—铸钢；c—硅钢片

按磁性物质的磁性能，磁性材料可以分成三种类型。

（1）软磁材料

具有较小的矫顽磁力，磁滞回线较窄。一般用来制造电机、电器及变压器等的铁心。常用的有铸铁、硅钢、坡莫合金及铁氧体等。铁氧体在电子技术中应用也很广泛，例如可做计算机的磁心、磁鼓以及录音机的磁带、磁头。

（2）永磁材料

具有较大的矫顽磁力，磁滞回线较宽。一般用来制造永久磁铁。常用的有碳钢及铁镍铝钴合金等。近年来稀土永磁材料发展很快，像稀土钴、稀土钕铁硼等，其矫顽磁力更大。

（3）矩磁材料

具有较小的矫顽磁力和较大的剩磁，磁滞回线接近矩形，稳定性也良好。在计算机和控制系统中可用作记忆元件、开关元件和逻辑元件。常用的有镁锰铁氧体及 1J51 型铁镍合金等。

常用的几种磁性材料的最大相对磁导率、剩磁及矫顽磁力列在表 6.1.1 中。

表 6.1.1　常用磁性材料的最大相对磁导率、剩磁及矫顽磁力

材 料 名 称	μ_{max}	B_r/T	$H_c/(A/m)$
铸铁	200	0.475 ~ 0.500	880 ~ 1 040
硅钢片	8 000 ~ 10 000	0.800 ~ 1.200	32 ~ 64
坡莫合金(78.5% Ni)	20 000 ~ 200 000	1.100 ~ 1.400	4 ~ 24
碳钢(0.45% C)		0.800 ~ 1.100	2 400 ~ 3 200
铁镍铝钴合金		1.100 ~ 1.350	40 000 ~ 52 000
稀土钴		0.600 ~ 1.000	320 000 ~ 690 000
稀土钕铁硼		1.100 ~ 1.300	600 000 ~ 900 000

6.1.3　磁路的分析方法

以图 6.1.6 所示的磁路为例，根据安培环路定律

$$\oint \boldsymbol{H} \mathrm{d}l = \sum I$$

可得出

$$Hl = NI \qquad (6.1.1)$$

式中，N 是线圈的匝数；l 是磁路（闭合回线）的平均长度；H 是磁路铁心的磁场强度。

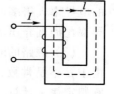

图 6.1.6　磁路

上式中线圈匝数与电流的乘积 NI 称为磁通势，用字母 F 代表，即

$$F = NI \qquad (6.1.2)$$

磁通就是由它产生的。它的单位是安［培］（A）。

将 $H = B/\mu$ 和 $B = \Phi/A$ 代入式(6.1.1)，得

$$\Phi = \frac{NI}{\dfrac{l}{\mu A}} = \frac{F}{R_m} \qquad (6.1.3)$$

式中，R_m 称为磁路的磁阻，A 为磁路的截面积。

式(6.1.3)与电路的欧姆定律在形式上相似，所以称为磁路的欧姆定律。

两者对照见表6.1.2。

表 6.1.2　磁路与电路对照

磁　　　路	电　　　路
磁通势 F	电动势 E
磁通 Φ	电流 I
磁感应强度 B	电流密度 J
磁阻 $R_m = \dfrac{l}{\mu A}$ 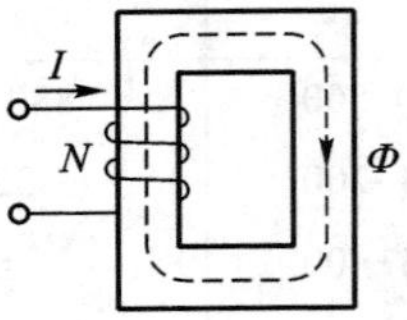	电阻 $R = \dfrac{l}{\gamma A}$ 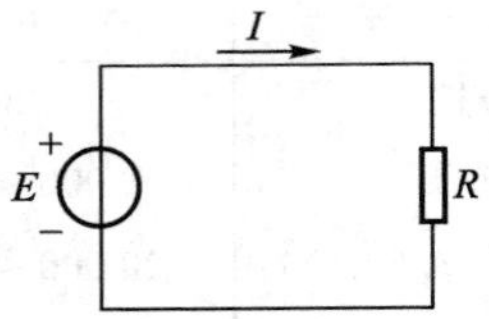

$$\Phi = \frac{F}{R_m} = \frac{NI}{\dfrac{l}{\mu A}}$$

$$I = \frac{E}{R} = \frac{E}{\dfrac{l}{\gamma A}}$$

　　磁路和电路有很多相似之处，但分析与处理磁路比电路难得多，例如：

　　（1）在处理电路时一般不涉及电场问题，而在处理磁路时离不开磁场的概念。例如在讨论电机时，常常要分析电机磁路的气隙中磁感应强度的分布情况。

　　（2）在处理电路时一般可以不考虑漏电流（因为导体的电导率比周围介质的电导率大得多），但在处理磁路时一般都要考虑漏磁通（因为磁路材料的磁导率比周围介质的磁导率大得不太多）。

　　（3）磁路的欧姆定律与电路的欧姆定律只是在形式上相似（见表6.1.2）。由于 μ 不是常数，它随励磁电流而变（见图6.1.3），所以不能直接应用磁路的欧姆定律来计算，它只能用于定性分析。

　　（4）在电路中，当 $E = 0$ 时，$I = 0$；但在磁路中，由于有剩磁，当 $F = 0$ 时，$\Phi \neq 0$。

　　（5）磁路几个基本物理量（磁感应强度、磁通、磁场强度、磁导率等）的单位也较复杂，学习时应注意。

　　关于磁路的计算简单介绍如下。

　　在计算电机、电器等的磁路时，往往预先给定铁心中的磁通（或磁感应强度），而后按照所给的磁通及磁路各段的尺寸和材料去求产生预定磁通所需的磁通势 $F = NI$。

　　如上所述，计算磁路不能应用式（6.1.3），而要用式（6.1.1），即

$$NI = Hl$$

上式是对均匀磁路而言的。如果磁路是由不同材料或不同长度和截面积的几段组成的，即磁路由磁阻不同的几段串联而成，

则
$$NI = H_1 l_1 + H_2 l_2 + \cdots = \sum (Hl) \tag{6.1.4}$$

这是计算磁路的基本公式。式中 $H_1 l_1$，$H_2 l_2$，…也常称为磁路各段的磁压降。

图 6.1.7 所示继电器的磁路是由三段串联（其中一段是空气隙）而成的。如已知磁通和各段的材料及尺寸，则可按下面表示的步骤去求磁通势：

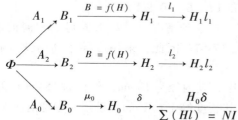

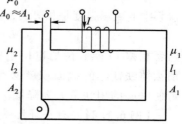

图 6.1.7　继电器的磁路

（1）由于各段磁路的截面积不同，但其中又通过同一磁通，因此各段磁路的磁感应强度也就不同，可分别按下列各式计算

$$B_1 = \frac{\Phi}{A_1}, \quad B_2 = \frac{\Phi}{A_2}, \quad \cdots$$

（2）根据各段磁路材料的磁化曲线 $B = f(H)$，找出与上述 B_1，B_2，…相对应的磁场强度 H_1，H_2，…。各段磁路的 H 也是不同的。

计算空气隙或其他非磁性材料的磁场强度 H_0 时，可直接应用下式

$$H_0 = \frac{B_0}{\mu_0} = \frac{B_0}{4\pi \times 10^{-7}} \text{ A/m}$$

式中，B_0 是用特[斯拉]计量的，如果用高斯为单位，则

$$H_0 = \frac{B_0}{4\pi \times 10^{-3}} = 80 B_0 \text{ A/m} = 0.8 B_0 \text{ A/cm}$$

（3）计算各段磁路的磁压降 Hl。

（4）应用式(6.1.4)求出磁通势 NI。

【例 6.1.1】　一个具有闭合的均匀铁心的线圈，其匝数为 300，铁心中的磁感应强度为 0.9 T，磁路的平均长度为 45 cm，试求：（1）铁心材料为铸铁时线圈中的电流；（2）铁心材料为硅钢片时线圈中的电流。

【解】　先从图 6.1.5 中的磁化曲线查出磁场强度 H，然后再根据式(6.1.1)算出电流。

（1）$H_1 = 9\,000$ A/m，$I_1 = \dfrac{H_1 l}{N} = \dfrac{9\,000 \times 0.45}{300}$ A $= 13.5$ A

（2）$H_2 = 260$ A/m，$I_2 = \dfrac{H_2 l}{N} = \dfrac{260 \times 0.45}{300}$ A $= 0.39$ A

可见由于所用铁心材料的不同，要得到同样的磁感应强度，则所需要的磁通势或励磁电流的大小相差就很悬殊。因此，采用磁导率高的铁心材料，可使线圈的用铜量大为降低。

如果在上面（1），（2）两种情况下，线圈中通有同样大小的电流 0.39 A，则铁心中的磁场强度是相等的，都是 260 A/m。但从图 6.1.5 的磁化曲线可查出的

$$B_1 = 0.05 \text{ T}, \quad B_2 = 0.9 \text{ T}$$

两者相差 17 倍，磁通也相差 17 倍。在这种情况下，如果要得到相同的磁通，那么铸铁铁心的截面积就必须增加 17 倍。因此，采用磁导率高的铁心材料，可使铁心的用铁量大为降低。

【例 6.1.2】　有一环形铁心线圈，其内径为 10 cm，外径为 15 cm，铁心材料为铸钢。磁路中含有一空气隙，其长度等于 0.2 cm。设线圈中通有 1 A 的电流，如要得到 0.9 T 的磁感应强度，试求线圈匝数。

【解】　磁路的平均长度为

$$l = \left(\frac{10 + 15}{2} \right) \pi \text{ cm} = 39.2 \text{ cm}$$

从图 6.1.5 中所示的铸钢的磁化曲线查出，当 $B = 0.9$ T 时，$H_1 = 500$ A/m，于是

$$H_1 l_1 = 500 \times (39.2 - 0.2) \times 10^{-2} \text{ A} = 195 \text{ A}$$

空气隙中的磁场强度为

$$H_0 = \frac{B_0}{\mu_0} = \frac{0.9}{4\pi \times 10^{-7}} \text{ A/m} = 7.2 \times 10^5 \text{ A/m}$$

于是

$$H_0 \delta = 7.2 \times 10^5 \times 0.2 \times 10^{-2} \text{ A} = 1\,440 \text{ A}$$

总磁通势为

$$NI = \sum (Hl) = H_1 l_1 + H_0 \delta = (195 + 1\,440) \text{ A} = 1\,635 \text{ A}$$

线圈匝数为

$$N = \frac{NI}{I} = \frac{1\,635}{1} = 1\,635$$

可见，当磁路中含有空气隙时，由于其磁阻较大，磁通势差不多都用在空气隙上面。

计算这两个例题的主要目的是要得出下面几个实际结论。

（1）如果要得到相等的磁感应强度，采用磁导率高的铁心材料，可使线圈

的用铜量大为降低。

（2）如果线圈中通有同样大小的励磁电流，要得到相等的磁通，采用磁导率高的铁心材料，可使铁心的用铁量大为降低。

（3）当磁路中含有空气隙时，由于其磁阻较大，要得到相等的磁感应强度，必须增大励磁电流（设线圈匝数一定）。

6.2　交流铁心线圈电路

铁心线圈分为两种。直流铁心线圈通直流电来励磁（如直流电机的励磁线圈、电磁吸盘及各种直流电器的线圈），交流铁心线圈通交流电来励磁（如交流电机、变压器及各种交流电器的线圈）。分析直流铁心线圈比较简单些。因为励磁电流是直流，产生的磁通是恒定的，在线圈和铁心中不会感应出电动势来；在一定电压 U 下，线圈中的电流 I 只和线圈本身的电阻 R 有关；功率损耗也只有 RI^2。而交流铁心线圈在电磁关系、电压电流关系及功率损耗等几个方面和直流铁心线圈是有所不同的。

6.2.1　电磁关系

图 6.2.1 所示的交流线圈是具有铁心的，先来讨论其中的电磁关系。磁通势 Ni 产生的磁通绝大部分通过铁心而闭合，这部分磁通称为主磁通或工作磁通 Φ。此外还有很少的一部分磁通主要经过空气或其他非导磁介质而闭合，这部分磁通称为漏磁通 Φ_σ（实际上上面各节所述的铁心线圈中也存在漏磁通，但未计及）。这两个磁通在线圈中产生两个感应电动势：主磁电动势 e 和漏磁电动势 e_σ。这个电磁关系表示如下：

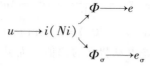

因为漏磁通主要不经过铁心，所以励磁电流 i 与 Φ_σ 之间可以认为呈线性关系，铁心线圈的漏磁电感

$$L_\sigma = \frac{N\Phi_\sigma}{i} = 常数①$$

但主磁通通过铁心，所以 i 与 Φ 之间不存在线性关系（图 6.2.2）。铁心线圈的主磁电感 L 不是一个常数，它随励磁电流而变化的关系和磁导率 μ 随磁场

---

① 设 Φ_σ 是一等效漏磁通，与线圈各匝相链。

强度而变化的关系(图 6.1.3)相似。因此，铁心线圈是一个非线性电感元件。

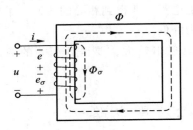
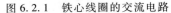

图 6.2.1　铁心线圈的交流电路

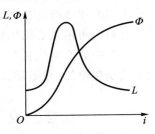

图 6.2.2　Φ 和 L 与 i 的关系

6.2.2　电压电流关系

铁心线圈交流电路(图 6.2.1)的电压和电流之间的关系也可由基尔霍夫电压定律得出[①]，即

$$u + e + e_\sigma = Ri$$

或

$$u = Ri + (-e_\sigma) + (-e) = Ri + L_\sigma \frac{\mathrm{d}i}{\mathrm{d}t} + (-e) = u_R + u_\sigma + u' \qquad (6.2.1)$$

当 u 是正弦电压时，式中各量可视为正弦量[②]，于是上式可用相量表示

$$\dot{U} = R\dot{I} + (-\dot{E}_\sigma) + (-\dot{E}) = R\dot{I} + \mathrm{j}X_\sigma\dot{I} + (-\dot{E}) = \dot{U}_R + \dot{U}_\sigma + \dot{U}' \qquad (6.2.2)$$

上式中漏磁感应电动势 $\dot{E}_\sigma = -\mathrm{j}X_\sigma\dot{I}$，其中 $X_\sigma = \omega L_\sigma$，称为漏磁感抗，它是由漏磁通引起的；$R$ 是铁心线圈的电阻。

至于主磁感应电动势，由于主磁电感或相应的主磁感抗不是常数，应按下法计算。

设主磁通　$\Phi = \Phi_\mathrm{m} \sin \omega t$，则

$$e = -N\frac{\mathrm{d}\Phi}{\mathrm{d}t} = -N\frac{\mathrm{d}(\Phi_\mathrm{m} \sin \omega t)}{\mathrm{d}t} = -N\omega\Phi_\mathrm{m} \cos \omega t$$

$$= 2\pi fN\Phi_\mathrm{m} \sin (\omega t - 90°) = E_\mathrm{m} \sin (\omega t - 90°) \qquad (6.2.3)$$

式中，$E_\mathrm{m} = 2\pi fN\Phi_\mathrm{m}$，是主磁电动势 e 的幅值，而其有效值则为

$$E = \frac{E_\mathrm{m}}{\sqrt{2}} = \frac{2\pi fN\Phi_\mathrm{m}}{\sqrt{2}} = 4.44fN\Phi_\mathrm{m} \qquad (6.2.4)$$

上式是常用的公式，应特别注意。

由式(6.2.1)或式(6.2.2)可知，电源电压 u 可分为三个分量：$u_R = Ri$，

---

① 如 3.1.2 节所述，i，e，e_σ 三者的参考方向一致。

② 当 u 是正弦电压时，一般 $u \approx -e$，而 $e = -N\dfrac{\mathrm{d}\Phi}{\mathrm{d}t}$，所以磁通 Φ 也可认为是正弦量，但是电流 i 不是正弦量。一个非正弦周期电流可用等效正弦电流来代替，等效条件见第 4 章 4.9 节。

是电阻上的电压降；$u_\sigma = -e_\sigma$，是平衡漏磁电动势的电压分量；$u' = -e$，是与主磁电动势相平衡的电压分量。因为根据楞次定则，感应电动势具有阻碍电流变化的物理性质，所以电源电压必须有一部分来平衡它们。

通常由于线圈的电阻 R 和感抗 X_σ（或漏磁通 Φ_σ）较小，因而其上的电压降也较小，与主磁电动势比较起来，可以忽略不计。于是

$$\dot{U} \approx -\dot{E}$$

$$U \approx E = 4.44 fN\Phi_m$$

$$= 4.44 fNB_m A \quad (V) \qquad (6.2.5)$$

式中，B_m 是铁心中磁感应强度的最大值，单位用（T）；A 是铁心截面积，单位用 m^2。若 B_m 的单位用高斯，A 的单位用 cm^2，则上式为

$$U \approx E = 4.44 fNB_m A \times 10^{-8} \quad (V) \qquad (6.2.6)$$

6.2.3 功率损耗

在交流铁心线圈中，除线圈电阻 R 上有功率损耗 RI^2（所谓铜损耗 ΔP_{Cu}）外，处于交变磁化下的铁心中也有功率损耗（所谓铁损耗 ΔP_{Fe}）。铁损耗是由磁滞和涡流产生的。

由磁滞所产生的铁损耗称为磁滞损耗 ΔP_h。可以证明，交变磁化一周在铁心的单位体积内所产生的磁滞损耗能量与磁滞回线所包围的面积成正比。

磁滞损耗要引起铁心发热。为了减小磁滞损耗，应选用磁滞回线狭小的磁性材料制造铁心。硅钢就是变压器和电机中常用的铁心材料，其磁滞损耗较小。

由涡流所产生的铁损耗称为涡流损耗 ΔP_e。

在图 6.2.3 中，当线圈中通有交流电时，它所产生的磁通也是交变的。因此，不仅要在线圈中产生感应电动势，而且在铁心内也要产生感应电动势和感应电流。这种感应电流称为涡流，它在垂直于磁通方向的平面内环流着。

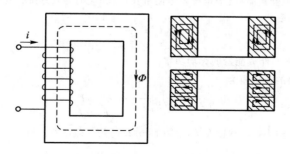

图 6.2.3　铁心中的涡流

　　涡流损耗也要引起铁心发热。为了减小涡流损耗，在顺磁场方向铁心可由彼此绝缘的钢片叠成（图 6.2.3），这样就可以限制涡流只能在较小的截面内流通。此外，通常所用的硅钢片中含有少量的硅（0.8%~4.8%），因而电阻率较大，这也可以使涡流减小。

　　涡流有有害的一面，但在另外一些场合下也有有利的一面。对其有害的一面应尽可能地加以限制，而对其有利的一面则应充分加以利用。例如，利用涡流的热效应来冶炼金属，利用涡流和磁场相互作用而产生电磁力的原理来制造感应式仪器及涡流测距器等。

　　在交变磁通的作用下，铁心内的这两种损耗合称铁损耗 ΔP_{Fe}。铁损耗差不多与铁心内磁感应强度的最大值 B_{m} 的平方成正比，故 B_{m} 不宜选得过大，一般取 $0.8 \sim 1.2$ T。

　　从上述可知，铁心线圈交流电路的有功功率为

$$P = UI \cos \varphi = RI^2 + \Delta P_{\mathrm{Fe}} \qquad (6.2.7)$$

*6.2.4　等效电路

　　对铁心线圈交流电路也可用等效电路进行分析，就是用一个不含铁心的交流电路来等效代替它。等效的条件是：在同样电压作用下，功率、电流及各量之间的相位关系保持不变[注意，由式（6.2.2）表明，铁心线圈中的非正弦周期电流已用等效正弦电流代替]。这样就使磁路计算的问题简化为电路计算的问题了。

　　先把图 6.2.1 化成图 6.2.4，就是把线圈的电阻 R 和感抗 X_σ（由漏磁通引起的）划出，剩下的就成为一个没有电阻和漏磁通的理想的铁心线圈电路。但铁心中仍有能量的损耗和能量的储放（储存与放出）。因此可将这个理想的铁心线圈交流电路用具有电阻 R_0 和感抗 X_0 的一段电路来等效代替。其中电阻 R_0 是和铁心中能量损耗（铁损耗）相应的等效电阻，其值为

$$R_0 = \frac{\Delta P_{\mathrm{Fe}}}{I^2}$$

感抗 X_0 是和铁心中能量储放（与电源发生能量互换）相应的等效感抗，其值为

$$X_0 = \frac{Q_{\mathrm{Fe}}}{I^2}$$

式中，Q_{Fe} 是表示铁心储放能量的无功功率。

　　这段等效电路的阻抗模为

$$|Z_0| = \sqrt{R_0^2 + X_0^2} = \frac{U'}{I} \approx \frac{U}{I}$$

　　图 6.2.5 所示即为铁心线圈交流电路（图 6.2.1）的等效电路。

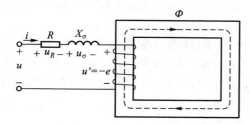

图 6.2.4 铁心线圈的交流电路

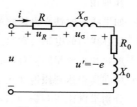

图 6.2.5 等效电路

【例 6.2.1】 有一交流铁心线圈，电源电压 $U = 220\ \text{V}$，电路中电流 $I = 4\ \text{A}$，功率表读数 $P = 100\ \text{W}$，频率 $f = 50\ \text{Hz}$，漏磁通和线圈电阻上的电压降可忽略不计，试求：（1）铁心线圈的功率因数；（2）铁心线圈的等效电阻和感抗。

【解】 （1）

$$\cos\varphi = \frac{P}{UI} = \frac{100}{220 \times 4} = 0.114$$

（2）铁心线圈的等效阻抗模为

$$|Z'| = \frac{U}{I} = \frac{220}{4}\ \Omega = 55\ \Omega$$

等效电阻和等效感抗分别为

$$R' = R + R_0 = \frac{P}{I^2} = \frac{100}{4^2}\ \Omega = 6.25\ \Omega \approx R_0$$

$$X' = X_\sigma + X_0 = \sqrt{|Z'|^2 - R'^2} = \sqrt{55^2 - 6.25^2}\ \Omega = 54.6\ \Omega \approx X_0$$

【例 6.2.2】 要绕制一个铁心线圈，已知电源电压 $U = 220\ \text{V}$，频率 $f = 50\ \text{Hz}$，今量得铁心截面为 $30.2\ \text{cm}^2$，铁心由硅钢片叠成，设叠片间隙系数为 0.91（一般取 0.9 ~ 0.93）。（1）如取 $B_\text{m} = 1.2\ \text{T}$，问线圈匝数应为多少？（2）如磁路平均长度为 60 cm，问励磁电流应多大？

【解】 铁心的有效面积为

$$A = 30.2 \times 0.91\ \text{cm}^2 = 27.5\ \text{cm}^2$$

（1）线圈匝数可根据式(6.2.5)求出，即

$$N = \frac{U}{4.44 f B_\text{m} A} = \frac{220}{4.44 \times 50 \times 1.2 \times 27.5 \times 10^{-4}} = 300$$

（2）从图 6.1.5 中可查出，当 $B_\text{m} = 1.2\ \text{T}$ 时，$H_\text{m} = 700\ \text{A/m}$，所以

$$I = \frac{H_\text{m} l}{\sqrt{2} N} = \frac{700 \times 60 \times 10^{-2}}{\sqrt{2} \times 300}\ \text{A} = 1\ \text{A}$$

【练习与思考】

6.2.1 将一个空心线圈先后接到直流电源和交流电源上，然后在这个线圈中插入铁心，再接到上述的直流电源和交流电源上。如果交流电源电压的有效值和直流电源

电压相等，在上述四种情况下，试比较通过线圈的电流和功率的大小，并说明其理由。

6.2.2　如果线圈的铁心由彼此绝缘的钢片在垂直磁场方向叠成，是否也可以？

6.2.3　空心线圈的电感是常数，而铁心线圈的电感不是常数，为什么？如果线圈的尺寸、形状和匝数相同，有铁心和没有铁心时，哪个电感大？铁心线圈的铁心在达到磁饱和和尚未达到磁饱和状态时，哪个电感大？

6.2.4　分别举例说明剩磁和涡流的有利一面和有害一面。

6.2.5　铁心线圈中通过直流，是否有铁损耗？

6.3　变　压　器

变压器是一种常见的电气设备，在电力系统和电子线路中应用广泛。

在输电方面，当输送功率 $P = UI\cos\varphi$ 及负载功率因数 $\cos\varphi$ 为一定时，电压 U 愈高，则线路电流 I 愈小。这不仅可以减小输电线的截面积，节省材料，同时还可减小线路的功率损耗。因此在输电时必须利用变压器将电压升高。在用电方面，为了保证用电的安全和合乎用电设备的电压要求，还要利用变压器将电压降低。

在电子线路中，除电源变压器外，变压器还用来耦合电路，传递信号，并实现阻抗匹配。

此外，尚有自耦变压器、互感器及各种专用变压器（用于电焊、电炉及整流等）。变压器的种类很多，但是它们的基本构造和工作原理是相同的。

6.3.1　变压器的工作原理

变压器的一般结构如图 6.3.1 所示，它由闭合铁心和高压、低压绕组等几个主要部分构成。

图 6.3.2 所示的是变压器的原理图。为了便于分析，将高压绕组和低压绕组分别画在两边。与电源相连的称为一次绕组（或称初级绕组、原绕组），与负载相连的称为二次绕组（或称次级绕组、副绕组）。一次、二次绕组的匝数分别为 N_1 和 N_2。

当一次绕组接上交流电压 u_1 时，一次绕组中便有电流 i_1 通过。一次绕组的磁通势 $N_1 i_1$ 产生的磁通绝大部分通过铁心而闭合，从而在二次绕组中感应出电动势。如果二次绕组接有负载，那么二次绕组中就有电流 i_2 通过。二次绕组的磁通势 $N_2 i_2$ 也产生磁通，其绝大部分也通过铁心而闭合。因此，铁心中的磁通是一个由一次、二次绕组的磁通势共同产生的合成磁通，它称为主磁通，用 Φ 表示。主磁通穿过一次绕组和二次绕组而在其中感应出的电动势分

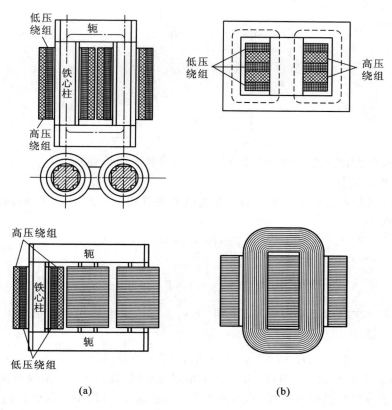

图 6.3.1　变压器的构造

（a）心式；（b）壳式

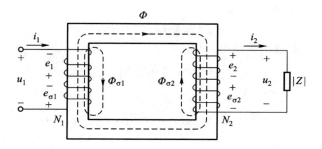

图 6.3.2　变压器的原理图

别为 e_1 和 e_2。此外，一次、二次绕组的磁通势还分别产生漏磁通 $\Phi_{\sigma 1}$ 和 $\Phi_{\sigma 2}$（仅与本绕组相链），从而在各自的绕组中分别产生漏磁电动势 $e_{\sigma 1}$ 和 $e_{\sigma 2}$。

上述的电磁关系可表示如下：

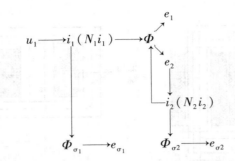

下面分别讨论变压器的电压变换、电流变换及阻抗变换。

1. 电压变换

根据基尔霍夫电压定律，对一次绕组电路可列出与式(6.2.1)相同的电压方程，即

$$u_1 + e_1 + e_{\sigma 1} = R_1 i_1$$

或

$$u_1 = R_1 i_1 + (-e_{\sigma 1}) + (-e_1) = R_1 i_1 + L_{\sigma 1}\frac{\mathrm{d}i_1}{\mathrm{d}t} + (-e_1) \tag{6.3.1}$$

通常一次绕组上所加的是正弦电压 u_1。在正弦电压作用的情况下，上式可用相量表示

$$\dot{U}_1 = R_1 \dot{I}_1 + (-\dot{E}_{\sigma 1}) + (-\dot{E}_1) = R_1 \dot{I}_1 + \mathrm{j}X_1 \dot{I}_1 + (-\dot{E}_1) \tag{6.3.2}$$

式中，R_1 和 $X_1 = \omega L_{\sigma 1}$ 分别为一次绕组的电阻和感抗(漏磁感抗，由漏磁通产生)。

由于一次绕组的电阻 R_1 和感抗 X_1(或漏磁通 $\Phi_{\sigma 1}$)较小，因而它们两端的电压降也较小，与主磁电动势 E_1 比较起来，可以忽略不计。于是

$$\dot{U}_1 \approx -\dot{E}_1$$

根据式(6.2.4)，e_1 的有效值为

$$E_1 = 4.44 f N_1 \Phi_{\mathrm{m}} \approx U_1 \tag{6.3.3}$$

同理，对二次绕组电路可列出

$$e_2 + e_{\sigma 2} = R_2 i_2 + u_2$$

或

$$e_2 = R_2 i_2 + (-e_{\sigma 2}) + u_2 = R_2 i_2 + L_{\sigma 2}\frac{\mathrm{d}i_2}{\mathrm{d}t} + u_2 \tag{6.3.4}$$

如用相量表示，则为

$$\dot{E}_2 = R_2 \dot{I}_2 + (-\dot{E}_{\sigma 2}) + \dot{U}_2 = R_2 \dot{I}_2 + \mathrm{j}X_2 \dot{I}_2 + \dot{U}_2 \tag{6.3.5}$$

式中，R_2 和 $X_2 = \omega L_{\sigma 2}$ 分别为二次绕组的电阻和感抗；$\dot{U}_2$ 为二次绕组的端电压。

感应电动势 e_2 的有效值为

$$E_2 = 4.44 f N_2 \Phi_{\mathrm{m}} \tag{6.3.6}$$

在变压器空载时

$$I_2 = 0, \quad E_2 = U_{20}$$

式中，U_{20}是空载时二次绕组的端电压。

由式（6.3.3）和式（6.3.6）可见，由于一次、二次绕组的匝数 N_1 和 N_2 不相等，故 E_1 和 E_2 的大小是不等的，因而输入电压 U_1（电源电压）和输出电压 U_2（负载电压）的大小也是不等的。

一次、二次绕组的电压之比为

$$\frac{U_1}{U_{20}} \approx \frac{E_1}{E_2} = \frac{N_1}{N_2} = K \tag{6.3.7}$$

式中，K 称为变压器的变比，亦即一次、二次绕组的匝数比。可见，当电源电压 U_1 一定时，只要改变匝数比，就可得出不同的输出电压 U_2。

变比在变压器的铭牌上注明，它表示一次、二次绕组的额定电压之比，例如 "6 000/400 V"（$K = 15$）。这表示一次绕组的额定电压（即一次绕组上应加的电源电压）$U_{1N} = 6\,000$ V，二次绕组的额定电压 $U_{2N} = 400$ V。所谓二次绕组的额定电压是指一次绕组加上额定电压时二次绕组的空载电压[①]。由于变压器有内阻抗电压降，所以二次绕组的空载电压一般应较满载时的电压高 5% ~ 10%。

要变换三相电压可采用三相变压器（图 6.3.3）。图中，各相高压绕组的始端和末端分别用 U_1，V_1，W_1 和 U_2，V_2，W_2 表示，低压绕组则用 u_1，v_1，w_1 和 u_2，v_2，w_2 表示。

图 6.3.4 所举的是三相变压器连接的两例，并示出了电压的变换关系。

Y/Y_0 联结的三相变压器是供动力负载和照明负载共用的，低压一般是 400 V，高压不超过 35 kV；Y/Δ 联结的变压器，低压一般是 10 kV，高压不超过 60 kV。

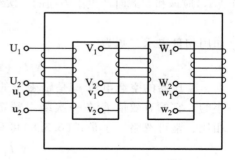

图 6.3.3 三相变压器

高压侧接成 Y 形，相电压只有线电压的 $1/\sqrt{3}$，可以降低每相绕组的绝缘要求；低压侧接成 Δ 形，相电流只有线电流的 $1/\sqrt{3}$，可以减小每相绕组的导线截面。

$SL_7 - 500/10$ 是三相变压器型号的一例，其中 S——三相，L——铝线，7——设计序号，500——500 kV·A，10——高压侧电压 10 kV。

---

① 对负载是固定的电源变压器，二次绕组的额定电压有时是指额定负载下的输出电压。

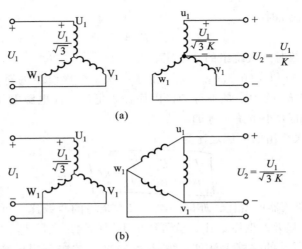

图 6.3.4　三相变压器的连接法举例

（a）Y/Y₀ 联结；（b）Y/△ 联结

2. 电流变换

由 $U_1 \approx E_1 = 4.44 f N_1 \varPhi_\mathrm{m}$ 可见，当电源电压 U_1 和频率 f 不变时，E_1 和 $\varPhi_\mathrm{m}$ 也都近于常数。就是说，铁心中主磁通的最大值在变压器空载或有负载时是差不多恒定的。因此，有负载时产生主磁通的一次、二次绕组的合成磁通势（$N_2 i_1 + N_2 i_2$）应该和空载时产生主磁通的一次绕组的磁通势 $N_1 i_0$ 差不多相等，即

$$N_1 i_1 + N_2 i_2 \approx N_1 i_0$$

如用相量表示，则为

$$N_1 \dot{I}_1 + N_2 \dot{I}_2 \approx N_1 \dot{I}_0 \tag{6.3.8}$$

变压器的空载电流 i_0 是励磁用的。由于铁心的磁导率高，空载电流是很小的。它的有效值 I_0 在一次绕组额定电流 $I_{1\mathrm{N}}$ 的 10% 以内。因此 $N_1 I_0$ 与 $N_1 I_1$ 相比，常可忽略。于是式（6.3.8）可写成

$$N_1 \dot{I}_1 \approx -N_2 \dot{I}_2 \tag{6.3.9}$$

由上式可知，一次、二次绕组的电流关系为

$$\frac{I_1}{I_2} \approx \frac{N_2}{N_1} = \frac{1}{K} \tag{6.3.10}$$

上式表明变压器一次、二次绕组的电流之比近似等于它们的匝数比的倒数。可见，变压器中的电流虽然由负载的大小确定，但是一次、二次绕组中电流的比值是差不多不变的；因为当负载增加时，I_2 和 $N_2 I_2$ 随着增大，而 I_1 和 $N_1 I_1$ 也必须相应增大，以抵偿二次绕组的电流和磁通势对主磁通的影响，从而维持主磁通的最大值近于不变。

变压器的额定电流 $I_{1\mathrm{N}}$ 和 $I_{2\mathrm{N}}$ 是指按规定工作方式（长时连续工作或短时工

作或间歇工作)运行时一次、二次绕组允许通过的最大电流，它们是根据绝缘材料允许的温度确定的。

二次绕组的额定电压与额定电流的乘积称为变压器的额定容量，即

$$S_N = U_{2N}I_{2N} \approx U_{1N}I_{1N} \quad (单相)$$

它是视在功率(单位是 V·A)，与输出功率(单位是 W)不同。

【例 6.3.1】 今有一变压器，如图 6.3.5 所示，一次绕组的额定电压为 380 V，匝数 N_1 为 760。二次绕组有两个，其空载电压分别为 127 V 和 36 V，试问它们的匝数 N_2 和 N_3 各为多少匝？

【解】 有两个二次绕组时仍可分别按式(6.3.7)计算。

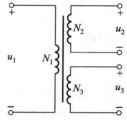

图 6.3.5 例 6.3.1 的图

$$N_2 = \frac{U_{20}}{U_1}N_1 = \frac{127}{380} \times 760 = 254$$

$$N_3 = \frac{U_{30}}{U_1}N_1 = \frac{36}{380} \times 760 = 72$$

【例 6.3.2】 在上例中，如将两个二次绕组分别接电阻性负载，并测得电流 $I_2 = 2.14$ A，$I_3 = 3$ A。试求一次绕组电流和一次、二次绕组的功率。

【解】 按式(6.3.8)计算。

$$N_1I_1 \approx N_2I_2 + N_3I_3$$

$$I_1 \approx \frac{N_2I_2 + N_3I_3}{N_1} = \frac{254 \times 2.14 + 72 \times 3}{760} \text{ A} = 1 \text{ A}$$

一次、二次绕组的功率分别为

$$P_1 = U_1I_1 = 380 \times 1 \text{ W} = 380 \text{ W}$$

$$P_2 = U_2I_2 = 127 \times 2.14 \text{ W} = 271.1 \text{ W}$$

$$P_3 = U_3I_3 = 36 \times 3 \text{ W} = 108 \text{ W}$$

可见

$$\boxed{P_1 \approx P_2 + P_3}$$

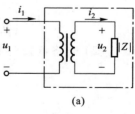

(a)

3. 阻抗变换

上面讲过变压器能起变换电压和变换电流的作用。此外，它还有变换负载阻抗的作用，以实现"匹配"。

在图 6.3.6(a)中，负载阻抗模 $|Z|$ 接在变压器二次侧，而图中的点画线框部分可以用一个阻抗模 $|Z'|$ 来等效代替。所谓等效，就是输入电路的电压、电流和功率不变。就是说，直接接在电源上的阻抗模 $|Z'|$ 和接在变压器二次侧的负载阻抗模 $|Z|$ 是等效的。

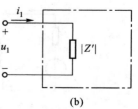

(b)

图 6.3.6 负载阻抗的等效变换

两者的关系可通过下面计算得出。

根据式(6.3.7)和式(6.3.10)可得出

$$\frac{U_1}{I_1} = \frac{\frac{N_1}{N_2}U_2}{\frac{N_2}{N_1}I_2} = \left(\frac{N_1}{N_2}\right)^2 \frac{U_2}{I_2}$$

由图 6.3.6 可知

$$\frac{U_1}{I_1} = |Z'|, \quad \frac{U_2}{I_2} = |Z|$$

代入则得

$$|Z'| = \left(\frac{N_1}{N_2}\right)^2 |Z| \tag{6.3.11}$$

匝数比不同，负载阻抗模 $|Z|$ 折算到(反映到)一次侧的等效阻抗模 $|Z'|$ 也不同。可以采用不同的匝数比，把负载阻抗模变换为所需要的、比较合适的数值。这种做法通常称为阻抗匹配。

【例 6.3.3】　在图 6.3.7 中，交流信号源的电动势 $E = 120$ V，内阻 $R_0 = 800$ Ω，负载电阻 $R_L = 8$ Ω。(1)当 R_L 折算到一次侧的等效电阻 $R_L' = R_0$ 时，求变压器的匝数比和信号源输出的功率；(2)当将负载直接与信号源连接时，信号源输出多大功率？

【解】　(1)变压器的匝数比应为

$$\frac{N_1}{N_2} = \sqrt{\frac{R_L'}{R_L}} = \sqrt{\frac{800}{8}} = 10$$

信号源的输出功率为

$$P = \left(\frac{E}{R_0 + R_L'}\right)^2 R_L' = \left(\frac{120}{800 + 800}\right)^2 \times 800 \text{ W} = 4.5 \text{ W}$$

(2)当将负载直接接在信号源上时

$$P = \left(\frac{120}{800 + 8}\right)^2 \times 8 \text{ W} = 0.176 \text{ W}$$

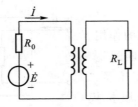

图 6.3.7　例 6.3.3 的图

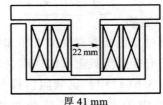

22 mm

厚 41 mm

图 6.3.8　例 6.3.4 的图

【例 6.3.4】　有一机床照明变压器，50 V·A，$U_1 = 380$ V，$U_2 = 36$ V，其绕组已烧毁，要拆去重绕。今测得其铁心截面积为 22 mm × 41 mm(图 6.3.8)。

铁心材料是 0.35 mm 厚的硅钢片。试计算一次、二次绕组匝数及导线线径。

【解】 铁心的有效截面积为

$$A = 2.2 \times 4.1 \times 0.9 \text{ cm}^2 = 8.1 \text{ cm}^2$$

式中，0.9 是铁心叠片间隙系数。

对 0.35 mm 的硅钢片，可取 $B_m = 1.1$ T。

一次绕组匝数为

$$N_1 = \frac{U_1}{4.44 f B_m A} = \frac{380}{4.44 \times 50 \times 1.1 \times 8.1 \times 10^{-4}} = 1\,920$$

二次绕组匝数为

$$N_2 = N_1 \frac{U_{20}}{U_1} = N_1 \frac{1.05 U_2}{U_1} = 1\,920 \times \frac{1.05 \times 36}{380} = 190$$

（设 $U_{20} = 1.05 U_2$）

二次绕组电流为

$$I_2 = \frac{S_N}{U_2} = \frac{50}{36} \text{ A} = 1.39 \text{ A}$$

一次绕组电流为

$$I_1 = \frac{50}{380} \text{ A} = 0.13 \text{ A}$$

导线直径 d 可按下式计算

$$I = J \left(\frac{\pi d^2}{4} \right), \quad d = \sqrt{\frac{4I}{\pi J}}$$

式中，J 是电流密度，一般取 $J = 2.5$ A/mm²。

于是可计算一次绕组线径

$$d_1 = \sqrt{\frac{4 \times 0.13}{3.14 \times 2.5}} \text{ mm} = 0.256 \text{ mm} \quad （\text{取 } 0.25 \text{ mm}）$$

二次绕组线径

$$d_2 = \sqrt{\frac{4 \times 1.39}{3.14 \times 2.5}} \text{ mm} = 0.84 \text{ mm} \quad （\text{取 } 0.9 \text{ mm}）$$

6.3.2　变压器的外特性

由式（6.3.2）和式（6.3.5）可以看出，当电源电压 U_1 不变时，随着二次绕组电流 I_2 的增加（负载增加），一次、二次绕组阻抗上的电压降便增加，这将使二次绕组的端电压 U_2 发生变动[①]。当电源电压 U_1 和负载功率因数 $\cos \varphi_2$ 为

[①] 负载发生变动时，主磁通 Φ_m 和由它所产生的电动势 E_1 及 E_2 只是基本上不变，实际上也是有点变化的。

常数时，U_2 和 I_2 的变化关系可用所谓外特性曲线 $U_2 = f(I_2)$ 来表示，如图 6.3.9 所示。对电阻性和电感性负载而言，电压 U_2 随电流 I_2 的增加而下降。

通常希望电压 U_2 的变动愈小愈好[1]。从空载到额定负载，二次绕组电压的变化程度用电压变化率 ΔU 表示，即

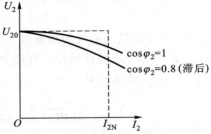

$$\Delta U = \frac{U_{20} - U_2}{U_{20}} \times 100\% \quad (6.3.12)$$

图 6.3.9   变压器的外特性曲线

在一般变压器中，由于其电阻和漏磁感抗均甚小，电压变化率是不大的，为 5% 左右。

6.3.3   变压器的损耗与效率

和交流铁心线圈一样，变压器的功率损耗包括铁心中的铁损耗 ΔP_{Fe} 和绕组上的铜损耗 ΔP_{Cu} 两部分。铁损耗的大小与铁心内磁感应强度的最大值 B_m 有关，与负载大小无关，而铜损耗则与负载大小（正比于电流平方）有关。

变压器的效率常用下式确定

$$\eta = \frac{P_2}{P_1} = \frac{P_2}{P_2 + \Delta P_{Fe} + \Delta P_{Cu}} \quad (6.3.13)$$

式中，P_2 为变压器的输出功率，P_1 为输入功率。

变压器的功率损耗很小，所以效率很高，通常在 95% 以上。在一般电力变压器中，当负载为额定负载的 50% ~ 75% 时，效率达到最大值。

【例 6.3.5】   有一带电阻负载的三相变压器，其额定数据如下：$S_N = 100 \text{ kV} \cdot \text{A}$，$U_{1N} = 6\ 000 \text{ V}$，$U_{2N} = U_{20} = 400 \text{ V}$，$f = 50 \text{ Hz}$。绕组为 Y/Y$_0$ 联结。由实验测得：$\Delta P_{Fe} = 600 \text{ W}$，额定负载时的 $\Delta P_{Cu} = 2\ 400 \text{ W}$。试求：（1）变压器的额定电流；（2）满载和半载时的效率。

【解】   （1）由式 (5.4.4) 求额定电流

$$I_{2N} = \frac{S_N}{\sqrt{3}\,U_{2N}} = \frac{100 \times 10^3}{\sqrt{3} \times 400} \text{ A} = 144 \text{ A}$$

$$I_{1N} = \frac{S_N}{\sqrt{3}\,U_{1N}} = \frac{100 \times 10^3}{\sqrt{3} \times 6\ 000} \text{ A} = 9.62 \text{ A}$$

（2）满载时和半载时的效率分别为

---

[1] 但电焊变压器则应有迅速下降的外特性。

$$\eta_1 = \frac{P_2}{P_2 + \Delta P_{Fe} + \Delta P_{Cu}} = \frac{100 \times 10^3}{100 \times 10^3 + 600 + 2\,400} \times 100\% = 97.1\%$$

$$\eta_{\frac{1}{2}} = \frac{\frac{1}{2} \times 100 \times 10^3}{\frac{1}{2} \times 100 \times 10^3 + 600 + \left(\frac{1}{2}\right)^2 \times 2\,400} \times 100\% = 97.6\%$$

6.3.4 特殊变压器

下面简单介绍几种特殊用途的变压器。

1. 自耦变压器

图 6.3.10 所示的是一种自耦变压器，其结构特点是二次绕组是一次绕组的一部分。至于一次、二次绕组电压之比和电流之比也是

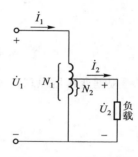

$$\frac{U_1}{U_2} = \frac{N_1}{N_2} = K \qquad \frac{I_1}{I_2} = \frac{N_2}{N_1} = \frac{1}{K}$$

实验室中常用的调压器就是一种可改变二次绕组匝数的自耦变压器，其外形和电路如图 6.3.11 所示。

图 6.3.10 自耦变压器

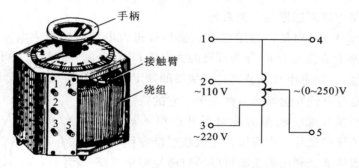

图 6.3.11 调压器的外形和电路

2. 电流互感器

电流互感器是根据变压器的原理制成的。它主要是用来扩大测量交流电流的量程。因为要测量交流电路的大电流时（如测量容量较大的电动机、工频炉，焊机等的电流时），通常电流表的量程是不够的。

此外，使用电流互感器也是为了使测量仪表与高压电路隔开，以保证人身与设备的安全。

电流互感器的接线图及其符号如图 6.3.12 所示。一次绕组的匝数很少（只有一匝或几匝），它串联在被测电路中。二次绕组的匝数较多，它与电流表或其他仪表及继电器的电流线圈相连接。

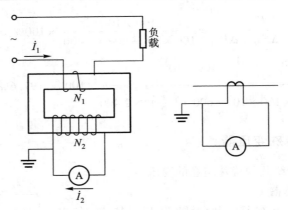

图 6.3.12　电流互感器的接线图及其符号

根据变压器原理，可认为

$$\frac{I_1}{I_2} = \frac{N_2}{N_1} = K_i$$

或

$$I_1 = \frac{N_2}{N_1}I_2 = K_i I_2 \tag{6.3.14}$$

式中，K_i 是电流互感器的变换系数。

由式(6.3.14)可见，利用电流互感器可将大电流变换为小电流。电流表的读数 I_2 乘上变换系数 K_i 即为被测的大电流 I_1（在电流表的刻度上可直接标出被测电流值）。通常电流互感器二次绕组的额定电流都规定为 5 A 或 1 A。

测流钳是电流互感器的一种变形。它的铁心如同一钳，用弹簧压紧。测量时将钳压开而引入被测导线。这时该导线就是一次绕组，二次绕组绕在铁心上并与电流表接通。利用测流钳可以随时随地测量线路中的电流，不必像普通电流互感器那样必须固定在一处或者在测量时要断开电路而将一次绕组串联进去。测流钳的原理图如图 6.3.13 所示。

在使用电流互感器时，二次绕组电路是不允许断开的。这点和普通变压器不一样。因为它的一次绕组是与负载串联的，其中电流 I_1 的大小是决定于负载的大小，不是决定于二次绕组电流 I_2。所以当二次绕组电路断开时（譬如在拆下仪表时未将二次绕组短接），二次绕组的电流和磁通势立即消失，但是一次绕组的电流 I_1 未变。这时铁心内的磁通全由一次绕

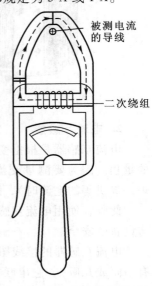

被测电流
的导线

二次绕组

图 6.3.13　测流钳

组的磁通势 $N_1 I_1$ 产生，结果造成铁心内很大的磁通（因为这时二次绕组的磁通势为零，不能对一次绕组的磁通势起去磁作用了）。这一方面使铁损耗大大增加，从而使铁心发热到不能容许的程度；另一方面又使二次绕组的感应电动势增高到危险的程度。

此外，为了使用安全起见，电流互感器的铁心及二次绕组的一端应该接地。

6.3.5　变压器绕组的极性

设某变压器有相同的两个一次绕组 1－2 和 3－4，它们的额定电压均为 110 V。今欲接到 220 V 的电源上，两者应串联，2 和 3 两端连在一起，如图 6.3.14（a）所示。这样，电流从 1 端和 3 端流入（或流出）时，产生的磁通的方向相同，两个绕组中的感应电动势的极性也相同，1 和 3 两端称为同极性端，标以记号"•"。当然，2 和 4 两端也是同极性端。

如果连接错误，譬如串联时将 2 和 4 两端连在一起，将 1 和 3 两端接电源，如图 6.3.14（b）所示。这样，铁心中两个磁通就互相抵消，两个感应电动势也互相抵消，接通电源后，绕组中将流过很大的电流，把变压器烧毁。

因此必须按照绕组的同极性端正确连接。绕组的同极性端一般可用图 6.3.14（c）的图形表示。

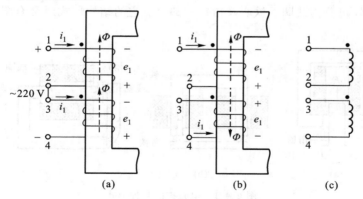

图 6.3.14　变压器绕组的同极性端

【练习与思考】

6.3.1　有一空载变压器，一次侧加额定电压 220 V，并测得一次绕组电阻 $R_1 = 10\ \Omega$，试问一次电流是否等于 22 A？

6.3.2　如果变压器一次绕组的匝数增加一倍，而所加电压不变，试问励磁电流将有何变化？

6.3.3　有一台电压为 220/110 V 的变压器，$N_1 = 2\ 000$，$N_2 = 1\ 000$。有人想省些铜线，将匝数减为 400 和 200，是否也可以？

6.3.4 变压器的额定电压为 220/110 V，如果不慎将低压绕组接到 220 V 电源上，试问励磁电流有何变化？后果如何？

6.3.5 变压器铭牌上标出的额定容量是"千伏安"，而不是"千瓦"，为什么？额定容量是指什么？

6.3.6 某变压器的额定频率为 60 Hz，用于 50 Hz 的交流电路中，能否正常工作？试问主磁通 Φ_m、励磁电流 I_0、铁损耗 ΔP_{Fe}、铜损耗 ΔP_{Cu} 及空载时二次电压 U_{20} 等各量与原来额定工作时比较有无变化？设电源电压不变。

6.3.7 用测流钳测量单相电流时，如把两根线同时钳入，测流钳上的电流表有何读数？

6.3.8 用测流钳测量三相对称电流(有效值为 5 A)，当钳入一根线、两根线及三根线时，试问电流表的读数分别为多少？

6.3.9 如错误地把电源电压 220 V 接到调压器的 4，5 两端(图 6.3.11)，试分析会出现什么问题。

6.3.10 调压器用毕后为什么必须转到零位？

6.4 电 磁 铁

电磁铁是利用通电的铁心线圈吸引衔铁或保持某种机械零件、工件于固定位置的一种电器。衔铁的动作可使其他机械装置发生联动。当电源断开时，电磁铁的磁性随着消失，衔铁或其他零件即被释放。

电磁铁可分为线圈、铁心及衔铁三部分。它的结构形式通常有图 6.4.1 所示的几种。

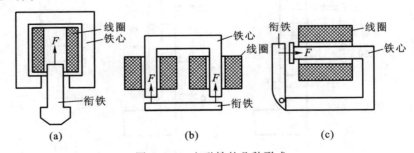

图 6.4.1 电磁铁的几种形式

电磁铁在生产中的应用极为普遍，图 6.4.2 所示的例子是用它来制动机床和起重机的电动机。当接通电源时，电磁铁动作而拉开弹簧，把抱闸提起，于是放开了装在电动机轴上的制动轮，这时电动机便可自由转动。当电源断开时，电磁铁的衔铁落下，弹簧便把抱闸压在制动轮上，于是电动机就被制动。在起重机中采用了这种制动方法，还可避免由于工作过程中断电而使重物滑下所造成的事故。

在机床中也常用电磁铁操纵气动或液压传动机构的阀门和控制变速机构。

电磁吸盘和电磁离合器也都是电磁铁的具体应用的例子。此外，还可应用电磁
铁起重以提放钢材。在各种电磁继电器和接
触器中，电磁铁的任务是开闭电路。

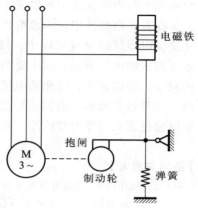

电磁铁的吸力是它的主要参数之一。吸
力的大小与气隙的截面积 A_0 及气隙中磁感应
强度 B_0 的平方成正比。计算吸力的基本公
式为

$$F = \frac{10^7}{8\pi} B_0^2 A_0 \qquad (6.4.1)$$

式中，B_0 的单位是 T，A_0 的单位是 m^2，F 的
单位是牛[顿](N)。

交流电磁铁中磁场是交变的，设

$$B_0 = B_m \sin \omega t$$

则吸力为

图 6.4.2　电磁铁应用的一例

$$f = \frac{10^7}{8\pi} B_m^2 A_0 \sin^2 \omega t = \frac{10^7}{8\pi} B_m^2 A_0 \left(\frac{1 - \cos 2\omega t}{2} \right)$$

$$= F_m \left(\frac{1 - \cos 2\omega t}{2} \right) = \frac{1}{2} F_m - \frac{1}{2} F_m \cos 2\omega t \qquad (6.4.2)$$

式中，$F_m = \dfrac{10^7}{8\pi} B_m^2 A_0$ 是吸力的最大值。在计算时只考虑吸力的平均值

$$F = \frac{1}{T} \int_0^T f \, dt = \frac{1}{2} F_m = \frac{10^7}{16\pi} B_m^2 A_0 \quad [\text{N}] \qquad (6.4.3)$$

由式(6.4.2)可知，吸力在零与最大值 F_m 之间脉动(图6.4.3)。因而衔铁
以两倍电源频率在颤动，引起噪声，同时触点容易损坏。为了消除这种现象，
可在磁极的部分端面上套一个分磁环(图6.4.4)。于是在分磁环(或称短路环)
中便产生感应电流，以阻碍磁通的变化，使在磁极两部分中的磁通 Φ_1 与 Φ_2
之间产生一相位差，因而磁极各部分的吸力也就不会同时降为零，这就消除了
衔铁的颤动，当然也就除去了噪声。

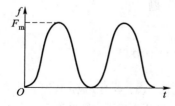

图 6.4.3　交流电磁铁的吸力

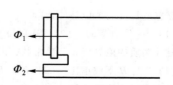

图 6.4.4　分磁环

在交流电磁铁中，为了减小铁损耗，它的铁心是由钢片叠成。而在直流电
磁铁中，铁心是用整块软钢制成的。

　　交直流电磁铁除有上述的不同外，在使用时还应该知道，它们在吸合过程中电流和吸力的变化情况也是不一样的。

　　在直流电磁铁中，励磁电流仅与线圈电阻有关，不因气隙的大小而变。但在交流电磁铁的吸合过程中，线圈中电流（有效值）变化很大。因为其中电流不仅与线圈电阻有关，而主要的还与线圈感抗有关。在吸合过程中，随着气隙的减小，磁阻减小，线圈的电感和感抗增大，因而电流逐渐减小。因此，如果由于某种机械障碍，衔铁或机械可动部分被卡住，通电后衔铁吸合不上，线圈中就流过较大电流而使线圈严重发热，甚至烧毁。这点必须注意。

【练习与思考】

6.4.1　在电压相等（交流电压指有效值）的情况下，如果把一个直流电磁铁接到交流上使用，或者把一个交流电磁铁接到直流上使用，将会发生什么后果？

6.4.2　交流电磁铁在吸合过程中气隙减小，试问磁路磁阻、线圈电感、线圈电流、铁心中磁通的最大值以及吸力（平均值）将作何变化（增大、减小、不变或近于不变）？

6.4.3　直流电磁铁在吸合过程中气隙减小，试问磁路磁阻、线圈电感、线圈电流、铁心中磁通以及吸力将作何变化？

6.4.4　有一交流电磁铁，其匝数为 N，交流电源电压的有效值为 U，频率为 f，分析以下几种情况下吸力 F 如何变化？设铁心磁通不饱和。

　　（1）电压 U 减小，f 和 N 不变；

　　（2）频率 f 增加，U 和 N 不变；

　　（3）匝数 N 减少，U 和 f 不变。

6.4.5　额定电压为 380 V 的交流接触器，误接到 220 V 的交流电源上，试问吸合时磁通 Φ_{m}（或 B_{m}）、电磁吸力 F、铁损耗 ΔP_{Fe} 及线圈电流 I 有何变化？反过来，将 220 V 的交流接触器误接到 380 V 的交流电源上，则又如何？

习　　题

A　选　择　题

6.1.1　磁感应强度的单位是（　　）。

　　（1）韦［伯］(Wb)　（2）特［斯拉］(T)　（3）伏秒(V·s)

6.1.2　磁性物质的磁导率 μ 不是常数，因此（　　）。

　　（1）B 与 H 不成正比　（2）Φ 与 B 不成正比　（3）Φ 与 I 成正比

6.2.1　在直流空心线圈中置入铁心后，如在同一电压作用下，则电流 I（　　），磁通 Φ（　　），电感 L（　　）及功率 P（　　）。

　　电流：（1）增大　（2）减小　（3）不变

　　磁通：（1）增大　（2）减小　（3）不变

电感：（1）增大　（2）减小　（3）不变

功率：（1）增大　（2）减小　（3）不变

6.2.2 铁心线圈中的铁心到达磁饱和时，则线圈电感 L（　　）。

（1）增大　（2）减小　（3）不变

6.2.3 在交流铁心线圈中，如将铁心截面积减小，其他条件不变，则磁通势（　　）。

（1）增大　（2）减小　（3）不变

6.2.4 交流铁心线圈的匝数固定，当电源频率不变时，则铁心中主磁通的最大值基本上决定于（　　）。

（1）磁路结构　（2）线圈阻抗　（3）电源电压

6.2.5 为了减小涡流损耗，交流铁心线圈中的铁心由钢片（　　）叠成。

（1）垂直磁场方向　（2）顺磁场方向　（3）任意

6.2.6 两个交流铁心线圈除了匝数（$N_1 > N_2$）不同外，其他参数都相同。如将它们接在同一交流电源上，则两者主磁通的最大值 Φ_{m1}（　　）Φ_{m2}。

（1）＞　（2）＜　（3）＝

6.3.1 当变压器的负载增加后，则（　　）

（1）铁心中主磁通 Φ_m 增大

（2）二次电流 I_2 增大，一次电流 I_1 不变

（3）一次电流 I_1 和二次电流 I_2 同时增大

6.3.2 50 Hz 的变压器用于 25 Hz 时，则（　　）。

（1）Φ_m 近于不变　（2）一次侧电压 U_1 降低　（3）可能烧坏绕组

6.4.1 交流电磁铁在吸合过程中气隙减小，则磁路磁阻（　　），铁心中磁通 Φ_m（　　），线圈电感（　　），线圈感抗（　　），线圈电流（　　），吸力平均值（　　）。

磁阻：（1）增大　（2）减小　（3）不变

磁通：（1）增大　（2）减小　（3）近于不变

电感：（1）增大　（2）减小　（3）不变

感抗：（1）增大　（2）减小　（3）不变

电流：（1）增大　（2）减小　（3）不变

吸力：（1）增大　（2）减小　（3）近于不变

6.4.2 直流电磁铁在吸合过程中气隙减小，则磁路磁阻（　　），铁心中磁通（　　），线圈电感（　　），线圈电流（　　），吸力（　　）。

磁阻：（1）增大　（2）减小　（3）不变

磁通：（1）增大　（2）减小　（3）不变

电感：（1）增大　（2）减小　（3）不变

电流：（1）增大　（2）减小　（3）不变

吸力：（1）增大　（2）减小　（3）不变

B　基　本　题

6.1.3 有一线圈，其匝数 $N = 1\,000$，绕在由铸钢制成的闭合铁心上，铁心的截面积 $A_{Fe} =$

$20\ cm^2$，铁心的平均长度 $l_{Fe} = 50\ cm$。如要在铁心中产生磁通 $\Phi = 0.002\ Wb$，试问线圈中应通入多大直流电流?

6.1.4　如果上题的铁心中含有一长度为 $\delta = 0.2\ cm$ 的空气隙(与铁心柱垂直)，由于空气隙较短，磁通的边缘扩散可忽略不计，试问线圈中的电流必须多大才可使铁心中的磁感应强度保持上题中的数值?

6.1.5　在题 6.1.3 中，如将线圈中的电流调到 2.5 A，试求铁心中的磁通。

6.1.6　有一铁心线圈，试分析铁心中的磁感应强度、线圈中的电流和铜损耗 RI^2 在下列几种情况下将如何变化:

(1) 直流励磁——铁心截面积加倍，线圈的电阻和匝数以及电源电压保持不变；

(2) 交流励磁——同(1)；

(3) 直流励磁——线圈匝数加倍，线圈的电阻及电源电压保持不变；

(4) 交流励磁——同(3)；

(5) 交流励磁——电流频率减半，电源电压的大小保持不变；

(6) 交流励磁——频率和电源电压的大小减半。

假设在上述各种情况下工作点在磁化曲线的直线段。在交流励磁的情况下，设电源电压与感应电动势在数值上近于相等，且忽略磁滞和涡流。铁心是闭合的，截面均匀。

6.2.7　为了求出铁心线圈的铁损耗，先将它接在直流电源上，从而测得线圈的电阻为 $1.75\ \Omega$；然后接在交流电源上，测得电压 $U = 120\ V$，功率 $P = 70\ W$，电流 $I = 2\ A$，试求铁损耗和线圈的功率因数。

6.2.8　有一交流铁心线圈，接在 $f = 50\ Hz$ 的正弦电源上，在铁心中得到磁通的最大值为 $\Phi_m = 2.25 \times 10^{-3}\ Wb$。现在此铁心上再绕一个线圈，其匝数为 200。当此线圈开路时，求其两端电压。

6.2.9　将一铁心线圈接于电压 $U = 100\ V$，频率 $f = 50\ Hz$ 的正弦电源上，其电流 $I_1 = 5\ A$，$\cos\varphi_1 = 0.7$。若将此线圈中的铁心抽出，再接于上述电源上，则线圈中电流 $I_2 = 10\ A$，$\cos\varphi_2 = 0.05$。试求此线圈在具有铁心时的铜损耗和铁损耗。

6.3.3　有一单相照明变压器，容量为 $10\ kV\cdot A$，电压为 3 300/220 V。今欲在二次绕组接上 60 W/220 V 的白炽灯，如果要变压器在额定情况下运行，这种电灯可接多少个?并求一次、二次绕组的额定电流。

6.3.4　有一台单相变压器，额定容量为 $10\ kV\cdot A$，二次侧额定电压为 220 V，要求变压器在额定负载下运行。

(1) 二次侧能接 220 V/60 W 的白炽灯多少个?

(2) 若改接 220 V/40 W，功率因数为 0.44 的日光灯，可接多少支?

设每灯镇流器的损耗为 8 W。

6.3.5　有一台额定容量为 $50\ kV\cdot A$，额定电压为 3 300/220 V 的变压器，试求当二次侧达到额定电流、输出功率为 39 kW、功率因数为 0.8(滞后)时的电压 U_2。

6.3.6　有一台 $100\ kV\cdot A$、10 kV/0.4 kV 的单相变压器，在额定负载下运行，已知铜损耗为 2 270 W，铁损耗为 546 W，负载功率因数为 0.8。试求满载时变压器的效率。

6.3.7　SJL 型三相变压器的铭牌数据如下：$S_N = 180\ \text{kV} \cdot \text{A}$，$U_{1N} = 10\ \text{kV}$，$U_{2N} = 400\ \text{V}$，$f = 50\ \text{Hz}$，$Y/Y_0$ 联结。已知每匝线圈感应电动势为 5.133 V，铁心截面积为 $160\ \text{cm}^2$。试求：（1）一次、二次绕组每相匝数；（2）变比；（3）一次、二次绕组的额定电流；（4）铁心中磁感应强度 B_m。

6.3.8　在图 6.3.7 中，将 $R_L = 8\ \Omega$ 的扬声器接在输出变压器的二次绕组，已知 $N_1 = 300$，$N_2 = 100$，信号源电动势 $E = 6\ \text{V}$，内阻 $R_0 = 100\ \Omega$，试求信号源输出的功率。

6.3.9　在图 6.01 中，输出变压器的二次绕组有抽头，以便接 $8\ \Omega$ 或 $3.5\ \Omega$ 的扬声器，两者都能达到阻抗匹配。试求二次绕组两部分匝数之比 $\dfrac{N_2}{N_3}$。

6.3.10　图 6.02 所示的变压器有两个相同的一次绕组，每个绕组的额定电压为 110 V。二次绕组的电压为 6.3 V。

（1）试问当电源电压在 220 V 和 110 V 两种情况下，一次绕组的四个接线端应如何正确连接？在这两种情况下，二次绕组两端电压及其中电流有无改变？每个一次绕组中的电流有无改变？（设负载一定。）

（2）在图中，如果把接线端 2 和 4 相连，而把 1 和 3 接在 220 V 的电源上，试分析这时将发生什么情况。

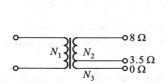

图 6.01　习题 6.3.9 的图

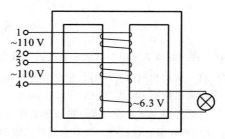

图 6.02　习题 6.3.10 的图

6.3.11　图 6.03 所示的是一电源变压器，一次绕组有 550 匝，接 220 V 电压。二次绕组有两个：一个电压 36 V，负载 36 W；一个电压 12 V，负载 24 W。两个都是纯电阻负载。试求一次电流 I_1 和两个二次绕组的匝数。

6.3.12　图 6.04 所示是一个有三个二次绕组的电源变压器，试问能得出多少种输出电压？

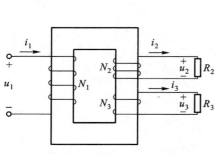

图 6.03　习题 6.3.11 的图

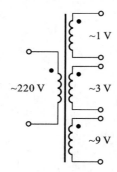

图 6.04　习题 6.3.12 的图

6.3.13 某电源变压器各绕组的极性以及额定电压和额定电流如图 6.05 所示，二次绕组应
如何连接能获得以下各种输出？

(1) 24 V/1 A； (2) 12 V/2 A； (3) 32 V/0.5 A； (4) 8 V/0.5 A

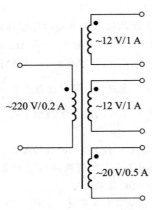

图 6.05   习题 6.3.13 的图

C 拓 宽 题

*6.2.10   在习题 6.2.9 中，试求铁心线圈等效电路的参数(R，$X_\sigma = 0$，R_0 及 X_0)。

6.3.14   有一台单相照明变压器，额定容量为 10 kV·A，二次侧额定电压为 220 V，今在二
次侧已接有 100 W/220 V 白炽灯 50 个，试问尚可接 40 W/220 V、电流为 0.41 A 的
日光灯多少支？设日光灯镇流器消耗功率为 8 W。

6.4.3   试说明在吸合过程中，交流电磁铁的吸力基本不变，而直流电磁铁的吸力与气隙 δ
的平方成反比。[提示：根据式(6.2.5)和式(6.1.3)分析]

6.4.4   有一交流接触器 CJ0 – 10 A，其线圈电压为 380 V，匝数为 8 750 匝，导线直径为
0.09 mm。今要用在 220 V 的电源上，问应如何改装？即计算线圈匝数和换用直径
为多少毫米的导线。[提示：(1) 改装前后吸力不变，磁通最大值 Φ_m 应该保持不
变；(2) Φ_m 保持不变，改装前后磁通势应该相等；(3) 电流与导线截面积成
正比。]

第 7 章
交流电动机

电动机的作用是将电能转换为机械能。现代各种生产机械都广泛应用电动机来驱动。

有的生产机械只装配着一台电动机，如单轴钻床；有的需要好几台电动机，如某些机床的主轴、刀架、横梁以及润滑油泵和冷却油泵等都是由单独的电动机来驱动的。常见的桥式起重机上就有三台电动机。

生产机械由电动机驱动有很多优点：简化生产机械的结构；提高生产率和产品质量；能实现自动控制和远距离操纵；减轻繁重的体力劳动。

电动机可分为交流电动机和直流电动机两大类。交流电动机又分为异步电动机(或称感应电动机)和同步电动机。直流电动机按照励磁方式的不同分为他励、并励、串励和复励四种。

在生产上主要用的是交流电动机，特别是三相异步电动机。它被广泛地用来驱动各种金属切削机床、起重机、锻压机、传送带、铸造机械、功率不大的通风机及水泵等。仅在需要均匀调速的生产机械上，如龙门刨床、轧钢机及某些重型机床的主传动机构，以及在某些电力牵引和起重设备中才采用直流电动机。同步电动机主要应用于功率较大、不需调速、长期工作的各种生产机械，如压缩机、水泵、通风机等。单相异步电动机常用于功率不大的电动工具和某些家用电器中。除上述动力用电动机外，在自动控制系统和计算装置中还用到各种控制电机。

本章主要讨论三相异步电动机，对同步电动机和单相异步电动机仅作简单介绍。

对于各种电动机应该了解下列几个方面的问题：(1)基本构造；(2)工作原理；(3)表示转速与转矩之间关系的机械特性；(4)起动、反转、调速及制动的基本原理和基本方法；(5)应用场合和如何正确接用。

7.1 三相异步电动机的构造

三相异步电动机分成两个基本部分：定子(固定部分)和转子(旋转部分)。

图 7.1.1 所示的是三相异步电动机的构造。

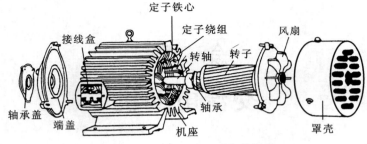

定子铁心　定子绕组　风扇

接线盒　转轴　转子

轴承盖　轴承

端盖　机座　罩壳

图 7.1.1　三相异步电动机的构造

　　三相异步电动机的定子由机座和装在机座内的圆筒形铁心以及其中的三相定子绕组组成。机座是用铸铁或铸钢制成的，铁心是由互相绝缘的硅钢片叠成的。铁心的内圆周表面冲有槽（图 7.1.2），用以放置对称三相绕组 U_1U_2，V_1V_2，W_1W_2，有的接成星形，有的接成三角形。

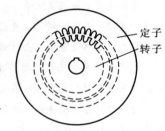

定子
转子

　　三相异步电动机的转子根据构造上的不同分为两种：笼型异步电动机和绕线转子异步电动机。转子铁心是圆柱状，也用硅钢片叠成，表面冲有槽（图 7.1.2）。铁心装在转轴上，轴上加机械负载。

图 7.1.2　定子和转子的铁心片

　　笼型的转子绕组做成鼠笼状，就是在转子铁心的槽中放铜条，其两端用端环连接（图 7.1.3）。或者在槽中浇铸铝液，铸成一鼠笼（图 7.1.4），这样便可以用比较便宜的铝来代替铜，同时制造也快。因此，目前中小型笼型电动机的转子很多是铸铝的。笼型异步电动机的"鼠笼"是它的构造特点，易于识别。

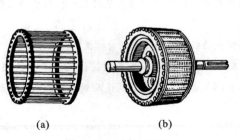

铸铝条

风叶

转子铁心

(a)　　　　(b)

图 7.1.3　笼型转子

（a）笼型绕组；（b）转子外形

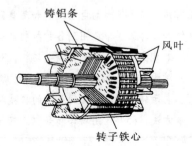

图 7.1.4　铸铝的笼型转子

　　绕线转子异步电动机的构造如图 7.1.5 所示，它的转子绕组同定子绕组一样，也是三相的，作星形联结。它每相的始端连接在三个铜制的滑环上，滑环固定在转轴上。环与环，环与转轴都互相绝缘。在环上用弹簧压着碳质电刷。以后就会知道，起动电阻和调速电阻是借助于电刷同滑环和转子绕组连接的（图 7.5.4）。通常就是根据绕线转子异步电动机具有三个滑环的构造特点来辨认它的。

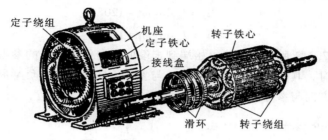

图 7.1.5　绕线转子异步电动机的构造

笼型电动机与绕线转子电动机只是在转子的构造上不同，它们的工作原理是一样的。

笼型电动机由于构造简单，价格低廉，工作可靠，使用方便，成为生产上应用得最广泛的一种电动机。

7.2　三相异步电动机的转动原理

三相异步电动机接上电源，就会转动。这是什么道理呢？为了说明这个转动原理，先来做个演示。

图 7.2.1 所示是一个装有手柄的蹄形磁铁，磁极间放有一个可以自由转动的、由铜条组成的转子。铜条两端分别用铜环连接起来，形似鼠笼，作为笼型转子。磁极和转子之间没有机械联系。当摇动磁极时，发现转子跟着磁极一起转动。摇得快，转子转得也快；摇得慢，转子转得也慢；反摇，转子马上反转。

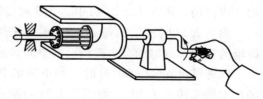

图 7.2.1　异步电动机转子转动的演示

从这一演示得出两点启示：第一，有一个旋转的磁场；第二，转子跟着磁场转动。异步电动机转子转动的原理是与上述演示相似的。那么，在三相异步电动机中，磁场从何而来，又怎么还会旋转呢？下面就首先来讨论这个问题。

7.2.1　旋转磁场

1. 旋转磁场的产生

三相异步电动机的定子铁心中放有三相对称绕组 U_1U_2，V_1V_2 和 W_1W_2，

如 5.1 节中所讲的那样。设将三相绕组接成星形（图 7.2.2），接在三相电源上，绕组中便通入三相对称电流

$$i_1 = I_m \sin \omega t$$

$$i_2 = I_m \sin (\omega t - 120°)$$

$$i_3 = I_m \sin (\omega t + 120°)$$

其波形如图 7.2.2 所示。取绕组始端到末端的方向作为电流的参考方向。在电流的正半周时，其值为正，其实际方向与参考方向一致；在负半周时，其值为负，其实际方向与参考方向相反。

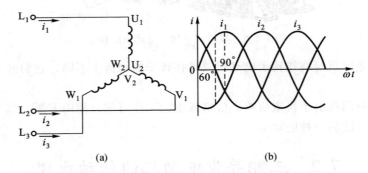

图 7.2.2　三相对称电流

在 $\omega t = 0$ 的瞬时，定子绕组中的电流方向如图 7.2.3(a)所示。这时 $i_1 = 0$；i_2 是负的，其方向与参考方向相反，即自 V_2 到 V_1；i_3 是正的，其方向与参考方向相同，即自 W_1 到 W_2。将每相电流所产生的磁场相加，便得出三相电流的合成磁场。在图 7.2.3(a)中，合成磁场轴线的方向是自上而下。

图 7.2.3(b)所示的是 $\omega t = 60°$ 时定子绕组中电流的方向和三相电流的合成磁场的方向。这时的合成磁场已在空间转过了 $60°$。

同理可得在 $\omega t = 90°$ 时的三相电流的合成磁场，它比 $\omega t = 60°$ 时的合成磁场在空间又转过了 $30°$，如图 7.2.3(c)所示。

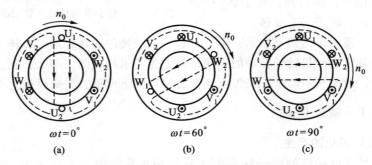

图 7.2.3　三相电流产生的旋转磁场（$p = 1$）

由上可知，当定子绕组中通入三相电流后，它们共同产生的合成磁场随电流的交变而在空间不断地旋转着，这就是旋转磁场。这个旋转磁场同磁极在空间旋转(图7.2.1)所起的作用是一样的。

2. 旋转磁场的转向

由图7.2.2和图7.2.3可见，旋转磁场的旋转方向与通入定子绕组三相电流的相序有关，即转向是顺 $i_1 \rightarrow i_2 \rightarrow i_3$ 或 $L_1 \rightarrow L_2 \rightarrow L_3$ 相序的。只要将同三相电源连接的三根导线中的任意两根的一端对调位置，例如将电动机三相定子绕组的 V_1 端改与电源 L_3 相连，W_1 与 L_2 相连，则旋转磁场就反转了(如图7.2.4所示)。分析方法与前相同。

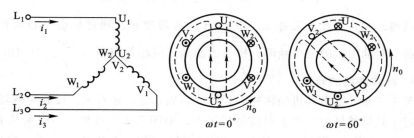

图 7.2.4　旋转磁场的反转

3. 旋转磁场的极数

三相异步电动机的极数就是旋转磁场的极数。旋转磁场的极数和三相绕组的安排有关。在上述图7.2.3的情况下，每相绕组只有一个线圈，绕组的始端之间相差120°空间角，则产生的旋转磁场具有一对极，即 $p=1$(p 是磁极对数)。如将定子绕组安排得如图7.2.5那样，即每相绕组有两个线圈串联，绕组的始端之间相差60°空间角，则产生的旋转磁场具有两对极，即 $p=2$，如图7.2.6所示。

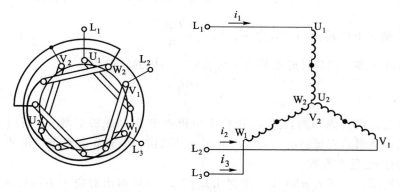

图 7.2.5　产生四极旋转磁场的定子绕组

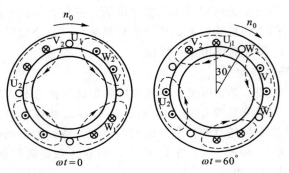

图 7.2.6　三相电流产生的旋转磁场($p = 2$)

同理，如果要产生三对极，即 $p = 3$ 的旋转磁场，则每相绕组必须有均匀安排在空间的串联的三个线圈，绕组的始端之间相差 $40°\left(= \dfrac{120°}{p} \right)$ 空间角。

4. 旋转磁场的转速

至于三相异步电动机的转速，它与旋转磁场的转速有关，而旋转磁场的转速决定于磁场的极数。在一对极的情况下，由图 7.2.3 可见，当电流从 $\omega t = 0$ 到 $\omega t = 60°$ 经历了 $60°$ 时，磁场在空间也旋转了 $60°$。当电流交变了一次（一个周期）时，磁场恰好在空间旋转了一转。设电流的频率为 f_1，即电流每秒钟交变 f_1 次或每分钟交变 $60f_1$ 次，则旋转磁场的转速为 $n_0 = 60f_1$。转速的单位为转每分（r/min）。

在旋转磁场具有两对极的情况下，由图 7.2.6 可见，当电流也从 $\omega t = 0$ 到 $\omega t = 60°$ 经历了 $60°$ 时，而磁场在空间仅旋转了 $30°$。就是说，当电流交变了一次时，磁场仅旋转了半转，比 $p = 1$ 情况下的转速慢了一半，即 $n_0 = \dfrac{60f_1}{2}$。

同理，在三对极的情况下，电流交变一次，磁场在空间仅旋转了 $\dfrac{1}{3}$ 转，只是 $p = 1$ 情况下的转速的三分之一，即 $n_0 = \dfrac{60f_1}{3}$。

由此推知，当旋转磁场具有 p 对极时，磁场的转速为

$$n_0 = \frac{60f_1}{p} \tag{7.2.1}$$

因此，旋转磁场的转速 n_0 决定于电流频率 f_1 和磁极对数 p，而后者又决定于三相绕组的安排情况。对某一异步电动机讲，f_1 和 p 通常是一定的，所以磁场转速 n_0 是个常数。

在我国，工频 $f_1 = 50$ Hz，于是由式（7.2.1）可得出对应于不同磁极对数 p 的旋转磁场转速 n_0（转每分），见表 7.2.1。

表 7.2.1 不同磁极对数时的旋转磁场转速

p	1	2	3	4	5	6
n_0 (r/min)	3 000	1 500	1 000	750	600	500

7.2.2 电动机的转动原理

图 7.2.7 所示是三相异步电动机转子转动的原理图，图中 N，S 表示两极旋转磁场，转子中只示出两根导条（铜或铝）。当旋转磁场向顺时针方向旋转时，其磁通切割转子导条，导条中就感应出电动势。电动势的方向由右手定则确定。在这里应用右手定则时，可假设磁极不动，而转子导条向逆时针方向旋转切割磁通，这与实际上磁极顺时针方向旋转时磁通切割转子导条是相当的。

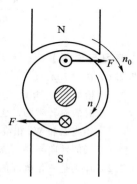

图 7.2.7 转子转动的原理图

在电动势的作用下，闭合的导条中就有电流。该电流与旋转磁场相互作用，从而使转子导条受到电磁力 F。电磁力的方向可应用左手定则来确定。由电磁力产生电磁转矩，转子就转动起来。由图 7.2.7 可见，转子转动的方向和磁极旋转的方向相同。这就是图 7.2.1 的演示中转子跟着磁场转动。当旋转磁场反转时，电动机也跟着反转。

7.2.3 转差率

由图 7.2.7 可见，电动机转子转动的方向与磁场旋转的方向相同，但转子的转速 n 不可能达到与旋转磁场的转速 n_0 相等，即 $n < n_0$。因为，如果两者相等，则转子与旋转磁场之间就没有相对运动，因而磁通就不切割转子导条，转子电动势、转子电流以及转矩也就都不存在。这样，转子就不可能继续以 n_0 的转速转动。因此，转子转速与磁场转速之间必须要有差别。这就是异步电动机名称的由来。而旋转磁场的转速 n_0 常称为同步转速。

用转差率 s 来表示转子转速 n 与磁场转速 n_0 相差的程度，即

$$s = \frac{n_0 - n}{n_0} \tag{7.2.2}$$

转差率是异步电动机的一个重要的物理量。转子转速愈接近磁场转速，则转差率愈小。由于三相异步电动机的额定转速与同步转速相近，所以它的转差率很小。通常异步电动机在额定负载时的转差率约为 1% ~ 9%。

当 $n = 0$ 时（起动初始瞬间），$s = 1$，这时转差率最大。

式(7.2.2)也可写为

$$n = (1 - s) n_0 \qquad (7.2.3)$$

【例 7.2.1】 有一台三相异步电动机,其额定转速 $n = 975$ r/min。试求电动机的磁极对数和额定负载时的转差率。电源频率 $f_1 = 50$ Hz。

【解】 由于电动机的额定转速接近而略小于同步转速,而同步转速对应于不同的磁极对数有一系列固定的数值(见表 7.2.1)。显然,与 975 r/min 最相近的同步转速 $n_0 = 1\,000$ r/min,与此相应的磁极对数 $p = 3$。因此,额定负载时的转差率为

$$s = \frac{n_0 - n}{n_0} \times 100\% = \frac{1\,000 - 975}{1\,000} \times 100\% = 2.5\%$$

【练习与思考】

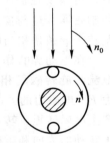

7.2.1 在图 7.2.3(c)中,$\omega t = 90°$,$i_1 = + I_\mathrm{m}$,旋转磁场轴线的方向恰好与 U_1 相绕组的轴线一致。继续画出 $\omega t = 210°$ 和 $\omega t = 330°$ 时的旋转磁场,这时旋转磁场轴线的方向是否分别恰好与 V_1 相绕组和 W_1 相绕组的轴线一致?如果一致,这说明旋转磁场的转向与通入绕组的三相电流的相序有关。

7.2.2 什么是三相电源的相序?就三相异步电动机本身而言,有无相序?

7.2.3 在图 7.2.8 中,试分析在 $n_0 > n$,$n_0 < n$,$n_0 = n$,$n_0 = 0$,$n = 0$[①] 及 $n_0 < 0$ 几种情况时,转子线圈两有效边中电流和电磁力的方向。

图 7.2.8　练习与思考 7.2.3 的图

7.3　三相异步电动机的电路分析

图 7.3.1 所示是三相异步电动机的每相电路图[②]。和变压器相比,定子绕

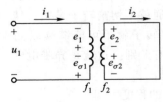

定子电路　　转子电路

图 7.3.1　三相异步电动机的每相电路图

组相当于变压器的一次绕组,转子绕组(一般是短接的)相当于二次绕组。三相异步电动机中的电磁关系同变压器类似。当定子绕组接上三相电源电压(相电压为 u_1)时,则有三相电流(相电流为 i_1)通过。定子三相电流产生旋转磁场,其磁通通过定子和转子铁心而闭合。该磁场不仅在转子每相绕组中要感应出电动势 e_2(由此产生电流 i_2),而且在定子每相绕组中也要感应出电动势 e_1。(实际上三相异

---

① 转子被卡住。

② 对笼型转子讲,在一般情况下,每根转子导条相当一相。

步电动机中的旋转磁场是由定子电流和转子电流共同产生的[①]。)此外，漏磁通在定子绕组和转子绕组中产生漏磁电动势 $e_{\sigma 1}$ 和 $e_{\sigma 2}$。

定子和转子每相绕组的匝数分别为 N_1 和 N_2。

7.3.1　定子电路

定子每相电路的电压方程和变压器一次绕组电路的一样，即

$$u_1 = R_1 i_1 + (-e_{\sigma 1}) + (-e_1) = R_1 i_1 + L_{\sigma 1}\frac{\mathrm{d}i_1}{\mathrm{d}t} + (-e_1) \qquad (7.3.1)$$

如用相量表示，则为

$$\dot{U}_1 = R_1 \dot{I}_1 + (-\dot{E}_{\sigma 1}) + (-\dot{E}_1) = R_1 \dot{I}_1 + jX_1 \dot{I}_1 + (-\dot{E}_1) \qquad (7.3.2)$$

式中，R_1 和 X_1 分别为定子每相绕组的电阻和感抗(漏磁感抗)。

和变压器一样，也可得出

$$\dot{U}_1 \approx -\dot{E}_1$$

和

$$E_1 = 4.44 f_1 N_1 \Phi^{②} \approx U_1 \qquad (7.3.3)$$

式中，Φ 是通过每相绕组的磁通最大值，在数值上它等于旋转磁场的每极磁通；f_1 是 e_1 的频率。因为旋转磁场和定子间的相对转速为 n_0，所以

$$f_1 = \frac{p n_0}{60} \qquad (7.3.4)$$

即等于电源或定子电流的频率[见式(7.2.1)]。

7.3.2　转子电路

转子每相电路的电压方程为

$$e_2 = R_2 i_2 + (-e_{\sigma 2}) = R_2 i_2 + L_{\sigma 2}\frac{\mathrm{d}i_2}{\mathrm{d}t} \qquad (7.3.5)$$

如用相量表示，则为

$$\dot{E}_2 = R_2 \dot{I}_2 + (-\dot{E}_{\sigma 2}) = R_2 \dot{I}_2 + jX_2 \dot{I}_2 \qquad (7.3.6)$$

式中，R_2 和 X_2 分别为转子每相绕组的电阻和感抗(漏磁感抗)。

转子电路的各个物理量对电动机的性能都有影响，今分述如下。

[①] 可以证明，定子旋转磁场和转子旋转磁场是相对静止的。

[②] 实际上，电机每相绕组分布在不同的槽中，其中感应电动势并非同相，在式中应引入一绕组系数 k。因 k 值小于 1 但接近 1，故略去。

1. 转子频率 f_2

因为旋转磁场和转子间的相对转速为 $(n_0 - n)$，所以转子频率

$$f_2 = \frac{p(n_0 - n)}{60}$$

上式也可写成

$$f_2 = \frac{n_0 - n}{n_0} \times \frac{pn_0}{60} = sf_1 \tag{7.3.7}$$

可见转子频率 f_2 与转差率 s 有关，也就是与转速 n 有关。

在 $n = 0$，即 $s = 1$ 时（电动机起动初始瞬间），转子与旋转磁场间的相对转速最大，转子导条被旋转磁通切割得最快。所以这时 f_2 最高，即 $f_2 = f_1$。异步电动机在额定负载时，$s = 1\% \sim 9\%$，则 $f_2 = 0.5 \sim 4.5$ Hz($f_1 = 50$ Hz)。

2. 转子电动势 E_2

转子电动势 e_2 的有效值为

$$E_2 = 4.44 f_2 N_2 \Phi = 4.44 s f_1 N_2 \Phi \tag{7.3.8}$$

在 $n = 0$，即 $s = 1$ 时，转子电动势为

$$E_{20} = 4.44 f_1 N_2 \Phi \tag{7.3.9}$$

这时 $f_2 = f_1$，转子电动势最大。

由上两式可得出

$$E_2 = s E_{20} \tag{7.3.10}$$

可见转子电动势 E_2 与转差率 s 有关。

3. 转子感抗 X_2

转子感抗 X_2 与转子频率 f_2 有关，即

$$X_2 = 2\pi f_2 L_{\sigma 2} = 2\pi s f_1 L_{\sigma 2} \tag{7.3.11}$$

在 $n = 0$，即 $s = 1$ 时，转子感抗为

$$X_{20} = 2\pi f_1 L_{\sigma 2} \tag{7.3.12}$$

这时 $f_2 = f_1$，转子感抗最大。

由上两式可得出

$$X_2 = s X_{20} \tag{7.3.13}$$

可见转子感抗 X_2 与转差率 s 有关。

4. 转子电流 I_2

转子每相电路的电流可由式(7.3.6)得出，即

$$I_2 = \frac{E_2}{\sqrt{R_2^2 + X_2^2}} = \frac{s E_{20}}{\sqrt{R_2^2 + (s X_{20})^2}} \tag{7.3.14}$$

可见转子电流 I_2 也与转差率 s 有关。当 s 增大，即转速 n 降低时，转子与旋转磁场间的相对旋速 $(n_0 - n)$ 增加，转子导体切割磁通的速度提高，于是 E_2 增

加，I_2 也增加。I_2 随 s 变化的关系可用图 7.3.2 所示的曲线表示。当 $s=0$，即 $n_0-n=0$ 时，$I_2=0$；当 s 很小时，$R_2 \geqslant sX_{20}$，

$I_2 \approx \dfrac{sE_{20}}{R_2}$，即与 s 近似地成正比；当 s 接近 1

时，$sX_{20} \gg R_2$，$I_2 \approx \dfrac{E_{20}}{X_{20}} =$ 常数。

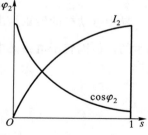

图 7.3.2　I_2 和 $\cos \varphi_2$ 与
转差率 s 的关系

5. 转子电路的功率因数 $\cos \varphi_2$

　　由于转子有漏磁通，相应的感抗为 X_2，因此 $\dot{I}_2$ 比 $\dot{E}_2$ 滞后 φ_2 角。因而转子电路的功率因数为

$$\cos \varphi_2 = \frac{R_2}{\sqrt{R_2^2 + X_2^2}} = \frac{R_2}{\sqrt{R_2^2 + (sX_{20})^2}} \qquad (7.3.15)$$

它也与转差率 s 有关。当 s 增大时，X_2 也增大，于是 φ_2 增大，即 $\cos \varphi_2$ 减小。$\cos \varphi_2$ 随 s 的变化关系也示在图 7.3.2 中。当 s 很小时，$R_2 \gg sX_{20}$，$\cos \varphi_2 \approx 1$；当 s 接近 1 时，$\cos \varphi_2 \approx \dfrac{R_2}{sX_{20}}$，即两者之间近似有双曲线的关系。

　　由上述可知，转子电路的各个物理量，如电动势、电流、频率、感抗及功率因数等都与转差率有关，亦即与转速有关。这是学习三相异步电动机时所应注意的一个特点。

【练习与思考】

7.3.1 比较变压器的一次、二次电路和三相异步电动机的定子、转子电路的各个物理量及电压方程。

7.3.2 在三相异步电动机起动初始瞬间，即 $s=1$ 时，为什么转子电流 I_2 大，而转子电路的功率因数 $\cos \varphi_2$ 小？

7.3.3 Y280M－2 型三相异步电动机的额定数据如下：90 kW，2 970 r/min，50 Hz。试求额定转差率和转子电流的频率。

7.3.4 某人在检修三相异步电动机时，将转子抽掉，而在定子绕组上加三相额定电压，这会产生什么后果？

7.3.5 频率为 60 Hz 的三相异步电动机，若接在 50 Hz 的电源上使用，将会发生何种现象？

7.4　三相异步电动机的转矩与机械特性

　　电磁转矩 T（以下简称转矩）是三相异步电动机的最重要的物理量之一，机械特性是它的主要特性，对电动机进行分析往往离不开它们。

7.4.1　转矩公式

异步电动机的转矩是由旋转磁场的每极磁通 Φ 与转子电流 I_2 相互作用而产生的。但因转子电路是电感性的，转子电流 $\dot{I}_2$ 比转子电动势 $\dot{E}_2$ 滞后 φ_2 角；又因

$$T = \frac{P_\varphi}{\Omega_0} = \frac{P_\varphi}{\dfrac{2\pi n_0}{60}}$$

电磁转矩与电磁功率 P_φ 成正比，和讨论有功功率一样，也要引入 $\cos\varphi_2$。于是得出

$$T = K_\mathrm{T}\Phi I_2\cos\varphi_2 \tag{7.4.1}$$

式中，K_T 是一常数，它与电动机的结构有关。

由式(7.4.1)可见，转矩除与 Φ 成正比外，还与 $I_2\cos\varphi_2$ 成正比。

再根据式(7.3.3)、式(7.3.9)、式(7.3.14)及式(7.3.15)可知

$$\Phi = \frac{E_1}{4.44 f_1 N_1} \approx \frac{U_1}{4.44 f_1 N_1} \propto U_1$$

$$I_2 = \frac{sE_{20}}{\sqrt{R_2^2 + (sX_{20})^2}} = \frac{s(4.44 f_1 N_2 \Phi)}{\sqrt{R_2^2 + (sX_{20})^2}}$$

$$\cos\varphi_2 = \frac{R_2}{\sqrt{R_2^2 + (sX_{20})^2}}$$

由于 I_2 和 $\cos\varphi_2$ 与转差率 s 有关，所以转矩 T 也与 s 有关。

如果将上列三式代入式(7.4.1)，则得出转矩的另一个表示式

$$T = K \frac{sR_2 U_1^2}{R_2^2 + (sX_{20})^2} \tag{7.4.2}$$

式中，K 是一常数。

由上式可见，转矩 T 还与定子每相电压 U_1 的平方成比例，所以当电源电压有所变动时，对转矩的影响很大。此外，转矩 T 还受转子电阻 R_2 的影响。

7.4.2　机械特性曲线

在一定的电源电压 U_1 和转子电阻 R_2 之下，转矩与转差率的关系曲线 $T = f(s)$ 或转速与转矩的关系曲线 $n = f(T)$，称为电动机的机械特性曲线。它可根据式(7.4.1)并参照图7.3.2得出，如图7.4.1所示。图7.4.2的 $n = f(T)$ 曲线可从图7.4.1得出。只需将 $T = f(s)$ 曲线顺时针方向转过 $90°$，再将表示 T 的横轴移下即可。

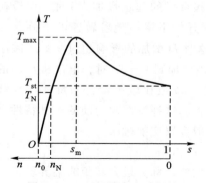

图 7.4.1 三相异步电动机的
$T = f(s)$ 曲线

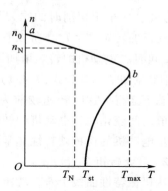

图 7.4.2 三相异步电动机的
$n = f(T)$ 曲线

研究机械特性的目的是为了分析电动机的运行性能。在机械特性曲线上，要讨论三个转矩。

1. 额定转矩 T_N

在等速转动时，电动机的转矩 T 必须与阻转矩 T_C 相平衡，即

$$T = T_C$$

阻转矩主要是机械负载转矩 T_2。此外，还包括空载损耗转矩（主要是机械损耗转矩）T_0。由于 T_0 很小，常可忽略，所以

$$T = T_2 + T_0 \approx T_2 \tag{7.4.3}$$

并由此得

$$T \approx T_2 = \frac{P_2}{\dfrac{2\pi n}{60}}$$

式中，P_2 是电动机轴上输出的机械功率。上式中转矩的单位是牛米（$\text{N} \cdot \text{m}$）；功率的单位是瓦（W）；转速的单位是转每分（r/min）。功率如用千瓦为单位，则得出

$$T = 9\,550\,\frac{P_2}{n} \tag{7.4.4}$$

额定转矩是电动机在额定负载时的转矩，它可从电动机铭牌上的额定功率（输出机械功率）和额定转速应用式（7.4.4）求得。

例如某普通车床的主轴电动机（Y3 – 132M – 4 型）的额定功率为 7.5 kW，额定转速为 1 440 r/min，则额定转矩为

$$T_N = 9\,550\,\frac{P_{2N}}{n_N} = 9\,550 \times \frac{7.5}{1\,440}\,\text{N} \cdot \text{m} = 49.7\,\text{N} \cdot \text{m}$$

通常三相异步电动机都工作在图 7.4.2 所示特性曲线的 ab 段。当负载转

矩增大(譬如车床切削时的吃刀量加大,起重机的起重量加大)时,在最初瞬间电动机的转矩 $T < T_C$,所以它的转速 n 开始下降。随着转速的下降,由图 7.4.2 可见,电动机的转矩增加了,因为这时 I_2 增加的影响超过 $\cos \varphi_2$ 减小的影响[参见图 7.3.2 和式(7.4.1)]。当转矩增加到 $T = T_C$ 时,电动机在新的稳定状态下运行,这时转速较前为低。但是,ab 段比较平坦,当负载在空载与额定值之间变化时,电动机的转速变化不大。这种特性称为硬的机械特性。三相异步电动机的这种硬特性非常适用于一般金属切削机床。

2. 最大转矩 $T_{\max}$

从机械特性曲线上看,转矩有一个最大值,称为最大转矩或临界转矩。对应于最大转矩的转差率为 s_m,它由 $\dfrac{\mathrm{d}T}{\mathrm{d}s}$ 求得[1],即

$$s_m = \frac{R_2}{X_{20}} \tag{7.4.5}$$

再将 s_m 代入式(7.4.2),则得

$$T_{\max} = K \frac{U_1^2}{2X_{20}} \tag{7.4.6}$$

由上列两式可见,$T_{\max}$ 与 U_1^2 成正比,而与转子电阻 R_2 无关;s_m 与 R_2 有关,R_2 愈大,s_m 也愈大。

上述关系表示在图 7.4.3 和图 7.4.4 中。

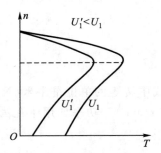
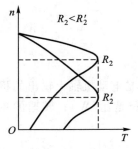

图 7.4.3　对应于不同电源电压 U_1 的　　　图 7.4.4　对应于不同转子电阻 R_2 的
$n = f(T)$ 曲线($R_2 = $ 常数)　　　　　　$n = f(T)$ 曲线($U_1 = $ 常数)

当负载转矩超过最大转矩时,电动机就带不动负载了,发生所谓闷车现象。闷车后,电动机的电流马上升高六七倍,电动机严重过热,以致烧坏。

---

[1] $\dfrac{\mathrm{d}T}{\mathrm{d}s} = \dfrac{\mathrm{d}}{\mathrm{d}s}\left[K \dfrac{sR_2 U_1^2}{R_2^2 + (sX_{20})^2}\right] = K \dfrac{[R_2^2 + (sX_{20})^2]R_2 U_1^2 - sR_2 U_1^2(2sX_{20}^2)}{[R_2^2 + (sX_{20})^2]^2} = 0$ 得 $s = s_m = \pm \dfrac{R_2}{X_{20}}$(取正值)

另外一个方面，也说明电动机的最大过载可以接近最大转矩。如果过载时间较短，电动机不至于立即过热，是容许的。因此，最大转矩也表示电动机短时容许过载能力。电动机的额定转矩 T_N 比 T_{max} 要小，两者之比称为过载系数 λ，即

$$\lambda = \frac{T_{max}}{T_N} \qquad (7.4.7)$$

一般三相异步电动机的过载系数为 $1.8 \sim 2.3$。

在选用电动机时，必须考虑可能出现的最大负载转矩，而后根据所选电动机的过载系数算出电动机的最大转矩，它必须大于最大负载转矩。否则，就要重选电动机。

3. 起动转矩 T_{st}

电动机刚起动（$n = 0$，$s = 1$）时的转矩称为起动转矩。将 $s = 1$ 代入式（7.4.2）即得出

$$T_{st} = K \frac{R_2 U_1^2}{R_2^2 + X_{20}^2} \qquad (7.4.8)$$

由上式可见，T_{st} 与 U_1^2 及 R_2 有关。当电源电压 U_1 降低时，起动转矩会减小（图7.4.3）。当转子电阻适当增大时，起动转矩会增大（图7.4.4）。由式（7.4.5）、式（7.4.6）及式（7.4.8）可推出：当 $R_2 = X_{20}$ 时，$T_{st} = T_{max}$，$s_m = 1$。但继续增大 R_2 时，T_{st} 就要随着减少，这时 $s_m > 1$。

关于起动问题，将在下节中讨论。

【练习与思考】

7.4.1 三相异步电动机在一定的负载转矩下运行时，如电源电压降低，电动机的转矩、电流及转速有无变化？

7.4.2 三相异步电动机在正常运行时，如果转子突然被卡住而不能转动，试问这时电动机的电流有何改变？对电动机有何影响？

7.4.3 为什么三相异步电动机不在最大转矩 T_{max} 处或接近最大转矩处运行？

7.4.4 某三相异步电动机的额定转速为 1 460 r/min。当负载转矩为额定转矩的一半时，电动机的转速约为多少？

7.4.5 三相笼型异步电动机在额定状态附近运行，当（1）负载增大；（2）电压升高；（3）频率增高时，试分别说明其转速和电流作何变化。

7.5 三相异步电动机的起动

7.5.1 起动性能

电动机的起动就是把它开动起来。在起动初始瞬间，$n = 0$，$s = 1$。从起动

时的电流和转矩来分析电动机的起动性能。

　　首先讨论起动电流 I_{st}[①]。在刚起动时,由于旋转磁场对静止的转子有着很大的相对转速,磁通切割转子导条的速度很快,这时转子绕组中感应出的电动势和产生的转子电流都很大。和变压器的原理一样,转子电流增大,定子电流必然相应增大。一般中小型笼型电动机的定子起动电流(指线电流)与额定电流之比值大约为 $5 \sim 7$。例如 $Y3 - 132M - 4$ 型电动机的额定电流为 $15.6\ A$,起动电流与额定电流之比值为 7,因此起动电流为 $7 \times 15.6\ A = 109.2\ A$。

　　电动机不是频繁起动时,起动电流对电动机本身影响不大。因为起动电流虽大,但起动时间一般很短(小型电动机只有 $1 \sim 3\ s$),从发热角度考虑没有问题;并且一经起动后,转速很快升高,电流便很快减小了。但当起动频繁时,由于热量的积累,可以使电动机过热。因此,在实际操作时应尽可能不让电动机频繁起动。例如,在切削加工时,一般只是用摩擦离合器或电磁离合器将主轴与电动机轴脱开,而不将电动机停下来。

　　但是,电动机的起动电流对线路是有影响的。过大的起动电流在短时间内会在线路上造成较大的电压降落,而使负载端的电压降低,影响邻近负载的正常工作。例如对邻近的异步电动机,电压的降低不仅会影响它们的转速(下降)和电流(增大),甚至可能使它们的最大转矩 T_{max} 降到小于负载转矩,以致使电动机停下来。

　　其次讨论起动转矩 T_{st}。在刚起动时,虽然转子电流较大,但转子的功率因数 $\cos \varphi_2$ 是很低的。因此由式(7.4.1)可知,起动转矩实际上是不大的,它与额定转矩之比值约为 $1.0 \sim 2.3$。

　　如果起动转矩过小,就不能在满载下起动,应设法提高。但起动转矩如果过大,会使传动机构(譬如齿轮)受到冲击而损坏,所以又应设法减小。一般机床的主电动机都是空载起动(起动后再切削),对起动转矩没有什么要求。但对移动床鞍、横梁以及起重用的电动机应采用起动转矩较大一点的。

　　由上述可知,异步电动机起动时的主要缺点是起动电流较大。为了减小起动电流(有时也为了提高或减小起动转矩),必须采用适当的起动方法。

7.5.2　起动方法

笼型电动机的起动有直接起动和降压起动两种。

1. 直接起动

直接起动就是利用闸刀开关或接触器将电动机直接接到具有额定电压的电源上。这种起动方法虽然简单,但如上所述,由于起动电流较大,将使线路电

---

① 起动电流和起动转矩也称为堵转电流和堵转转矩。

压下降，影响负载正常工作。

一台电动机能否直接起动，有一定规定。有的地区规定：用电单位如有独立的变压器，则在电动机起动频繁时，电动机容量小于变压器容量的 20% 时允许直接起动；如果电动机不经常起动，它的容量小于变压器容量的 30% 时允许直接起动。如果没有独立的变压器（与照明共用），电动机直接起动时所产生的电压降不应超过 5%。

能否直接起动，一般可按经验公式 $\dfrac{I_{st}}{I_N} \leqslant \dfrac{3}{4} + \dfrac{电源总容量(kV \cdot A)}{4 \times 起动电动机功率(kW)}$ 判定。

2. 降压起动

如果电动机直接起动时所引起的线路电压降较大，必须采用降压起动，就是在起动时降低加在电动机定子绕组上的电压，以减小起动电流。笼型电动机的降压起动常用下面几种方法。

（1）星-三角（Y - Δ）换接起动

星-三角换接起动的接线图如图 7.5.1（a）所示。如果电动机在工作时其定子绕组是连接成三角形的，那么在起动时断开 Q_2，闭合 Q_3，把它接成星形。等到转速接近额定值时断开 Q_3，闭合 Q_2，再换接成三角形联结。这样，在起动时就把定子每相绕组上的电压降到正常工作电压的 $\dfrac{1}{\sqrt{3}}$。

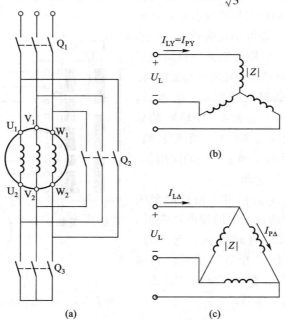

图 7.5.1 星-三角（Y - Δ）换接起动

（a）接线图；（b）定子绕组星形联结（起动）；（c）定子绕组三角形联结（正常运行）

图 7.5.1(b)和(c)是定子绕组的两种连接法，$|Z|$ 为起动时每相绕组的等效阻抗。

当定子绕组为星形联结，即降压起动时，

$$I_{LY} = I_{PY} = \frac{U_L/\sqrt{3}}{|Z|}$$

当定子绕组为三角形联结，即直接起动时，

$$I_{L\Delta} = \sqrt{3} I_{P\Delta} = \sqrt{3} \frac{U_L}{|Z|}$$

比较上列两式，可得

$$\frac{I_{LY}}{I_{L\Delta}} = \frac{1}{3}$$

即降压起动时的电流为直接起动时的 $\frac{1}{3}$。

由于转矩和电压的平方成正比，所以起动转矩也减小到直接起动时的 $(1/\sqrt{3})^2 = \frac{1}{3}$。因此，这种方法只适合于空载或轻载时起动。

这种换接起动可采用星-三角起动器[①]来实现。图 7.5.2 所示是一种星-三角起动器的接线简图。在起动时将手柄向右扳，使右边一排动触点与静触点相连，电动机就接成星形。等电动机接近额定转速时，将手柄往左扳，则使左边一排动触点与静触点相连，电动机换接成三角形联结。

星-三角起动器的体积小，成本低，寿命长，动作可靠。目前 4～100 kW 的异步电动机都已设计为 380 V 三角形联结，因此星-三角起动器得到了广泛的应用。

（2）自耦降压起动

自耦降压起动是利用三相自耦变压器将电动机在起动过程中的端电压降低，其接线图如图 7.5.3(a)所示。起动时，先把开关 Q_2 扳到"起动"位置。当转速接近额定值时，将 Q_2 扳向"工作"位置，切除自耦变压器。

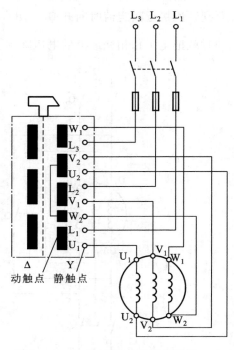

图 7.5.2　星-三角起动器接线简图

---

① QX1，QX2 系列是人力操控星-三角起动器；QS 系列是人力操控油浸星-三角起动器。

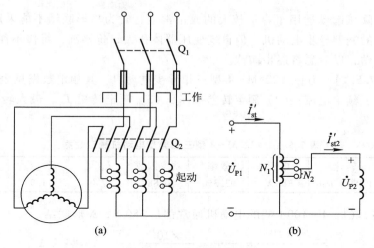

图 7.5.3 自耦降压起动

（a）接线图；（b）一相电路

自耦变压器备有抽头[①]，以便得到不同的电压（例如为电源电压的 73%，64%，55%），根据对起动转矩的要求而选用。

自耦降压起动每相电路如图 7.5.3(b)所示，图中：

a. U_{P1} 是电源相电压，即为直接起动时加在电动机定子绕组上的相电压，U_{P2} 是降压起动时加在电动机定子绕组上的相电压，两者关系是 $\dfrac{U_{P1}}{U_{P2}} = \dfrac{N_1}{N_2} = K$；

b. I'_{st2} 是降压起动时电动机的起动电流，即自耦变压器二次电流，它与直接起动（即全压起动）时的起动电流 I_{st} 的关系是 $\dfrac{I'_{st2}}{I_{st}} = \dfrac{U_{P2}}{U_{P1}} = \dfrac{1}{K}$；

c. I'_{st} 是降压起动时线路的起动电流，即自耦变压器一次电流，它与 I'_{st2} 的关系是 $\dfrac{I'_{st}}{I'_{st2}} = \dfrac{1}{K}$。

于是得出线路起动电流

$$I'_{st} = \frac{I_{st}}{K^2}$$

因转矩与电压平方成正比，故降压起动时的起动转矩

$$T'_{st} = \frac{T_{st}}{K^2}$$

式中，T_{st} 为直接起动时的起动转矩。

可见，采用自耦降压起动，也同时能使起动电流和起动转矩减小（$K > 1$）。

---

① 有 QJ2 和 QJ3 系列：前者抽头有 73%，64%，55%；后者抽头有 80%，60%，40%。

　　自耦降压起动适用于容量较大的或正常运行时为星形联结不能采用星-三角起动器的笼型异步电动机。但自耦变压器体积大，价格高，维修不便，不允许频繁起动，以后恐将逐步淘汰。

　　【例 7.5.1】　有一 Y225M-4 型三相异步电动机，其额定数据见表 7.5.1。试求：（1）额定电流；（2）额定转差率 s_N；（3）额定转矩 T_N、最大转矩 T_{max}、起动转矩 T_{st}。

表 7.5.1　Y225M-4 型三相异步电动机额定数据

功率	转速	电压	效率	功率因数	I_{st}/I_N	T_{st}/T_N	T_{max}/T_N
45 kW	1 480 r/min	380 V	92.3%	0.88	7.0	1.9	2.2

　　【解】　（1）4~100 kW 的电动机通常都是 380 V，△ 形联结。

$$I_N = \frac{P_2 \times 10^3}{\sqrt{3}U\cos\varphi\eta} = \frac{45 \times 10^3}{\sqrt{3} \times 380 \times 0.88 \times 0.923} \text{ A} = 84.2 \text{ A}$$

　　（2）由已知 $n = 1\,480$ r/min 可知，电动机是四极的，即 $p = 2$，$n_0 = 1\,500$ r/min。所以

$$s_N = \frac{n_0 - n}{n_0} = \frac{1\,500 - 1\,480}{1\,500} = 0.013$$

　　（3）$T_N = 9\,550\dfrac{P_2}{n} = 9\,550 \times \dfrac{45}{1\,480}$ N·m $= 290.4$ N·m

$$T_{max} = \left(\frac{T_{max}}{T_N}\right)T_N = 2.2 \times 290.4 \text{ N·m} = 638.9 \text{ N·m}$$

$$T_{st} = \left(\frac{T_{st}}{T_N}\right)T_N = 1.9 \times 290.4 \text{ N·m} = 551.8 \text{ N·m}$$

　　【例 7.5.2】　在上题中：（1）如果负载转矩为 510.2 N·m，试问在 $U = U_N$ 和 $U' = 0.9\,U_N$ 两种情况下电动机能否起动？（2）采用 Y-△ 换接起动时，求起动电流和起动转矩。又当负载转矩为额定转矩 T_N 的 80% 和 50% 时，电动机能否起动？

　　【解】　（1）在 $U = U_N$ 时，$T_{st} = 551.8$ N·m > 510.2 N·m，所以能起动。

　　在 $U' = 0.9\,U_N$ 时，$T'_{st} = 0.9^2 \times 551.8$ N·m $= 447$ N·m < 510.2 N·m，所以不能起动。

　　（2）$I_{st\triangle} = 7I_N = 7 \times 84.2$ A $= 589.4$ A

$$I_{stY} = \frac{1}{3}I_{st\triangle} = \frac{1}{3} \times 589.4 \text{ A} = 196.5 \text{ A}$$

$$T_{stY} = \frac{1}{3}T_{st\triangle} = \frac{1}{3} \times 551.8 \text{ N·m} = 183.9 \text{ N·m}$$

在 80% 额定转矩时

$$\frac{T_{\text{stY}}}{T_{\text{N}}80\%} = \frac{183.9}{290.4 \times 80\%} = \frac{183.9}{232.3} < 1，不能起动；$$

在 50% 额定转矩时

$$\frac{T_{\text{stY}}}{T_{\text{N}}50\%} = \frac{183.9}{290.4 \times 50\%} = \frac{183.9}{145.2} > 1，可以起动。$$

【例 7.5.3】 对例 7.5.1 中的电动机采用自耦降压起动，设起动时电动机的端电压降到电源电压的 64%，求线路起动电流和电动机的起动转矩。

【解】 直接起动时的起动电流

$$I_{\text{st}} = 7I_{\text{N}} = 7 \times 84.2 \text{ A} = 589.4 \text{ A}$$

按题意

$$0.64 = \frac{U_{\text{P2}}}{U_{\text{P1}}} = \frac{1}{K}$$

于是得出自耦降压起动时线路起动电流

$$I'_{\text{st}} = 0.64^2 I_{\text{st}} = 0.64^2 \times 589.4 \text{ A} = 241.4 \text{ A}$$

起动转矩

$$T'_{\text{st}} = 0.64^2 T_{\text{st}} = 0.64^2 \times 551.8 \text{ N} \cdot \text{m} = 226 \text{ N} \cdot \text{m}$$

至于绕线转子电动机的起动，只要在转子电路中接入大小适当的起动电阻 R_{st}（图 7.5.4），就可达到减小起动电流的目的；同时，由图 7.4.4 可见，起动转矩也提高了。所以它常用于要求起动转矩较大的生产机械上，例如卷扬机、锻压机、起重机及转炉等。

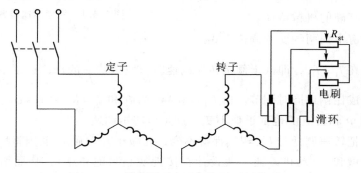

图 7.5.4 绕线转子电动机起动时的接线图

起动后，随着转速的上升将起动电阻逐段切除。

【练习与思考】

7.5.1 三相异步电动机在满载和空载下起动时，起动电流和起动转矩是否一样？

7.5.2 绕线转子电动机采用转子串电阻起动时，所串电阻愈大，起动转矩是否也愈大？

7.6   三相异步电动机的调速

调速就是在同一负载下能得到不同的转速,以满足生产过程的要求。例如,各种切削机床的主轴运动随着工件与刀具的材料、工件直径、加工工艺的要求及走刀量的大小等的不同,要求有不同的转速,以获得最高的生产率和保证加工质量。如果采用电气调速,就可以大大简化机械变速机构。

在讨论异步电动机的调速时,首先从研究公式

$$n = (1-s)n_0 = (1-s)\frac{60f_1}{p}$$

出发。此式表明,改变电动机的转速有三种可能,即改变电源频率 f_1、磁极对数 p 及转差率 s。前两者是笼型电动机的调速方法,后者是绕线转子电动机的调速方法。今分别讨论如下。

7.6.1   变频调速

近年来变频调速技术发展很快,目前主要采用如图 7.6.1 所示的变频调速装置,它主要由整流器和逆变器两大部分组成。整流器先将频率 f 为 50 Hz 的三相交流电变换为直流电,再由逆变器变换为频率 f_1 可调、电压有效值 U_1 也可调的三相交流电,供给三相笼型电动机。由此可得到电动机的无级调速,并具有硬的机械特性。

图 7.6.1   变频调速装置

通常有下列两种变频调速方式。

(1)在 $f_1 < f_{1N}$,即低于额定转速调速时,应保持 $\dfrac{U_1}{f_1}$ 的比值近于不变,也就是两者要成比例地同时调节。由 $U_1 \approx 4.44f_1N_1\varPhi$ 和 $T = K_T\varPhi I_2\cos\varphi_2$ 两式可知,这时磁通 $\varPhi$ 和转矩 T 也都近似不变。这是恒转矩调速。

如果把转速调低时 $U_1 = U_{1N}$ 保持不变,在减小 f_1 时磁通 $\varPhi$ 则将增加。这就会使磁路饱和(电动机磁通一般设计在接近铁心磁饱和点),从而增加励磁电流和铁损耗,导致电动机过热,这是不允许的。

(2)在 $f_1 > f_{1N}$,即高于额定转速调速时,应保持 $U_1 \approx U_{1N}$。这时磁通 $\varPhi$ 和转矩 T 都将减小。转速增大,转矩减小,将使功率近于不变。这是恒功率调速。

如果把转速调高时 $\dfrac{U_1}{f_1}$ 的比值不变,在增加 f_1 的同时 U_1 也要增加。U_1 超过额定电压也是不允许的。

频率调节范围一般为 0.5 ~ 320 Hz。

由于变频调速具有无级调速和硬机械特性等突出优点，当前在国际上已成为大型动力设备中笼型电动机调速的主要方式。目前在国内由于逆变器中的开关元件(可关断晶闸管、大功率晶体管和功率场效晶体管等)的制造水平不断提高，笼型电动机的变频调速技术的应用也就日益广泛。至于变频调速的原理电路，将在下册"电力电子技术"一章中介绍。

变频调速在家用电器中的应用也已日益增多，例如变频空调器、变频电冰箱和变频洗衣机等。

7.6.2 变极调速

由式 $n_0 = \dfrac{60f_1}{p}$ 可知，如果磁极对数 p 减小一半，则旋转磁场的转速 n_0 便提高一倍，转子转速 n 差不多也提高一倍。因此改变 p 可以得到不同的转速。如何改变磁极对数呢？这同定子绕组的接法有关。

图 7.6.2 所示的是定子绕组的两种接法。把 U 相绕组分成两半：线圈 U_{11} U_{21} 和 $U_{12}U_{22}$。图 7.6.2(a) 中是两个线圈串联，得出 $p=2$。图 7.6.2(b) 中是两个线圈反并联(头尾相连)，得出 $p=1$。在换极时，一个线圈中的电流方向不变，而另一个线圈中的电流必须改变方向。

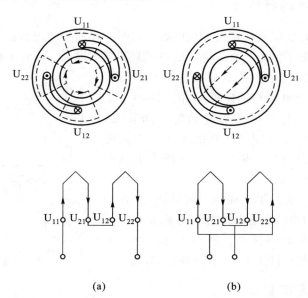

(a)　　　　　　　　　(b)

图 7.6.2　改变磁极对数 p 的调速方法

双速电动机在机床上用得较多，像某些镗床、磨床、铣床上都有。这种电动机的调速是有级的。

7.6.3　变转差率调速

只要在绕线转子电动机的转子电路中接入一个调速电阻(和起动电阻一样接入,如图 7.5.4 所示),改变电阻的大小,就可得到平滑调速。譬如增大调速电阻时,转差率 s 上升,而转速 n 下降($T_{\max}$ 改变否?)。这种调速方法的优点是设备简单、投资少,但能量损耗较大。

这种调速方法广泛应用于起重设备中。

7.7　三相异步电动机的制动

因为电动机的转动部分有惯性,所以把电源切断后,电动机还会继续转动一定时间而后停止。为了缩短辅助工时,提高生产机械的生产率,并为了安全起见,往往要求电动机能够迅速停车和反转。这就需要对电动机制动。对电动机制动,也就是要求它的转矩与转子的转动方向相反。这时的转矩称为制动转矩。

异步电动机的制动常有下列几种方法。

7.7.1　能耗制动

这种制动方法就是在切断三相电源的同时,接通直流电源(图 7.7.1),使直流电流通入定子绕组。直流电流的磁场是固定不动的,而转子由于惯性继续在原方向转动。根据右手定则和左手定则不难确定这时的转子电流与固定磁场相互作用产生的转矩的方向。它与电动机转动的方向相反,因而起制动的作用。制动转矩的大小与直流电流的大小有关。直流电流的大小一般为电动机额定电流的 0.5 ~ 1 倍。

因为这种方法是用消耗转子的动能(转换为电能)来进行制动的,所以称为能耗制动。

这种制动能量消耗小,制动平稳,但需要直流电源。在有些机床中采用这种制动方法。

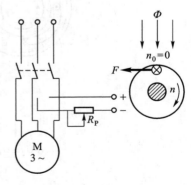

图 7.7.1　能耗制动

7.7.2　反接制动

在电动机停车时,可将接到电源的三根导线中的任意两根的一端对调位置,使旋转磁场反向旋转,而转子由于惯性仍在原方向转动。这时的转矩方向

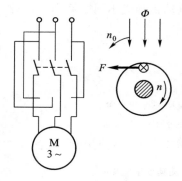

与电动机的转动方向相反（图 7.7.2），因而起制动的作用。当转速接近零时，利用某种控制电器将电源自动切断，否则电动机将会反转。

　　由于在反接制动时旋转磁场与转子的相对转速（$n_0 + n$）很大，因而电流较大。为了限制电流，对功率较大的电动机进行制动时必须在定子电路（笼型电动机）或转子电路（绕线转子电动机）中接入电阻。

　　这种制动比较简单，效果较好，但能量消耗较大。对有些中型车床和铣床主轴的制动采用这种方法。

图 7.7.2　反接制动

7.7.3　发电反馈制动

　　当转子的转速 n 超过旋转磁场的转速 n_0 时，这时的转矩也是制动的（图 7.7.3）。

　　当起重机快速下放重物时，就会发生这种情况。这时重物拖动转子，使其转速 $n > n_0$，重物受到制动而等速下降。实际上这时电动机已转入发电机运行，将重物的位能转换为电能而反馈到电网里去，所以称为发电反馈制动。

　　另外，当将多速电动机从高速调到低速的过程中，也自然发生这种制动。因为刚将磁极对数 p 加倍时，磁场转速立即减半，但由于惯性，转子转速只能逐渐下降，因此就出现 $n > n_0$ 的情况。

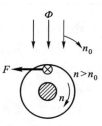

图 7.7.3　发电反馈制动

7.8　三相异步电动机的铭牌数据

　　要正确使用电动机，必须要看懂铭牌。今以 Y3 – 132M – 4 型电动机为例，来说明铭牌上各个数据的意义。

三相异步电动机					
型　号	Y3 – 132M – 4	功　　率	7.5 kW	频　　率	50 Hz
电压	380 V	电　　流	15.6 A	接　　法	Δ
转速	1 440 r/min	绝缘等级	F	工作方式	连续
	年　月　编号		××电机厂		

　　此外，它的主要技术数据还有：功率因数 0.84，效率（%）87。

1. 型号

为了适应不同用途和不同工作环境的需要，电动机制成不同的系列，每种系列用各种型号表示。

型号说明，例如

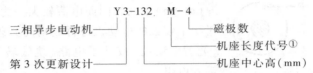

异步电动机的产品名称和代号及其汉字意义摘录于表 7.8.1 中。

表 7.8.1　异步电动机产品名称和代号及其汉字意义

产品名称	新代号	汉字意义	老代号
异步电动机	Y, Y2, Y3	异	J, JO
绕线转子异步电动机	YR	异绕	JR, JRO
防爆型异步电动机	YB	异爆	JB, JBS
高起动转矩异步电动机	YQ	异起	JQ, JQO

小型 Y，Y-L 系列笼型异步电动机是 20 世纪 80 年代取代 JO 系列的新产品，封闭自扇冷式。Y 系列定子绕组为铜线，Y-L 系列为铝线。电动机功率是 0.55~90 kW。同样功率的电动机，Y 系列比 JO 系列体积小，重量轻，效率高。

Y2 和 Y3 系列三相异步电动机分别是第 2 次和第 3 次更新产品，比 Y 系列节能、效率高、起动转矩大，并提高了绝缘等级（F 级绝缘）。

2. 接法

这是指定子三相绕组的接法。一般笼型电动机的接线盒中有六根引出线，标有 U_1，V_1，W_1，U_2，V_2，W_2，其中：

U_1，U_2 是第一相绕组的两端（旧标号是 D_1，D_4）；

V_1，V_2 是第二相绕组的两端（旧标号是 D_2，D_5）；

W_1，W_2 是第三相绕组的两端（旧标号是 D_3，D_6）。

如果 U_1，V_1，W_1 分别为三相绕组的始端（头），则 U_2，V_2，W_2 是相应的末端（尾）。

这六个引出线端在接电源之前，相互间必须正确连接。连接方法有星形（Y）联结和三角形（Δ）联结两种（图 7.8.1）。通常三相异步电动机自 3 kW 以下者，连接成星形；自 4 kW 以上者，连接成三角形。

---

① S —— 短机座；M —— 中机座；L —— 长机座

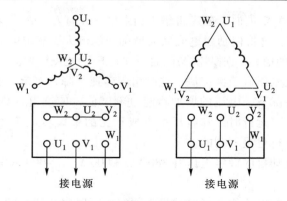

图 7.8.1 定子绕组的星形联结和三角形联结

* 如果电动机的这六个线端未标有 U_1，U_2，…字样，则可用实验方法确定。先确定每相绕组的两个线端，而后用下面的方法确定每相绕组的头尾。

把任何一相的两线端先标上 U_1 和 U_2，而后照图 7.8.2 的方法确定第二相绕组的头尾，如 V_1 和 V_2。同理，再确定 W_1 和 W_2。

如果连成图 7.8.2(a)所示的情况，两绕组的合成磁通不穿过第三绕组，第三绕组中不产生感应电动势，于是电灯不亮(也可用一个适当量程的交流电压表来代替电灯)。这时，与第一绕组的尾(U_2)相连的是第二绕组的尾(V_2)。

当连成图 7.8.2(b)所示的情况时，灯丝发红。这时，与 U_2 相连的是 V_1。

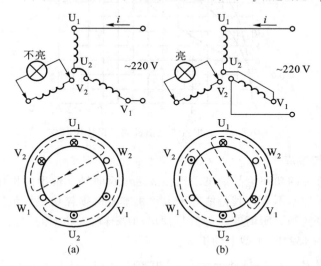

图 7.8.2 确定每相绕组头尾的方法

3. 电压

铭牌上所标的电压值是指电动机在额定运行时定子绕组上应加的线电压值。一般规定电动机的电压不应高于或低于额定值的 5%。

当电压高于额定值时，磁通将增大（因 $U_1 \approx 4.44 f_1 N_1 \Phi$）。若所加电压较额定电压高出较多，这将使励磁电流大大增加，电流大于额定电流，使绕组过热。同时，由于磁通的增大，铁损耗（与磁通平方成正比）也就增大，使定子铁心过热。

但常见的是电压低于额定值。这时引起转速下降，电流增加。如果在满载或接近满载的情况下，电流的增加将超过额定值，使绕组过热。还必须注意，在低于额定电压下运行时，和电压平方成正比的最大转矩 T_{max} 会显著地降低，这对电动机的运行也是不利的。

三相异步电动机的额定电压有 380 V，3 000 V 及 6 000 V 等多种。

4. 电流

铭牌上所标的电流值是指电动机在额定运行时定子绕组的线电流值。

当电动机空载时，转子转速接近于旋转磁场的转速，两者之间相对转速很小，所以转子电流近似为零，这时定子电流几乎全为建立旋转磁场的励磁电流。当输出功率增大时，转子电流和定子电流都随着相应增大，如图 7.8.3 中 $I_1 = f(P_2)$ 曲线所示。图 7.8.3 所示是一台 10 kW 三相异步电动机的工作特性曲线。

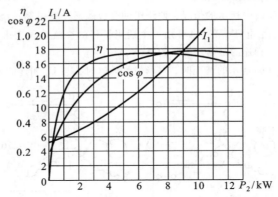

图 7.8.3　三相异步电动机的工作特性曲线

5. 功率与效率

铭牌上所标的功率值是指电动机在额定运行时轴上输出的机械功率值。输出功率与输入功率不等，其差值等于电动机本身的损耗功率，包括铜损耗、铁损耗及机械损耗等。所谓效率 η 就是输出功率与输入功率的比值。

如以 Y3 – 132M – 4 型电动机为例：

输入功率 $P_1 = \sqrt{3} U_L I_L \cos \varphi = \sqrt{3} \times 380 \times 15.6 \times 0.84 \text{ W} = 8.6 \text{ kW}$

输出功率 $P_2 = 7.5 \text{ kW}$

效率 $\eta = \dfrac{P_2}{P_1} = \dfrac{7.5}{8.6} \times 100\% = 87\%$

一般笼型电动机在额定运行时的效率约为 72% ~ 93% 。$\eta = f(P_2)$ 曲线如

图 7.8.3 所示，在额定功率的 75% 左右时效率最高。

6. 功率因数

因为电动机是电感性负载，定子相电流比相电压滞后一个 φ 角，$\cos \varphi$ 就是电动机的功率因数。

三相异步电动机的功率因数较低，在额定负载时约为 0.7 ~ 0.9，而在轻载和空载时更低，空载时只有 0.2 ~ 0.3。因此，必须正确选择电动机的容量，防止"大马拉小车"，并力求缩短空载的时间。

$\cos \varphi = f(P_2)$ 曲线如图 7.8.3 所示。

7. 转速

由于生产机械对转速的要求不同，需要生产不同磁极数的异步电动机，因此有不同的转速等级。最常用的是四个极的（$n_0 = 1\ 500$ r/min）。

8. 绝缘等级

绝缘等级是按电动机绕组所用的绝缘材料在使用时容许的极限温度来分级的。所谓极限温度，是指电机绝缘结构中最热点的最高容许温度。技术数据见表 7.8.2。

表 7.8.2　绝缘等级和极限温度

绝缘等级	A	E	B	F	H
极限温度/℃	105	120	130	155	180

9. 工作方式

电动机的工作方式分为八类，用字母 S_1 ~ S_8 分别表示。例如：

连续工作方式（S_1）；

短时工作方式（S_2），分 10 min，30 min，60 min，90 min 四种；

断续周期性工作方式（S_3），其周期由一个额定负载时间和一个停止时间组成，额定负载时间与整个周期之比称为负载持续率。标准持续率有 15%，25%，40%，60% 几种，每个周期为 10 min。

【练习与思考】

7.8.1　电动机的额定功率是指输出机械功率，还是输入电功率？额定电压是指线电压，还是相电压？额定电流是指定子绕组的线电流，还是相电流？功率因数 $\cos \varphi$ 的 φ 角是定子相电流与相电压间的相位差，还是线电流与线电压间的相位差？

7.8.2　有些三相异步电动机有 380/220 V 两种额定电压，定子绕组可以接成星形，也可以接成三角形。试问在什么情况下采用这种或那种连接方法？采用这两种连接法时，电动机的额定值（功率、相电压、线电压、相电流、线电流、效率、功率因数、转速等）有无改变？

7.8.3 在电源电压不变的情况下，如果电动机的三角形联结误接成星形联结，或者星形联结误接成三角形联结，其后果如何？

7.8.4 Y3－112M－4 型三相异步电动机的技术数据如下：

4 kW　　　　　380 V　　　　Δ 形联结

1 440 r/min　　　$\cos\varphi = 0.82$　　　　$\eta = 84.2\%$

$T_{st}/T_N = 2.3$　　　$I_{st}/I_N = 7.0$　　　$T_{max}/T_N = 2.3$

50 Hz

试求：（1）额定转差率 s_N；（2）额定电流 I_N；（3）起动电流 I_{st}；（4）额定转矩 T_N；（5）起动转矩 T_{st}；（6）最大转矩 T_{max}；（7）额定输入功率 P_1。

7.9　三相异步电动机的选择

在生产上，三相异步电动机用得最为广泛，正确地选择它的功率、种类、形式，以及正确地选择它的保护电器和控制电器，是极为重要的。本节先讨论电动机的选择问题。

7.9.1　功率的选择

要为某一生产机械选配一台电动机，首先要考虑电动机的功率需要多大。合理选择电动机的功率具有重大的经济意义。

如果电动机的功率选大了，虽然能保证正常运行，但是不经济。因为这不仅使设备投资增加和电动机未被充分利用，而且由于电动机经常不是在满载下运行，它的效率和功率因数也都不高（见图 7.8.3）。如果电动机的功率选小了，就不能保证电动机和生产机械的正常运行，不能充分发挥生产机械的效能，并使电动机由于过载而过早地损坏。所以所选电动机的功率是由生产机械所需的功率确定的。

1. 连续运行电动机功率的选择

对连续运行的电动机，先算出生产机械的功率，所选电动机的额定功率等于或稍大于生产机械的功率即可。

例如，车床的切削功率为

$$P_1 = \frac{Fv}{1\,000 \times 60} \quad (\text{kW})$$

式中，F 为切削力（N），它与切削速度、走刀量、吃刀量、工件及刀具的材料有关，可从切削用量手册中查取或经计算得出；v 为切削速度（m/min）。

电动机的功率则为

$$P = \frac{P_1}{\eta_1} = \frac{Fv}{1\,000 \times 60 \times \eta_1} \quad (\text{kW}) \tag{7.9.1}$$

式中，η_1 为传动机构的效率。

而后根据上式计算出的功率 P，在产品目录上选择一台合适的电动机，其额定功率应为

$$P_N \geqslant P$$

又如拖动水泵的电动机的功率为

$$P = \frac{\rho Q H}{102 \eta_1 \eta_2} \quad (kW) \tag{7.9.2}$$

式中，Q 为流量（m^3/s）；H 为扬程，即液体被压送的高度（m）；ρ 为液体的密度（kg/m^3）；η_1 为传动机构的效率；η_2 为泵的效率。

【例 7.9.1】 有一离心式水泵，其数据如下：$Q = 0.03 \text{ m}^3/s$，$H = 20 \text{ m}$，$n = 1\,460 \text{ r/min}$，$\eta_2 = 0.55$。今用一笼型电动机拖动作长期运行，电动机与水泵直接连接（$\eta_1 \approx 1$）。试选择电动机的功率。

【解】

$$P = \frac{\rho Q H}{102 \eta_1 \eta_2} = \frac{1\,000 \times 0.03 \times 20}{102 \times 1 \times 0.55} \text{ kW} = 10.7 \text{ kW}$$

选用 Y3−160M−4 型电动机，其额定功率 $P_N = 11 \text{ kW}(P_N > P)$，额定转速 $n_N = 1\,460 \text{ r/min}$。

在很多场合下，电动机所带的负载是经常随时间而变化的，要计算它的等效功率是比较复杂和困难的，此时可采用统计分析法。就是将各国同类型先进的生产机械所选用的电动机功率进行类比和统计分析，寻找出电动机功率与生产机械主要参数间的关系。例如，以机床为例：

车床　　　$P = 36.5 D^{1.54}$（kW），D 为工件的最大直径（m）；

摇臂钻床 $P = 0.064\,6 D^{1.19}$（kW），D 为最大钻孔直径（mm）；

卧式镗床 $P = 0.004 D^{1.7}$（kW），D 为镗杆直径（mm）。

例如我国生产的 C660 车床，其加工工件的最大直径为 1 250 mm，按统计分析法计算，主轴电动机的功率应为

$$P = 36.5 D^{1.54} = 36.5 \times 1.25^{1.54} \text{ kW} = 52 \text{ kW}$$

因而实际选用 55 kW 的电动机。

2. 短时运行电动机功率的选择

闸门电动机、机床中的夹紧电动机、尾座和横梁移动电动机以及刀架快速移动电动机等都是短时运行电动机的例子。如果没有合适的专为短时运行设计的电动机，可选用连续运行的电动机。由于发热惯性，在短时运行时可以容许过载。工作时间愈短，则过载可以愈大。但电动机的过载是受到限制的。因此，通常是根据过载系数 λ 来选择短时运行电动机的功率。电动机的额定功率可以是生产机械所要求的功率的 $\frac{1}{\lambda}$。

譬如，刀架快速移动对电动机所要求的功率为

$$P_1 = \frac{G\mu v}{102 \times 60 \times \eta_1} \quad (\text{kW}) \tag{7.9.3}$$

式中，G 为被移动元件的重量（kg）；v 为移动速度（m/min）；μ 为摩擦系数，通常约为 0.1 ~ 0.2；η_1 为传动机构的效率，通常约为 0.1 ~ 0.2。

实际上所选电动机的功率可以是上述功率的 $\dfrac{1}{\lambda}$，即

$$P = \frac{G\mu v}{102 \times 60 \times \eta_1 \lambda} \quad (\text{kW}) \tag{7.9.4}$$

【例 7.9.2】 已知刀架重量 $G = 500$ kg，移动速度 $v = 15$ m/min，导轨摩擦系数 $\mu = 0.1$，传动机构的效率 $\eta_1 = 0.2$，要求电动机的转速约为 1 400 r/min。求刀架快速移动电动机的功率。

【解】 Y 系列四极笼型电动机的过载系数 $\lambda = 2.2$，于是

$$P = \frac{G\mu v}{102 \times 60 \times \eta_1 \lambda} = \frac{500 \times 0.1 \times 15}{102 \times 60 \times 0.2 \times 2.2} \text{kW} = 0.28 \text{ kW}$$

选用 Y3 - 80M1 - 4 型电动机，$P_N = 0.55$ kW，$n_N = 1$ 390 r/min。

7.9.2　种类和形式的选择

1. 种类的选择

选择电动机的种类是从交流或直流、机械特性、调速与起动性能、维护及价格等方面来考虑的。

因为通常生产场所用的都是三相交流电源，如果没有特殊要求，一般都应采用交流电动机。在交流电动机中，三相笼型异步电动机结构简单，坚固耐用，工作可靠，价格低廉，维护方便；其主要缺点是调速困难，功率因数较低，起动性能较差。因此，要求机械特性较硬而无特殊调速要求的一般生产机械的拖动应尽可能采用笼型电动机。在功率不大的水泵和通风机、运输机、传送带上，在机床的辅助运动机构（如刀架快速移动、横梁升降和夹紧等）上，差不多都采用笼型电动机。一些小型机床上也采用它作为主轴电动机。

绕线转子电动机的基本性能与笼型相同。其特点是起动性能较好，并可在不大的范围内平滑调速。但是它的价格较笼型电动机为贵，维护亦较不便。因此，对某些起重机、卷扬机、锻压机及重型机床的横梁移动等不能采用笼型电动机的场合，才采用绕线转子电动机。

2. 结构形式的选择

生产机械的种类繁多，它们的工作环境也不尽相同。如果电动机在潮湿或含有酸性气体的环境中工作，则绕组的绝缘很快受到侵蚀。如果在灰尘很多的

环境中工作,则电动机很容易脏污,致使散热条件恶化。因此,有必要生产各种结构形式的电动机,以保证在不同的工作环境中能安全可靠地运行。

按照上述要求,电动机常制成下列几种结构形式。

(1)开启式

在构造上无特殊防护装置,用于干燥无灰尘的场所。通风非常良好。

(2)防护式

在机壳或端盖下面有通风罩,以防止铁屑等杂物掉入。也有将外壳做成挡板状,以防止在一定角度内有雨水滴溅入其中。

(3)封闭式

封闭式电动机的外壳严密封闭。电动机靠自身风扇或外部风扇冷却,并在外壳带有散热片。在灰尘多、潮湿或含有酸性气体的场所,可采用这种电动机。

(4)防爆式

整个电机严密封闭,用于有爆炸性气体的场所,例如在矿井中。

此外,也要根据安装要求,采用不同的安装结构形式(图7.9.1):(a)机座带底脚,端盖无凸缘(B_3);(b)机座不带底脚,端盖有凸缘(B_5);(c)机座带底脚,端盖有凸缘(B_{35})。

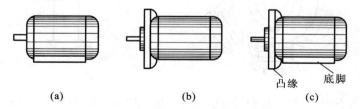

(a)　　　　　　　(b)　　　　　　　(c)

图 7.9.1　电动机的三种基本安装结构形式

7.9.3 电压和转速的选择

1. 电压的选择

电动机电压等级的选择,要根据电动机类型、功率以及使用地点的电源电压来决定。Y 系列笼型电动机的额定电压只有 380 V 一个等级。只有大功率异步电动机才采用 3 000 V 和 6 000 V。

2. 转速的选择

电动机的额定转速是根据生产机械的要求而选定的。但是,通常转速不低于 500 r/min。因为当功率一定时,电动机的转速愈低,则其尺寸愈大,价格愈贵,而且效率也较低。因此就不如购买一台高速电动机,再另配减速器来得合算。

异步电动机通常采用四个极的,即同步转速 $n_0 = 1\ 500$ r/min 的。

△7.10 同步电动机

同步电动机的定子和三相异步电动机的一样；而它的转子是磁极，由直流电励磁，直流电经电刷和滑环流入励磁绕组，如图 7.10.1 所示。在磁极的极掌上装有和笼型绕组相似的起动绕组，当将定子绕组接到三相电源产生旋转磁场后，同步电动机就像异步电动机那样起动起来（这时转子尚未励磁）。当电动机的转速接近同步转速 n_0 时，才对转子励磁。这时，旋转磁场就能紧紧地牵引着转子一起转动，如图 7.10.2 所示。以后，两者转速便保持相等（同步），即

$$n = n_0 = \frac{60f}{p}$$

这就是同步电动机名称的由来。

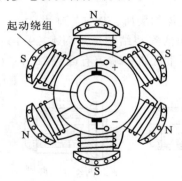

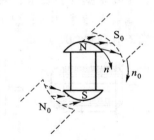

图 7.10.1 同步电动机的转子   图 7.10.2 同步电动机的工作原理图

当电源频率 f 一定时，同步电动机的转速 n 是恒定的，不随负载而变。所以它的机械特性曲线 $n = f(T)$ 是一条与横轴平行的直线（图 7.10.3）。这是同步电动机的基本特性。

同步电动机运行时的另一重要特性是：改变励磁电流，可以改变定子相电压 $\dot{U}$ 和相电流 $\dot{I}$ 之间的相位差 φ（也就是改变同步电动机的功率因数 $\cos\varphi$），可以使同步电动机运行于电感性、电阻性或电容性三种状态。这不仅可以提高本身的功率因数，而且利用运行于电容性状态以提高电网的功率因数。同步补偿机就是专门用来补偿电网滞后功率因数的空载运行的同步电动机。

图 7.10.3 同步电动机的机械特性曲线

同步电动机常用于长期连续工作及保持转速不变的场所，如用来驱动水泵、通风机、压缩机等。

【例 7.10.1】 某车间原有功率 30 kW，平均功率因数为 0.6。现新添设备一

台，需用 40 kW 的电动机，车间采用了三相同步电动机，并且将全车间的功率因数提高到 0.96。试问这时同步电动机运行于电容性还是电感性状态？无功功率多大？

【解】 因将车间功率因数提高，所以该同步电动机运行于电容性状态。车间原有无功功率

$$Q = \sqrt{3}\,UI\sin\varphi = \frac{P}{\cos\varphi}\sin\varphi = \frac{30}{0.6} \times \sqrt{1 - 0.6^2}\ \text{kvar} = 40\ \text{kvar}$$

同步电动机投入运行后，车间的无功功率

$$Q' = \sqrt{3}\,UI'\sin\varphi' = \frac{P'}{\cos\varphi'}\sin\varphi'$$

$$= \frac{30 + 40}{0.96} \times \sqrt{1 - 0.96^2}\ \text{kvar} = 20.4\ \text{kvar}$$

同步电动机提供的无功功率

$$Q'' = Q - Q' = (40 - 20.4)\ \text{kvar} = 19.6\ \text{kvar}$$

7.11　单相异步电动机

单相异步电动机常用于功率不大的电动工具（如电钻、搅拌器等）和众多的家用电器（如洗衣机、电冰箱、电风扇、抽排油烟机等）。

下面介绍两种常用的单相异步电动机，它们都采用笼型转子，但定子有所不同。

7.11.1　电容分相式异步电动机

图 7.11.1 所示的是电容分相式异步电动机。在它的定子中放置一个起动绕组 B，它与工作绕组 A 在空间相隔 90°。绕组 B 与电容器串联，使两个绕组中的电流在相位上近于相差 90°，这就是分相。这样，在空间相差 90° 的两个绕组，分别通有在相位上相差 90°（或接近 90°）的两相电流，也能产生旋转磁场。

设两相电流为

$$i_A = I_{Am}\sin\omega t$$

$$i_B = I_{Bm}\sin(\omega t + 90°)$$

它们的正弦曲线如图 7.11.2 所示。只要回忆一下三相电流是如何产生旋转磁场的，从图 7.11.3 中就可理解两相电流所产生的合成磁场也是在空间旋转的。在这旋转磁场的作用下，电动机的转子就转动起来。在接近额定转速时，有的借助离心力的作用把开关 S 断开（在起动时是靠弹簧使其闭合

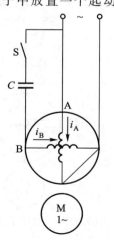

图 7.11.1　电容分相式异步电动机

的），以切断起动绕组。有的采用起动继电器把它的吸引线圈串接在工作绕组的电路中。在起动时由于电流较大，继电器动作，其动合触点闭合，将起动绕组与电源接通。随着转速的升高，工作绕组中电流减小，当减小到一定值时，继电器复位，切断起动绕组[①]。也有在电动机运行时不断开起动绕组（或仅切除部分电容）以提高功率因数和增大转矩。

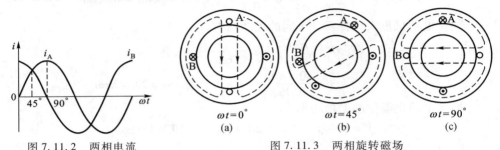

图 7.11.2　两相电流　　　　　　图 7.11.3　两相旋转磁场

　　除用电容来分相外，也可用电感和电阻来分相。工作绕组的电阻小，匝数多（电感大）；起动绕组的电阻大，匝数少，以达到分相的目的。

　　改变电容器 C 的串联位置，可使单相异步电动机反转。在图 7.11.4 中，将开关 S 合在位置 1，电容器 C 与 B 绕组串联，电流 i_B 较 i_A 超前近 $90°$；当将 S 切换到位置 2，电容器 C 与 A 绕组串联，i_A 较 i_B 超前近 $90°$。这样就改变了旋转磁场的转向，从而实现电动机的反转。洗衣机中的电动机就是由定时器的转换开关来实现这种自动切换的。

　　图 7.11.5 所示是电风扇原理电路。琴键开关：0 位停止，1，2，3 位分别为快、中、慢速，请自行分析其调速原理

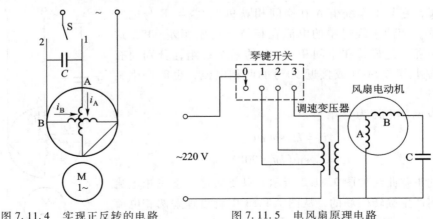

图 7.11.4　实现正反转的电路　　　　图 7.11.5　电风扇原理电路

---

① 关于切断起动绕组后电动机仍能在原方向继续转动的问题，不在本书中讨论。

7.11.2 罩极式异步电动机

罩极式单相异步电动机的结构如图 7.11.6 所示。单相绕组绕在磁极上，在磁极的约 $\frac{1}{3}$ 部分套一短路铜环。

在图 7.11.7 中，Φ_1 是励磁电流 i 产生的磁通，Φ_2 是 i 产生的另一部分磁通（穿过短路铜环）和短路铜环中的感应电流所产生的磁通的合成磁通。由于短路铜环中的感应电流阻碍穿过短路铜环磁通的变化，使 Φ_1 和 Φ_2 之间产生相位差，Φ_2 滞后于 Φ_1。当 Φ_1 达到最大值时，Φ_2 尚小；而当 Φ_1 减小时，Φ_2 才增大到最大值。这相当于在电动机内形成一个向被罩部分移动的磁场，它便使笼型转子产生转矩而起动。

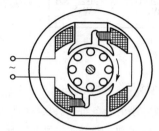
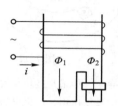

图 7.11.6　罩极式单相异步
电动机的结构图

图 7.11.7　罩极式电动机
的移动磁场

罩极式单相异步电动机结构简单，工作可靠，但起动转矩较小，常用于对起动转矩要求不高的设备中，如风扇、吹风机等。

最后顺便讨论关于三相异步电动机的单相运行问题。三相电动机接到电源的三根导线中由于某种原因断开了一线，就成为单相电动机运行。如果在起动时就断了一线，则不能起动，只听到嗡嗡声。这时电流很大，时间长了，电动机就被烧坏。如果在运行中断了一线，则电动机仍将继续转动。若此时还带动额定负载，则势必超过额定电流。时间一长，也会使电动机烧坏。这种情况往往不易察觉（特别在无过载保护的情况下），在使用三相异步电动机时必须注意。

*7.12　直线异步电动机

从 20 世纪 60 年代开始，由于高速运输的需要，直线电动机的理论研究和推广应用得到日益发展。可以认为直线电动机是从旋转电动机演变而来的，最典型的是直线异步电动机，今分析如下。

1. 工作原理

如将三相异步电动机沿轴线剖开而后拉平，构成初级和次级两部分，如图 7.12.1 所示。初级表面开槽，放置三相绕组，产生的不再是旋转磁场，而是位移磁场（也称行波磁场），但其线速度 v_0 可按三相异步电动机的旋转磁场转速 n_0 来计算，即

$$v_0 = \pi D \cdot \frac{n_0}{60} = \pi D \cdot \frac{1}{60} \cdot \frac{60 f_1}{p} = 2 \frac{\pi D}{2p} f_1 = 2 \tau f_1 \quad \text{（m/s）}$$

式中，D 为三相异步电动机定子的内直径（m）；τ 为极距（m）。可见，改变极距 τ 和频率 f_1，就可改变行波磁场的线速度。式中 πD 也就是直线异步电动机的长度。

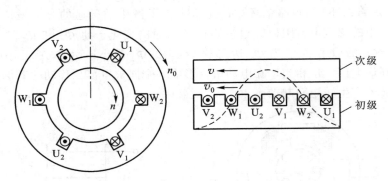

图 7.12.1　直线异步电动机的工作原理

次级中有导条，如果是整块金属，可认为由无数并联的导条组成。当导条中感应出电流后，就和行波磁场作用，产生电磁力，使次级作直线运动，和异步电动机一样道理，其线速度 v 也应低于 v_0。

2. 结构

直线异步电动机的扁平形结构最为典型，如图 7.12.2 所示，其中还分短次级和短初级两种。此外，还分单边型（图 7.12.1）和双边型（图 7.12.2）。前者在初级与次级之间作用着较大的法向磁拉力，这是不希望存在的；而在后者两边的法向磁拉力互相抵消。

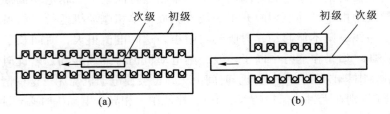

图 7.12.2　直线异步电动机的结构

3. 应用

磁悬浮高速列车就是应用了直线异步电动机。初级装在车体上，由车内柴油机带动交流变频发电机，供给初级电流。次级是铁轨，固定的。靠反电磁力推动车体作直线运动。初级与次级间用磁垫隔离。目前高速列车可达（400～500）km/h 的速度。

图 7.12.3 所示是直线异步电动机应用于传送带，传送带由金属丝网和橡胶复合而成，作为次级，初级固定。

图 7.12.4 所示是直线异步电动机用于搬运钢材，钢材作为次级，隔一定距离安装一个固定的初级。

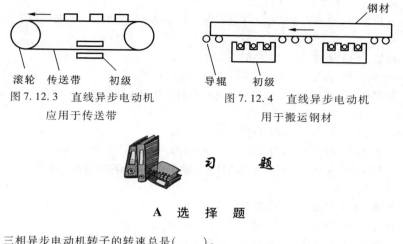

图 7.12.3 直线异步电动机
应用于传送带

图 7.12.4 直线异步电动机
用于搬运钢材

习 题

A 选 择 题

7.2.1 三相异步电动机转子的转速总是（　　）。
(1) 与旋转磁场的转速相等
(2) 与旋转磁场的转速无关
(3) 低于旋转磁场的转速

7.2.2 某一 50 Hz 的三相异步电动机的额定转速为 2 890 r/min，则其转差率为（　　）。
(1) 3.7%　　　　　　　(2) 0.038　　　　　　　(3) 2.5%

7.2.3 有一 60 Hz 的三相异步电动机，其额定转速为 1 720 r/min，则其额定转差率为（　　）。
(1) 4.4%　　　　　　　(2) 4.6%　　　　　　　(3) 0.053

7.2.4 在图 7.01 所示的三相笼型异步电动机中，（　　）与图(a)的转子转向相同。
(1) 图(b)　　　　　　　(2) 图(c)　　　　　　　(3) 图(d)

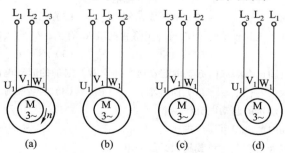

图 7.01 习题 7.2.4 的图

7.3.1 某三相异步电动机在额定运行时的转速为 1 440 r/min，电源频率为 50 Hz，此时转子电流的频率为（　　）。
(1) 50 Hz　　　　　　　(2) 48 Hz　　　　　　　(3) 2 Hz

7.3.2 三相异步电动机的转速 n 愈高，则转子电流 I_2（　　），转子功率因数 $\cos\varphi_2$（　　）。

　　　I_2：（1）愈大　　　（2）愈小　　　（3）不变

　　　$\cos\varphi_2$：（1）愈大　　　（2）愈小　　　（3）不变

7.4.1 三相异步电动机在额定电压下运行时，如果负载转矩增加，则转速（　　），电流（　　）。

　　　转速：（1）增高　　　（2）降低　　　（3）不变

　　　电流：（1）增大　　　（2）减小　　　（3）不变

7.4.2 三相异步电动机在额定负载转矩下运行时，如果电压降低，则转速（　　），电流（　　）。

　　　转速：（1）增高　　　（2）降低　　　（3）不变

　　　电流：（1）增大　　　（2）减小　　　（3）不变

7.4.3 三相异步电动机在额定状态下运行时，如果电源电压略有增高，则转速（　　），电流（　　）。

　　　转速：（1）增高　　　（2）降低　　　（3）不变

　　　电流：（1）增大　　　（2）减小　　　（3）不变

7.4.4 三相异步电动机在正常运行时，如果电源频率降低（例如从 50 Hz 降到 48 Hz），则转速（　　），电流（　　）。

　　　转速：（1）增高　　　（2）降低　　　（3）不变

　　　电流：（1）增大　　　（2）减小　　　（3）不变

7.4.5 三相异步电动机在额定状态下运行时，如果电源频率升高，则转速（　　），电流（　　）。

　　　转速：（1）增高　　　（2）降低　　　（3）不变

　　　电流：（1）增大　　　（2）减小　　　（3）不变

7.4.6 三相异步电动机在正常运行中如果有一根电源线断开，则（　　）。

　　　（1）电动机立即停转　　　（2）电流立即减小　　　（3）电流大大增大

7.4.7 三相异步电动机的转矩 T 与定子每相电源电压 U_1（　　）。

　　　（1）成正比　　　　　　　（2）平方成比例　　　　　　　（3）无关

7.5.1 三相异步电动机的起动转矩 T_{st} 与转子每相电阻 R_2 有关，R_2 愈大时，则 T_{st}（　　）。

　　　（1）愈大　　　　　　　（2）愈小　　　　　　　（3）不一定

7.5.2 三相异步电动机在满载时起动的起动电流与空载时起动的起动电流相比，（　　）。

　　　（1）前者大　　　　　　　（2）前者小　　　　　　　（3）两者相等

7.5.3 三相异步电动机的起动电流（　　）。

　　　（1）与起动时的电源电压成正比

　　　（2）与负载大小有关，负载越大，起动电流越大

　　　（3）与电网容量有关，容量越大，起动电流越小

7.8.1 三相异步电动机铭牌上所标的功率是指它在额定运行时（　　）。

　　　（1）视在功率　　　　　　　（2）输入电功率　　　　　　　（3）轴上输出的机械功率

7.8.2 三相异步电动机功率因数 $\cos\varphi$ 的 φ 角是指在额定负载下（　　）。

（1）定子线电压与线电流之间的相位差

（2）定子相电压与相电流之间的相位差

（3）转子相电压与相电流之间的相位差

7.8.3 三相异步电动机的转子铁损耗很小，这是因为(　　)。

（1）转子铁心选用优质材料

（2）转子铁心中磁通很小

（3）转子频率很低

B 基 本 题

7.3.3 有一四极三相异步电动机，额定转速 $n_N = 1\,440$ r/min，转子每相电阻 $R_2 = 0.02\ \Omega$，感抗 $X_{20} = 0.08\ \Omega$，转子电动势 $E_{20} = 20$ V，电源频率 $f_1 = 50$ Hz。试求该电动机起动时及在额定转速运行时的转子电流 I_2。

7.3.4 有一台 50 Hz，1 425 r/min，四极的三相异步电动机，转子电阻 $R_2 = 0.02\ \Omega$，感抗 $X_{20} = 0.08\ \Omega$，$E_1/E_{20} = 10$，当 $E_1 = 200$ V 时，试求：（1）电动机起动初始瞬间（$n = 0$，$s = 1$）转子每相电路的电动势 E_{20}，电流 I_{20} 和功率因数 $\cos \varphi_{20}$；（2）额定转速时的 E_2，I_2 和 $\cos \varphi_2$。比较在上述两种情况下转子电路的各个物理量（电动势、频率、感抗、电流及功率因数）的大小。

7.4.8 已知 Y100L1 – 4 型异步电动机的某些额定技术数据如下：

2.2 kW	380 V	Y 形联结
1 420 r/min	$\cos \varphi = 0.82$	$\eta = 81\%$

试计算：（1）相电流和线电流的额定值及额定负载时的转矩；（2）额定转差率及额定负载时的转子电流频率。设电源频率为 50 Hz。

7.4.9 有台三相异步电动机，其额定转速为 1 470 r/min，电源频率为 50 Hz。在(a)起动瞬间，(b)转子转速为同步转速的 $\frac{2}{3}$ 时，(c)转差率为 0.02 时三种情况下，试求：（1）定子旋转磁场对定子的转速；（2）定子旋转磁场对转子的转速；（3）转子旋转磁场对转子的转速$\left(\text{提示：} n_2 = \dfrac{60f_2}{p} = sn_0\right)$；（4）转子旋转磁场对定子的转速；（5）转子旋转磁场对定子旋转磁场的转速。

7.4.10 有 Y112M – 2 型和 Y160M1 – 8 型异步电动机各一台，额定功率都是 4 kW，但前者额定转速为 2 890 r/min，后者为 720 r/min。试比较它们的额定转矩，并由此说明电动机的极数、转速及转矩三者之间的大小关系。

7.4.11 已知 Y132S – 4 型三相异步电动机的额定技术数据如下：

功率	转速	电压	效率	功率因数	I_{st}/I_N	T_{st}/T_N	T_{max}/T_N
5.5 kW	1 440 r/min	380 V	85.5%	0.84	7	2	2.2

电源频率为 50 Hz。试求额定状态下的转差率 s_N、电流 I_N 和转矩 T_N，以及起动电流 I_{st}、起动转矩 T_{st}、最大转矩 T_{max}。

7.4.12　（1）试大致画出习题 7.4.11 中电动机的机械特性曲线 $n = f(T)$；（2）当电动机在额定状态下运行时，电源电压短时间降低，最低允许降到多少伏？

7.4.13　某四极三相异步电动机的额定功率为 30 kW，额定电压为 380 V，三角形联结，频率为 50 Hz。在额定负载下运行时，其转差率为 0.02，效率为 90%，线电流为 57.5 A，试求：（1）转子旋转磁场对转子的转速；（2）额定转矩；（3）电动机的功率因数。

7.5.4　习题 7.4.13 中电动机的 $T_{st}/T_N = 1.2$，$I_{st}/I_N = 7$，试求：（1）用 Y−Δ 换接起动时的起动电流和起动转矩；（2）当负载转矩为额定转矩的 60% 和 25% 时，电动机能否起动？

7.5.5　在习题 7.4.13 中，如果采用自耦变压器降压起动，而使电动机的起动转矩为额定转矩的 85%，试求：（1）自耦变压器的变比；（2）电动机的起动电流和线路上的起动电流各为多少？

7.5.6　（1）Y180L−4 型三相异步电动机，22 kW，$I_{st}/I_N = 7$；（2）Y250M−4 型三相异步电动机，55 kW，$I_{st}/I_N = 7$。若电源变压器容量为 560 kV·A，试问上列两电动机能否直接起动？

7.9.1　某一车床，其加工工件的最大直径为 600 mm，用统计分析法计算主轴电动机的功率。

7.9.2　有一短时运行的三相异步电动机，折算到轴上的转矩为 130 N·m，转速为 730 r/min，试求电动机的功率。取过载系数 $\lambda = 2$。

7.9.3　有一台三相异步电动机在轻载下运行，已知输入功率 $P_1 = 20$ kW，$\cos\varphi = 0.6$。今接入三角形联结的补偿电容（图 7.02），使其功率因数达到 0.8。又已知电源线电压为 380 V，频率为 50 Hz。试求：（1）补偿电容器的无功功率；（2）每相电容 C。

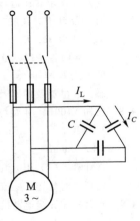

图 7.02　习题 7.9.3 的图

C　拓　宽　题

7.1.1　一般电动机的空气隙为 0.2 ~ 1.0 mm，大型电动机为 1.0 ~ 1.5 mm。试分析空气隙过大或过小对电动机的运行有何影响。

7.4.14　三相异步电动机能否稳定运行，主要看在运行中受到干扰后能否自动恢复到原来的平衡状态；或者负载变化时能否自动达到一个新的平衡状态。在图 7.03 中，试分析：（1）电动机原在负载转矩 T_C 下稳定运行，其工作点在图中所示机械特性曲线 abc 段的 b 点，问在负载转矩增大和减小两种情况下电动机能否稳定运行，工作点和转速有何变化？（2）假设电动机原在 cde 段的 d 点运行，当由于某种原因，负载略有增大和减小时电动机能否稳定运行，最

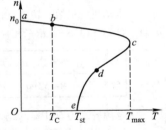

图 7.03　电动机稳定运行分析

终电动机是否会停止运行？还是能稳定运行？

7.5.7　试从机械特性曲线分析三相异步电动机空载起动的过程，最后在何处稳定运行？

7.5.8　某工厂的电源容量为 560 kV·A，一皮带运输机采用三相笼型异步电动机拖动，其技术数据为：40 kW，Δ 形联结，$I_{st}/I_N = 7$，$T_{st}/T_N = 1.8$。今要求带 $0.8T_N$ 的负载起动，试问应采用什么方法(直接起动、Y－Δ 换接起动、自耦降压起动)起动？

7.7.1　当三相异步电动机下放重物时，会不会因重力加速度急剧下落而造成危险？

7.10.1　某工厂负载为 850 kW，功率因数为 0.6(滞后)，由 1 600 kV·A 变压器供电。现添加 400 kW 功率的负载，由同步电动机拖动，其功率因数为 0.8(超前)，问是否需要加大变压器容量？这时将工厂的功率因数提高到多少？

△ **第 8 章**

直流电动机

直流电机是机械能和直流电能互相转换的旋转机械装置。直流电机用作发电机时，它将机械能转换为电能；用作电动机时，将电能转换为机械能。

在生产上主要应用的是交流电，但在某些方面，譬如蓄电池充电、同步电机励磁、电镀和电解、直流电焊、直流电动机以及汽车、拖拉机、船舶上的用电等等，仍然需要直流电。直流发电机可作为上述各方面的直流电源。由于直流发电机的构造复杂，价格昂贵，工作可靠性也较差，因此随着近代工业电子技术的迅速发展，它已被半导体整流电源逐渐取代。

直流电动机虽然比三相异步电动机的结构复杂，维护也不便，但是由于它的调速性能较好和起动转矩较大，因此，对调速要求较高的生产机械(例如龙门刨床、镗床、轧钢机等)或者需要较大起动转矩的生产机械(例如起重机械、电力牵引设备等)往往采用直流电动机来驱动。

对直流电动机也是讨论它的机械特性及起动、调速、反转的基本原理和基本方法。

8.1 直流电机的构造

直流电机主要由下列三个部分组成(图 8.1.1)。

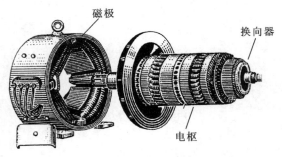

图 8.1.1 直流电机的组成部分

1. 磁极

磁极(图8.1.2)是用来在电机中产生磁场的。它分成极心和极掌两部分。极心上放置励磁绕组,极掌的作用是使电机空气隙中磁感应强度的分布最为合适,并用来挡住励磁绕组。磁极是用钢片叠成的,固定在机座(即电机外壳)上;机座也是磁路的一部分。机座通常用铸钢制成。

在小型直流电机中,也有用永久磁铁作为磁极的。

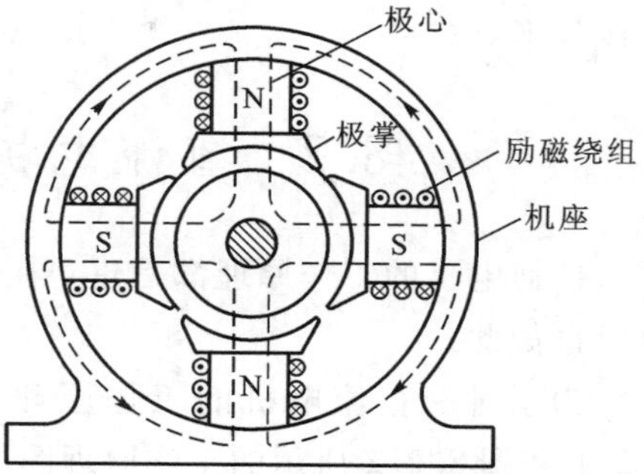

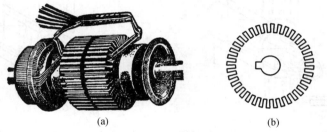

图8.1.2　直流电机的磁极及磁路

2. 电枢

电枢是电机中产生感应电动势的部分。直流电机的电枢是旋转的。电枢铁心呈圆柱状,由硅钢片叠成,表面冲有槽;槽中放电枢绕组(图8.1.3)。

(a)　　　　　　　　(b)

图8.1.3　直流电机的电枢和电枢铁心片

3. 换向器(整流子)

换向器是直流电机中的一种特殊装置,其外形如图8.1.4(a)所示。图8.1.4(b)所示是换向器的剖面图。它是由楔形铜片组成,铜片间用云母垫片(或某种塑料垫片)绝缘。换向铜片放置在套筒上,用压圈固定;压圈本身又用螺母固紧。换向器装在转轴上。电枢绕组的导线按一定规则与换向片相连接。换向器的凸出部分是焊接电枢绕组的。

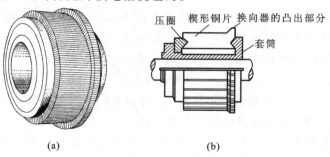

(a)　　　　　　　　(b)

图8.1.4　换向器

换向器是直流电机的构造特征，易于识别。

在换向器的表面用弹簧压着固定的电刷，使转动的电枢绕组得以同外电路连接起来。

8.2 直流电机的基本工作原理

任何电机的工作原理都是建立在电磁力和电磁感应这个基础上的，对直流电机也如此。

为了讨论直流电机的工作原理，我们把复杂的直流电机结构简化为图 8.2.1 和图 8.2.2 所示的工作原理图。电机具有一对磁极，电枢绕组只是一个线圈，线圈两端分别连在两个换向片上，换向片上压着电刷 A 和 B。

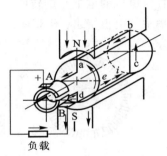 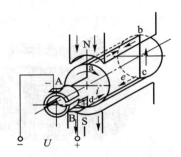

图 8.2.1 直流发电机的工作原理图　　图 8.2.2 直流电动机的工作原理图

直流电机作发电机运行时（图 8.2.1），电枢由原动机驱动而在磁场中旋转，在电枢线圈的两根有效边（切割磁通的部分导体）中便感应出电动势。显然，每一有效边中的电动势是交变的，即在 N 极下是一个方向，当它转到 S 极下时是另一个方向。但是，由于电刷 A 总是同与 N 极下的一边相连的换向片接触，而电刷 B 总是同与 S 极下的一边相连的换向片接触，因此在电刷间就出现一个极性不变的电动势或电压。所以换向器的作用在于将发电机电枢绕组内的交变电动势换成电刷之间的极性不变的电动势。当电刷之间接有负载时，在电动势的作用下就在电路中产生一定方向的电流。

直流电机电刷间的电动势常用下式表示

$$E = K_E \Phi n \qquad (8.2.1)$$

式中，Φ 是一个磁极的磁通，单位是韦［伯］（Wb）；n 是电枢转速，单位是转每分（r/min）；K_E 是与电机结构有关的常数；E 的单位是伏［特］（V）。

直流电机作电动机运行时（图 8.2.2），将直流电源接在两电刷之间而使电流通入电枢线圈。电流方向应该是这样：N 极下的有效边中的电流总是一个方向，而 S 极下的有效边中的电流总是另一个方向。这样才能使两个边上受到的电磁力的方向一致，电枢因而转动。因此，当线圈的有效边从 N（S）极下转到 S（N）极下时，其中电流的方向必须同时改变，以使电磁力的方向不变。而这也必须通过换向器才得以实现。电动机电枢线圈通电后在磁场中受力而转动，这是问题的一个方面。另外，当电枢在磁场中转动时，线圈中也要产生感应电动势。这个电动势的方向（由右手定则确定，图 8.2.2 中用虚线箭头表示）与电流或外加电压的方向总是相反，所以称为反电动势。它与发电机的电动势的作用不同，后者是电源电动势，由此而产生电流。

直流电机电枢绕组中的电流（电枢电流 I_a）与磁通 $\varPhi$ 相互作用，产生电磁力和电磁转矩。直流电机的电磁转矩常用下式表示

$$T = K_T \varPhi I_a \tag{8.2.2}$$

式中，K_T 是与电机结构有关的常数；$\varPhi$ 的单位是韦［伯］（Wb）；I_a 的单位是安（A）；T 的单位是牛［顿］米（N·m）。

直流发电机和直流电动机两者的电磁转矩的作用是不同的。

发电机的电磁转矩是阻转矩，它与电枢转动的方向或原动机的驱动转矩的方向相反；在图 8.2.1 中，应用左手定则就可看出。因此，在等速转动时，原动机的转矩 T_1 必须与发电机的电磁转矩 T 及空载损耗转矩 T_0 相平衡。当发电机的负载（即电枢电流）增加时，电磁转矩和输出功率也随之增加。这时原动机的驱动转矩和所供给的机械功率也必须相应增加，以保持转矩之间及功率之间的平衡，而转速基本上不变。

电动机的电磁转矩是驱动转矩，它使电枢转动。因此，电动机的电磁转矩 T 必须与机械负载转矩 T_2 及空载损耗转矩 T_0 相平衡。当轴上的机械负载发生变化时，则电动机的转速、电动势、电流及电磁转矩将自动进行调整，以适应负载的变化，保持新的平衡。譬如，当负载增加，即阻转矩增加时，电动机的电磁转矩便暂时小于阻转矩，所以转速开始下降。随着转速的下降，当磁通 $\varPhi$ 不变时，反电动势 E 必将减小，而电枢电流将增加[1]，于是电磁转矩也随之增加。直到电磁转矩与阻转矩达到新的平衡后，转速不再下降，而电动机以较原先为低的转速稳定运行。这时的电枢电流已大于原先的，也就是说从电源输入的功率增加了（电源电压保持不变）。

由上可知，直流电机作发电机运行和作电动机运行时，虽然都产生电动势和电磁转矩，但两者的作用截然相反：

---

[1] 将在 8.3 节讨论，由式（8.3.1）$I_a = \dfrac{U - E}{R_a}$ 可知。

发电机运行   电动机运行

E 和 I_a 方向相同 E 和 I_a 方向相反

E——电源电动势 E——反电动势

T——阻转矩 T——驱动转矩

$T_1 = T + T_0$ $T = T_2 + T_0$

【练习与思考】

8.2.1 试用图 8.2.1 和图 8.2.2 的原理图来说明：为什么发电机的电磁转矩是阻转矩？为什么电动机的电动势是反电动势？

8.2.2 试分别说明换向器在直流发电机和直流电动机中的作用。

8.3 直流电动机的机械特性

在上节中已讨论了直流电动机的工作原理，现在来进一步分析它的运行情况。直流电动机按励磁方式分为他励、并励、串励和复励四种，在本书中只讨论比较常用的他励电动机和并励电动机两种，它们的接线图如图 8.3.1 所示。他励电动机的励磁绕组与电枢是分离的，分别由两个直流电源，即励磁电源电压 U_f 和电枢电源电压 U 供电；而在并励电动机中两者是并联的，由同一电压 U 供电。

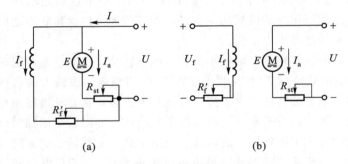

图 8.3.1 直流电动机的接线图
(a) 并励；(b) 他励

下面只以常用的并励电动机为例来分析它的机械特性、起动、反转及调速。他励电动机和并励电动机只是连接上的不同，两者特性是一样的。

并励电动机的励磁绕组与电枢并联，其电压与电流间的关系可用下列各式表示(R_a 为电枢电阻)

$$U = E + R_a I_a, \quad I_a = \frac{U - E}{R_a} \quad\quad (8.3.1)$$

$$I_f = \frac{U}{R_f} \tag{8.3.2}$$

$$I = I_a + I_f \approx I_a \tag{8.3.3}$$

由式(8.3.2)可见，当电源电压 U 和励磁电路的电阻 R_f（包括励磁绕组的电阻和励磁调节电阻 R_f'）保持不变时，励磁电流 I_f 以及由它所产生的磁通 Φ 也保持不变，即 $\Phi =$ 常数。因此，电动机的转矩也就和电枢电流成正比，即

$$T = K_T \Phi I_a = K I_a$$

并励电动机的特点之一就是：它的磁通等于常数，它的转矩与电枢电流成正比。

在 8.2 节中已经阐述过，当电动机的转矩 T 与机械负载转矩 T_2 及空载损耗转矩 T_0 相平衡时，电动机将等速转动；当轴上的机械负载发生变化时，将引起电动机的转速、电流及电磁转矩等发生变化。在电源电压 U 和励磁电路的电阻 R_f 为常数的条件下，表示电动机的转速 n 与转矩 T 之间关系的 $n = f(T)$ 曲线，称为机械特性曲线。

由式(8.2.1)和式(8.3.1)可得

$$n = \frac{E}{K_E \Phi} = \frac{U - R_a I_a}{K_E \Phi} \tag{8.3.4}$$

而后根据式(8.2.2)用 T 替代 I_a，则上式可写成

$$n = \frac{U}{K_E \Phi} - \frac{R_a}{K_E K_T \Phi^2} T = n_0 - \Delta n \tag{8.3.5}$$

在上式中

$$n_0 = \frac{U}{K_E \Phi}$$

是 $T = 0$ 时的转速，实际上是不存在的，因为即使电动机轴上没有加机械负载，电动机的转矩也不可能为零，它还要平衡空载损耗转矩。所以，通常 n_0 称为理想空载转速。

式(8.3.5)中的

$$\Delta n = \frac{R_a}{K_E K_T \Phi^2} T$$

是转速降。它表示：当负载增加时，电动机的转速会下降。转速降是由电枢电阻 R_a 引起的。由式(8.3.4)可知，当负载增加时，I_a 随着增大，于是使 $R_a I_a$ 增加。由于电源电压 U 是一定的，这使反电动势 E 减小，也就是转速 n 降低了。

并励电动机的机械特性曲线如图 8.3.2 所示。由于 R_a 很小，在负载变化时，转速的变化不大。因

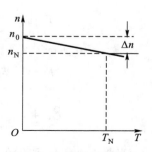

图 8.3.2　并励电动机的机械特性曲线

此，并励电动机具有硬的机械特性，这也是它的特点之一。

【例 8.3.1】 有一并励电动机，其额定数据如下：$P_2 = 22 \text{ kW}$，$U = 110 \text{ V}$，$n = 1\,000 \text{ r/min}$，$\eta = 0.84$；并已知 $R_a = 0.04 \ \Omega$，$R_f = 27.5 \ \Omega$。试求：（1）额定电流 I，额定电枢电流 I_a 及额定励磁电流 I_f；（2）损耗功率 ΔP_{aCu}，ΔP_{fCu} 及 ΔP_0；（3）额定转矩 T；（4）反电动势 E。

【解】 （1）P_2 是输出（机械）功率，额定输入（电）功率为

$$P_1 = \frac{P_2}{\eta} = \frac{22}{0.84} \text{ kW} = 26.19 \text{ kW}$$

额定电流

$$I = \frac{P_1}{U} = \frac{26.19 \times 10^3}{110} \text{ A} = 238 \text{ A}$$

额定励磁电流

$$I_f = \frac{U}{R_f} = \frac{110}{27.5} \text{ A} = 4 \text{ A}$$

额定电枢电流

$$I_a = I - I_f = (238 - 4) \text{ A} = 234 \text{ A}$$

（2）电枢电路铜损耗

$$\Delta P_{aCu} = R_a I_a^2 = 0.04 \times 234^2 \text{ W} = 2\,190 \text{ W}$$

励磁电路铜损耗

$$\Delta P_{fCu} = R_f I_f^2 = 27.5 \times 4^2 \text{ W} = 440 \text{ W}$$

总损失功率

$$\sum \Delta P = P_1 - P_2 = (26\,190 - 22\,000) \text{ W} = 4\,190 \text{ W}$$

空载损耗功率

$$\Delta P_0 = \sum \Delta P - \Delta P_{aCu} = (4\,190 - 2\,190) \text{ W} = 2\,000 \text{ W}$$

（3）额定转矩

$$T = 9\,550 \frac{P_2}{n} = 9\,550 \times \frac{22}{1\,000} \text{ N} \cdot \text{m} = 210 \text{ N} \cdot \text{m}$$

（4）反电动势

$$E = U - R_a I_a = (110 - 0.04 \times 234) \text{ V} = 100.6 \text{ V}$$

8.4 并励电动机的起动与反转

当将电动机接到电源起动时，转速从零逐渐上升到稳定值。在这过程中，电动机的运行特性和稳定运行时是不同的。

并励电动机在稳定运行时，其电枢电流为

$$I_a = \frac{U - E}{R_a}$$

因为电枢电阻 R_a 很小，所以电源电压 U 和反电动势 E 极为接近。

在电动机起动的初始瞬间，$n = 0$，所以 $E = K_E \Phi n = 0$。这时的电枢电流（即直接起动时的电枢电流）为

$$I_{ast} = \frac{U}{R_a} \tag{8.4.1}$$

由于 R_a 很小，这时起动电流将达到额定电流的 $10 \sim 20$ 倍，这是不允许的。

因为并励电动机的转矩正比于电枢电流，所以它的起动转矩也太大。它会产生机械冲击，使传动机构（例如齿轮）遭受损坏。

因此，必须限制起动电流。限制起动电流的方法就是起动时在电枢电路中串接起动电阻 R_{st}（图 8.3.1）。这时电枢中的起动电流初始值

$$I_{ast} = \frac{U}{R_a + R_{st}} \tag{8.4.2}$$

而起动电阻则可由上式确定，即

$$R_{st} = \frac{U}{I_{ast}} - R_a \tag{8.4.3}$$

一般规定起动电流不应超过额定电流的 $1.5 \sim 2.5$ 倍。

起动时，将起动电阻放在最大值处，待起动后，随着电动机转速的上升，把它逐段切除。

必须注意，直流电动机在起动或工作时，励磁电路一定要接通，不能让它断开（起动时要满励磁）。否则，由于磁路中只有很小的剩磁，就可能发生下述事故：（1）如果电动机是静止的，由于转矩太小（$T = K_T \Phi I_a$），它将不能起动，这时反电动势为零，电枢电流很大，电枢绕组有被烧坏的危险；（2）如果电动机在有载运行时断开励磁电路，反电动势立即减小而使电枢电流增大，同时由于所产生的转矩不能满足负载的需要，电动机必将减速而停转，更加促使电枢电流的增大，以致烧毁电枢绕组和换向器；（3）如果电动机在空载运行，它的转速可能上升到很高的值（这种事故称为"飞车"），使电机遭受严重的机械损伤，而且因电枢电流过大而将绕组烧坏。

如果要改变直流电动机的转动方向，必须改变电磁转矩的方向。由左手定则可知：在磁场方向固定的情况下，必须改变电枢电流的方向；如果电枢电流的方向不变，改变励磁电流的方向同样可以达到反转的目的。

【例 8.4.1】 在例 8.3.1 中，（1）求电枢中的直接起动电流的初始值；（2）如果使起动电流不超过额定电流的 1.5 倍，求起动电阻。

【解】　（1）$I_{\mathrm{ast}} = \dfrac{U}{R_{\mathrm{a}}} = \dfrac{110}{0.04}\,\mathrm{A} = 2\,750\,\mathrm{A} \approx 11 I_{\mathrm{a}}$

（2）$R_{\mathrm{st}} = \dfrac{U}{I_{\mathrm{ast}}} - R_{\mathrm{a}} = \dfrac{U}{1.5 I_{\mathrm{a}}} - R_{\mathrm{a}} = \left(\dfrac{110}{1.5 \times 234} - 0.04 \right)\,\Omega = 0.27\,\Omega$

【练习与思考】

8.4.1 在使用并励电动机时，发现转向不对，如将接到电源的两根线对调一下，能否改变转动方向？

8.4.2 分析直流电动机和三相异步电动机起动电流大的原因，两者是否相同？

8.4.3 采用降低电源电压的方法来降低并励电动机的起动电流，是否也可以？

8.5　并励（他励）电动机的调速

　　并励（或他励）电动机和交流异步电动机比较起来，虽然结构复杂，价格高，维修也不方便，但是在调速性能上有其独特的优点。虽然笼型异步电动机通过变频调速可以实现无级调速，但其调速设备复杂，投资较大。因此，对调速性能要求高的生产机械，还常采用直流电动机。由于并励电动机能无级调速，因此，机械变速齿轮箱可以大大简化。

　　电动机的调速就是在同一负载下获得不同的转速，以满足生产要求。

　　根据并励（或他励）电动机的转速公式

$$n = \frac{U - I_{\mathrm{a}} R_{\mathrm{a}}}{K_{\mathrm{E}} \Phi}$$

可知，改变转速常用下列两种方法。

8.5.1　改变磁通 $\boldsymbol{\Phi}$（调磁）

　　当保持电源电压 U 为额定值时，调节电阻 R_{f}'（图 8.3.1），改变励磁电流 I_{f} 以改变磁通。

　　由式

$$n = \frac{U}{K_{\mathrm{E}} \Phi} - \frac{R_{\mathrm{a}}}{K_{\mathrm{E}} K_{\mathrm{T}} \Phi^2} T$$

可见，将磁通 Φ 减小时，n_0 升高了，转速降 Δn 也增大了；但后者与 Φ^2 成反比，所以磁通愈小，机械特性曲线也就愈陡，但仍具有一定硬度（图 8.5.1）。在一定负载下，Φ 愈小，则 n 愈高。由于电动机在额定状态运行时，它的磁路已接近饱和，所以通常只是减小磁通（$\Phi < \Phi_{\mathrm{N}}$），将转速往上调（$n > n_{\mathrm{N}}$）。

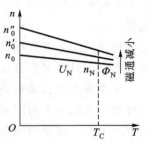

图 8.5.1　改变 Φ 时的
机械特性曲线

调速的过程是这样的：当电压 U 保持恒定时，减小磁通 Φ。由于机械惯性，转速不立即发生变化，于是反电动势 $E = K_E \Phi n$ 就减小，I_a 随之增加。由于 I_a 增加的影响超过 Φ 减小的影响，所以转矩 $T = K_T \Phi I_a$ 也就增加。如果阻转矩 $T_C (T_C = T_2 + T_0)$ 未变，则 $T > T_C$，转速 n 上升。随着 n 的升高，反电动势 E 增大，I_a 和 T 也随着减小，直到 $T = T_C$ 时为止。但这时转速已较原来的升高了。

上述的调速过程是设负载转矩保持不变。结果由于 Φ 的减小而使 I_a 增大。如果在调速前电动机已在额定电流下运行，那么，调速后的电流势必超过额定电流，这是不允许的。从发热的角度考虑，调速后的电流仍应保持额定值，也就是电动机在高速运转时其负载转矩必须减小。因此，这种调速方法仅适用于转矩与转速约成反比而输出功率基本上不变（恒功率调速）的场合，例如用于切削机床中。

这种调速方法有下列优点。

（1）调速平滑，可得到无级调速。

（2）调速经济，控制方便。

（3）机械特性较硬，稳定性较好。

（4）对专门生产的调磁电动机，其调速幅度[①]可达 3 ~ 4，例如 530 ~ 2 120 r/min 及 310 ~ 1 240 r/min。

【例 8.5.1】 有一并励电动机，已知：$U = 110$ V，$E = 90$ V，$R_a = 20$ Ω，$I_a = 1$ A，$n = 3\,000$ r/min。为了提高转速，把励磁调节电阻 R_f' 增大，使磁通 Φ 减小 10%，如负载转矩不变，问转速如何变化？

【解】 今 Φ 减小 10%，即 $\Phi' = 0.9\Phi$，所以电流必须增大到 I_a'，以维持转矩不变，即

$$K_T \Phi I_a = K_T \Phi' I_a'$$

由此得

$$I_a' = \frac{\Phi I_a}{\Phi'} = \frac{1}{0.9} \text{ A} = 1.11 \text{ A}$$

磁通减小后的转速 n' 对原来的转速 n 之比为

$$\frac{n'}{n} = \frac{E'/K_E \Phi'}{E/K_E \Phi} = \frac{E'\Phi}{E\Phi'} = \frac{(U - R_a I_a')\Phi}{(U - R_a I_a)\Phi'}$$

$$= \frac{(110 - 20 \times 1.11) \times 1}{(110 - 20 \times 1) \times 0.9} = 1.08$$

[①] 调速幅度就是在额定负载下所能调到的最高转速与最低转速之比值，即 $D = \dfrac{n_{\max}}{n_{\min}}$。

即转速增加了 8% 。

8.5.2　改变电压 U（调压）

当保持他励电动机的励磁电流 I_f 为额定值时，降低电枢电压 U，则由式 (8.3.5) 可见，n_0 变低了，但 Δn 未改变。因此，改变 U 可得出一族平行的机械特性曲线，如图 8.5.2 所示。在一定负载下，U 愈低，则 n 愈低。为了保证电动机的绝缘不受损害，通常只是降低电压（$U < U_N$），将转速往下调（$n < n_N$）。

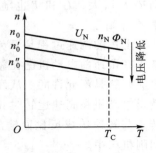

图 8.5.2　改变 U 时的机械特性曲线

调速的过程是这样的：当磁通 Φ 保持不变时，减小电压 U。由于转速不立即发生变化，反电动势 E 也暂不变化，于是电流 I_a 减小了，转矩 T 也减小了。如果阻转矩 T_C 未变，则 $T < T_C$，转速 n 下降。随着 n 的降低，反电动势 E 减小。I_a 和 T 也随着增大，直到 $T = T_C$ 时为止。但这时转速已较原来的降低了。

由于调速时磁通不变，如在一定的额定电流下调速，则电动机的输出转矩也是一定的（恒转矩调速）。例如起重设备中用这种调速方法。

这种调速方法有下列优点。

（1）机械特性较硬，并且电压降低后硬度不变，稳定性较好。

（2）调速幅度较大，可达 6 ~ 10。

（3）可均匀调节电枢电压；可得到平滑的无级调速。

但是需要用电压可以调节的专用设备，投资费用较高。

近年来已普遍采用晶闸管整流电源对电动机进行调压和调磁，以改变它的转速。

【例 8.5.2】　有一他励电动机，已知：$U = 220$ V，$I_a = 53.8$ A，$n = 1\,500$ r/min，$R_a = 0.7$ Ω。今将电枢电压降低一半，而负载转矩不变，问转速降低多少？设励磁电流保持不变。

【解】　由 $T = K_T \Phi I_a$ 可知，在保持负载转矩和励磁电流不变的条件下，电流也保持不变。

电压降低后的转速 n' 对原来的转速 n 之比为

$$\frac{n'}{n} = \frac{E'/K_E\Phi}{E/K_E\Phi} = \frac{E'}{E} = \frac{U' - R_a I_a'}{U - R_a I_a} = \frac{110 - 0.7 \times 53.8}{220 - 0.7 \times 53.8} = 0.4$$

即转速降低到原来的 40% 。

【练习与思考】

8.5.1 对并励电动机能否改变电源电压来进行调速？

8.5.2 比较并励电动机和三相异步电动机的调速性能。

习　　　题

8.1.1 如何从电动机结构的外貌上来区别直流电动机、同步电动机、笼型异步电动机和绕线转子异步电动机？

8.3.1 他励电动机在下列条件下其转速、电枢电流及电动势是否改变？

(1) 励磁电流和负载转矩不变，电枢电压降低。

(2) 电枢电压和负载转矩不变，励磁电流减小。

(3) 电枢电压和励磁电流不变，负载转矩减小。

(4) 电枢电压、励磁电流和负载转矩不变，与电枢串联一个适当阻值的电阻 R'_a。

8.3.2 一台直流电动机的额定转速为 3 000 r/min，如果电枢电压和励磁电流均为额定值时，试问该电动机是否允许在转速为 2 500 r/min 下长期运行？为什么？

8.3.3 有一 Z2－32 型他励电动机，其额定数据如下：$P_2 = 2.2$ kW，$U = U_f = 110$ V，$n = 1 500$ r/min，$\eta = 0.8$；并已知 $R_a = 0.4\ \Omega$，$R_f = 82.7\ \Omega$。试求：(1) 额定电枢电流；(2) 额定励磁电流；(3) 励磁功率；(4) 额定转矩；(5) 额定电流时的反电动势。

8.4.1 对习题 8.3.3 中的电动机，试求：(1) 起动初始瞬间的起动电流；(2) 如果使起动电流不超过额定电流的 2 倍，求起动电阻，并问起动转矩为多少？

8.5.1 对习题 8.3.3 中的电动机，如果保持额定转矩不变，试求用下列两种方法调速时的转速：(1) 磁通不变，电枢电压降低 20%；(2) 磁通和电枢电压不变，与电枢串联一个 1.6 Ω 的电阻；(3) 作出习题 8.3.3 额定运行时以及本题(1)、(2)两种情况时的机械特性曲线，并作一比较。

8.5.2 对习题 8.3.3 中的电动机，允许削弱磁场调到最高转速 3 000 r/min。试求当保持电枢电流为额定值的条件下，电动机调到最高转速后的电磁转矩。

8.5.3 有一台并励电动机，其额定数据如下：$P_2 = 10$ kW，$U = 220$ V，$I = 53.8$ A，$n = 1 500$ r/min；并已知 $R_a = 0.4\ \Omega$，$R_f = 193\ \Omega$。今在励磁电路串联励磁调节电阻 $R'_f = 50\ \Omega$，采用调磁调速。(1) 如保持额定转矩不变，试求转速 n，电枢电流 I_a 及输出功率 P_2；(2) 如保持额定电枢电流不变，试求转速 n，转矩 T 及输出功率 P_2。

8.5.4 对习题 8.5.3 中的电动机，若由于负载减小，转速升高到 1 600 r/min，试求这时的输入电流 I。设磁通保持不变。

8.5.5 图 8.01 所示是并励电动机能耗制动的接线图。所谓能耗制动，就是在电动机停车时将它的电枢从电源断开而接到一个大小适当的电阻 R 上，励磁不变。试分析制动原理。

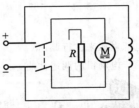

图 8.01   习题 8.5.5 的图

8.5.6 试对三相笼型电动机与并励直流电动机在运行(起动、调速、反转、制动)以及适用场所进行比较。

第 9 章

控 制 电 机

为了使我国全面实现工业、农业、国防和科学技术的现代化，必须采用先进技术，其中包括各种类型的自动控制系统和计算装置。而控制电机在自动控制系统中是必不可少的，其应用不胜枚举。例如：火炮和雷达的自动定位，舰船方向舵的自动操纵，飞机的自动驾驶，机床加工过程的自动控制，炉温的自动调节，以及各种控制装置中的自动记录、检测和解算等，都要用到各种控制电机。

前面两章所讲的各种电机，都是作为动力来使用的，其主要任务是能量的转换。而本章所讲的控制电机的主要任务是转换和传递控制信号，能量的转换是次要的。

控制电机的类型很多，在本章中只讨论常用的两种：伺服电机和步进电机。各种控制电机有各自的控制任务：伺服电机将电压信号转换为转矩和转速以驱动控制对象；步进电机将脉冲信号转换为角位移或线位移。对控制电机还要求具有动作灵敏、准确度高、重量轻、体积小、耗电少及运行可靠等特点。

9.1 伺 服 电 机

在自动控制系统中，伺服电机用来驱动控制对象，它的转矩和转速受信号电压控制。当信号电压的大小和极性（或相位）发生变化时，电动机的转速和转动方向将非常灵敏和准确地跟着变化。

伺服电机有交流和直流两种，今分述于后。

9.1.1 交流伺服电机

1. 基本结构与工作原理

交流伺服电机就是两相异步电动机。它的定子上装有两个绕组，一个是励磁绕组，另一个是控制绕组。它们在空间相隔 $90°$。

交流伺服电机的转子分两种：笼型转子和杯形转子。笼型转子和三相笼型电动机的转子结构相似，只是为了减小转动惯量$\left(J=\dfrac{1}{2}mr^2，m\text{ 和 }r\text{ 分别为转}\right.$

$\left.\text{动体的质量和半径}\right)$而做得细长一些。杯形转子伺服电机的结构如图 9.1.1 所示。为了减小转动惯量，杯形转子通常是用铝合金或铜合金制成的空心薄壁圆筒。此外，为了减小磁路的磁阻，在空心杯形转子内放置固定的内定子。当前主要应用的是笼型转子的交流伺服电机。

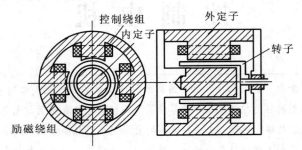

图 9.1.1　杯形转子伺服电机的结构图

图 9.1.2(a)所示是交流伺服电机采用电容分相的接线图。励磁绕组 1 与电容 C 串联后接到交流电源上，其电压为 $\dot{U}_1$。控制绕组 2 常接在电子放大器的输出端，控制电压 $\dot{U}_2$ 即为放大器的输出电压。

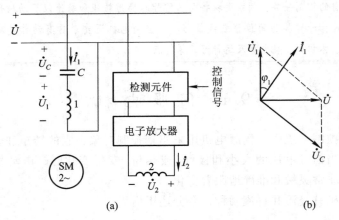

图 9.1.2　交流伺服电机的接线图和相量图

励磁绕组串联 C 的目的是为了分相①而产生两相旋转磁场。适当选择电容 C 的数值，使励磁电流 $\dot{I}_1$ 超前于电压 $\dot{U}$，并使励磁电压 $\dot{U}_1$ 与电源电压 $\dot{U}$ 之间

———————————

① 也可采用电源分相，见第 5 章习题 5.2.9。

有 90° 或近于 90° 的相位差, 如图 9.1.2(b) 所示。而控制电压 $\dot{U}_2$ 与电源电压 $\dot{U}$ 相位相同或相反。因此, $\dot{U}_2$ 和 $\dot{U}_1$ 的相位差基本上也是 90°。两个绕组中的电流 $\dot{I}_2$ 和 $\dot{I}_1$ 的相位差也应近于 90°。这样, 就和单相异步电动机电容分相起动的情况相似。在空间相隔 90° 的两个绕组, 分别通入在相位上相差 90° 的两个电流, 便产生两相旋转磁场(图 7.11.3)。在此旋转磁场作用下, 转子便会转动起来。

杯形转子和笼型转子转动的原理是一样的, 因为杯形转子可视为由无数并联的导体条组成。

交流伺服电机的输出功率一般是 0.1 ~ 100 W, 其电源频率有 50 Hz 和 400 Hz 等多种。型号为 SK(杯形转子)和 SL(笼型转子)。

2. 控制方法

交流伺服电机不仅要具有受控于控制信号而起动和停转的伺服性, 而且还要具有转速变化的可控性。交流伺服电机的控制方法有下列三种。

(1) 幅值控制。

控制电压与励磁电压的相位差近于保持 90° 不变, 通过改变控制电压的大小来改变电机的转速。控制电压大, 电机转得快; 控制电压小, 电机转得慢。当控制电压反相时, 旋转磁场和转子也都反转。由此控制电机的转速和转向。

在运行时如果控制电压变为零, 电机立即停转。这是交流伺服电机的特点, 也是工作所要求的。

图 9.1.3 所示是交流伺服电机在不同控制电压下的机械特性曲线, U_2 为额定控制电压。由图可见: 在一定负载转矩下, 控制电压愈高, 则转速也愈高; 在一定控制电压下, 负载增加, 转速下降。此外, 由于转子电阻较大, 机械特性曲线陡降较快, 特性很软, 不利于系统的稳定。

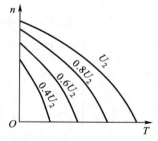

图 9.1.3 在不同控制电压下的机械特性曲线 $n = f(T)$, $U_1 = $ 常数

(2) 相位控制

控制电压与励磁电压的大小保持额定值不变, 通过改变它们的相位差来改变电动机的转速。这里, 可用移相器改变控制电压 $\dot{U}_2$ 的相位, $\dot{U}_2$ 与 $\dot{U}_1$ 的相位差 β 在 0° ~ 90° 间变化, β 越大, 转速越高。当 $\beta = 0°$ 时, $\dot{U}_2$ 与 $\dot{U}_1$ 同相, 如同单相励磁, 电机停转。

相位控制的机械特性曲线与幅值控制的类似。

(3) 幅相控制

幅相控制的接线图如图 9.1.2(a) 所示, 采用电容分相。当改变控制电压

$\dot{U}_2$ 的大小时，经过转子电路的耦合，引起励磁绕组中电流 $\dot{I}_1$ 和电容电压 $\dot{U}_c$ 相应变化。因 $\dot{U}_1 + \dot{U}_c = \dot{U}$，故 $\dot{U}_1$ 的大小和相位均将随之变化。这样，既改变了控制电压的大小，又改变了控制电压与励磁电压的相位差，实现幅相控制。当控制电压变为零时，电动机立即停转。

幅相控制设备简单，不用移相装置，并有较大的输出功率，应用最为广泛。

3. 应用

图 9.1.4 所示是交流伺服电机在热电偶温度计的自动平衡电位计电路中应用的一例。在测量温度时，将开关合在 b 点，利用电位计电阻 R_2 段上的电压降来平衡热电偶的电动势。当两者不相等时，就产生不平衡电压（即差值电压）U_d。不平衡电压经变流器变换为交流电压，而后经电子放大器放大。放大器的输出端接交流伺服电机的控制绕组。于是电机便转动起来，从而带动电位计电阻的滑动触点。滑动触点的移动方向，正好是使电路平衡的方向。一旦达到平衡（$U_d = 0$），电机便停止转动。这时电阻 R_2 上的电压降 $R_2 I_0$ 恰好与热电动势 E_t 相等。如果将 I_0 保持为标准值，那么，电阻 R_2 的大小就可反映出热电动势或直接反映出被测温度的大小来。当被测温度高低发生变化时，U_d 的极性不同，也就是控制电压的相位不同，从而使伺服电机正转或反转再达到平衡。

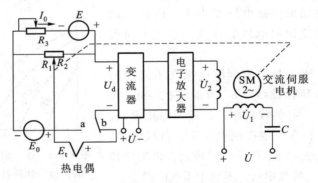

图 9.1.4　自动平衡电位计电路的原理图

为了使电流 I_0 保持为恒定的标准值，在测量前或校验时，可将开关合在 a 点，将标准电池（其电动势为 E_0）接入。而后调节 R_3，使 $(R_1 + R_2)I_0 = E_0$，即使 $U_d = 0$。这时的电流 I_0 即等于标准值。可变电阻器 R_3 的滑动触点也常用伺服电机来带动，以自动满足 $(R_1 + R_2)I_0 = E_0$ 的要求。

同时，交流伺服电机也带动温度计的指针和记录笔，在记录纸上记录温度数值；另有微型同步电动机以匀速带动记录纸前进（在图 9.1.4 上均未示出）。

上述的自动平衡电位计电路可用图 9.1.5 所示的闭环控制的方框图来表示。因为信号的传送途径是一闭合环路，故称为闭环。当输入端的温度发生变化时，产生不平衡信号 U_d，将此信号经变流和放大后传送到输出端的交流伺服电机，电机通过电位计又使输入端平衡（$U_d = 0$）。这种将控制系统输出端的信号通过某种电路（反馈电路）引回到输入端，称为反馈。若引回的信号（如图中的 R_2I_0）与输入端的信号（如图中的 E_t）是相减的，使差值信号（如 U_d）减小，则称为负反馈。由于闭环控制总是通过反馈来实现的，所以以闭环控制系统也称为反馈控制系统。在图 9.1.5 中，因为 E_t 和 R_2I_0 都是电压，只要把它们连得极性相反，就得出差值电压 U_d，所以不需要专门的比较元件。

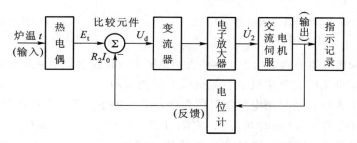

图 9.1.5　自动平衡电位计电路的闭环控制方框图

9.1.2　直流伺服电机

直流伺服电机的结构和一般直流电动机一样，只是为了减小转动惯量而做得细长一些。它的励磁绕组和电枢分别由两个独立电源供电。通常采用电枢控制，就是励磁电压 U_1 一定，建立的磁通 Φ 也是定值，而将控制电压 U_2 加在电枢上，其接线图如图 9.1.6 所示。

直流伺服电机也有永磁式的（磁极是永久磁铁），当前有采用稀土钴或稀土钕铁硼等稀土永磁材料的。由于稀土永磁材料的矫顽磁力和剩磁感应强度值很高，永磁体很薄仍能提供足够的磁感应强度，因而使电机的体积小，重量轻。永磁材料抗去磁能力强，使电机不会因振动、冲击、多次拆装而退磁，提高了磁稳定性。

直流伺服电机的机械特性和前述的他励电动机一样，也用下式表示

$$n = \frac{U_2}{K_E \Phi} - \frac{R_a}{K_E K_T \Phi^2} T$$

图 9.1.7 所示是直流伺服电机在不同控制电压（U_2 为额定控制电压）下的机械特性曲线 $n = f(T)$。由图可见：在一定负载转矩下，当磁通不变时，如果升高电枢电压，电动机的转速就升高；反之，降低电枢电压，转速就下降；当 $U_2 = 0$ 时，电动机立即停转。要电动机反转，可改变电枢电压的极性。与交流伺服电机比较，直流伺服电机的机械特性较硬。

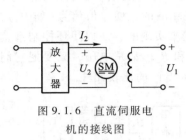

图 9.1.6 直流伺服电
机的接线图

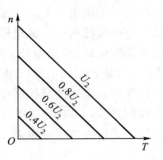

图 9.1.7 直流伺服电机的 $n =$
$f(T)$ 曲线 $(U_1 = $ 常数 $)$

直流伺服电机通常应用于功率稍大的系统中，其输出功率一般为 $1 \sim 600$ W。现以随动系统为例来说明直流伺服电机的应用。

图 9.1.8 所示是采用电位器的位置随动系统的示意图。θ 和 θ' 为电位器 R_P 和 R'_P 的轴的角位移（旋转角度），它们分别正比于电压 U_g 和 U_f。θ 是控制指令，θ' 是被调量，被控机械与 R'_P 的轴连接。差值电压 $U_d = U_g - U_f$ 经放大后去控制伺服电机，电机经过传动机构带动被控机械，使 θ' 跟随 θ 而变化。图 9.1.9 所示是图 9.1.8 的反馈控制方框图。

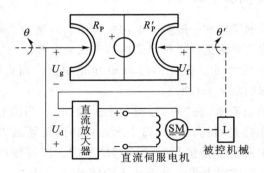

图 9.1.8 位置随动系统的示意图

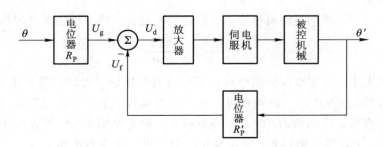

图 9.1.9 图 9.1.8 的方框图

从图9.1.9的方框图可以清楚地看出信号的传送途径。位置控制指令 θ 通过电位器 R_p（给定元件）将希望的位移量转换为给定电压 U_g，而电位器 R'_p（检测元件）检测出被控机械（控制对象）的实际位移，将它转换为反馈电压 U_f，与给定电压 U_g 比较，得出差值电压 U_d，经放大后去控制电机（执行元件）向消除偏差的方向转动，直到达到一定精度为止。这样，被控机械的实际位置就跟随指令变化，构成一个位置随动系统。

9.2 步 进 电 机

步进电机是一种利用电磁铁的作用原理将电脉冲信号转换为线位移或角位移的电机，近年来在数字控制装置中的应用日益广泛。例如在数控机床中，将加工零件的图形、尺寸及工艺要求编制成一定符号的加工指令，打在穿孔纸带上，输入数字计算机。计算机根据给定的数据和要求进行运算，而后发出电脉冲信号。计算机每发一个脉冲，步进电机便转过一定角度，由步进电机通过传动装置所带动的工作台或刀架就移动一个很小距离（或转动一个很小角度）。脉冲一个接着一个发来，步进电机便一步一步地转动，达到自动加工零件的目的。

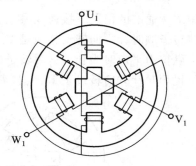

图 9.2.1 所示是反应式步进电机的结构示意图。它的定子具有均匀分布的六个磁极，磁极上绕有绕组。两个相对的磁极组成一相，绕组的接法如图所示。假定转子具有均匀分布的四个齿。

图 9.2.1　反应式步进电机的结构示意图

下面介绍单三拍、六拍及双三拍三种工作方式的基本原理。

1. 单三拍

设 U 相首先通电（V，W 两相不通电），产生 $U_1 - U_2$ 轴线方向的磁通，并通过转子形成闭合回路。这时 U_1，U_2 极就成为电磁铁的 N，S 极。在磁场的作用下，转子总是力图转到磁阻最小的位置，也就是要转到转子的齿对齐 U_1，U_2 极的位置［图 9.2.2（a）］。接着 V 相通电（U，W 两相不通电），转子便顺时针方向转过30°，它的齿和 V_1，V_2 极对齐［图 9.2.2（b）］。随后 W 相通电（U，V 两相不通电），转子又顺时针方向转过 30°，它的齿和 W_1，W_2 极对齐［图 9.2.2（c）］。不难理解，当脉冲信号一个一个发来，如果按 $U \rightarrow V \rightarrow W \rightarrow U \rightarrow \cdots$ 的顺序轮流通电，则电机转子便顺时针方向一步一步地转动。每一步的转角为 30°（称为步距角）。电流换接三次，磁场旋转一周，转子前进了一个齿距角（转子四个齿时为 90°）。如果按 $U \rightarrow W \rightarrow V \rightarrow U \rightarrow \cdots$ 的顺序通电，则电机转子便逆时针方向转动。这种通电方式称为单三拍方式。

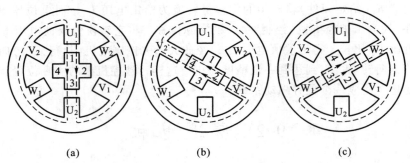

图 9.2.2 单三拍通电方式时转子的位置

（a）U 相通电；（b）V 相通电；（c）W 相通电

2. 六拍

设 U 相首先通电，转子齿和定子 U_1，U_2 极对齐［图 9.2.3（a）］。然后在 U 相继续通电的情况下接通 V 相。这时定子 V_1，V_2 极对转子齿 2，4 有磁拉力，使转子顺时针方向转动，但是 U_1，U_2 极继续拉住齿 1，3。因此，转子转到两个磁拉力平衡时为止。这时转子的位置如图 9.2.3（b）所示，即转子从图（a）的位置顺时针方向转过了 15°。接着 U 相断电，V 相继续通电。这时转子齿 2，4

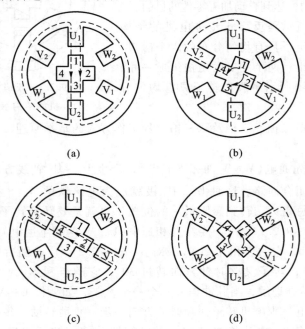

图 9.2.3 六拍通电方式时转子的位置

（a）U 相通电；（b）U，V 相通电；（c）V 相通电；（d）V，W 相通电

和定子 V_1，V_2 极对齐[图 9.2.3(c)]，转子从图(b)的位置又转过了 15°。而后接通 W 相，V 相仍然继续通电，这时转子又转过了 15°，其位置如图 9.2.3(d)所示。这样，如果按 U→U，V→V→V，W→W→W，U→U→… 的顺序轮流通电，则转子便顺时针方向一步一步地转动，步距角为 15°。电流换接六次，磁场旋转一周，转子前进了一个齿距角。如果按 U→U，W→W→W，V→V→V，U→U→… 的顺序通电，则电机转子逆时针方向转动。这种通电方式称为六拍方式。

3. 双三拍

如果每次都是两相通电，即按 U，V→V，W→W，U→U，V→… 的顺序通电，则称为双三拍方式。由图 9.2.3(b)和图 9.2.3(d)可见，步距角也是 30°。

由上述可知，采用单三拍和双三拍方式时，转子走三步前进了一个齿距角，每走一步前进了三分之一齿距角；采用六拍方式时，转子走六步前进了一个齿距角，每走一步前进了六分之一齿距角。因此步距角 θ 可用下式计算

$$\theta = \frac{360°}{Z_r m}$$

式中，Z_r 是转子齿数；m 是运行拍数。

实际上，一般步进电机的步距角不是 30°或 15°，而最常见的是 3°或 1.5°。由上式可知，转子上不只四个齿 $\left(\text{齿距角}\frac{360°}{4}=90°\right)$，而有 40 个齿（齿距角为 9°）。为使转子齿和定子齿对齐，两者的齿宽和齿距必须相等。因此，定子上除了六个极以外，在每个极面上还有五个和转子齿一样的小齿。步进电机的结构图如图 9.2.4 所示。

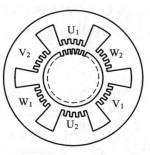

图 9.2.4 三相反应式
步进电机的结构图

由上面介绍可以看出，步进电机具有结构简单、维护方便、精确度高、起动灵敏、停车准确等性能。此外，步进电机的转速决定于电脉冲频率，并与频率同步。

根据指令输入的电脉冲不能直接用来控制步进电机，必须采用环行分配器先将电脉冲按通电工作方式进行分配，而后经功率放大器放大到具有足够的功率，才能驱动电机工作，即

电脉冲输入 → 环行分配器 → 功率放大器 → 步进电机 → 负载

其中环行分配器和功率放大器称为步进电机的驱动电源；电机带动的负载，例如机床工作台（由丝杆传动）。关于步进电机的驱动电源将在下册第 21 章应用举例和习题中介绍。

9.3　自动控制的基本概念

　　自动控制系统从结构上看，可分为开环控制和闭环控制。图9.3.1所示是开环控制的方框图。当发出控制指令后，控制对象（例如电动机）便开始工作，但不能自动检测控制对象是否按照控制指令的要求进行工作。例如，对普通车床的主轴电动机就是采用开环控制的。在加工时，接通电源（发出控制指令），电动机就带动主轴转动。至于主轴实际转速，因受工件的硬度、进刀量的大小、电源电压的波动等影响而有变化，这是不能自动调节的。由于开环控制结构简单，在对输出量（如转速、温度、电压等）的精确度要求不高的场合应用较广。

　　图9.3.2所示是闭环控制的方框图。通过反馈环节将控制对象的输出信号（被调量）引回到输入端，与给定值比较，得出的差值信号（通常要先放大）去控制控制对象的输出信号。这样，信号的传送途径是一个闭合环路，称为闭环。由于闭环控制总是通过反馈来实现的，所以闭环控制系统也称为反馈控制系统。在反馈控制系统中，被调量受到外界影响时，按照给定要求能自动调节。本章前面所举的控制电机的应用都是反馈控制的实例，并对照原理图画出了它们的闭环控制方框图。

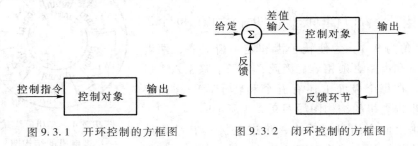

图 9.3.1　开环控制的方框图　　　　图 9.3.2　闭环控制的方框图

　　反馈控制系统一般可由图9.3.3所示的方框图表示，其中各基本组成部分的作用如下。

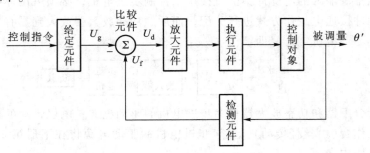

图 9.3.3　反馈控制系统的方框图

（1）给定元件　它的作用是给出一个给定值，给定值和预定被调量（如电压、转速、温度等）之间有一定的函数关系（例如成比例关系）。改变给定值，就可改变被调量。在图 9.1.8 的位置随动系统中，电位器 R_p 就是给定元件，给出给定电压 U_g。

（2）检测元件　它的作用是把被调量检测出来反馈到输入端，反馈量和被调量之间也有一定的函数关系。在图 9.1.8 中，电位器 R_p' 就是检测元件，检测出被控机械的实际角位移 θ'（被调量），将它转换为反馈电压 U_f。如果被调量是转速或温度，则常用测速发电机或热电偶作为检测元件。

（3）比较元件　它将反馈量和给定值比较，得出差值。反馈控制系统就是利用差值进行工作的。在图 9.1.8 中，因为反馈电压 U_f 和给定电压 U_g 都是电压，只要把它们连得极性相反，就得出差值电压 U_d，所以不再需要专门的比较元件。在有些情况下，常用运算放大器、机械差动元件或电桥等作为比较元件。

（4）放大元件　由于比较元件给出的差值信号往往过于微弱，不能直接推动控制对象，所以要用放大元件加以放大。各种放大器都是放大元件。

（5）执行元件　它的作用是直接推动控制对象以改变被调量。在图 9.1.8 中，直流伺服电机就是执行元件。

（6）控制对象　像电动机、电动机带动的机械负载、发电机、电炉等都是控制对象，相应的被调量是转速、位移、电压、温度等。在图 9.1.8 中，被控机械是控制对象。

衡量控制系统的性能，要从静态和动态两方面考虑。

1. 静态精确度

静态精确度是指当外界条件在一定范围内变化后，被调量偏离变化前的相对误差。例如某种机床的直流电动机当负载增加后，其转速与空载时相比，转速降不超过 4%。这就是转速静态精确度。

2. 动态指标

衡量动态过程性能的指标，主要有以下几个。

（1）动态过程时间 t_p　这是指从一种工作状态变到另一种工作状态的时间。例如在图 9.3.4 中，把电动机的转速从 500 r/min 调到 1 000 r/min 所需的时间。它表示系统的快速性。

（2）超调量 $\sigma\%$　为了使动态过程快，往往会出现调过头的

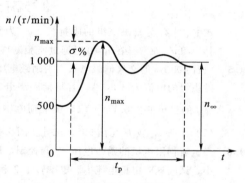

图 9.3.4　动态指标

现象。在图 9.3.4 中，超调量为

$$\sigma\% = \frac{n_{\max} - n_\infty}{n_\infty} \times 100\%$$

式中，$n_{\max}$ 是动态过程中的最大值；n_∞ 是稳定值。

(3) 振荡次数 N　在快速系统中，从一种工作状态变到另一种工作状态，可能会出现反复多次的超调，好像振荡一样。振荡次数是指在动态过程时间内，被调量经过稳定值的次数。

动态过程时间短，表示系统的快速性好；超调量小和振荡次数少，表示系统的稳定性好。但振荡次数、动态过程时间和超调量三者之间是有矛盾的。如果要缩短动态过程时间，就会增大超调量，而超调量越大振荡次数也就越多。一般要求：超调量应在 40% 以内，允许有 1～3 次振荡。

习　题

9.1.1　电动机的单相绕组通入直流电流，单相绕组通入交流电流及两相绕组通入两相交流电流各产生什么磁场？

9.1.2　改变交流伺服电机的转动方向的方法有哪些？

9.1.3　交流伺服电机(一对极)的两相绕组通入 400 Hz 的两相对称交流电流时产生旋转磁场，(1) 试求旋转磁场的转速 n_0；(2) 若转子转速 $n = 18\,000$ r/min，试问转子导条切割磁场的速度是多少？转差率 s 和转子电流的频率 f_2 各为多少？若由于负载加大，转子转速下降为 $n = 12\,000$ r/min，试求这时的转差率和转子电流的频率。(3) 若转子转向与定子旋转磁场的方向相反时的转子转速 $n = 18\,000$ r/min，试问这时转差率和转子电流频率各为多少？电磁转矩 T 的大小和方向是否与(2)中 $n = 18\,000$ r/min 时一样？

9.1.4　在图 9.1.2 中，要保证励磁电压 $\dot{U}_1$ 较电源电压 $\dot{U}$ 超前 90°，试证明所需电容值为

$$C = \frac{\sin \varphi_1}{2\pi f |Z_1|}$$

式中，$|Z_1|$ 为励磁绕组的阻抗模，φ_1 为励磁电流 $\dot{I}_1$ 与励磁电压 $\dot{U}_1$ 间的相位差。$|Z_1|$ 和 φ_1 通常是在 $n = 0$ 时通过实验测得的。

9.1.5　一台 400 Hz 的交流伺服电机，当励磁电压 $U_1 = 110$ V，控制电压 $U_2 = 0$ 时，测得励磁绕组的电流 $I_1 = 0.2$ A。若与励磁绕组并联一适当电容值的电容器后，测得总电流 I 的最小值为 0.1 A。(1) 试求励磁绕组的阻抗模 $|Z_1|$ 和 $\dot{I}_1$ 与 $\dot{U}_1$ 间相位差 φ_1；(2) 保证 $\dot{U}_1$ 较 $\dot{U}$ 超前 90°，试计算图 9.1.2 中所串联的电容值。

9.1.6　当直流伺服电机的励磁电压 U_1 和控制电压(电枢电压)U_2 不变时，如将负载转矩减小，试问这时电枢电流 I_2，电磁转矩 T 和转速 n 将怎样变化？

9.1.7　保持直流伺服电机的励磁电压一定。(1) 当电枢电压 $U_2 = 50$ V 时，理想空载转速

$n_0 = 3\ 000$ r/min；当 $U_2 = 100$ V 时，n_0 等于多少？（2）已知电机的阻转矩 $T_C = T_0 + T_2 = 150$ g·cm，且不随转速大小而变。当电枢电压 $U_2 = 50$ V 时，转速 $n = 1\ 500$ r/min，试问当 $U_2 = 100$ V 时，n 等于多少？

9.2.1 什么是步进电机的步距角？一台步进电机可以有两个步距角，例如 3°/1.5°，这是什么意思？什么是单三拍、六拍和双三拍？

第 10 章
继电接触器控制系统

就现代机床或其他生产机械而言，它们的运动部件大多是由电动机来带动的。因此，在生产过程中要对电动机进行自动控制，使生产机械各部件的动作按顺序进行，保证生产过程和加工工艺合乎预定要求。对电动机主要是控制它的起动、停止、正反转、调速、制动及顺序运行。

对电动机或其他电气设备的接通或断开，当前国内还较多地采用继电器、接触器及按钮等控制电器来实现自动控制。这种控制系统一般称为继电接触器控制系统，它是一种有触点的断续控制，因为其中控制电器是断续动作的。另一种无触点的可编程控制器将在下章介绍。

任何复杂的控制线路，都是由一些元器件和单元电路组成。因此，在本章中先介绍一些常用控制电器和基本控制线路，而后讨论应用实例。

10.1 常用控制电器

10.1.1 组合开关

在机床电气控制线路中，组合开关（又称转换开关）常用来作为电源引入开关，也可以用它来直接起动和停止小容量笼型电动机或使电动机正反转，局部照明电路也常用它来控制。

组合开关的种类很多，常用的有 HZ10 等系列的，其结构如图 10.1.1 所示。它有三对静触片，每个触片的一端固定在绝缘垫板上，另一端伸出盒外，连在接线柱上。三个动触片套在装有手柄的绝缘转动轴上，转动转轴就可以将三个触点（彼此相差一定角度）同时接通或断开。图 10.1.2 所示是用组合开关来起动和停止异步电动机的接线图。

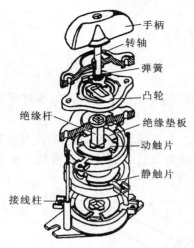

图 10.1.1 组合开关的结构图

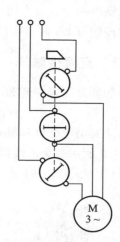

图 10.1.2 用组合开关起停电动机的接线图

组合开关有单极、双极、三极和四极几种，额定持续电流有 10 A，25 A，60 A 和 100 A 等多种。

10.1.2 按钮

按钮通常用来接通或断开控制电路(其中电流很小)，从而控制电动机或其他电气设备的运行。

图 10.1.3 所示的是一种按钮的剖面图。将按钮帽按下时，下面一对原来断开的静触点被动触点接通，以接通某一控制电路；而上面一对原来接通的静触点则被断开，以断开另一控制电路。

原来就接通的触点，称为动断触点或常闭触点；原来就断开的触点，称为动合触点或常开触点。它们的符号见表 10.6.2。图 10.1.3 所示的按钮有一个动断触点和一个动合触点。常见的一种双联按钮(图 10.1.4)由两个按钮组成，

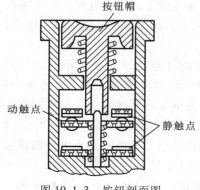

图 10.1.3 按钮剖面图

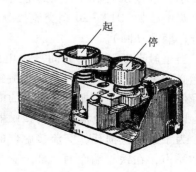

图 10.1.4 双联按钮

一个用于电动机起动，一个用于电动机停止。

常用的按钮有 LA 和引进的 LAY 等系列。

10.1.3　交流接触器

交流接触器常用来接通和断开电动机或其他设备的主电路，每小时可开闭千余次。

接触器主要由电磁铁和触点两部分组成。它是利用电磁铁的吸引力而动作的。图 10.1.5 所示是交流接触器的主要结构图。当吸引线圈通电后，吸引山字形动铁心（上铁心），从而使动合触点闭合。

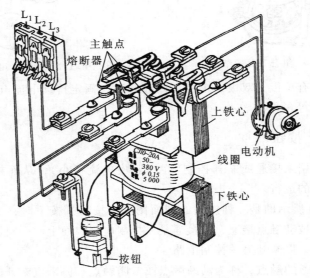

图 10.1.5　交流接触器的主要结构图

根据用途不同，接触器的触点分主触点和辅助触点两种。辅助触点通过电流较小，常接在电动机的控制电路中；主触点能通过较大电流，接在电动机的主电路中。如 CJ10 – 20 型交流接触器有三个动合主触点，四个辅助触点（两个动合，两个动断）。

当主触点断开时，其间产生电弧，会烧坏触点，并使切断时间拉长，因此，必须采取灭弧措施。通常交流接触器的触点都做成桥式，它有两个断点，以降低当触点断开时加在断点上的电压，使电弧容易熄灭；并且相间有绝缘隔板，以免短路。在电流较大的接触器中还专门设有灭弧装置。

为了减小铁损耗，交流接触器的铁心由硅钢片叠成；并为了消除铁心的颤动和噪声，在铁心端面的一部分套有短路环（见第 6 章 6.4 节）。

在选用接触器时，应注意它的额定电流、线圈电压及触点数量等。CJ10

系列接触器的主触点额定电流有 5 A, 10 A, 20 A, 40 A, 60 A, 100 A, 150 A 等数种; 线圈额定电压通常是 220 V 或 380 V, 也有 36 V 和 127 V 的。

常用的交流接触器还有 CJ40, CJ12, CJ20 和引进的 CJX, 3TB, B 等系列。

10.1.4 中间继电器

中间继电器通常用来传递信号和同时控制多个电路, 也可直接用它来控制小容量电动机或其他电气执行元件。

中间继电器的结构和交流接触器基本相同, 只是电磁系统小些, 触点多些。

常用的中间继电器有 JZ7 系列和 JZ8 系列两种, 后者是交直流两用的。此外, 还有 JTX 系列小型通用继电器, 常用在自动装置上以接通或断开电路。

在选用中间继电器时, 主要是考虑电压等级和触点(动合和动断)数量。

10.1.5 热继电器

热继电器是用来保护电动机使之免受长期过载的危害。

热继电器是利用电流的热效应而动作的, 它的原理图如图 10.1.6 所示。热元件是一段电阻不大的电阻丝, 接在电动机的主电路中。双金属片由两种具有不同线膨胀系数的金属碾压而成。图中, 下层金属的膨胀系数大, 上层的小。当主电路中电流超过容许值而使双金属片受热时, 它便向上弯曲, 因而脱扣, 扣板在弹簧的拉力下将动断触点断开。触点是接在电动机的控制电路中的。控制电路断开而使接触器的线圈断电, 从而断开电动机的主电路。

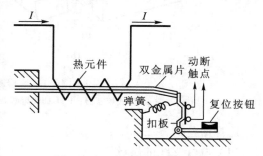

图 10.1.6 热继电器的原理图

由于热惯性, 热继电器不能作短路保护。因为发生短路事故时, 要求电路立即断开, 而热继电器是不能立即动作的。但是这个热惯性也是合乎要求的, 在电动机起动或短时过载时, 热继电器不会动作, 这可避免电动机的不必要的停车。

如果要热继电器复位, 则按下复位按钮即可。

通常用的热继电器有 JR20, JR15 和引进的 JRS 等系列。热继电器的主要技术数据是整定电流。所谓整定电流, 就是热元件中通过的电流超过此值的 20% 时, 热继电器应当在 20 min 内动作。热元件有多种额定整定电流等级, 例如 JR15 - 10 型有(2.4 ~ 11) A 五个等级。为了配合不同电流的电动机, 热继电器配有 "整定电流调节装置", 调节范围为额定整定电流的 66% ~ 100%。整定电流与电动机的额定电流基本上一致。

10.1.6　熔断器

熔断器是最简便的而且是有效的短路保护电器。熔断器中的熔片或熔丝用电阻率较高的易熔合金制成，例如铅锡合金等；或用截面积甚小的良导体制成，例如，铜、银等。线路在正常工作情况下，熔断器中的熔丝或熔片不应熔断。一旦发生短路或严重过载时，熔断器中的熔丝或熔片应立即熔断。

图 10.1.7 所示是常用的三种熔断器的结构图。

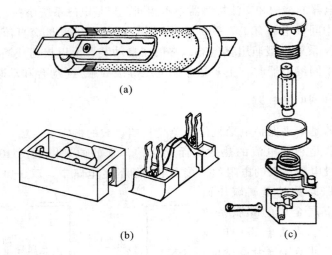

图 10.1.7　熔断器

（a）管式熔断器；（b）插式熔断器；（c）螺旋式熔断器

选择熔丝的方法如下：

（1）电灯支线的熔丝

$$熔丝额定电流 \geqslant 支线上所有电灯的工作电流$$

（2）一台电动机的熔丝

为了防止电动机起动时电流较大而将熔丝烧断，因此熔丝不能按电动机的额定电流来选择，应按下式计算

$$熔丝额定电流 \geqslant \frac{电动机的起动电流}{2.5}$$

如果电动机起动频繁，则为

$$熔丝额定电流 \geqslant \frac{电动机的起动电流}{1.6 \sim 2}$$

（3）几台电动机合用的总熔丝一般可粗略地按下式计算

$$熔丝额定电流 = (1.5 \sim 2.5) \times 容量最大的电动机的额定电流 +$$
$$其余电动机的额定电流之和$$

10.1.7 空气断路器

空气断路器也称为自动空气开关，是常用的一种低压保护电器，可实现短路、过载和失压保护。它的结构形式很多，图10.1.8所示的是一般原理图。主触点通常是由手动的操作机构来闭合的。开关的脱扣机构是一套连杆装置。当主触点闭合后就被锁钩锁住。如果电路中发生故障，脱扣机构就在有关脱扣器的作用下将锁钩脱开，于是主触点在释放弹簧的作用下迅速分断。脱扣器有过流脱扣器和欠压脱扣器等，它们都是电磁铁。在正常情况下，过流脱扣器的衔铁是释放着的；一旦发生严重过载或短路故障时，与主电路串联的线圈（图中只画出一相）就将产生较强的电磁吸力把衔铁往下吸而顶开锁钩，使主触点断开。欠压脱扣器的工作恰恰相反，在电压正常时，吸住衔铁，主触点才得以闭合；一旦电压严重下降或断电时，衔铁就被释放而使主触点断开。当电源电压恢复正常时，必须重新合闸后才能工作，实现了失压保护。

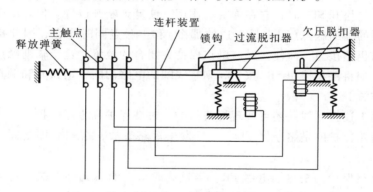

图10.1.8 空气断路器的原理图

另有一种断路器还具有双金属片过载脱扣器。

常用的空气断路器有 DZ，DW 和引进的 ME，AE，3WE 等系列。

10.2 笼型电动机直接起动的控制线路

图10.2.1所示是中、小容量笼型电动机直接起动的控制线路，其中用了组合开关 Q、交流接触器 KM、按钮 SB、热继电器 FR 及熔断器 FU 等几种电器。

先将组合开关 Q 闭合，为电动机起动作好准备。当按下起动按钮 SB₂ 时，交流接触器 KM 的线圈通电，动铁心被吸合从而将三个主触点闭合，电动机 M

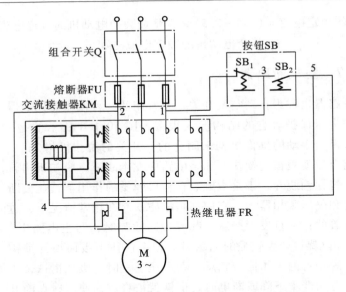

图 10.2.1　笼型电动机直接起动控制线路的结构图

便起动。当松开 SB_2 时，它在弹簧的作用下恢复到断开位置。但是由于与起动按钮并联的辅助触点(图中最右边的那个)和主触点同时闭合，因此接触器线圈的电路仍然接通，而使接触器触点保持在闭合的位置。这个辅助触点称为自锁触点。如将停止按钮 SB_1 按下，则将线圈的电路切断，动铁心和触点恢复到断开的位置。

采用上述控制线路还可实现短路保护、过载保护和零压保护。

起短路保护的是熔断器 FU。一旦发生短路事故，熔丝立即熔断，电动机立即停车。

起过载保护的是热继电器 FR。当过载时，它的热元件发热，将动断触点断开，使接触器线圈断电，主触点断开，电动机也就停下来。

热继电器有两相结构的，就是有两个热元件，分别串接在任意两相中。这样不仅在电动机过载时有保护作用，而且当任意一相中的熔丝熔断后作单相运行时，仍有一个或两个热元件中通有电流，电动机因而也得到保护。为了更可靠地保护电动机，热继电器做成三相结构，就是有三个热元件，分别串接在各相中。

所谓零压(或失压)保护就是当电源暂时断电或电压严重下降时，电动机即自动从电源切除。因为这时接触器的动铁心释放从而使主触点断开。当电源电压恢复正常时如不重按起动按钮，则电动机不能自行起动，因为自锁触点亦已断开。如果不是采用继电接触器控制而是直接用刀开关或组合开关进行手动控制时，由于在停电时未及时断开开关，当电源电压恢复时，电动机即自行起动，可能造成事故。

图 10.2.1 的控制线路可分为主电路和控制电路两部分。

主电路是：

三相电源——Q——FU——KM(主触点)——FR(热元件)——M

控制电路是：

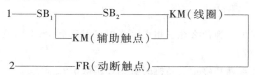

控制电路的功率很小，因此可以通过小功率的控制电路来控制功率较大的电动机。

在图 10.2.1 中，各个电器都是按照其实际位置画出的，属于同一电器的各部件都集中在一起。这样的图称为控制线路的结构图。这种画法比较容易识别电器，便于安装和检修。但当线路比较复杂和使用的电器较多时，线路便不容易看清楚。因为同一电器的各部件在机械上虽然连在一起，但是在电路上并不一定互相关联。因此，为了读图和分析研究，也为了设计线路的方便，控制线路常根据其作用原理画出，把控制电路和主电路清楚地分开。这样的图称为控制线路的原理图。

在控制线路的原理图中，各种电器都用统一的符号来代表。常用电器的图形符号见表 10.6.2。

在原理图中，同一电器的各部件(譬如接触器的线圈和触点)是分散的。为了识别起见，它们用同一文字符号来表示。

在不同的工作阶段，各个电器的动作不同，触点时闭时开。而在原理图中只能表示出一种情况。因此，规定所有电器的触点均表示在起始情况下的位置，即在没有通电或没有发生机械动作时的位置。对接触器来说，是在动铁心未被吸合时的位置；对按钮来说，是在未按下时的位置；等等。在起始的情况下，如果触点是断开的，则称为动合触点或常开触点(因为一动就合)；如果触点是闭合的，则称为动断触点或常闭触点(因为一动就断)。

在上述的基础上，就可把图 10.2.1 画成原理图，如图 10.2.2 所示。

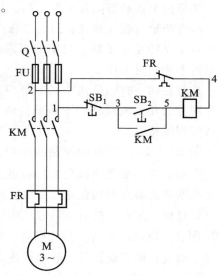

图 10.2.2 图 10.2.1 的电气控制原理图

如果将图 10.2.2 中的自锁触点 KM 除去，则可对电动机实现点动控制，就是按下起动按钮 SB₂，电动机就转动，一松手就停止。这在生产上也是常用的，例如在调整时用。

【练习与思考】

10.2.1　为什么热继电器不能作短路保护？为什么在三相主电路中只用两个（当然用三个也可以）热元件就可以保护电动机？

10.2.2　什么是零压保护？用闸刀开关起动和停止电动机时有无零压保护？

10.2.3　试画出能在两处用按钮起动和停止电动机的控制电路。

10.2.4　在 220 V 的控制电路中，能否将两个 110 V 的继电器线圈串联使用？

10.3　笼型电动机正反转的控制线路

在生产上往往要求运动部件向正反两个方向运动。例如，机床工作台的前进与后退，主轴的正转与反转，起重机的提升与下降，等等。为了实现正反转，在学习三相异步电动机的工作原理时已经知道，只要将接到电源的任意两根连线对调一头即可。为此，只要用两个交流接触器就能实现这一要求（图 10.3.1）。当正转接触器 KM_F 工作时，电动机正转；当反转接触器 KM_R 工作时，由于调换了两根电源线，所以电动机反转。

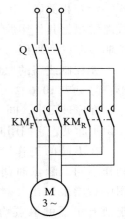

图 10.3.1　用两个接触器实现电动机的正反转

如果两个接触器同时工作，那么从图 10.3.1 可以见到，将有两根电源线通过它们的主触点而将电源短路了。所以对正反转控制线路最根本的要求是：必须保证两个接触器不能同时工作。

这种在同一时间里两个接触器只允许一个工作的控制作用称为互锁或联锁。下面分析两种有联锁保护的正反转控制线路。

图 10.3.2(a) 所示的控制线路中，正转接触器 KM_F 的一个动断辅助触点串接在反转接触器 KM_R 的线圈电路中，而反转接触器的一个动断辅助触点串接在正转接触器的线圈电路中。这两个动断触点称为联锁触点。这样一来，当按下正转起动按钮 SB_F 时，正转接触器线圈通电，主触点 KM_F 闭合，电动机正转。与此同时，联锁触点断开了反转接触器 KM_R 的线圈电路。因此，即使误按反转起动按钮 SB_R，反转接触器也不能动作。

但是这种控制电路有个缺点，就是在正转过程中要求反转，必须先按停止按钮 SB₁，让联锁触点 KM_F 闭合后，才能按反转起动按钮使电动机反转，带来操作上

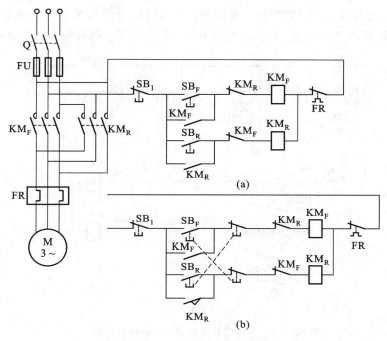

(a)

(b)

图 10.3.2 笼型电动机正反转的控制线路

的不方便。为了解决这个问题，在生产上常采用复式按钮和触点联锁的控制电路，如图 10.3.2(b)所示。当电动机正转时，按下反转起动按钮 SB_R，它的动断触点断开，而使正转接触器的线圈 KM_F 断电，主触点 KM_F 断开。与此同时，串接在反转控制电路中的动断触点 KM_F 恢复闭合，反转接触器的线圈通电，电动机就反转。同时串接在正转控制电路中的动断触点 KM_R 断开，起着联锁保护。

10.4 行 程 控 制

　　行程控制，就是当运动部件到达一定行程位置时采用行程开关来进行控制。

　　行程开关的种类很多，常用的有 LX 等系列。图 10.4.1 所示是一般结构图，图中所示的有一个动合触点和一个动断触点。行程开关是由装在运动部件上的挡块来撞动的。

　　图 10.4.2 所示是用行程开关来控制工作台前进与后退的示意图和控制电路。

　　行程开关 SQ_a 和 SQ_b 分别装在工作台的原位

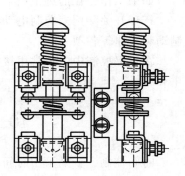

图 10.4.1 行程开关

和终点，由装在工作台上的挡块来撞动。工作台由电动机 M 带动。电动机的主电路和图 10.3.2 中的是一样的，控制电路也只是多了行程开关的三个触点。

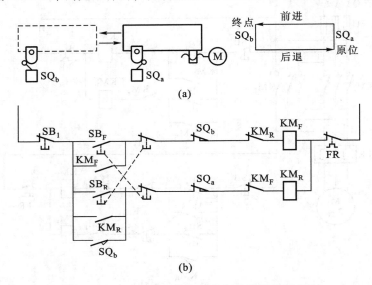

图 10.4.2　用行程开关控制工作台的前进与后退
（a）示意图；（b）控制电路

　　工作台在原位时，其上挡块将原位行程开关 SQ_a 压下，将串接在反转控制电路中的动断触点压开。这时电动机不能反转。按下正转起动按钮 SB_F，电动机正转，带动工作台前进。当工作台到达终点时（譬如这时机床加工完毕），挡块压下终点行程开关 SQ_b，将串接在正转控制电路中的动断触点 SQ_b 压开，电动机停止正转。与此同时，将反转控制电路中的动合触点 SQ_b 压合，电动机反转，带动工作台后退。退到原位，挡块压下 SQ_a，将串接在反转控制电路中的动断触点压开，于是电动机在原位停止。

　　如果工作台在前进中按下反转按钮 SB_R，工作台立即后退，到原位停止。

　　行程开关除用来控制电动机的正反转外，还可实现终端保护、自动循环、制动和变速等各项要求。

　　在行程控制中，也常用接近开关，其原理和电路将在下册第 17 章 17.3 节中介绍。

10.5　时　间　控　制

　　时间控制，就是采用时间继电器进行延时控制。例如电动机的 Y – Δ 换接起动，先是 Y 形联结，经过一定时间待转速上升到接近额定值时换成 Δ 形联结。这就得用时间继电器来控制。

在交流电路中常采用空气式时间继电器（图 10.5.1），它是利用空气阻尼作用而达到动作延时的目的。当吸引线圈通电后就将动铁心吸下，使动铁心与活塞杆之间有一段距离。在释放弹簧的作用下，活塞杆就向下移动。在伞形活塞的表面固定有一层橡皮膜。因此当活塞向下移动时，在膜上面造成空气稀薄的空间，活塞受到下面空气的压力，不能迅速下移。当空气由进气孔进入时，活塞才逐渐下移。移动到最后位置时，杠杆使微动开关动作。延时时间即为自电磁铁吸引线圈通电时刻起到微动开关动作时为止的这段时间。通过调节螺钉调节进气孔的大小，就可调节延时时间。

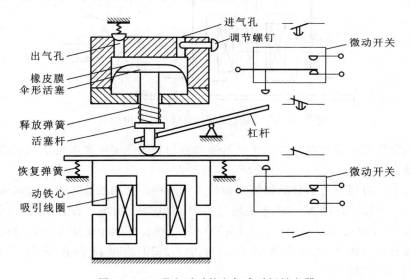

图 10.5.1　通电延时的空气式时间继电器

吸引线圈断电后，依靠恢复弹簧的作用而复原。空气经由出气孔被迅速排出。

图 10.5.1 所示的时间继电器是通电延时，有两个延时触点：一个是延时断开的动断触点，一个是延时闭合的动合触点。此外，还有两个瞬时触点，即通电后下面的微动开关瞬时动作。

时间继电器也可做成断电延时（图 10.5.2）。实际上只要把铁心倒装一下就成。断电延时的时间继电器也有两个延时触点：一个是延时闭合的动断触点（通电时瞬时断开，断电时延时闭合）；一个是延时断开的动合触点（通电时瞬时闭合，断电时延时断开）。

空气式时间继电器的延时范围大［有(0.4 ~ 60) s 和(0.4 ~ 180) s 两种］，结构简单，但准确度较低。目前生产的有 JS7 - A 型及 JJSK2 型等多种。

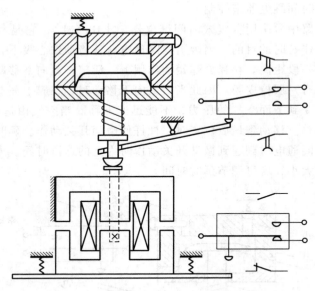

图 10.5.2　断电延时的空气式时间继电器

除空气式时间继电器外，在继电接触器控制线路中也常用电动式或电子式时间继电器。

电子式时间继电器分晶体管式和数字式两种。常用的晶体管式时间继电器有 JS20，JS15，JS14 A，JSJ 等系列。其中 JS20 是全国统一设计产品，延时范围有 0.1 ~ 180 s，0.1 ~ 300 s，0.1 ~ 3 600 s 三种，适用于交流 50 Hz，380 V 及以下或直流 110 V 及以下的控制电路中。JS20 的电路将在下册第 19 章 19.2.3 节介绍。

数字式时间继电器分为电源分频式、RC 振荡式和石英分频式三种，有 DH48S，DH14S，JS14S 等系列。DH48S 系列的延时范围为 0.01 s ~ 99 h 99 min，可任意设置，且精度高、体积小、功耗小、性能可靠。

下面举两个时间控制的基本线路。

1. 笼型电动机 Y－Δ 起动的控制线路

图 10.5.3 所示是笼型电动机 Y－Δ 起动的控制线路，其中用了图 10.5.1 所示的通电延时的时间继电器[①] KT 的两个触点：延时断开的动断触点和瞬时闭合的动合触点。KM₁，KM₂，KM₃ 是三个交流接触器。起动时 KM₃ 工作，电动机接成 Y 形；运行时 KM₂ 工作，电动机接成 Δ 形。线路的动作次序如下：

---

① 图 10.5.3 中线圈 KT 的符号表示通电延时，图 10.5.4 中的 KT 表示断电延时。

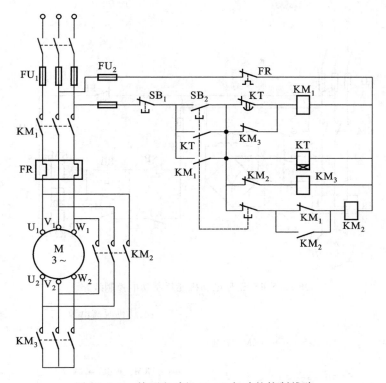

图 10.5.3 笼型电动机 Y - Δ 起动的控制线路

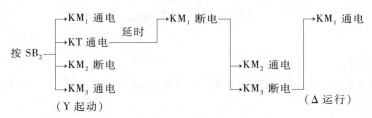

本线路的特点是在接触器 KM_1 断电的情况下进行 Y - Δ 换接，这样可以避免当 KM_3 的动合触点尚未断开时 KM_2 已吸合而造成电源短路；同时接触器 KM_3 的动合触点在无电下断开，不发生电弧，可延长使用寿命。

2. 笼型电动机能耗制动的控制线路

这种制动方法是在断开三相电源的同时，接通直流电源，使直流通入定子绕组，产生制动转矩。

图 10.5.4 所示是能耗制动的控制线路，其中用了图 10.5.2 所示的断电延时的时间继电器 KT 的一个延时断开的动合触点。直流电流由接成桥式的整流电源供给。在制动时，线路的动作次序如下：

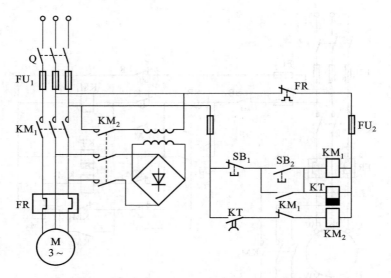

图 10.5.4   笼型电动机能耗制动的控制线路

【练习与思考】

10.5.1   通电延时与断电延时有什么区别？时间继电器的四种延时触点（表 10.6.2）是如何动作的？

*10.6   应用举例

在上述各节中分别讨论了常用控制电器、控制原则及基本控制线路，现举两个生产机械的具体控制线路，以提高对控制线路的综合分析能力。

10.6.1   加热炉自动上料控制线路

图 10.6.1 所示是加热炉自动上料的控制线路，其动作次序如下：

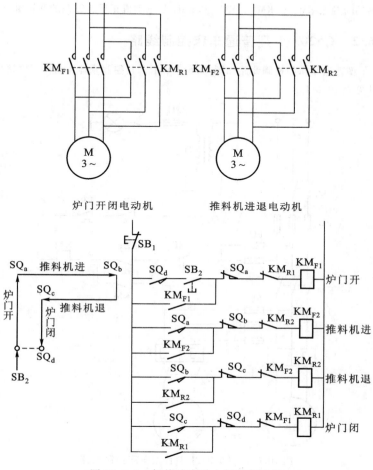

图 10.6.1　加热炉自动上料控制线路

按 SB₂ → KM_F1 通电 → M₁ 正转 → 炉门开

压 SQ_a ┬→KM_F1 断电 → M₁ 停转
　　　　└→KM_F2 通电 → M₂ 正转 → 推料机进,送料入炉,到料位

　压 SQ_b ┬→KM_F2 断电
　　　　　└→KM_R2 通电 → M₂ 反转 → 推料机退,到原位

　　压 SQ_c ┬→KM_R2 断电 → M₂ 停转
　　　　　　└→KM_R1 通电 → M₁ 反转 → 炉门闭

　　　压 SQ_d ┬→KM_R1 断电 → M₁ 停转
　　　　　　　└→SQ_d 动合触点闭合,为下次循环作准备

图中的动断触点 KM_{R1} 和 KM_{F1} ，KM_{R2} 和 KM_{F2} 是电动机正反转控制的联锁触点。

10.6.2　C620-1 型普通车床控制线路

C620-1 型普通车床的控制线路如图 10.6.2 所示，其控制原理和动作顺序请自行分析，其电气元件见表 10.6.1。

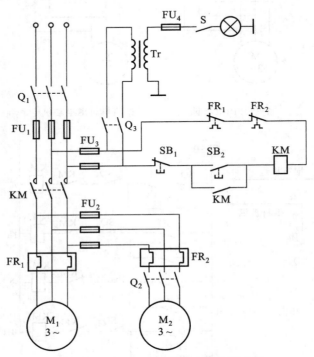

图 10.6.2　C620-1 型普通车床控制线路

表 10.6.1　C620-1 型普通车床控制线路的电气元件

文字符号	名称	型号①	规　　格		数量
Q_1	三相组合开关	$HZ_2-25/3$	500 V	25 A	1
Q_2	三相组合开关	$HZ_2-10/3$	500 V	10 A	1
Q_3	单相组合开关	$HZ_2-10/2$	250 V	10 A	1
M_1	主轴电动机	Y132 M-4	7.5 kW	1 440 r/min	1
M_2	冷却电动机	JCB-22	0.125 W	2 790 r/min	1
FU_1	熔断器	RL_1-15	500 V	15 A	3
FU_2、FU_3	熔断器	RL_1-15	500 V 配 4 A 熔丝		5
FU_4	熔断器	RL_1-15	500 V 配 3 A 熔丝		1
KM	交流接触器	CJO-20	380 V	20 A	1

① 型号仅作参考。

续表

文字符号	名称	型号	规格		数量
FR$_1$	热继电器	JR$_2$ - 1	热元件电流 15.4 A		1
FR$_2$	热继电器	JR$_2$ - 1	热元件电流 0.43 A		1
SB	按钮	LA$_4$ - 22	5 A		1
Tr	照明变压器	BK - 50	50 V·A	380/36 V	1
S	照明开关		250 V	3 A	1

常用电机、电器的图形符号见表 10.6.2。

表 10.6.2 常用电机、电器的图形符号

名 称	符 号	名 称		符 号
三相笼型异步电动机		按钮触点	动 合	
			动 断	
三相绕线转子异步电动机		接触器吸引线圈继电器吸引线圈		
直流电动机		接触器触点	主触点	
			辅助触点 动合	
			动断	
单相变压器		时间继电器触点	动合延时闭合	
			动断延时断开	
三极开关			动合延时断开	
			动断延时闭合	
熔断器		行程开关触点	动合	
			动断	
信号灯		热继电器	动断触点	
			热元件	

A 选 择 题

10.1.1 热继电器对三相异步电动机起( )的作用。

(1) 短路保护 (2) 欠压保护 (3) 过载保护

10.1.2 选择一台三相异步电动机的熔丝时，熔丝的额定电流( )。

(1) 等于电动机的额定电流

(2) 等于电动机的起动电流

(3) 大致等于(电动机的起动电流)/2.5

10.2.1 在图 10.01 中，图( )是正确的。图中：SB_1 是停止按钮；SB_2 是起动按钮。

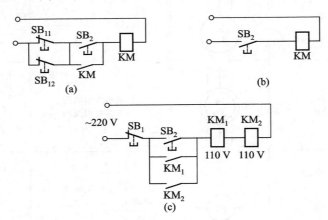

图 10.01 习题 10.2.1 的图

10.2.2 在电动机的继电接触器控制线路中零压保护是( )。

(1) 防止电源电压降低后电流增大，烧坏电动机

(2) 防止停电后再恢复供电时，电动机自行起动

(3) 防止电源断电后电动机立即停车而影响正常工作

10.3.1 在图 10.3.2 和图 10.4.2 中的联锁动断触点 KM_F 和 KM_R 的作用是( )。

(1) 起自锁作用

(2) 保证两个接触器不能同时动作

(3) 使两个接触器依次进行正反转运行

B 基 本 题

10.2.3 试画出三相笼型电动机既能连续工作又能点动工作的继电接触器控制线路。

10.2.4 某机床的主电动机(三相笼型)为 7.5 kW，380 V，15.4 A，1 440 r/min，不需正反

转。工作照明灯是 36 V，40 W。要求有短路、零压及过载保护。试绘出控制线路并选用电气元件。

10.2.5 根据图 10.2.2 接线做实验时，将开关 Q 合上后按下起动按钮 SB$_2$，发现有下列现象，试分析和处理故障：（1）接触器 KM 不动作；（2）接触器 KM 动作，但电动机不转动；（3）电动机转动，但一松手电动机就不转；（4）接触器动作，但吸合不上；（5）接触器触点有明显颤动，噪声较大；（6）接触器线圈冒烟甚至烧坏；（7）电动机不转动或者转得极慢，并有嗡嗡声。

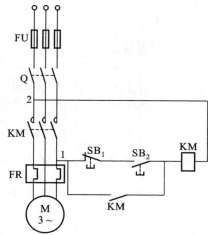

10.2.6 今要求三台笼型电动机 M$_1$，M$_2$，M$_3$ 按照一定顺序起动，即 M$_1$ 起动后 M$_2$ 才可起动，M$_2$ 起动后 M$_3$ 才可起动。试绘出控制线路。

10.2.7 在图 10.02 中，有几处错误？请改正。

图 10.02　习题 10.2.7 的图

10.3.2 某机床主轴由一台笼型电动机带动，润滑油泵由另一台笼型电动机带动。今要求：（1）主轴必须在油泵开动后才能开动；（2）主轴要求能用电器实现正反转，并能单独停车；（3）有短路、零压及过载保护。试绘出控制线路。

10.3.3 在图 10.3.2(b) 所示的控制电路中，如果动断触点 KM$_F$ 闭合不上，其后果如何？如何用（1）验电笔，（2）万用表电阻挡，（3）万用表交流电压挡来查出这一故障。

10.4.1 将图 10.4.2(b) 的控制电路怎样改一下，就能实现工作台自动往复运动？

10.4.2 在图 10.03 中，要求按下起动按钮后能顺序完成下列动作：（1）运动部件 A 从 1 到 2；（2）接着 B 从 3 到 4；（3）接着 A 从 2 回到 1；（4）接着 B 从 4 回到 3。试画出控制线路。（提示：用四个行程开关，装在原位和终点，每个有一动合触点和一动断触点。）

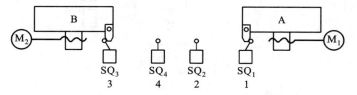

图 10.03　题 10.4.2 的图

10.4.3 图 10.04 所示是电动葫芦（一种小型起重设备）的控制线路，试分析其工作过程。

10.5.1 根据下列五个要求，分别绘出控制电路（M$_1$ 和 M$_2$ 都是三相笼型电动机）：（1）电动机 M$_1$ 先起动后，M$_2$ 才能起动，M$_2$ 并能单独停车；（2）电动机 M$_1$ 先起动后，M$_2$ 才能起动，M$_2$ 并能点动；（3）M$_1$ 先起动，经过一定延时后 M$_2$ 能自行起动；（4）M$_1$ 先起动，经过一定延时后 M$_2$ 能自行起动，M$_2$ 起动后，M$_1$ 立即停车；（5）起动时，M$_1$ 起动后 M$_2$ 才能起动；停止时，M$_2$ 停止后 M$_1$ 才能停止。

10.5.2 试画出笼型电动机定子串联电阻降压起动的控制线路。

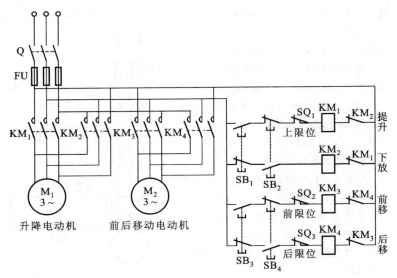

图 10.04 习题 10.4.3 的图

C 拓 宽 题

10.5.3 图 10.05 所示是常用的两种三相笼型异步电动机 Y－Δ 换接降压起动的控制电路,

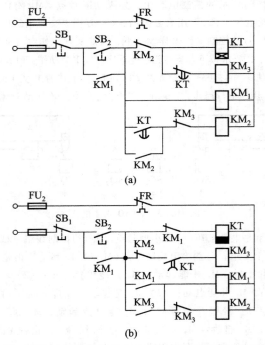

(a)

(b)

图 10.05 两种三相笼型异步电动机 Y－Δ 换接起动的控制电路

主电路和图 10.5.3 中的相同，请分析其动作次序。

10.5.4 有一运货小车在 A，B 两处装卸货物，它由三相笼型异步电动机带动，请按照下述要求设计电动机的控制电路：

(1) 电动机可在 A，B 间任何处起动，起动后正转，小车行进到 A 处，电动机自动停转，装货，停 5 min 后电动机自动反转；

(2) 小车行进到 B 处，电动机自动停转，卸货，停 5 min 后电动机自动正转，小车到 A 处装货；

(3) 有零压、过载和短路保护；

(4) 小车可停在 A，B 间任意位置。

10.6.1 图 10.06 所示是一密码门锁电路，当电磁铁线圈 YA 通电后便将门闩或锁闩拉出把门打开。图中 HA 为报警器；KA_1 和 KA_2 为继电器。试从开锁、报警和解警三个方面来分析其工作原理。

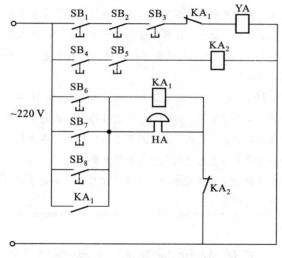

图 10.06　习题 10.6.1 的图

第 11 章

可编程控制器及其应用

> 　　继电接触器控制系统长期在生产上得到广泛应用，但由于它的机械触点多、接线复杂、可靠性低、功耗高，并且当生产工艺流程改变时需重新设计和改装控制线路，通用性和灵活性也就较差，因此日益满足不了现代化生产过程复杂多变的控制要求。而可编程控制器将继电接触器控制的优点与计算机技术相结合，用"软件编程"代替继电接触器控制的"硬件接线"。当系统控制功能需要改变时，只须变更少量外部接线，主要通过修改相应的控制程序即可。
>
> 　　可编程控制器(PLC)①是以中央处理器为核心，综合了计算机和自动控制等先进技术发展起来的一种新型工业控制器。PLC具有可靠性高、功能完善、组合灵活、编程简单以及功耗低等许多独特优点，已被广泛地应用于国民经济的各个控制领域。它的应用深度和广度已成为一个国家工业自动化先进水平的重要标志。
>
> 　　本章只为初学者提供PLC的基础知识，重点是工作原理和简单程序编制方法，有些应用举例与继电接触器控制相对照。

11.1　可编程控制器的结构和工作方式

11.1.1　可编程控制器的结构及各部分的作用

　　PLC的类型繁多，功能和指令系统也不尽相同，但其结构和工作方式则大同小异，一般由主机、输入/输出接口、电源、编程器、扩展接口和外部设备接口等几个主要部分构成，如图11.1.1所示。如果把PLC看作一个控制系统的核心，外部的各种开关信号或模拟信号均为输入变量，它们经输入接口寄存

---

　　① PLC是英文 Programmable Logic Controller 的缩写，后因其功能已超出逻辑控制的范围，故改称 Programmable Controller(PC)。但由于PC易与个人计算机(Personal Computer)混淆，故仍沿用PLC作为可编程控制器的缩写。

到 PLC 内部的状态寄存器和数据存储器中，而后按用户程序要求进行逻辑运算或数据处理，最后以输出变量形式送到输出接口，从而控制输出设备。

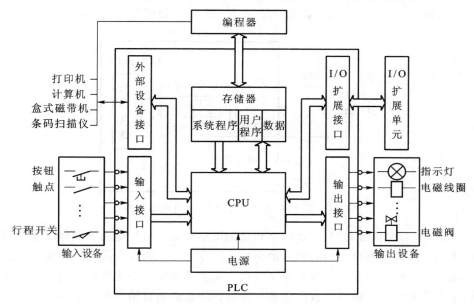

图 11.1.1　PLC 的硬件系统结构图

1. 主机

主机部分包括中央处理器(CPU)、系统程序存储器和用户程序及数据存储器。

CPU 是 PLC 的核心，起着总指挥的作用，它主要用来运行用户程序，监控输入/输出接口状态，作出逻辑判断和进行数据处理。即读取输入变量，完成用户指令规定的各种操作，将结果送到输出端，并响应外部设备(如编程器、打印机、条码扫描仪等)的请求以及进行各种内部诊断等。

PLC 的内部存储器有两类：一类是系统程序存储器，主要存放系统管理和监控程序及对用户程序作编译处理的程序，系统程序已由厂家固化，用户不能更改；另一类是用户程序及数据存储器，主要存放用户编制的应用程序及各种暂存数据和中间结果。

2. 输入/输出(I/O)接口

I/O 接口是 PLC 与输入/输出设备连接的部件。输入接口接收输入设备(如按钮、行程开关、各种继电器触点、传感器等)的控制信号。输出接口是将经主机处理过的结果通过输出电路去驱动输出设备(如继电器、接触器、电磁阀、指示灯等)。

I/O 接口电路一般采用光电耦合电路，以减少电磁干扰。这是提高 PLC 可靠性的重要措施之一。

　　图 11.1.2 所示是 PLC 的输入接口电路与输入设备之间的连接示意图（直流输入型）。输入信号通过光电耦合电路传送给内部电路。LED_1 和 LED_2 是发光二极管，前者显示有无信号输入，后者与光电三极管 T 作光电耦合。

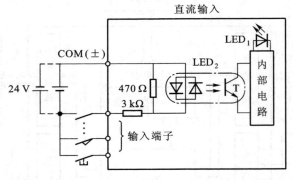

图 11.1.2　PLC 的输入接口电路（直流输入型）

　　图 11.1.3 和图 11.1.4 分别为 PLC 的继电器输出接口电路和晶体管输出接口电路。继电器输出型为有触点输出方式，存在触点的寿命问题，一般用于开关通断频率较低的直流负载和交流负载；晶体管输出型为无触点输出方式，可用于开关通断频率较高的直流负载。此外，还有晶闸管输出接口电路。

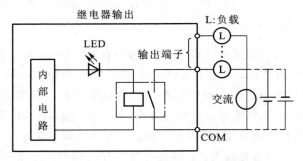

图 11.1.3　PLC 的继电器输出接口电路

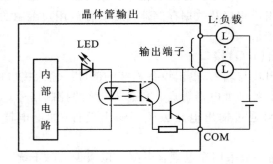

图 11.1.4　PLC 的晶体管输出接口电路

3. 电源

PLC 的电源是指为 CPU、存储器、I/O 接口等内部电子电路工作所配备的直流开关稳压电源。I/O 接口电路的电源相互独立,以避免或减小电源间的干扰。通常也为输入设备提供直流电源。

4. 编程器

编程器也是 PLC 的一种重要的外部设备,用于手持编程。用户可以用它输入、检查、修改、调试程序或用它监视 PLC 的工作情况。除手持编程器外,目前使用较多的是利用通信电缆将 PLC 和计算机连接,并利用专用的工具软件进行编程或监控。

5. 输入/输出扩展接口

I/O 扩展接口用于将扩充外部输入/输出端子数的扩展单元与基本单元(即主机)连接在一起。

6. 外部设备接口

此接口可将编程器、计算机、打印机、条码扫描仪等外部设备与主机相连,以完成相应操作。

11.1.2 可编程控制器的工作方式

PLC 与普通计算机的等待工作方式不同,它是采用"顺序扫描、不断循环"的方式进行工作的。即 PLC 运行时,CPU 根据用户按控制要求编制好并存于用户存储器中的程序,按指令步序号(或地址号)作周期性循环扫描。如果无跳转指令,则从第一条指令开始逐条顺序执行用户程序,直到程序结束,然后重新返回第一条指令,开始下一轮新的扫描。在每次扫描过程中,还要完成对输入信号的采样和对输出状态的刷新等工作。周而复始。

PLC 的扫描工作过程大致可分为输入采样、程序执行和输出刷新三个阶段,并进行周期性循环,如图 11.1.5 所示。

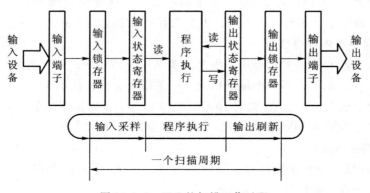

图 11.1.5 PLC 的扫描工作过程

1. 输入采样阶段

PLC 在输入采样阶段，首先以扫描方式按顺序将所有暂存在输入锁存器中的输入端子的通断状态或输入数据读入，并将其存入（写入）各对应的输入状态寄存器中，即刷新输入。随即关闭输入端口，进入程序执行阶段。在程序执行阶段，即使输入状态有变化，输入状态寄存器的内容也不会改变。变化了的输入信号状态只能在下一个扫描周期的输入采样阶段被读入。

2. 程序执行阶段

PLC 在程序执行阶段，按用户程序指令存放的先后顺序扫描执行每条指令，所需的执行条件可从输入状态寄存器、内部继电器（寄存器）和当前输出状态寄存器中读入，经过相应的运算和处理后，其结果再写入输出状态寄存器中。所以，输出状态寄存器中所有的内容将随着程序的执行而改变。

3. 输出刷新阶段

当所有指令执行完毕，输出状态寄存器的通断状态在输出刷新阶段送至输出锁存器中，并通过一定方式（继电器、晶体管或晶闸管）输出，驱动相应输出设备工作，这就是 PLC 的实际输出。

经过这三个阶段，完成一个扫描周期。实际上 PLC 在程序执行后还要进行各种错误检测（自诊断）并与外部设备进行通信，这一过程称为“监视服务”。由于扫描周期为完成一次扫描所需的时间（输入采样、程序执行、监视服务、输出刷新），其长短主要取决于三个因素，即 CPU 执行指令的速度、每条指令占用的时间和执行指令的数量，即用户程序长短，一般不超过 100 ms。

11.1.3　可编程控制器的主要技术性能

PLC 的主要性能通常可用以下各种指标进行描述。

1. I/O 点数

此指 PLC 的外部输入和输出端子数。这是一项与控制规模有关的重要技术指标。通常小型机有几十个点，中型机有几百个点，大型机超过千点。

2. 用户程序存储容量

此为衡量 PLC 所能存储用户程序的多少。在 PLC 中，程序指令是按“步”存储的，一“步”占用一个地址单元，一条指令有的往往不止一“步”。一个地址单元一般占两个字节（约定 16 位二进制数为一个字，即两个 8 位的字节）。如一个内存容量为 1 000 步的 PLC，其内存为 2 KB。

3. 扫描速度

此指扫描 1 000 步用户程序所需的时间，以 ms/千步为单位。有时也可用扫描一步指令的时间计，如 μs/步。

4. 指令系统条数

PLC 具有基本指令和高级指令，指令的种类和数量越多，其软件控制功能越强。

5. 内存分配及编程元件的种类和数量

PLC 内部的存储器有一部分用于存储各种状态和数据，包括输入继电器、输出继电器、内部辅助继电器、特殊功能内部继电器、定时器、计数器、通用"字"寄存器、数据寄存器等，其种类和数量的多少关系到编程是否方便灵活，也是衡量 PLC 硬件功能强弱的重要指标。

PLC 内部这些继电器的作用和继电接触器控制系统中的继电器十分相似，也有"线圈"和"触点"。但它们不是"硬"继电器，而是 PLC 内部存储器的存储单元。当写入该单元的逻辑状态为 **1** 时，则表示相应"继电器"的线圈接通，其动合触点闭合，动断触点断开。所以，PLC 内部用于编程的"继电器"可称为"软"继电器。

各输入继电器 X、输出继电器 Y、内部辅助继电器 R 分别是相应输入寄存器 WX、输出寄存器 WY、通用"字"寄存器 WR 中的一个存储单元（即 1 位）。例如，WX0 由 X0 ~ XF 共 16 个（位）输入继电器组成，WR1 由 R10 ~ R1F 共 16 个（位）内部辅助继电器组成，如图 11.1.6 所示。

位址	15	14	13	12	11	10	9	8	7	6	5	4	3	2	1	0
WX0	XF	XE	XD	XC	XB	XA	X9	X8	X7	X6	X5	X4	X3	X2	X1	X0

位址	15	14	13	12	11	10	9	8	7	6	5	4	3	2	1	0
WR1	R1F	R1E	R1D	R1C	R1B	R1A	R19	R18	R17	R16	R15	R14	R13	R12	R11	R10

图 11.1.6 "字"寄存器的构成

各种编程元件的代表字母、数字编号及点数（数量）因机型不同而有所差异。今以 FPX – C30 为例，列出常用编程元件的编号范围与功能说明，见表 11.1.1。

表 11.1.1 FPX – C30 编程元件的编号范围与功能说明

元件名称	代表符号	编号范围	功能说明
输入继电器	X	X0 ~ XF 共 16 点	接收外部输入设备的信号
输出继电器	Y	Y0 ~ YD 共 14 点	输出程序执行结果给外部输出设备
内部辅助继电器	R	R0 ~ R255F 共 4 096 点	在程序内部使用，不能提供外部输出，类似中间继电器
内部特殊继电器		R9000 ~ R911F 共 192 点	提供特殊功能，在程序内部使用，不能提供外部输出

续表

元件名称	代表符号	编号范围	功能说明
定时器	T	T0 ~ T1007 共 1 008 点	延时定时继电器,其触点在程序内部使用
计数器	C	C1008 ~ C1023 共 16 点	减法计数继电器,其触点在程序内部使用
通用"字"寄存器	WR	WR0 ~ WR255 共 256 个	每个 WR 由相应的 16 个内部辅助继电器 R 构成
专用"字"寄存器		WR900 ~ WR911 共 12 个	
通用数据寄存器	DT	DT0 ~ DT12284 共 12 285 个	用于以字为单位存储 PLC 内部处理数据,不提供触点
特殊数据寄存器		DT9000 ~ DT90373 共 374 个	用于特殊用途的以字为单位的内部数据寄存
设定值寄存器	SV	SV0 ~ SV1023 共 1 024 个	用于存放定时器/计数器指令的预置值
经过值寄存器	EV	EV0 ~ EV1023 共 1 024 个	用于存放定时器/计数器运行的经过值
索引寄存器	I	I0 ~ ID 共 14 个	用于存放地址和常数的修正值

此外,不同 PLC 还有其他一些指标,如编程语言及编程手段、输入/输出方式、特殊功能模块种类、自诊断、监控、主要硬件型号、工作环境及电源等级等。

11.1.4　可编程控制器的主要功能和特点

1. 主要功能

随着技术的不断发展,目前 PLC 已能完成以下功能。

(1)开关逻辑控制。

用 PLC 取代传统的继电接触器进行逻辑控制,这是它的最基本应用。

(2)定时/计数控制。

用 PLC 的定时/计数指令来实现定时和计数控制。

(3)步进控制。

用步进指令实现一道工序完成后,再进行下一道工序操作的控制。

(4)数据处理。

能进行数据传送、比较、移位、数制转换、算术运算和逻辑运算等操作。

（5）过程控制。

可实现对温度、压力、速度、流量等非电量参数进行自动调节。

（6）运动控制。

通过高速计数模块和位置控制模块进行单轴或多轴控制，如用于数控机床、机器人等控制。

（7）通信连网。

通过 PLC 之间的连网及与计算机的连接，实现远程控制或数据交换。

（8）监控。

能监视系统各部分的运行情况，并能在线修改控制程序和设定值。

（9）数字量与模拟量的转换。

能进行 A/D 和 D/A 转换，以适应对模拟量的控制。

2. 主要特点

（1）可靠性高，抗干扰能力强。

PLC 采用大规模集成电路和计算机技术；对电源采取屏蔽，对 I/O 接口采取光电耦合；在软件方面定期进行系统状态及故障检测。而这些都是继电接触器控制系统所不具备的。

（2）功能完善，编程简单，组合灵活，扩展方便。

PLC 采用软件编制程序来实现控制要求。编程时使用的各种编程元件，其实就是各个寄存器中的一个存储单元，它们可提供无数个动合触点和动断触点，从而可以节省大量的中间继电器、时间继电器和计数继电器，使得整个控制系统大为简单，只需在外部端子上接上相应的输入输出信号线即可。这就能方便地编制程序，灵活组合要求不同的控制系统；并能在生产工艺流程改变或生产设备更新时，不必改变 PLC 的硬设备，只要改变程序即可。PLC 能在线修改程序，也能方便地扩展 I/O 点数。

而继电接触器控制系统是通过各种电器和复杂的接线来实现某一控制要求的，功能专一，灵活性差。如要改变控制要求，必须重新设计，重新接线。

（3）体积小，重量轻，功耗低。

PLC 结构紧密，体积小巧，易于装入机械设备内部，是实现机电一体化的理想控制设备。

（4）可与各种组态软件结合，远程监控生产过程。

【练习与思考】

11.1.1 什么是 PLC 的扫描周期？其长短主要受什么影响？

11.1.2 PLC 与继电接触器控制比较有何特点？

11.2　可编程控制器的程序编制

可编程控制器的程序有系统程序和用户程序两种。系统程序类似微机的操作系统，用于对 PLC 的运行过程进行控制和诊断，对用户应用程序进行编译等，一般由厂家固化在存储器中，用户不能更改。用户程序是用户根据控制要求，利用 PLC 厂家提供的程序编制语言和指令编写的应用程序。因此，编程就是编制用户程序。

11.2.1　可编程控制器的编程语言

PLC 的控制作用是靠执行用户程序实现的，因此须将控制要求用程序的形式表达出来。程序编制就是通过特定的语言将一个控制要求描述出来的过程。PLC 的编程语言以梯形图语言和指令语句表语言（或称指令助记符语言）最为常用，并且两者之间一一对应，可以相互转换。

1. 梯形图

梯形图是一种从继电接触器控制电路图演变而来的图形语言。它是借助类似于继电器的动合触点、动断触点、线圈以及串联与并联等术语和符号，根据控制要求连接而成的表示 PLC 输入和输出之间逻辑关系的图形，它既直观又易懂。

梯形图中通常用 ┤├ 、┤/├ 图形符号分别表示 PLC 编程元件的动合和动断"触点"；用 ─[ ]─（或 ─○─）表示它们的"线圈"。梯形图中编程元件的种类用图形符号及标注的字母或数字加以区别。

图 11.2.1(a) 所示是用 PLC 控制的笼型电动机直接起动（其继电接触器控制电路见图 10.2.2）的梯形图。图中 X1 和 X2 分别表示 PLC 输入继电器的动断和动合触点，它们分别与图 10.2.2 中的停止按钮 SB_1 和起动按钮 SB_2 相对应。Y1 表示输出继电器的线圈和动合触点，它与图 10.2.2 中的接触器 KM 相对应。

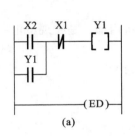

地址	指	令
0	ST	X2
1	OR	Y1
2	AN/	X1
3	OT	Y1
4	ED	

(a)　　　　　　　　　　(b)

图 11.2.1　笼型电动机直接起动控制

(a) 梯形图；(b) 指令语句表

这里有如下几点要说明。

（1）如前所述，梯形图中的继电器不是物理继电器，而是 PLC 存储器的一个存储单元。当写入该单元的逻辑状态为 1 时，则表示相应继电器的线圈接通，其动合触点闭合，动断触点断开。

（2）梯形图按从左到右、自上而下的顺序排列。每一逻辑行（或称梯级）起始于左母线，然后是触点的串、并连接，最后通过线圈与右母线相连。

（3）梯形图中每个梯级流过的不是物理电流，而是"概念电流"，从左流向右，其两端没有电源。这个"概念电流"只是用来形象地描述用户程序执行中满足线圈接通的条件。

（4）输入继电器仅用于接收外部输入信号［例如图 11.2.1(a) 中，按下起动按钮 SB_2 时，输入继电器接通，其动合触点 X2 就闭合］，它不能由 PLC 内部其他继电器的触点来驱动。因此梯形图中只出现输入继电器的触点，而不出现其线圈。输出继电器用于将程序执行结果输出给外部输出设备。当梯形图中的输出继电器线圈接通时，就有信号输出，但不是直接驱动输出设备，而要在输出刷新阶段通过输出接口的"硬"继电器、晶体管或晶闸管才能实现。

输出继电器的触点也可供内部编程使用。

2. 指令语句表

指令语句表是一种用指令助记符［如图 11.2.1(b) 中的 ST，OR 等］来编制 PLC 程序的语言，它类似于计算机的汇编语言，但比汇编语言容易理解。若干条指令组成的程序就是指令语句表。

图 11.2.1(b) 所示是笼型电动机直接起动控制的指令语句表，其中：

ST　起始指令（也称取指令）：从左母线（即输入公共线）开始取用动合触点作为该逻辑行运算的开始，图 11.2.1(a) 中取用 X2。

OR　触点并联指令（也称**或**指令）：用于单个动合触点的并联，图中并联 Y1。

AN／　触点串联反指令（也称**与非**指令）：用于单个动断触点的串联，图中串联 X1。

OT　输出指令：用于将运算结果驱动指定线圈，图中驱动输出继电器线圈 Y1。

ED　程序结束指令。

11.2.2　可编程控制器的编程原则和方法

1. 编程原则

（1）PLC 编程元件的触点在编制程序时的使用次数是无限制的。

（2）梯形图的每一逻辑行（梯级）皆起始于左母线，终止于右母线。各种元件的线圈接于右母线；任何触点不能放在线圈的右边与右母线相连；线圈一般也不允许直接与左母线相连。正确的和不正确的接线如图 11.2.2 所示。

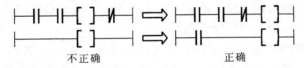

不正确　　　　　　　正确

图 11.2.2　正确的和不正确的接线

（3）编制梯形图时，应尽量做到"上重下轻、左重右轻"以符合"从左到右、自上而下"的执行程序的顺序，并易于编写指令语句表。图 11.2.3 所示的是合理的和不合理的接线。

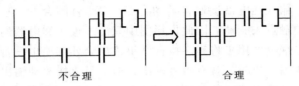

不合理　　　　　　　合理

图 11.2.3　合理的和不合理的接线

（4）在梯形图中应避免将触点画在垂直线上，这种桥式梯形图无法用指令语句编程，应改画成能够编程的形式，如图 11.2.4 所示。

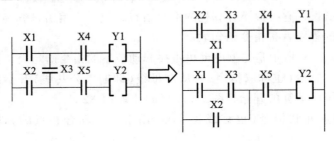

图 11.2.4　将无法编程的梯形图改画

（5）一般应避免同一继电器线圈在程序中重复输出，否则将引起误操作。

（6）外部输入设备动断触点的处理：

图 11.2.5（a）所示是电动机直接起动控制的继电接触器控制电路，其中停止按钮 SB_1 是动断触点。如用 PLC 来控制，则停止按钮 SB_1 和起动按钮 SB_2 是它的输入设备。在外部接线时，SB_1 有两种接法。

照图 11.2.5（b）的接法，SB_1 仍接成动断，接在 PLC 输入继电器的 X1 端子上，则在编制梯形图时，用的是动合触点 X1。未施加按动 SB_1 的停止动作时，因 SB_1 闭合，对应的输入继电器接通，这时它的动合触点 X1 是闭合的。按下 SB_1，断开输入继电器，动合触点 X1 才断开。

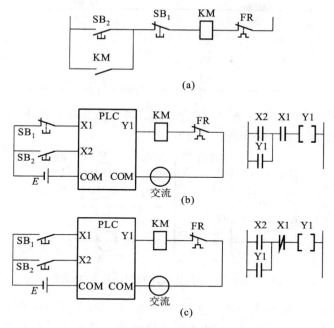

图 11.2.5　电动机直接起动控制

照图 11.2.5(c)的接法，将 SB_1 接成动合形式，则在梯形图中，用的是动断触点 X1。未施加按动 SB_1 的停止动作时，因 SB_1 断开，对应的输入继电器断开，这时其动断触点 X1 仍然闭合。当按下 SB_1 时，接通输入继电器，动断触点 X1 才断开。

在图 11.2.5 的外部接线图中，输入侧的直流电源 E 通常是由 PLC 内部提供的，输出侧的交流电源是外接的。"COM" 是两侧各自的公共端子。

从图 11.2.5(a)和(c)可以看出，为了使梯形图和继电接触器控制电路一一对应，PLC 输入设备的触点应尽可能地接成动合形式。

此外，热继电器 FR 的触点只能接成动断的，通常不作为 PLC 的输入信号，而将其触点接在输出电路中直接通断接触器线圈。

2. 编程方法

今以图 10.3.2(a)笼型电动机正反转控制电路为例来介绍用 PLC 进行控制的编程方法。

(1) 确定 I/O 点数及其分配

停止按钮 SB_1、正转起动按钮 SB_F、反转起动按钮 SB_R 这三个外部按钮需接在 PLC 的三个输入端子上，可分别分配为 X0，X1，X2 来接收输入信号；正转接触器线圈 KM_F 和反转接触器线圈 KM_R 需接在两个输出端子上，可分别分配为 Y1 和 Y2。共需用 5 个 I/O 点，即

输　　入		输　　出	
SB$_1$	X0	KM$_F$	Y1
SB$_F$	X1	KM$_R$	Y2
SB$_R$	X2		

外部接线如图 11.2.6 所示。按下 SB$_F$，电动机正转；按下 SB$_R$，则反转。在正转时如要求反转，必须先按下 SB$_1$。

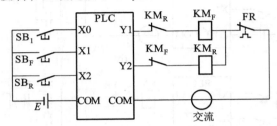

图 11.2.6　电动机正反转控制的外部接线图

至于自锁和互锁触点是内部的"软"触点，不占用 I/O 点。此外，外部还应接入"硬"互锁触点 KM$_R$ 和 KM$_F$，以确保正转和反转接触器不会同时接通，避免电源短路。

（2）编制梯形图和指令语句表

本例的梯形图和指令语句表如图 11.2.7 所示。

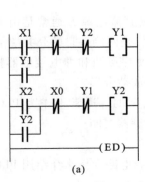

地址	指　　　令	
0	ST	X1
1	OR	Y1
2	AN/	X0
3	AN/	Y2
4	OT	Y1
5	ST	X2
6	OR	Y2
7	AN/	X0
8	AN/	Y1
9	OT	Y2
10	ED	

(a)　　　　　　　　　　　　　　(b)

图 11.2.7　电动机正反转控制

(a) 梯形图；(b) 指令语句表

比较图 10.3.2(a) 和图 11.2.7(a)，两者一一对应。

11.2.3　可编程控制器的指令系统

FPX 系列 PLC 的指令系统由 93 条基本指令和 216 条高级指令组成。下面主要介绍一些最常用的基本指令。

1. 起始指令 ST，ST/与输出指令 OT[①]

ST/　起始反指令（也称取反指令）：从左母线开始取用动断触点作为该逻辑行运算的开始。

另外两条指令已在前面介绍过。它们的用法如图 11.2.8 所示。

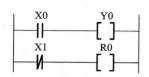

地址	指	令
0	ST	X0
1	OT	Y0
2	ST/	X1
3	OT	RO

图 11.2.8　ST，ST/，OT 指令的用法

指令使用说明：

（1）ST，ST/指令可使用的编程元件为 X，Y，R，T，C；OT 指令可使用的编程元件为 Y，R。

（2）ST，ST/指令除用于与左母线相连的触点外，也可与 ANS 或 ORS 块操作指令（见 3）配合用于分支回路的起始处。

（3）OT 指令不能用于输入继电器 X，也不能直接用于左母线；OT 指令可以连续使用若干次，这相当于线圈的并联，如图 11.2.9 所示。

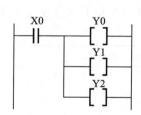

地址	指	令
0	ST	X0
1	OT	Y0
2	OT	Y1
3	OT	Y2

图 11.2.9　OT 指令的并联使用

当 X0 闭合时，则 Y0，Y1，Y2 均接通。

2. 触点串联指令 AN，AN/与触点并联指令 OR，OR/

AN 为触点串联指令（也称**与**指令），AN/为触点串联反指令（也称**与非**指令）。它们分别用于单个动合和动断触点的串联。

OR 为触点并联指令（也称**或**指令），OR/为触点并联反指令（也称**或非**指令）。它们分别用于单个动合和动断触点的并联。

它们的用法如图 11.2.10 所示。

---

① ST 和 ST/在有些 PLC 中是用 LD 和 LD/表示的。

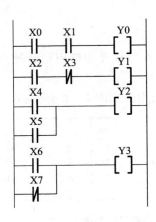

地址	指　　令	
0	ST	X0
1	AN	X1
2	OT	Y0
3	ST	X2
4	AN/	X3
5	OT	Y1
6	ST	X4
7	OR	X5
8	OT	Y2
9	ST	X6
10	OR/	X7
11	OT	Y3

图 11.2.10　AN，AN/，OR，OR/指令的用法

指令使用说明：

（1）AN，AN/，OR，OR/指令可使用的编程元件为 X，Y，R，T，C。

（2）AN，AN/单个触点串联指令可多次连续串联使用；OR，OR/单个触点并联指令可多次连续并联使用。串联或并联次数没有限制。

3. 块串联指令 ANS 与块并联指令 ORS

ANS（块与）和 ORS（块或）分别用于指令块的串联和并联连接，它们的用法如图 11.2.11 所示。在图（a）中，ANS 用于将两组并联的触点（指令块 1 和指令块 2）串联；在图（b）中，ORS 将两组串联的触点（指令块 1 和指令块 2）并联。

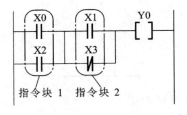

地址	指　　令	
0	ST	X0
1	OR	X2
2	ST	X1
3	OR/	X3
4	ANS	
5	OT	Y0

(a)

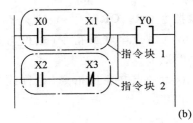

地址	指　　令	
0	ST	X0
1	AN	X1
2	ST	X2
3	AN/	X3
4	ORS	
5	OT	Y0

(b)

图 11.2.11　ANS，ORS 指令的用法

（a）ANS 的用法；（b）ORS 的用法

指令使用说明：

（1）每一指令块均以 ST（或者 ST/）开始。

（2）当两个以上指令块串联或者并联时，可将前面块的并联或串联结果作为新的"块"参与运算。

（3）指令块中各支路的元件个数没有限制。

（4）ANS 和 ORS 指令后面不带任何编程元件。

【**例 11.2.1**】 写出图 11.2.12（a）所示梯形图的指令语句表。

【**解**】 指令语句表如图 11.2.12（b）所示。

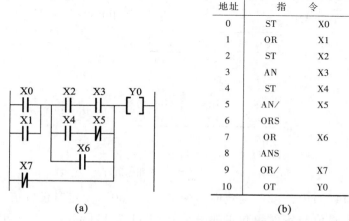

地址	指	令
0	ST	X0
1	OR	X1
2	ST	X2
3	AN	X3
4	ST	X4
5	AN/	X5
6	ORS	
7	OR	X6
8	ANS	
9	OR/	X7
10	OT	Y0

(a)   (b)

图 11.2.12 例 11.2.1 的梯形图和指令语句表

4. 反指令/

反指令（也称非指令）是将该指令所在位置的运算结果取反，如图 11.2.13 所示。

在图 11.2.13 中，当 X0 闭合时，Y0 接通、Y1 断开；反之，则相反。

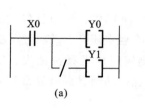

地址	指	令
0	ST	X0
1	OT	Y0
2	/	
3	OT	Y1

(a)   (b)

图 11.2.13 /指令的用法

5. 定时器指令 TM

定时器指令分下列四种类型：

TML：定时单位为 0.001 s 的定时器；

TMR：定时单位为 0.01 s 的定时器；

TMX：定时单位为 0.1 s 的定时器；

TMY：定时单位为 1 s 的定时器。

TM 指令的用法如图 11.2.14 所示。

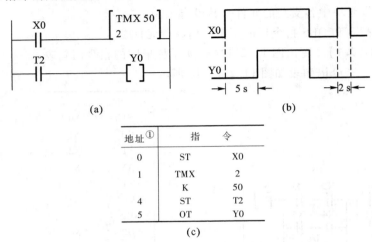

图 11.2.14 TM 指令的用法

(a) 梯形图；(b) 动作时序图；(c) 指令语句表

在图 11.2.14(a) 中，"2" 为定时器的编号，"50" 为定时设置值。定时时间等于定时设置值与定时单位的乘积，在图 11.2.14(a) 中，定时时间为 50×0.1 s $= 5$ s。当定时触发信号发出后，即触点 X0 闭合时，定时开始，5 s 后，定时时间到，定时器触点 T2 闭合，线圈 Y0 也就接通。如果 X0 闭合时间不到 5 s，则无输出。

指令使用说明：

(1) 定时设置值为 K1 ~ K32 767 范围内的任意一个十进制常数（K 表示十进制）。

(2) 定时器为减 1 计数，即每来一个时钟脉冲 CP[2]，定时器经过值由设置值逐次减 **1**，直至减为 **0** 时，定时器动作，其动合触点闭合，动断触点断开。

(3) 如果在定时器工作期间，X0 断开，则定时触发条件消失，定时运行中断，定时器复位，回到原设置值，同时其动合、动断触点恢复常态。

---

① 在 FPX 系列 PLC 中，有些指令每条不只占 1 个地址号，例如每条 TMR 和 TMX 指令各占 3 个地址号，TMY 占 4 个地址号。地址号由 PLC 内部根据指令自动分配。

② 定时器的时钟脉冲 CP 由 PLC 内部产生，其波形为 ⎍⎍⎍⎍ ，周期 T 为定时单位。

（4）程序中每个定时器只能使用一次，但其触点可多次使用，没有限制。

【例 11.2.2】 试编制延时 3 s 接通、延时 4 s 断开的电路的梯形图和指令语句表。

【解】 利用两个 TMX 指令的定时器 T1 和 T2，其定时设置值 K 分别为 30 和 40，即延时时间分别为 3 s 和 4 s。梯形图、动作时序图及指令语句表分别如图 11.2.15(a)，(b)，(c)所示。

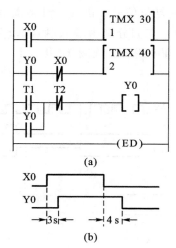

地址	指	令
0	ST	X0
1	TMX	1
	K	30
4	ST	Y0
5	AN／	X0
6	TMX	2
	K	40
9	ST	T1
10	OR	Y0
11	AN／	T2
12	OT	Y0
13	ED	

图 11.2.15 例 11.2.2 的图

当 X0 闭合 3 s 后 Y0 接通；当 X0 断开 4 s 后 Y0 断开。

【例 11.2.3】 振荡输出电路的动作时序图如图 11.2.16(a)所示，试编制相应的梯形图和指令语句表。

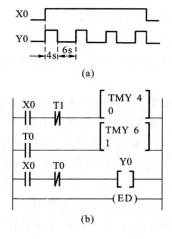

地址	指	令
0	ST	X0
1	AN／	T1
2	TMY	0
	K	4
6	ST	T0
7	TMY	1
	K	6
11	ST	X0
12	AN／	T0
13	OT	Y0
14	ED	

图 11.2.16 例 11.2.3 的图

【**解**】　梯形图和指令语句表分别如图 11.2.16(b)和(c)所示。

当 X0 刚闭合时，Y0 接通；定时器 T0 定时 4 s 后，Y0 断开；定时器 T1 定时 6 s 后，Y0 再次接通。如此不断循环，输出振荡波形如图 11.2.16(b)所示。

当 X0 断开时，无振荡输出。

6. 计数器指令 CT

在图 11.2.17(a)中，"1008"为计数器的编号，"4"为计数设置值。用 CT 指令编程时，一定要有计数脉冲信号和复位信号。因此，计数器有两个输入端：计数脉冲端 C 和复位端 R。在图中，它们分别由输入触点 X0 和 X1 控制。当计数到 4 时，计数器的动合触点 C1008 闭合，线圈 Y0 接通。

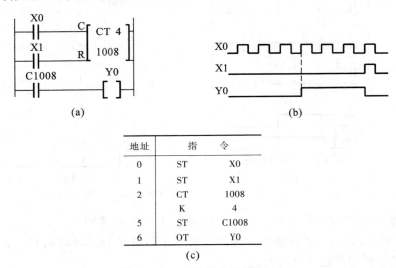

(a)　　　　(b)

地址	指　令	
0	ST	X0
1	ST	X1
2	CT	1008
	K	4
5	ST	C1008
6	OT	Y0

(c)

图 11.2.17　CT 指令的用法

(a) 梯形图；(b) 动作时序图；(c) 指令语句表

指令使用说明：

(1) 计数设置值为 K1～K32 767 范围内的任意一个十进制常数(K 表示十进制)。

(2) 计数器为减 1 计数，即每来一个计数脉冲的上升沿，计数设置值逐次减 1，直至减为 0 时，计数器动作，其动合触点闭合，动断触点断开。

(3) 如果在计数器工作期间，复位端 R 因输入复位信号[在图 11.2.17(a)中，即 X1 闭合]而使计数器复位，则运行中断，回到原设置值，同时其动合、动断触点恢复常态。

(4) 程序中每个计数器只能使用一次，但其触点可多次使用，没有限制。

【**例 11.2.4**】　分析由定时器与计数器组成的长延时电路的工作过程，其梯形图如图 11.2.18(a)所示。

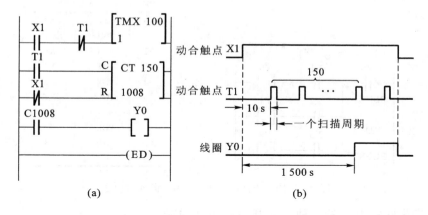

图 11.2.18 例 11.2.4 的梯形图和动作时序图

【解】 当需要的延时时间超过定时器的最大延时范围时，可将定时器与计数器配合使用以扩大延时范围。

在图 11.2.18(a)中，当输入动合触点 X1 开始闭合时，定时器 T1 随即接通开始定时，10 s 后，其动合触点 T1 闭合，即为计数器 C1008 输入一个计数脉冲。同时 T1 的动断触点断开，待下一次扫描时，使定时器 T1 自复位，T1 动合触点断开、动断触点闭合。再下一次扫描时，定时器 T1 又接通定时。周而复始，不断循环。定时器 T1 的动合触点每隔 10 s 闭合一次，每次闭合时间为一个扫描周期。而计数器 C1008 则对这个脉冲计数，当计数 150 次时，其动合触点 C1008 闭合，接通线圈 Y0。可见，从 X1 闭合到 Y0 接通所需的时间为 10×150 s = 1 500 s。图 11.2.18(b)所示是动作时序图。因此，由定时器与计数器可组成长延时电路。

当动合触点 X1 断开时，定时器和计数器复位。

此例中 T1 触点的闭合和断开过程反映了 PLC 循环扫描的工作特点。

7. 堆栈指令 PSHS，RDS，POPS

PSHS(压入堆栈)，RDS(读出堆栈)，POPS(弹出堆栈)这三条堆栈指令常用于梯形图中多条连于同一点的分支通路，并要用到同一中间运算结果的场合。它们的用法如图 11.2.19 所示。

指令使用说明：

(1)在分支开始处用 PSHS 指令，它存储分支点前的运算结果；分支结束用 POPS 指令，它读出和清除 PSHS 指令存储的运算结果；在 PSHS 指令和 POPS 指令之间的分支均用 RDS 指令，它读出由 PSHS 指令存储的运算结果。

地址	指	令
0	ST	X0
1	PSHS	
2	AN	X1
3	OT	Y0
4	RDS	
5	AN/	X2
6	OT	Y1
7	POPS	
8	AN	X3
9	OT	Y2

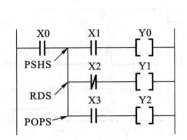

图 11.2.19　PSHS，RDS，POPS 指令的用法

（2）堆栈指令是一种组合指令，不能单独使用。PSHS，POPS 在同一分支程序中各出现一次（开始和结束时），而 RDS 在程序中视连接在同一点的支路数目的多少可多次使用。

图 11.2.20 所示为图 11.2.19 的等效梯形图。

从图 11.2.20 可以看出，若 PSHS 指令存储的中间运算结果是多个触点进行逻辑运算的结果，则用堆栈指令比较方便。

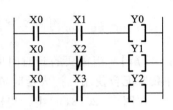

图 11.2.20　图 11.2.19 的等效梯形图

【例 11.2.5】　今有三台笼型电动机 M_1，M_2，M_3，按下起动按钮 SB_2 后 M_1 起动，延时 5 s 后 M_2 起动，再延时 4 s 后 M_3 起动。（1）画出继电接触器控制电路；（2）用 PLC 控制时编制其梯形图和指令语句表。

【解】　（1）继电接触器控制电路如图 11.2.21 所示。

（2）首先确定 I/O 点数及其分配：

输	入	输	出
SB_1	X1	KM_1	Y1
SB_2	X2	KM_2	Y2
		KM_3	Y3

图 11.2.21　例 11.2.5 的
继电接触器控制电路

而后编制梯形图，如图 11.2.22（a）所示。

最后写出指令语句表，如图 11.2.22（b）所示。

比较图 11.2.21 和图 11.2.22（a），两者一一对应，只要将电气符号改为 PLC 对应的符号，就很容易画出梯形图。此外，改用 PLC 控制后，时间继电器由 PLC 内部提供，所需外部元件可以减少，只有 SB_1、SB_2、KM_1、KM_2、KM_3，使整个系统大为简化，易于接线和调试，并可提高可靠性。

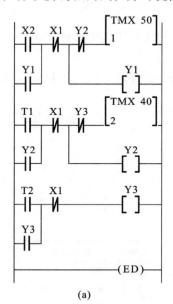

(a)

地址	指	令	地址	指	令
0	ST	X2	13	PSHS	
1	OR	Y1	14	AN/	Y3
2	AN/	X1	15	TMX	2
3	PSHS			K	40
4	AN/	Y2	18	POPS	
5	TMX	1	19	OT	Y2
	K	50	20	ST	T2
8	POPS		21	OR	Y3
9	OT	Y1	22	AN/	X1
10	ST	T1	23	OT	Y3
11	OR	Y2	24	ED	
12	AN/	X1			

(b)

图 11.2.22 例 11.2.5 的梯形图和指令语句表

8. 微分指令 DF，DF/

DF： 当检测到触发信号上升沿时，线圈接通一个扫描周期。

DF/： 当检测到触发信号下降沿时，线圈接通一个扫描周期。

它们的用法如图 11.2.23 所示。

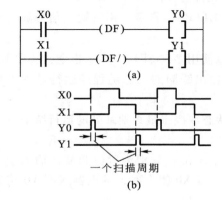

(a)

(b)

地址	指	令
0	ST	X0
1	DF	
2	OT	Y0
3	ST	X1
4	DF/	
5	OT	Y1

(c)

图 11.2.23 DF，DF/指令的用法

在图 11.2.23 中，当 X0 闭合时，Y0 接通一个扫描周期；当 X1 断开时，Y1 接通一个扫描周期。这里，触点 X0，X1 分别称为上升沿和下降沿微分指令的触发信号。

指令使用说明如下。

（1）DF，DF/指令仅在触发信号接通或断开这一状态变化时有效。

（2）DF，DF/指令没有使用次数的限制。

（3）如果某一操作只需在触点闭合或断开时执行一次，可以使用 DF 或 DF/指令。

9. 置位、复位指令 SET，RST

SET：触发信号 X0 闭合时，Y0 接通。

RST：触发信号 X1 闭合时，Y0 断开。

它们的用法如图 11.2.24 所示。

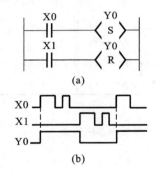

地址	指	令
0	ST	X0
1	SET	Y0
4	ST	X1
5	RST	Y0

(c)

图 11.2.24　SET，RST 指令的用法

指令使用说明如下。

（1）SET，RST 指令可使用的编程元件为 Y，R。

（2）当触发信号一接通，即执行 SET(RST)指令。不管触发信号随后如何变化，线圈将接通（断开）并保持。

（3）对同一继电器 Y(或 R)，可以使用多次 SET 和 RST 指令，次数不限。

（4）当使用 SET 和 RST 指令时，输出线圈的状态随程序运行过程中每一阶段的执行结果而变化。

（5）当输出刷新时，外部输出的状态取决于最大地址处的运行结果。

10. 保持指令 KP

KP 指令的用法如图 11.2.25 所示。S 和 R 分别为置位和复位输入端，图中它们分别由输入触点 X0 和 X1 控制。当 X0 闭合时，继电器线圈 Y0 接通并保持；当 X1 闭合时，Y0 断开复位。

指令使用说明如下。

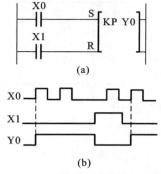

(a)

(b)

地址	指 令	
0	ST	X0
1	ST	X1
2	KP	Y0

(c)

图 11.2.25　KP 指令的用法

（1）KP 指令可使用的编程元件为 Y，R。

（2）置位触发信号一旦将指定的继电器接通，则无论置位触发信号随后是接通状态还是断开状态，指定的继电器都保持接通，直到复位触发信号接通。

（3）如果置位、复位触发信号同时接通，则复位触发信号优先。

（4）当 PLC 电源断开时，KP 指令决定的状态不再保持。

（5）对同一继电器 Y（或 R）一般只能使用一次 KP 指令。

11. 空操作指令 NOP

NOP：指令不完成任何操作，即空操作，其用法如图 11.2.26 所示。

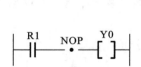

地址	指 令	
0	ST	R1
1	NOP	
2	OT	Y0

图 11.2.26　NOP 指令的用法

在图 11.2.26 中，当 R1 闭合时，Y0 接通。

指令使用说明如下。

（1）NOP 指令占一步，当插入 NOP 指令时，程序容量将有所增加，但对运算结果没有影响。

（2）插入 NOP 指令可使程序在检查或修改时容易阅读。

12. 移位寄存器指令 SR

SR：实现对内部"字"寄存器 WR 中的数据移位，其用法如图 11.2.27 所示。

在图 11.2.27 中，移位寄存器指令有三个输入端：数据输入端 IN；移位脉冲输入端 C；复位端 CLR。图中，它们分别由 X0，X1，X2 三个触点控制。X0 闭合，WR0 中的最低位输入为 **1**；X0 断开，则输入为 **0**。当 X1 每闭合一次，移位寄存器中的数据左移一位。当 X2 闭合时，则寄存器复位，停止执行移位指令。

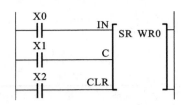

图 11.2.27 SR 指令的用法

指令使用说明如下。

（1）SR 指令可使用的编程元件为 WR。可指定内部通用"字"寄存器 WR 中任意一个作移位寄存器用。每个 WR 都由相应的 16 个辅助继电器构成，例如 WR0 由 R0～RF 构成，R0 是最低位。

（2）用 SR 指令时，必须有数据输入、移位脉冲输入和复位信号输入，而其中以复位信号优先。

【**例 11.2.6**】 今有 8 只节日彩灯，排成一行。现要求从右至左以 1 s 点亮 1 只的速度依次点亮。当灯全亮后再以同样的速度从右至左依次熄灭。如此反复 3 次后停止。

【**解**】 此例可用移位寄存器指令 SR 对内部寄存器 WR0（由内部继电器 R0～RF 组成）的状态进行移位，其结果通过 Y0～Y7 输出来实现（Y0 和 Y7 分别对应最右和最左的灯）。其中移位脉冲利用特殊内部继电器 R901C（1 s 时钟脉冲继电器）产生；使用计数器 C1008 累计循环次数；X0 为重新开始起动触点。

图 11.2.28 所示是本例的梯形图，请自行分析。

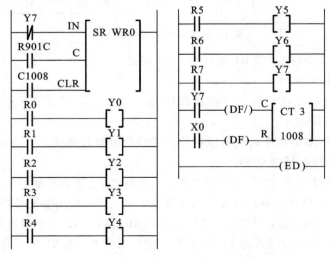

图 11.2.28 例 11.2.6 的梯形图

*13. 跳转指令 JP，LBL

JP，LBL：跳转指令及其跳转标号。在图 11.2.29 中，当触发信号 X1 闭合时，程序跳转到与 JP 指令编号相同的 LBL 指令处继续执行，从而缩短程序执行时间。

指令使用说明如下。

地址	指	令
0	ST	X1
6	JP	2
⋮	⋮	⋮
40	LBL	2

图 11.2.29　JP，LBL 指令的用法

（1）JP 指令不能直接从左母线开始，前面一定要有触发信号触点。

（2）编号相同的两个或多个 JP 指令可以用在同一程序里，但同一程序中不得出现有两个或多个同号的 LBL 指令，如图 11.2.30 所示。

（3）一对跳转指令(JP，LBL)之间可以"嵌套"另外一对跳转指令，如图 12.2.30 所示。

（4）跳转标号 LBL 必须位于程序结束指令 ED 之前。

*14　步进指令 NSTP，SSTP，CSTP，STPE

NSTP 为下步步进过程指令，SSTP 为步进程序开始指令，CSTP 为清除步进过程指令，STPE 为步进程序结束指令。

步进指令用于在大型程序中的各个程序段建立连接点，特别适用于顺序控制。通常把整个系统的控制程序划分为若干个程序段(过程)，每个程序段对应于工艺过程的一个部分。用步进指令可按指定顺序分别执行各个程序段，但必须在执行完上一段程序后才能执行下一段。同时，在下一段执行之前，CPU 要清除数据区并使定时器复位。

例如某传送带的顺序控制系统包含三个程序段(过程)：A 段上工件；B 段装配；C 段检测并卸料，其流程如图 11.2.31 所示。

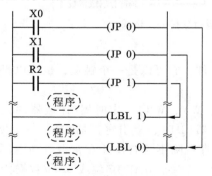

图 11.2.30　多条跳转指令及其嵌套

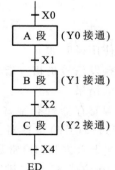

图 11.2.31　顺序控制系统的流程图

当按照顺序使触点 X0，X1，X2 闭合时，则 Y0，Y1，Y2 顺序接通。后者分别控制 A，B，C 三个程序段(过程)。当触点 X4 闭合时，则执行"CSTP　2"指令，于是清除该段。最后执行"STPE"指令，结束整个步进程序。图 11.2.32 所示是其梯形图。

指令使用说明如下。

（1）在步进程序中，识别一个过程是从一个 SSTP 指令到下一个 SSTP 指令，或从一个 SSTP 指令到 STPE 指令。

（2）步进指令每一编号 n 对应一个流程，同一编号不得重复使用，（FPX – C30 型，$n = 1\,000$）。步进指令可不按编号顺序存放，但在步进过程的开始处一定要有带过程编号的 SSTP 指令。

（3）NSTP 指令仅当检测到该指令触发信号上升沿时才执行。

（4）在步进程序中，可以由左母线直接进行输出控制。

（5）在整个步进程序区中，不能使用跳转和结束指令。

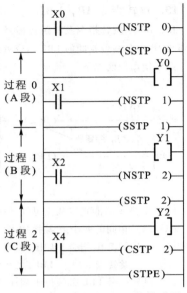

图 11.2.32　图 11.2.31 的梯形图

△15. 数据传输指令

数据传输指令是 FP 系列 PLC 的高级指令的一部分，共有 11 条。FPX PLC 高级指令（Functional Instruction）梯形图格式如图 11.2.33 所示，由指令功能编号、助记符和操作数三部分构成。

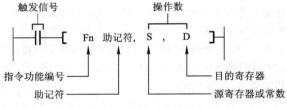

图 11.2.33　高级指令梯形图格式

指令使用说明如下。

（1）触发信号是相应指令执行的条件，它可以是一个触点，也可以是一组逻辑运算的结果。

（2）源寄存器含有字寄存器（WX，WY，WR）、定时器/计数器的预置值（SV）和经过值（EV）寄存器、数据寄存器（DT）、索引寄存器（IX，IY）以及十进制（K）或十六进制（H）常数；目的寄存器除不含有 WX 和常数外与上同。它们都是由 16 位或 32 位二进制数组成的一个字，用作 16 位或 32 位数据传输。

（3）如果指令只在触发信号的上升沿或下降沿执行一次，应在触发信号后使用微分指令 DF 或 DF／，如例 11.2.7 的梯形图所示。

高级指令包括数据传输、BIN 和 BCD 算术运算、数据比较、数据移位、数据循环、可逆计数、左/右移位、位操作、高速计数、脉冲数出、辅助定时、程序控制、设备通信、专用特殊指令等。读者可根据编程需要查阅有关技术手册。

丰富的高级指令使现代 PLC 远远超出早期的逻辑处理功能，数据处理及控制能力日趋强大，已成为真正意义上的工业控制计算机。有时一条高级指令就可取代过去用一大段程序才能完成的任务，高级指令的合理应用往往可使应用程序更加清晰、简洁和高效，从而大大提高了 PLC 的实用价值和应用普及率。

下面举两条数据传输指令作一简介。

（1）F0（MV） 16 位数据传输指令

该指令是将某个源寄存器中的 16 位数据传输到某个目的寄存器中。梯形图和指令语句表如图 11.2.34 所示。

地址	指 令	
0	ST	X0
1	F0（MV）	
		WX0
		WR0
6	ST	X1
7	DF	
8	F0（MV）	
		WR0
		WY1

（梯形图部分）

```
X0
├┤├────────[ F0 MV, WX0, WR0 ]
X1
├┤├──(DF)──[ F0 MV, WR0, WY1 ]
```

(a)　　　　　　　　　(b)

图 11.2.34 16 位数据传输指令

(a) 梯形图；(b) 指令语句表

第一条指令：当 X0 接通时，在每一扫描周期将 WX0 中的 16 位二进制数传输到 WR0 中对应的 16 位位址中，如图 11.2.35 所示。第二条指令：当 X1 接通时上升沿来到后的扫描周期内，将 WR0 中的内容传输到 WY1 的对应位址中，且仅在本扫描周期内执行一次。

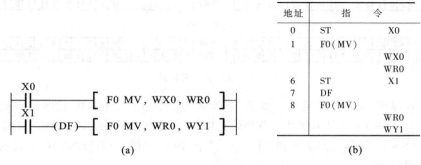

图 11.2.35 16 位数据传输图

（2）F1（DMV） 32 位数据传输指令

梯形图和指令语句表如图 11.2.36 所示。这是一个双字节传输指令。当 X0 接通后，WR0 和 WR1 中存储的 32 位数据传输到 DT0 和 DT1 中对应的 32

位位址中，其数据传输如图 11.2.37 所示。

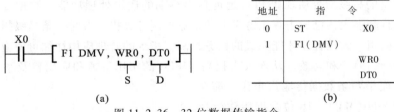

(a)

地址	指	令
0	ST	X0
1	F1（DMV）	
		WR0
		DT0

(b)

图 11.2.36　32 位数据传输指令

（a）梯形图；（b）指令语句表

位址　WR1　15 14 13 12 11 10 9 8 7 6 5 4 3 2 1 0　0 1 0 1 0 0 1 1 0 1 0 1 0 0 0 1

位址　WR0　15 14 13 12 11 10 9 8 7 6 5 4 3 2 1 0　1 1 0 1 0 1 0 1 0 1 0 1 0 1 1 1 0 1

⇓ X0: ON

位址　DT1　15 14 13 12 11 10 9 8 7 6 5 4 3 2 1 0　0 1 0 1 0 0 1 1 0 1 0 1 0 0 0 1

位址　DT0　15 14 13 12 11 10 9 8 7 6 5 4 3 2 1 0　1 1 0 1 0 1 0 1 0 1 0 1 0 1 1 1 0 1

图 11.2.37　32 位数据传输图

在处理 32 位数据传输时，如低 16 位区为（S，D），则高 16 位区自动指定为（S + 1，D + 1）。在本例中，WR0 和 WR1 分别为低 16 位源区（S）和高 16 位源区（S + 1）寄存器，DT0 和 DT1 分别为低 16 位目的区（D）和高 16 位目的区（D + 1）寄存器。

【例 11.2.7】　试用数据传输指令实现例 11.2.6 的控制功能。

【解】　本例的梯形图和指令语句表如图 11.2.38 所示。

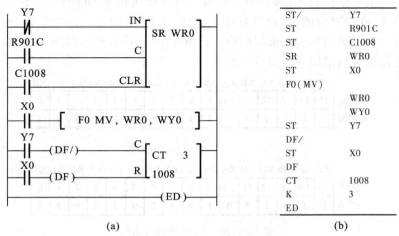

ST/	Y7
ST	R901C
ST	C1008
SR	WR0
ST	X0
F0（MV）	
	WR0
	WY0
ST	Y7
DF/	
ST	X0
DF	
CT	1008
K	3
ED	

(a)　　　　　　　　　　(b)

图 11.2.38　例 11.2.7 的图

（a）梯形图；（b）指令语句表

由本例的梯形图可见，使用数据传输指令可以达到实现同一控制功能而简化控制程序的目的。

【附】　上列基本指令的英文全称

（1）ST(ST/)：Start(Start not)

（2）AN(AN/)：And(And not)

（3）OR(OR/)：Or(Or not)

（4）OT：Out

（5）"/"：Not

（6）ANS(ORS)：And stack(Or stack)

（7）PSHS：Push stack

（8）RDS：Read stack

（9）POPS：Pop stack

（10）TM：Timer

（11）CT：Counter

（12）DF(DF/)：Leading edge differential(Trailing edge differential)

（13）SET(RST)：Set(Reset)

（14）KP：Keep

（15）SR：(Shift register)

（16）NOP：No operation

（17）JP(LBL)：Jump(Label)

（18）NSTP：Next step(puls execution type)

（19）SSTP：Start step

（20）CSTP：Clear step

（21）STPE：End step

（22）ED：End

【练习与思考】

11. 2. 1　写出图 11.2.39 所示梯形图的指令语句表。

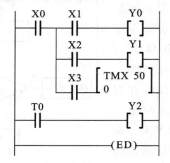

图 11. 2. 39　练习与思考 11. 2. 1 的图

11.2.2　按下列指令语句表绘制梯形图。

地　址	指　　令		地　址	指　　令	
0	ST	X1	6	ST	X5
1	AN/	X2	7	OR	X6
2	ST/	X3	8	ST	X7
3	AN	X4	9	OR	X8
4	ORS		10	ANS	
5	OT	Y0	11	OT	Y1

11.2.3　编制瞬时接通、延时 3 s 断开的电路的梯形图和指令语句表，并画出动作时序图。

11.2.4　什么是定时器的定时设置值、定时单位和定时时间，三者有何关系？

11.2.5　定时器和计数器的减 1 计数是如何实现的？什么是时钟脉冲？

11.3　可编程控制器应用举例

在掌握了 PLC 的基本工作原理和编程技术的基础上可结合实际问题进行 PLC 应用控制系统设计。图 11.3.1 所示是 PLC 应用控制系统设计的流程框图。

1. 确定控制对象及控制内容

（1）深入了解和详细分析被控对象（生产设备或生产过程）的工作原理及工艺流程，画出工作流程图。

（2）列出该控制系统应具备的全部功能和控制范围。

（3）拟定控制方案使之能最大限度地满足控制要求，并保证系统简单、经济、安全、可靠。

2. PLC 机型选择

机型选择的基本原则是在满足控制功能要求的前提下，保证系统可靠、安全、经济及使用维护方便。一般须考虑以下几方面问题。

（1）确定 I/O 点数：统计并列出被控系统中所有输入量和输出量，选择 I/O 点数适当的 PLC，确保输入、输出点的数量能够满足需要，并为今后生产发展和工艺改进

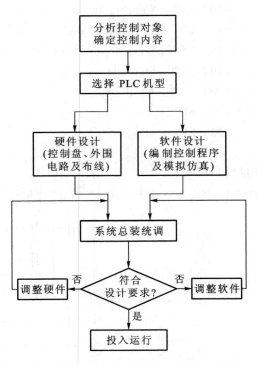

图 11.3.1　PLC 应用控制系统设计流程框图

适当留下裕量(一般可考虑留 10% ~ 15% 的备用量)。

(2)确定用户程序存储器的存储容量:用户程序所需内存容量与控制内容和输入/输出点数有关,也与用户的编程水平和编程技巧有关。一般粗略的估计方法是:(输入 + 输出)×(10 ~ 12)= 指令步数。对于控制要求复杂、功能多、数据处理量较大的系统,为避免存储容量不够的问题,可适当多留些裕量。

(3)响应速度:PLC 的扫描工作方式使其输出信号与相应的输入信号间存在一定的响应延迟时间,它最终将影响控制系统的运行速度,所选 PLC 的指令执行速度应满足被控对象对响应速度的要求。

(4)输入、输出方式及负载能力:根据控制系统中输入、输出信号的种类、参数等级和负载要求,选择能够满足输入、输出接口需要的机型。

3. 硬件设计

确定各种输入设备及被控对象与 PLC 的连接方式,设计外围辅助电路及操作控制盘,画出输入、输出端子接线图,并实施具体安装和连接。

4. 软件设计

(1)根据输入、输出变量的统计结果对 PLC 的 I/O 端进行分配和定义。

(2)根据 PLC 扫描工作方式的特点,按照被控系统的控制流程及各步动作的逻辑关系,合理划分程序模块,画出梯形图。要充分利用 PLC 内部各种继电器的无限多触点给编程带来的方便。

5. 系统统调

编制完成的用户程序要进行模拟调试(可在输入端接开关来模拟输入信号、输出端接指示灯来模拟被控对象的动作),经不断修改达到动作准确无误后方可接到系统中去,进行总装统调,直到完全达到设计指标要求。

11.3.1 三相异步电动机 Y - Δ 换接起动控制

本例的继电接触器控制电路如第 10 章图 10.5.3 所示。今用 PLC 来控制,其外部接线图、梯形图及指令语句表则如图 11.3.2(b),(c),(d)所示,并在图中又画出图 10.5.3 的部分主电路如图 11.3.2(a)所示。

(1)I/O 点分配

输	入	输	出
SB_1	X1	KM_1	Y1
SB_2	X2	KM_2	Y2
		KM_3	Y3

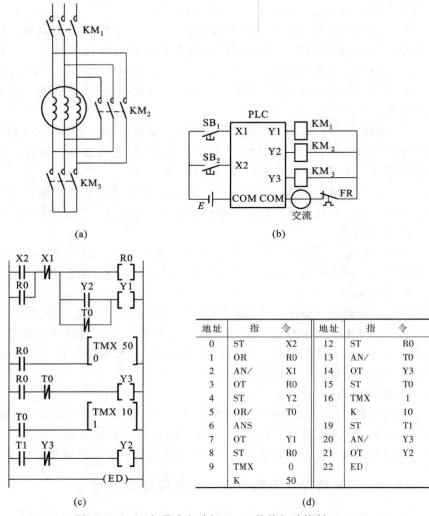

图 11.3.2　三相异步电动机 Y－△ 换接起动控制

（a）主电路；（b）外部接线图；（c）梯形图；（d）指令语句表

（2）控制过程分析

起动时按下 SB₂，PLC 输入继电器 X2 的动合触点闭合，辅助继电器 R0 和输出继电器 Y1，Y3 均接通。此时即将接触器 KM₁ 和 KM₃ 同时接通，电动机进行 Y 形联结降压起动。

同时动合触点 R0 接通定时器 T0，它开始延时，5 s 后动作，其动断触点断开，使输出继电器线圈 Y1 和 Y3 断开。此时即断开 KM₁ 和 KM₃。

同时动合触点 T0 接通定时器 T1，它开始延时，1 s 后动作，线圈 Y2 和 Y1 相继接通。此时即接通 KM₂ 和 KM₁，电动机换接为 △ 形联结，随后正常运行。

在本例中用了定时器 T1，不会发生 KM_3 尚未断开时 KM_2 就接通的现象，即两者不会同时接通而使电源短路。T0，T1 的延时时间可根据需要设定。

11.3.2 加热炉自动上料控制

本例的继电接触器控制电路如第 10 章图 10.6.1 所示。今用 PLC 来控制，其外部接线图、梯形图及指令语句表则如图 11.3.3 所示。为了确保正、反转接触器不会同时接通，外部还必须在输出端接入"硬"互锁触点。

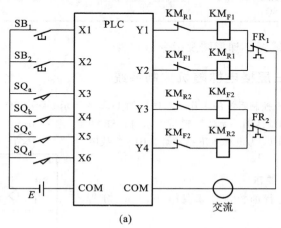

(a)

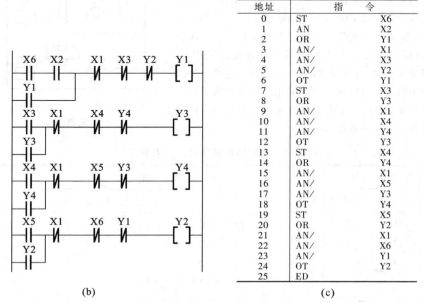

地址	指 令	
0	ST	X6
1	AN	X2
2	OR	Y1
3	AN/	X1
4	AN/	X3
5	AN/	Y2
6	OT	Y1
7	ST	X3
8	OR	Y3
9	AN/	X1
10	AN/	X4
11	AN/	Y4
12	OT	Y3
13	ST	X4
14	OR	Y4
15	AN/	X1
16	AN/	X5
17	AN/	Y3
18	OT	Y4
19	ST	X5
20	OR	Y2
21	AN/	X1
22	AN/	X6
23	AN/	Y1
24	OT	Y2
25	ED	

(b)　　　　　　　　　　　　　　(c)

图 11.3.3　加热炉自动上料控制

（a）外部接线图；（b）梯形图；（c）指令语句表

（1）I/O 点分配。

输　　入		输　　出	
SB$_1$	X1	KM$_{F1}$	Y1
SB$_2$	X2	KM$_{R1}$	Y2
SQ$_a$	X3	KM$_{F2}$	Y3
SQ$_b$	X4	KM$_{R2}$	Y4
SQ$_c$	X5		
SQ$_d$	X6		

（2）外部接线图、梯形图及指令语句表。

*11.3.3　三层楼电梯随机控制系统

三层楼电梯随机控制系统的工作示意图如图 11.3.4 所示。图中 SQ 为限位开关，F 为呼叫楼层，HL$_1$，HL$_2$，HL$_3$ 为各层呼叫指示灯，SB 为呼叫按钮，HL$_↑$ 和 HL$_↓$ 为电梯上下指示灯，HL$_0$ 为故障报警指示灯。

1. 分析控制要求

三层楼电梯运行的控制要求见表 11.3.1。分析如下：

电梯的上升、下降由一台电动机控制：上升时正转，下降时反转。指示灯 HL$_↑$，HL$_↓$ 显示电梯的上升和下降状态，HL$_0$ 显示出现故障。每层设有呼叫开关、呼叫指示灯和到位限位开关。因呼叫开关为动合按钮式开关，要求瞬间接通有效，故需对信号进行自锁。电梯上升或下降途中不响应反向呼叫，故应采用互锁方式将反向呼叫信号予以屏蔽。电梯上升或下降至相应楼层后，呼叫信号及其指示应同时解除。

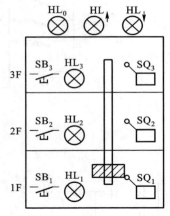

图 11.3.4　三层楼电梯工作示意图

表 11.3.1　三层楼电梯运行的控制要求

| 序号 | 输　入 | | 输　　出 | |
	原停层	呼叫层	运行方向	运行过程及结果
1	1	1	停	呼叫无效
2	2	2	停	呼叫无效
3	3	3	停	呼叫无效
4	1	2	上升	上升到 2 层停（碰 SQ$_2$）
5	2	3	上升	上升到 3 层停（碰 SQ$_3$）
6	3	2	下降	下降到 2 层停（碰 SQ$_2$）

续表

序号	输 入			输 出
	原停层	呼叫层	运行方向	运行过程及结果
7	2	1	下降	下降到 1 层停（碰 SQ_1）
8	1	3	上升	上升到 3 层停（经过 2 层时不停，碰 SQ_2 无效）
9	3	1	下降	下降到 1 层停（经过 2 层时不停，碰 SQ_2 无效）
10	1	2、3	上升	先上升到 2 层暂停 5 s 后，再升到 3 层停
11	3	2、1	下降	先下降到 2 层暂停 5 s 后，再降到 1 层停
12	2	3 先、1 后	上升	上升到 3 层停（不响应 1 层呼叫）
13	2	1 先、3 后	下降	下降到 1 层停（不响应 3 层呼叫）
14	任意	任意	任意	各楼层间运行时间必须小于 10 s，否则自动停车并报警

2. PLC 编程元件的分配

输入继电器、输出继电器、定时器及辅助继电器的分配见表 11.3.2。

表 11.3.2　编程元件的分配

输入继电器		输出继电器	
X0	急停、报警复位按钮 SB_0	Y0	故障指示灯 HL_0
X1	一层呼叫按钮 SB_1	Y1	一层呼叫指示灯 HL_1
X2	二层呼叫按钮 SB_2	Y2	二层呼叫指示灯 HL_2
X3	三层呼叫按钮 SB_3	Y3	三层呼叫指示灯 HL_3
X4	一层限位开关 SQ_1	Y4	电梯上升，电动机正转，$HL_{\uparrow}$
X5	二层限位开关 SQ_2	Y5	电梯下降，电动机反转，$HL_{\downarrow}$
X6	三层限位开关 SQ_3		
定　时　器		辅助继电器	
T0	层间限时 10 s 定时器	R1	二层中途暂停呼叫信号有效
T1	运行到位暂停 5 s 定时器	R2	下降至二层暂停时解除二层呼叫信号
		R3	上升至二层暂停时解除二层呼叫信号
		R4	二层暂停控制
		R5	⎰ 屏蔽与运行方向相反
		R6	⎱ 或后呼叫的信号

3. 梯形图

利用 FPX－C30 型 PLC 编制此控制系统的梯形图如图 11.3.5 所示。

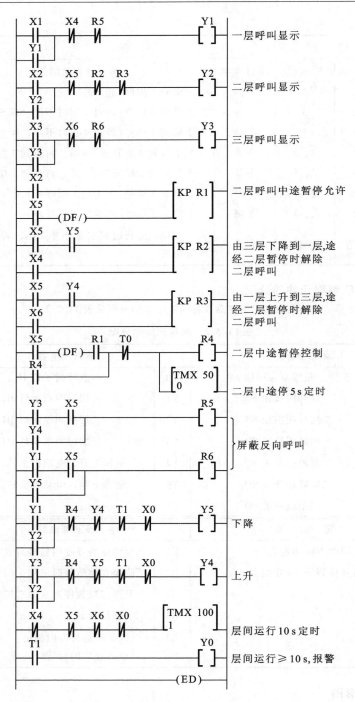

图 11.3.5   三层电梯控制系统的梯形图

*11.4　松下 FPX 系列、欧姆龙(OMRON)C 系列和西门子 S7 – 200 系列可编程控制器常用基本指令对照

松下 FPX 系列与 OMRON C 系列和西门子 S7 – 200 系列常用基本指令对照见表 11.4.1。

【例 11.4.1】　试用 OMRON C 系列 P 型机指令格式画出[例 11.2.5]的梯形图和指令语句表。

【解】　(1) 首先根据 C 系列 P 型机进行 I/O 分配：

输　　入		输　　出	
SB$_1$	0001	KM$_1$	0501
SB$_2$	0002	KM$_2$	0502
		KM$_3$	0503

　(2) 选择定时器 TIM001 和 TIM002 分别作为代替 KT$_1$ 和 KT$_2$ 定时 5 s、4 s 的定时器 (#0050、#0040 代表定时时间)。

　(3) 画梯形图如图 11.4.1(a)所示。转序分支处使用了 IL、ILC 指令，该指令应成对出现，代表分支开始和分支结束。

　(4) 写出与梯形图对应的指令语句表。

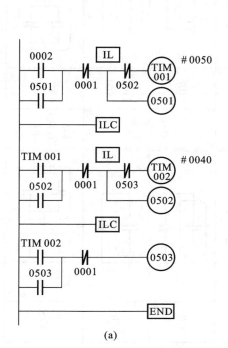

(a)

地址	指　　　　令	
0	LD	0002
1	OR	0501
2	AND NOT	0001
3	IL	
4	LD NOT	0502
5	TIM	001
6	#	0050
7	OUT	0501
8	ILC	
9	LD	TIM001
10	OR	0502
11	AND NOT	0001
12	IL	
13	LD NOT	0503
14	TIM	002
15	#	0040
16	OUT	0502
17	ILC	
18	LD	TIM002
19	OR	0503
20	AND NOT	0001
21	OUT	0503
22	END	

(b)

图 11.4.1　例 11.4.1 的图

(a) 梯形图；(b) 指令语句表

表 11.4.1 松下 FPX 系列、欧姆龙 C 系列 P 型机和西门子 S7-200 系列 PLC 常用基本指令对照表

FPX 系列			C 系列 P 型机			S7-200 系列		
指令名称	指令符号	梯形图	指令名称	指令符号	梯形图	指令名称	指令符号	梯形图
起始指令	ST		起始指令	LD		起始指令	LD	
	ST/			LD-NOT			LDN	
触点串联指令	AN		触点串联指令	AND		触点串联指令	A	
	AN/			AND-NOT			AN	
触点并联指令	OR		触点并联指令	OR		触点并联指令	O	
	OR/			OR-NOT			ON	
触点(块)串联指令	ANS		触点(块)串联指令	AND-LD		触点(块)串联指令	ALD	

续表

FPX 系列			C 系列 P 型机			S7 – 200 系列		
指令名称	指令符号	梯形图	指令名称	指令符号	梯形图	指令名称	指令符号	梯形图
触点(块)组并联指令	ORS		触点(块)组并联指令	OR – LD		触点(块)组并联指令	OLD	
输出指令	OT		输出指令	OUT		输出指令	=	
取反指令	/		取反输出指令	OUT – NOT		立即输出指令	= I	
						取反指令	NOT	
堆栈指令	PSHS (压栈) RDS (读栈) POPS (出栈)		分支(联锁、联锁结束)指令	IL、ILC		堆栈指令	LPS (压栈) LRD (读栈) LPP (弹栈)	

续表

FPX 系列			C 系列 P 型机			S7 - 200 系列		
指令名称	指令符号	梯形图	指令名称	指令符号	梯形图	指令名称	指令符号	梯形图
定时器指令	TM	TMX ** / n	定时器指令	TIM	TIM n / SV	定时器指令	TON（接通延时）	TXX TON / IN PT
							TONR（有记忆的接通延时）	TXX TONR / IN PT
							TOF（断开延时）	TXX TOF / IN PT
计数器指令	CT（减计数）	CT K** / C R n	计数器指令	CNT（减计数）	CNT n / C R SV	计数器指令	CTU（加计数）	CXX CTU / CU R PV
	F118（UCD）（加/减计数）	F118 UDC / U/D CP R S D		CNTR（可逆计数）	CNTR n / II DI R SV		CTD（减计数）	CXX CTD / CD LD PV
							CTUD（加/减计数）	CXX CTUD / CU CD R PV

续表

FPX 系列			C 系列 P 型机			S7 – 200 系列		
指令名称	指令符号	梯形图	指令名称	指令符号	梯形图	指令名称	指令符号	梯形图
微分指令	DF(上升微分)	—(DF)—	微分指令	DIFU(上升沿微分)	DIFU 05**	微分指令	EU(上升沿微分)	—| P |—
微分指令	DF/(下降沿微分)	—(DF/)—	微分指令	DIFD(下降沿微分)	DIFD 05**	微分指令	ED(下降沿微分)	—| N |—
置位指令	SET	—< S >—	置位指令	SET	SET B	置位指令	S	—(S)—
复位指令	RST	—< R >—	复位指令	RSET	RSET B	复位指令	R	—(R)—
保持指令	KP(复位优先)	S　KP　Yn / R	保持指令	KEEP	S KEEP 05** / R	RS 触发器指令	置位优先触发器指令(SR)	bit S1 OUT SR / R
							复位优先触发器指令(RS)	bit S OUT RS / R1

FPX 系列 指令名称	指令符号	梯形图	C 系列 P 型机 指令名称	指令符号	梯形图	S7 - 200 系列 指令名称	指令符号	梯形图
移位寄存器指令	SR（左移）	IN SR WR n / CP / R	移位指令	SFT（左移）	IN SFT St / C / R E	移位指令 ◇：B（字节）W（字）D（双字）	右移指令（SR◇）左移指令（SL◇）	SHR_◇ EN ENO IN OUT N / SHL_◇ EN ENO IN OUT N
结束指令	ED	（ED）	结束指令	END	END	条件结束指令	END	（END）
送数指令	MV	F0 MV, S, D	送数指令	MOV	MOV S D	送数指令 ◇：B（字节传送）W（字传送）DW（双字传送）R（实数传送）	MOV◇	MOV_◇ EN ENO IN OUT

【例 11.4.2】 试用西门子 S7－200 系列 PLC 指令格式画出和写出第 10 章图 10.5.3 所示的三相异步电动机 Y－Δ 换接起动控制的梯形图和指令语句表。

【解】 (1) 分析控制要求，根据 S7－200 系列机进行 I/O 分配：

输　入		输　出	
SB_1	I0. 2	KM_1	Q0. 1
SB_2	I0. 1	KM_2	Q0. 2
		KM_3	Q0. 3

(2) 选择定时器 T101 和 T102 分别作为代替 KT_1 和 KT_2 定时 5 s、4 s 的定时器(50、10 分别为 100 ms 定时器的定时时间常数)。

(3) 画出梯形图，如图 11.4.2(a)所示。

(4) 写出与梯形图对应的指令语句表，如图 11.4.2(b)所示。

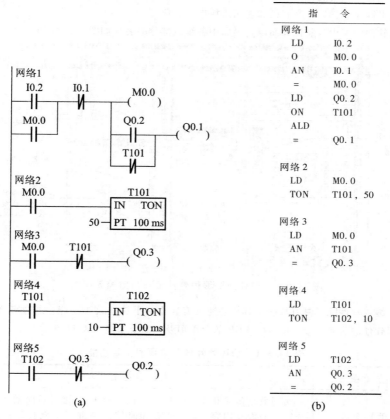

图 11.4.2 例 11.4.2 的图

(a) 梯形图；(b) 指令语句表

*11.5　可编程控制器微机编程与监控软件简介

现代可编程控制器的编程和监控手段一般有两种，一种是通过便携式手持编程器，另一种是通过专用微机编程软件（一般为 Windows 环境下的版本），微机编程直观方便，功能强，效率高，显示信息量大，因而使用最为广泛。由于各厂家生产的 PLC 指令系统不尽相同，因此与之配套的编程软件功能也有差异。下面以 FP 系列 PLC 配套的编程软件 FPWIN－GR 为例，简单介绍 PLC 微机编程工具软件的主要功能和使用方法，使读者对其有个概要的了解。

11.5.1　微机编程软件的主要功能

FPWIN－GR 是运行在 Windows 环境下支持 FP 系列的各种 PLC 的微机编程软件。该软件除了可创建、编写、编辑程序以外，还具备对 PLC 控制系统用户程序当前运行状态进行监控等的现场调试功能，界面友好、显示区域大。其编程界面和监控界面可同时以窗口形式相叠或平铺显示，为程序调试和现场监控带来方便。

编程软件的编程与监控界面以及界面中各组成部分的名称如图 11.5.1 所示。

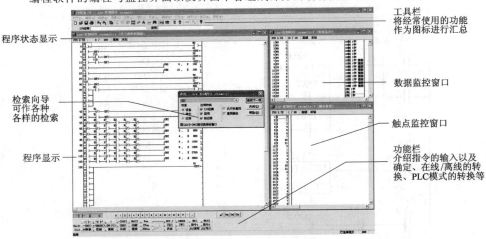

图 11.5.1　PLC 微机编程软件编程与监控界面图

通常编程软件除了具有快捷工具栏外还具有典型的下拉式菜单功能，通过各级菜单可选择编程软件的所有功能。FPWIN－GR 的菜单项及其主要功能见表 11.5.1

表 11.5.1　编程软件各菜单项的主要功能

主菜单项	主要功能说明
【文件】菜单	实现数据传输和文件管理等。包括对 PLC 的应用程序清单、系统寄存器设置内容、I/O 列表和监控结果进行文档打印；将所编辑的程序存盘或传输到 PLC 中，也可以由 PLC 读出其中的程序。
【编辑】菜单	对 PLC 程序和注释进行输入和编辑。

续表

主菜单项	主要功能说明
【查找】菜单	可以查找程序中所使用的继电器或寄存器,也可以对注释及指令进行查找,显示编程资源使用状况。
【注释】菜单	可以为各个继电器、数据寄存器及输出指令添加注释文字,便于对程序进行修改和阅读。
【显示】菜单	选择程序编辑模式及各种编程界面栏目。
【在线】菜单	可以使生成的程序动作,在显示画面中对梯形图中的继电器、寄存器、输入状态等进行监控。实时地显示梯形图中的触点、数据信息以及在触点监控、数据监控中登录的触点、数据信息。此外,还可以同时打开 2 个以上的窗口,对多个 PLC 的程序进行监控。对 PLC 的运行状态和数据进行监控和测试。
【调试】菜单	对录入的程序进行检查,以找出不合乎编程语法的错误;在线测试程序运行动作是否满足要求。
【工具】菜单	在 ROM、RAM 间进行文件传送以及转换机型等。
【选项】菜单	进行编程环境、通信条件、PLC 系统寄存器及 I/O 分配设置。
【窗口】菜单	设置窗口显示方式。
【帮助】菜单	提供软件使用方法以及指令、继电器、寄存器一览表。

微机编程软件所具有的监控功能不仅可将运行的程序、程序中被监控的继电器触点、寄存器数据在同一画面显示,也可将程序中被监控的继电器的动作以时序图的方式显示。

11.5.2 微机编程软件的使用步骤

在将 PLC 与微机联机之前,要先连接好两者之间的串行口通信电缆,如图 11.5.2 所示。

图 11.5.2 PLC 与微机通信连接图

使用 PLC 微机编程软件的基本步骤如下:

启动程序→建立新文件→PLC 机型选择→编程软件系统设置→PLC 系统设置→编程模式(梯形图或指令助记符方式)选择→工作模式(离线/在线)选择→程序输入和编辑→程序检查、运行监控和调试修改。

A 选 择 题

11.1.1 PLC 的工作方式为（ ）。

（1）等待命令工作方式 （2）循环扫描工作方式 （3）中断工作方式

11.1.2 PLC 应用控制系统设计时所编制的程序是指（ ）。

（1）系统程序 （2）用户应用程序 （3）系统程序及用户应用程序

11.1.3 PLC 的扫描周期与（ ）有关。

（1）PLC 的扫描速度 （2）用户程序的长短 （3）（1）和（2）

11.1.4 PLC 输出端的状态（ ）。

（1）随输入信号的改变而立即发生变化

（2）随程序的执行不断在发生变化

（3）根据程序执行的最后结果在输出刷新阶段发生变化。

11.1.5 图 11.01 所示梯形图中，输出继电器 Y0 的状态变

化情况为（ ）。

（1）Y0 一直处于断开状态 （2）Y0 一直处于接通

状态 （3）Y0 在接通一个扫描周期和断开一个扫描

周期之间交替循环。

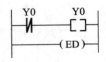

图 11.01 习题 11.1.5 的图

B 基 本 题

11.2.1 试比较图 11.02(a)，(b)，(c)所示三个梯形图的差异，并用时序图加以说明。

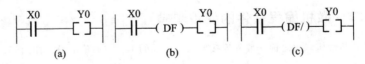

图 11.02 习题 11.2.1 的图

11.2.2 试画出图 11.03 所示各梯形图中 Y0 和 Y1 的动作时序图。

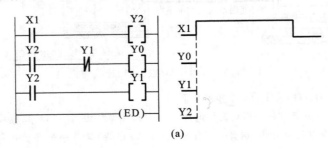

(a)

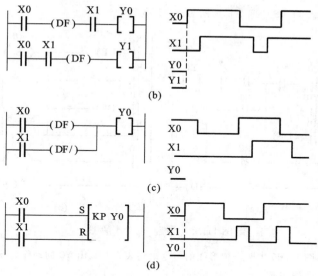

(b)

(c)

(d)

图 11.03　习题 11.2.2 的图

11.2.3　试比较图 11.04 中两个自保持电路的输出 Y0 的动作时序图。

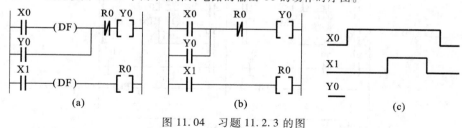

(a)　　　　　(b)　　　　　(c)

图 11.04　习题 11.2.3 的图

11.2.4　试画出下列指令语句表所对应的梯形图。

ST	X0
DF	
OR	R0
AN/	T0
PSHS	
OT	R0
RDS	
AN	X1
OT	Y0
POPS	
TMX	0
K	30
ST	R0
DF	
SET	Y1
ST	T0
DF/	
RST	Y1
ED	

(a)

ST	X0
AN/	Y1
OT	Y0
ST	X1
AN/	Y0
OT	Y1
ST	Y0
ST	Y1
KP	Y2
ED	

(b)

11.2.5 试写出图 11.05 中两个梯形图的指令语句表。

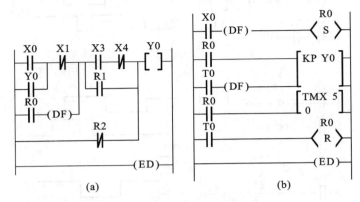

图 11.05　习题 11.2.5 的图

11.2.6 试写出图 11.06 中两个梯形图的指令语句表，并画出 Y0 的动作时序图，然后说明各梯形图的功能。

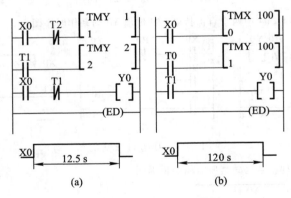

图 11.06　习题 11.2.6 的图

11.2.7 用时序图比较图 11.07 中(a)，(b)两个梯形图的控制功能。

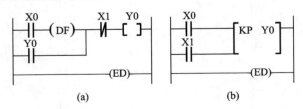

图 11.07　习题 11.2.7 的图

11.2.8 试写出图 11.08 所示的两个梯形图的指令语句表。分析在相同的 X0 输入时，Y0、Y1 的输出是否相同，画出 Y0，Y1 的动作时序图加以说明。

11.2.9 试分析图 11.09 所示梯形图的时序图并说明其功能。

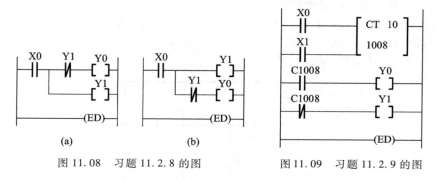

图 11.08　习题 11.2.8 的图　　　　图 11.09　习题 11.2.9 的图

11.2.10　试分析说明图 11.10 所示梯形图的功能(图中 R901C 为 1 s 时钟脉冲继电器)。

11.2.11　通过画出时序图分析图 11.11 所示梯形图的工作原理和逻辑功能。

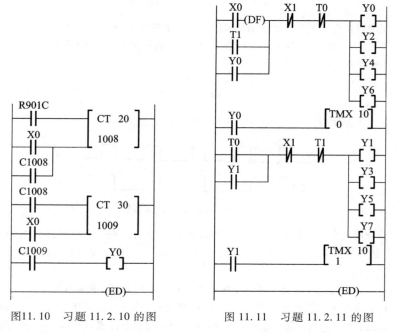

图 11.10　习题 11.2.10 的图　　　　图 11.11　习题 11.2.11 的图

11.3.1　试编制能实现瞬时接通、延时 3 s 断开的电动机起停控制梯形图和指令语句表，并画出动作时序图。

11.3.2　有两台三相笼型电动机 M_1 和 M_2。今要求 M_1 先起动，经过 5 s 后 M_2 起动；M_2 起动后，M_1 立即停车。试用 PLC 实现上述控制要求，画出梯形图，并写出指令语句表。

11.3.3　有三台笼型电动机 M_1，M_2，M_3，按一定顺序起动和运行。(1) M_1 起动 1 min 后 M_2 起动；(2) M_2 起动 2 min 后 M_3 起动；(3) M_3 起动 3 min 后 M_1 停车；(4) M_1 停车 30 s 后 M_2 和 M_3 立即停车；(5) 备有起动按钮和总停车按钮。试编制用 PLC

实现上述控制要求的梯形图。

11.3.4 某零件加工过程分三道工序，共需 20 s，其时序要求如图 11.12 所示。控制开关用于控制加工过程的起动、运行和停止。每次起动皆从第 1 道工序开始。试编制完成上述控制要求的梯形图。

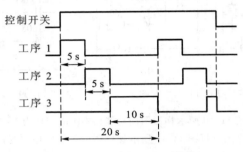

图 11.12　习题 11.3.4 的图

11.3.5 试编制实现下述控制要求的梯形图。用一个开关 X0 控制三个灯 Y1，Y2，Y3 的亮灭：X0 闭合一次 Y1 点亮；闭合两次 Y2 点亮；闭合三次 Y3 点亮；再闭合一次三个灯全灭。

C 拓 宽 题

11.3.6 试画出能实现图 11.13 所示动作时序图的梯形图。

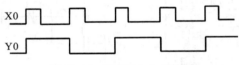

图 11.13　习题 11.3.6 的图

11.3.7 设计用三个开关控制一盏灯的 PLC 控制梯形图，并写出梯形图的指令语句表。（设三个开关分别为 X0，X1 和 X2，灯为 Y0；当三个开关全断开时，灯 Y0 为熄灭状态）。

11.3.8 有八只彩灯排成一行。试设计分别实现下述要求的 PLC 控制梯形图：
（1）自左至右依次每秒有一个灯点亮（只有一个灯亮），循环三次后，全部灯同时点亮，过 3 s 后全部灯熄灭，再过 2 s 后上述过程重复进行；（2）自左至右依次每秒逐个灯点亮，全部点亮 2 s 后自右至左依次每秒逐个熄灭，循环三次后，全部灯同时点亮，过 3 s 后全部灯熄灭，再过 2 s 后上述过程重复进行。

11.3.9 设计满足图 11.14 所示时序要求的报警电路梯形图。当报警信号为 ON 时要求报警，报警灯开始以 1 s 为周期振荡闪烁，同时报警蜂鸣器鸣叫。按报警响应按钮后，报警蜂鸣器鸣叫停止，报警灯由闪烁变为常亮。设有报警灯的测试功能，按下测试按钮后，报警灯点亮。

*__**11.3.10**__ 试设计图 11.15 所示十字路口交通指挥信号灯 PLC 控制系统。根据控制要求画出信号灯时序图及控制梯形图。

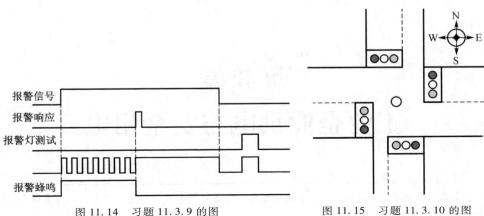

报警信号

报警响应

报警灯测试

报警蜂鸣

图 11.14　习题 11.3.9 的图　　　　图 11.15　习题 11.3.10 的图

控制要求：（1）信号灯受一个起动开关控制。当起动开关接通时，信号灯系统开始工作，且南北红灯亮，东西绿灯亮；当起动开关断开时，所有信号灯都熄灭。（2）南北红灯亮维持 25 s。在南北红灯亮的同时东西绿灯也亮，并维持 20 s，到 20 s 时，东西绿灯闪亮，闪亮 3 s（三次）后熄灭。在东西绿灯熄灭时，东西黄灯亮，并维持 2 s，到 2 s 时，东西黄灯熄灭，东西红灯亮。同时，南北红灯熄灭，南北绿灯亮。（3）东西红灯亮维持 30 s。南北绿灯亮维持 25 s，然后闪亮 3 s（三次）后熄灭。同时南北黄灯亮，维持 2 s 后熄灭，这时南北红灯亮，东西绿灯亮。如此不断循环。

第12章

工业企业供电与安全用电

本章概述发电、输电、工业企业供配电、安全用电和节约用电等内容，作为本课程的基本知识，学生可以自学。

12.1 发电和输电概述

发电厂按照所利用的能源种类可分为水力、火力、核能、风力、太阳能、沼气、潮汐等多种。现在世界各国建造得最多的，主要是水力发电厂和火力发电厂。近些年来，随着环保意识的增强，国家对大批小型火电站实行了关、停和撤除等措施，并大力倡导发展清洁能源，如核电和风电等，以实现国家科学发展观的战略思想。

各种发电厂中的发电机几乎都是三相同步发电机，它也分为定子和转子两个基本组成部分。定子由机座、铁心和三相绕组等组成，与三相异步电动机或三相同步电动机的定子基本一样。同步发电机的定子常称为电枢。

同步发电机的转子是磁极，有显极和隐极两种。显极式转子具有凸出的磁极，显而易见，励磁绕组绕在磁极上，如图 12.1.1 所示。隐极式转子呈圆柱形，励磁绕组分布在转子大半个表面的槽中，如图 12.1.2 所示。和同步电动机一样，励磁电流也是经电刷和滑环流入励磁绕组的。目前已采用半导体励磁系统，即将交流励磁机（也是一台三相发电机）的三相交流经三相半导体整流器变换为直流，供励磁用。

显极式同步发电机的结构较为简单，但是机械强度较低，宜用于低速（通常 $n = 1\,000$ r/min 以下）。水轮发电机（原动机为水轮机）和柴油发电机（原动机为柴油机）皆为显极式。例如安装在三峡电站的国产 700 MW 水轮发电机的转速为 75 r/min（极数为 80），其单机容量是目前世界上最大的。隐极式同步发电机的制造工艺较为复杂，但是机械强度较高，宜用于高速（$n = 3\,000$ r/min 或 1\,500 r/min）。汽轮发电机（原动机为汽轮机）多半是隐极式的，目前汽轮发电机

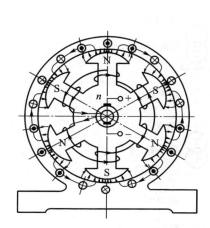

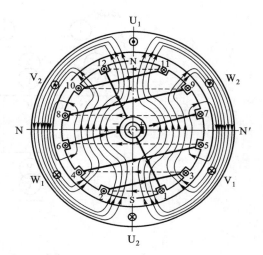

图 12.1.1　显极式同步发电机的示意图　　图 12.1.2　隐极式同步发电机的示意图

的单机容量已超过 1 000 MW。

国产三相同步发电机的标准额定电压有 400/230 V 和 3.15 kV，6.3 kV，10.5 kV，13.8 kV，15.75 kV，18 kV，20 kV，22 kV，24 kV，26 kV 等多种。至于为什么能产生三相对称电压，已在第 5 章 5.1 节讲述过。

大中型发电厂大多建在产煤地区或水力资源丰富的地区附近，距离用电地区往往是几十千米、几百千米乃至一千千米以上。所以，发电厂生产的电能要用高压输电线输送到用电地区，然后再降压分配给各用户。电能从发电厂传输到用户要通过导线系统，这系统称为电力网。

现在常常将同一地区的各种发电厂联合起来组成一个强大的电力系统。这样可以提高各发电厂的设备利用率，合理调配各发电厂的负载，以提高供电的可靠性和经济性。

送电距离愈远，要求输电线的电压愈高。我国国家标准中规定输电线的额定电压为 35 kV，110 kV，220 kV，330 kV，500 kV，750 kV，1 000 kV 等[1]。

图 12.1.3 所示的是输电线路的一例[2]。

除交流输电外，还有直流输电，其结构原理如图 12.1.4 所示。整流是将交流变换为直流，逆变则反之。

直流输电的能耗较小，无线电干扰较小，输电线路造价也较低，但逆变和

---

[1] 该电压是指输电线末端的变电所母线上的电压，输电线始端的电压大约要高出 5% ~ 10%。

[2] 变电所内通常装有一台或几台变压器、配电设备（包括开关和电工测量仪表等）以及控制设备（包括控制电器、电工测量仪表和信号器等）。

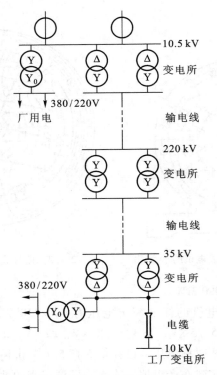

图 12.1.3   输电线路的一例

图 12.1.4   直流输电结构原理图

整流部分较为复杂。从三峡到华东地区和华南地区已建有 50×10^4 V 的直流输电线路。

12.2   工业企业配电

从输电线末端的变电所将电能分配给各工业企业和城市。工业企业设有中央变电所和车间变电所（小规模的企业往往只有一个变电所）。中央变电所接收送来的电能，然后分配到各车间，再由车间变电所或配电箱（配电屏）将电能分配给各用电设备。高压配电线的额定电压有 6 kV、10 kV 和 35 kV 三种。低压配电线的额定电压是 380/220 V。用电设备的额定电压多半是 220 V 和 380 V，大功率电动机的电压是 3 000 V 和 6 000 V，机床局部照明的电压是 36 V。

从车间变电所或配电箱（配电屏）到用电设备的线路属于低压配电线路。低压配电线路的连接方式主要是放射式和树干式两种。

放射式配电线路如图 12.2.1 所示。当负载点比较分散而各个负载点又具有相当大的集中负载时，则采用这种线路较为合适。

在下述情况下采用树干式配电线路。

（1）负载集中，同时各个负载点位于变电所或配电箱的同一侧，其间距离较短，如图 12.2.2(a) 所示。

（2）负载比较均匀地分布在一条线上，如图 12.2.2(b) 所示。

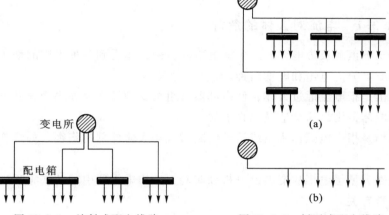

图 12.2.1　放射式配电线路　　　　图 12.2.2　树干式配电线路

采用放射式或图 12.2.2(a) 的树干式配电线路时，各组用电设备常通过总配电箱或分配电箱连接。用电设备既可独立地接到配电箱上，也可连成链状接到配电箱上，如图 12.2.3 所示。距配电箱较远，但彼此距离很近的小型用电设备宜接成链状，这样能节省导线。但是，同一链条上的用电设备一般不得超过三个。

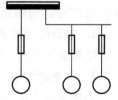

车间配电箱是放在地面上（靠墙或靠柱）的一个金属柜，其中装有刀开关和管状熔断器。配出线路有 4~8 个不等。

图 12.2.3　用电设备
连接在配电箱上

采用图 12.2.2(b) 的树干式配电线路时，干线一般采用母线槽。这种母线槽直接从变电所经开关引到车间，不经配电箱。支线再从干线经出线盒引到用电设备。

放射式和树干式这两种配电线路现在都被采用。放射式供电可靠，但敷设投资较高。树干式供电可靠性较低，因为一旦干线损坏或需要修理时，就会影响连在同一干线上的负载；但是树干式灵活性较大。另外，放射式与树干式比较，前者导线细，但总线路长，而后者则相反。

12.3　安　全　用　电

在生产中，不仅要提高劳动生产率，减轻繁重的体力劳动，而且要尽一切可能保护劳动者的人身安全。所以安全用电是劳动保护教育和安全技术中的主要组成部分之一。

下面介绍有关安全用电的几个问题。

12.3.1　电流对人体的危害

由于不慎触及带电体，产生触电事故，使人体受到各种不同的伤害。根据伤害性质可分为电击和电伤两种。

电击是指电流通过人体，使内部器官组织受到损伤。如果受害者不能迅速摆脱带电体，则最后会造成死亡事故。

电伤是指在电弧作用下或熔丝熔断时，对人体外部的伤害，如烧伤、金属溅伤等。

根据大量触电事故资料的分析和实验，证实电击所引起的伤害程度与下列各种因素有关。

1. 人体电阻的大小

人体的电阻愈大，通入的电流愈小，伤害程度也就愈轻。根据研究结果，当皮肤有完好的角质外层并且很干燥时，人体电阻大约为 $10^4 \sim 10^5\ \Omega$。当角质外层破坏时，则降到 $800 \sim 1\ 000\ \Omega$。

2. 电流通过时间的长短

电流通过人体的时间愈长，则伤害愈严重。

3. 电流的大小

如果通过人体的电流在 0.05 A 以上时，就有生命危险。一般说，接触 36 V 以下的电压时，通过人体的电流不致超过 0.05 A，故把 36 V 的电压作为安全电压。如果在潮湿的场所，安全电压还要规定得低一些，通常是 24 V 和 12 V。

4. 电流的频率

直流电和频率为工频 50 Hz 左右的交流电对人体的伤害最大，而 20 kHz 以上的交流电对人体无危害，高频电流还可以治疗某种疾病。

此外，电击后的伤害程度还与电流通过人体的路径以及与带电体接触的面积和压力等有关。

12.3.2 触电方式

1. 接触正常带电体

（1）电源中性点接地系统的单相触电，如图 12.3.1 所示。这时人体处于相电压之下，危险性较大。如果人体与地面的绝缘较好，危险性可以大大减小。

（2）电源中性点不接地系统的单相触电，如图 12.3.2 所示。这种触电也有危险。乍看起来，似乎电源中性点不接地时，不能构成电流通过人体的回路。其实不然，要考虑到导线与地面间的绝缘可能不良（对地绝缘电阻为 R'），甚至有一相接地，在这种情况下人体中就有电流通过。在交流的情况下，导线与地面间存在的电容也可构成电流的通路。

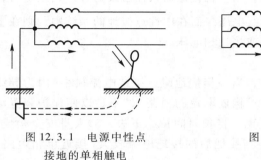 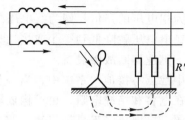

图 12.3.1　电源中性点
接地的单相触电

图 12.3.2　电源中性点
不接地的单相触电

（3）两相触电最为危险，因为人体处于线电压之下，但这种情况不常见。

2. 接触正常不带电的金属体

触电的另一种情形是接触正常不带电的部分。譬如，电机的外壳本来是不带电的，由于绕组绝缘损坏而与外壳相接触，使它也带电。人手触及带电的电机（或其他电气设备）外壳，相当于单相触电。大多数触电事故属于这一种。为了防止这种触电事故，对电气设备常采用保护接地和保护接零（接中性线）的保护装置。

12.3.3 接地和接零

为了人身安全和电力系统工作的需要，要求电气设备采取接地措施。按接地目的的不同，主要可分为工作接地、保护接地和保护接零三种，如图 12.3.3 所示。图中的接地体是埋入地中并且直接与大地接触的金属导体。

1. 工作接地

电力系统由于运行和安全的需要，常将中性点接地（图 12.3.3），这种接地方式称为工作接地。工作接地有下列目的。

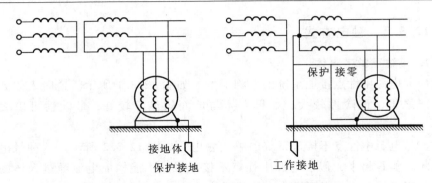

图 12.3.3　工作接地、保护接地和保护接零

（1）降低触电电压。

在中性点不接地的系统中，当一相接地而人体触及另外两相之一时，触电电压将为相电压的$\sqrt{3}$倍，即为线电压。而在中性点接地的系统中，则在上述情况下，触电电压就降低到等于或接近相电压。

（2）迅速切断故障设备。

在中性点不接地的系统中，当一相接地时，接地电流很小（因为导线和地面间存在电容和绝缘电阻，也可构成电流的通路），不足以使保护装置动作而切断电源，接地故障不易被发现，将长时间持续下去，对人身安全构成威胁。而在中性点接地的系统中，一相接地后的接地电流较大（接近单相短路），保护装置迅速动作，断开故障点。

（3）降低电气设备对地的绝缘水平。

在中性点不接地的系统中，一相接地时将使另外两相的对地电压升高到线电压。而在中性点接地的系统中，则接近于相电压，故可降低电气设备和输电线的绝缘水平，节省投资。

但是，中性点不接地也有好处。第一，一相接地往往是瞬时的，能自动消除，在中性点不接地的系统中，就不会跳闸而发生停电事故；第二，一相接地故障可以允许短时存在，这样，以便寻找故障和修复。

2. 保护接地

保护接地就是将电气设备的金属外壳（正常情况下是不带电的）接地，宜用于中性点不接地的低压系统中。

图 12.3.4（a）所示的是电动机的保护接地，可分两种情况来分析。

（1）当电动机某一相绕组的绝缘损坏使外壳带电而外壳未接地的情况下，人体触及外壳，相当于单相触电。这时接地电流 I_e（经过故障点流入地中的电流）的大小决定于人体电阻 R_b 和绝缘电阻 R'。当系统的绝缘性能下降时，就有触电的危险。

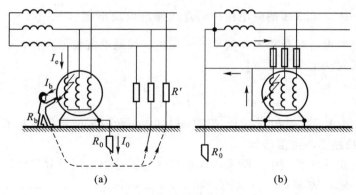

图 12.3.4 保护接地和保护接零

(a) 保护接地；(b) 保护接零

（2）当电动机某一相绕组的绝缘损坏使外壳带电而外壳接地的情况下，人体触及外壳时，由于人体的电阻 R_b 与接地电阻[①] R_0 并联，而通常 $R_b \gg R_0$，所以通过人体的电流很小，不会有危险。这就是保护接地保证人身安全的作用。

3. 保护接零

保护接零就是将电气设备的金属外壳接到中性线（或称零线）上，宜用于中性点接地的低压系统中。

图 12.3.4(b) 所示的是电动机的保护接零。当电动机某一相绕组的绝缘损坏而与外壳相接时，就形成单相短路，迅速将这一相中的熔丝熔断，因而外壳便不再带电。即使在熔丝熔断前人体触及外壳时，也由于人体电阻远大于线路电阻，通过人体的电流也是极为微小的。

这种保护接零方式称为 TN－C 系统。

为什么在中性点接地的系统中不采用保护接地呢？因为采用保护接地时，当电气设备的绝缘损坏时，接地电流

$$I_e = \frac{U_P}{R_0 + R_0'}$$

式中，U_P 为系统的相电压；R_0 和 R_0' 分别为保护接地和工作接地的接地电阻。如果系统电压为 380/220 V，$R_0 = R_0' = 4\ \Omega$，则接地电流

$$I_e = \frac{220}{4+4}\ \text{A} = 27.5\ \text{A}$$

为了保证保护装置能可靠地动作，接地电流不应小于继电保护装置动作电流的1.5 倍或熔丝额定电流的 3 倍。因此 27.5 A 的接地电流只能保证断开动作电流

[①] 接地电阻是指接地体或自然接地体的对地电阻和接地线电阻的总和。

不超过 $\dfrac{27.5}{1.5}$ A $= 18.3$ A 的继电保护装置或额定电流不超过 $\dfrac{27.5}{3}$ A $= 9.2$ A 的熔丝。如果电气设备容量较大，就得不到保护，接地电流长期存在，外壳也将长期带电，其对地电压为

$$U_e = \frac{U_P}{R_0 + R_0'} R_0$$

如果 $U_P = 220$ V，$R_0 = R_0' = 4$ Ω，则 $U_e = 110$ V。此电压值对人体是不安全的。

4. 保护接零与重复接地

在中性点接地系统中，除采用保护接零外，还要采用重复接地，就是将中性线相隔一定距离多处进行接地，如图 12.3.5 所示。这样，在图中当中性线在 "×" 处断开而电动机一相碰壳时：

（1）如无重复接地，人体触及外壳，相当于单相触电，是有危险的（图 12.3.1）。

（2）如有重复接地，由于多处重复接地的接地电阻并联，使外壳对地电压大大降低，减小了危险程度。

为了确保安全，零干线必须连接牢固，开关和熔断器不允许装在零干线上。

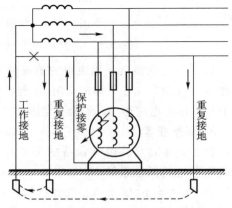

图 12.3.5　工作接地、保护接零和重复接地

但引入住宅和办公场所的一根相线和一根中性线上一般都装有双极开关，并都装有熔断器（图 12.3.6）以增加短路时熔断的机会。

5. 工作零线与保护零线

在三相四线制系统中，由于负载往往不对称，中性线中有电流，因而中性线对地电压不为零，距电源越远，电压越高，但一般在安全值以下，无危险性。为了确保设备外壳对地电压为零，专设保护零线 PE，如图 12.3.6 所示。工作零线在进建筑物入口处要接地，进户后再另设一保护零线。这样就成为三相五线制。所有的接零设备都要通过三孔插座（L，N，E）接到保护零线上。在正常工作时，工作零线中有电流，保护零线中不应有电流。

图 12.3.6（a）所示是正确连接。当绝缘损坏，外壳带电时，短路电流经过保护零线，将熔断器熔断，切断电源，消除触电事故。图 12.3.6（b）所示的连接是不正确的，因为如果在 "×" 处断开，绝缘损坏后外壳便带电，将会发生触电事故。有的用户在使用日常电器（如手电钻、电冰箱、洗衣机、台式电扇等）时，忽视外壳的接零保护，插上单相电源就用，如图 12.3.6（c）所示，

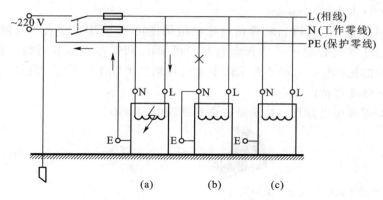

图 12.3.6　工作零线与保护零线

(a) 接零正确；(b) 接零不正确；(c) 忽视接零

这是十分不安全的。一旦绝缘损坏，外壳也就带电。

在图 12.3.6 中，从靠近用户处的某点开始，工作零线 N 和保护零线 PE 分为两条，而在前面从电源中性点处开始两者是合一的。也可以在电源中性点处，两者就已分为两条而共同接地，此后不再有任何电气连接，这种保护接零方式称为 TN – S 系统。而图 12.3.6 中的则称为 TN – C – S 系统。

12.4　节　约　用　电

随着国民经济的发展，各方面的用电需要日益增长。为了满足这种需要，除了增加发电量外，还必须注意节约用电，使每一度电都能发挥它的最大效用，从而降低生产成本，节省对发电设备和用电设备的投资。

节约用电的具体措施主要有下列几项。

(1) 发挥用电设备的效能。

如前所述，电动机和变压器通常在接近额定负载时运行效率最高，轻载时效率较低。为此，必须正确选用它们的功率。

(2) 提高线路和用电设备的功率因数。

提高功率因数的目的在于发挥发电设备的潜力和减少输电线路的损失。对于工矿企业的功率因数一般要求达到 0.9 以上。关于提高功率因数的方法，请参阅本书第 4 章 4.8 节和第 7 章 7.8 节，7.10 节。

(3) 降低线路损失。

要减低线路损失，除提高功率因数外，还必须合理选择导线截面，适当缩短大电流负载（例如电焊机）的连接，保持连接点的紧接，安排三相负载接近对称，等等。

（4）技术革新。

例如：电车上采用晶闸管调速比电阻调速可节电 20% 左右；电阻炉上采用硅酸铝纤维代替耐火砖作保温材料，可节电 30% 左右；采用精密铸造后，可使铸件的耗电量大大减小；采用节能灯特别是半导体照明后，耗电大、寿命短的白炽灯亦将被淘汰。

（5）加强用电管理，特别是注意照明用电的节约。

习　题

12.1.1　为什么远距离输电要采用高电压？

12.1.2　什么是直流输电？

12.3.1　为什么中性点接地的系统中不采用保护接地？

12.3.2　为什么中性点不接地的系统中不采用保护接零？

12.3.3　区别工作接地、保护接地和保护接零。为什么在中性点接地系统中，除采用保护接零外，还要采用重复接地？

12.3.4　有些家用电器（例如电冰箱等）用的是单相交流电，但是为什么电源插座是三眼的？试画出正确使用的电路图。

第 13 章

电 工 测 量

本章可结合实验进行教学(不计入学时内),使读者了解常用的几种电工测量仪表的基本构造、工作原理和正确使用方法,并学会常见的几种电路物理量的测量方法。

13.1 电工测量仪表的分类

通常用的直读式电工测量仪表常按照下列几个方面来分类。

1. 按照被测量的种类分类

电工测量仪表若按照被测量的种类来分,则见表 13.1.1。

表 13.1.1 电工测量仪表按被测量的种类分类

次序	被测量的种类	仪表名称	符　号
1	电　流	电流表	Ⓐ
		毫安表	ⓜⒶ
2	电　压	电压表	Ⓥ
		千伏表	ⓚⓥ
3	电功率	功率表	Ⓦ
		千瓦表	ⓚⓦ
4	电　能	电能表	kWh
5	相位差	相位表	Ⓥ (φ)
6	频　率	频率表	(f)

续表

次序	被测量的种类	仪表名称	符　号
7	电　阻	电阻表	Ω
		兆欧表	MΩ

2. 按照工作原理分类

电工测量仪表若按照工作原理来分类，主要的几种则见表 13.1.2。

表 13.1.2　电工测量仪表按工作原理分类

类型	符号	被测量的种类	电流的种类与频率
磁电式	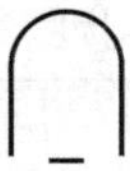	电流、电压、电阻	直流
整流式		电流、电压	工频及较高频率的交流
电磁式	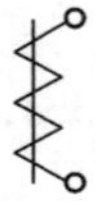	电流、电压	直流及工频交流
电动式	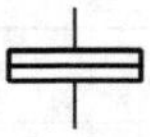	电流、电压、电功率、功率因数、电能量	直流及工频与较高频率的交流

3. 按照电流的种类分类

电工测量仪表可分为直流仪表、交流仪表和交直流两用仪表，见表 13.1.2。

4. 按照准确度分类

准确度是电工测量仪表的主要特性之一。仪表的准确度与其误差有关。不管仪表制造得如何精确，仪表的读数和被测量的实际值之间总是有误差的。一种是基本误差，它是由于仪表本身结构的不精确所产生的，如刻度的不准确、弹簧的永久变形、轴和轴承之间的摩擦、零件位置安装不正确等。另外一种是附加误差，它是由于外界因素对仪表读数的影响所产生的，例如没有在正常工作条件[①]下进行测量，测量方法不完善，读数不准确等。

---

① 正常工作条件是指仪表的位置正常，周围温度为 20 ℃，无外界电场和磁场(地磁除外)的影响，如果是用于工频的仪表，则电源应该是频率为 50 Hz 的正弦波。

仪表的准确度是根据仪表的相对额定误差来分级的。所谓相对额定误差，就是指仪表在正常工作条件下进行测量可能产生的最大基本误差 ΔA_{m} 与仪表的最大量程(满标值)A_{m} 之比，如以百分数表示，则为

$$\gamma = \frac{\Delta A_{\mathrm{m}}}{A_{\mathrm{m}}} \times 100\% \qquad (13.1.1)$$

目前我国直读式电工测量仪表按照准确度分为 0.1，0.2，0.5，1.0，1.5，2.5 和 5.0 七级。这些数字就是表示仪表的相对额定误差的百分数。

例如有一准确度为 2.5 级的电压表，其最大量程为 50V，则可能产生的最大基本误差为

$$\Delta U_{\mathrm{m}} = \gamma \times U_{\mathrm{m}} = \pm 2.5\% \times 50\ \mathrm{V} = \pm 1.25\ \mathrm{V}$$

在正常工作条件下，可以认为最大基本误差是不变的，所以被测量较满标值愈小，则相对测量误差就愈大。例如用上述电压表来测量实际值为 10V 的电压时，则相对测量误差为

$$\gamma_{10} = \frac{\pm 1.25}{10} \times 100\% = \pm 12.5\%$$

而用它来测量实际值为 40 V 的电压时，则相对测量误差为

$$\gamma_{40} = \frac{\pm 1.25}{40} \times 100\% = \pm 3.1\%$$

因此，在选用仪表的量程时，应使被测量的值愈接近满标值愈好。一般应使被测量的值超过仪表满标值的一半以上。

准确度等级较高(0.1，0.2，0.5 级)的仪表常用来进行精密测量或校正其他仪表。

在仪表上，通常都标有仪表的类型、准确度的等级、电流的种类以及仪表的绝缘耐压强度和放置位置等符号(见表 13.1.3)。

表 13.1.3　电工测量仪表上的几种符号

符号	意　义	符号	意　义
==	直流	↯ kV	仪表绝缘试验电压 2 000 V
~	交流	↑	仪表直立放置
≈	交直流	→	仪表水平放置
3 ~ 或 ≈	三相交流	∠60°	仪表倾斜 60°放置

13.2　电工测量仪表的类型

按照工作原理可将常用的直读式仪表主要分为磁电式、电磁式和电动式等

几种。

　　直读式仪表之所以能测量各种电量的根本原理，主要是利用仪表中通入电流后产生电磁作用，使可动部分受到转矩而发生转动。转动转矩与通入的电流之间存在着一定的关系

$$T = f(I)$$

　　为了使仪表可动部分的偏转角 α 与被测量成一定比例，必须有一个与偏转角成比例的阻转矩 T_c 来与转动转矩 T 相平衡，即

$$T = T_c$$

这样才能使仪表的可动部分平衡在一定位置，从而反映出被测量的大小。

　　此外，仪表的可动部分由于惯性的关系，当仪表开始通电或被测量发生变化时，不能马上达到平衡，而要在平衡位置附近经过一定时间的振荡才能静止下来。为了使仪表的可动部分迅速静止在平衡位置，以缩短测量时间，还需要有一个能产生制动力（阻尼力）的装置，它称为阻尼器。阻尼器只在指针转动过程中才起作用。

　　在通常的直读式仪表中主要是由上述三个部分——产生转动转矩的部分、产生阻转矩的部分和阻尼器组成的。

　　下面对磁电式（永磁式）、电磁式和电动式三种仪表的基本构造、工作原理及主要用途加以讨论。

13.2.1　磁电式仪表

　　磁电式仪表的构造如图 13.2.1 所示。它的固定部分包括马蹄形永久磁铁、极掌 NS 及圆柱形铁心等。极掌与铁心之间的空气隙的长度是均匀的，其中产生均匀的辐射方向的磁场，如图 13.2.2 所示。仪表的可动部分包括铝框及线圈，前后两根半轴 O 和 O′，螺旋弹簧（或用张丝①）及指针等。铝框套在铁心上，铝框上绕有线圈，线圈的两头与连在半轴 O 上的两个螺旋弹簧的一端相接，弹簧的另一端固定，以便将电流通入线圈。指针也固定在半轴 O 上。

　　当线圈通有电流 I 时，由于与空气隙中磁场的相互作用，线圈的两有效边受到大小相等、方向相反的力，其方向（图 13.2.2）由左手定则确定，其大小为

$$F = BlNI$$

式中，B 为空气隙中的磁感应强度；l 为线圈在磁场内的有效长度；N 为线圈

---

　　① 张丝是由铍青铜或锡锌青铜制成的弹性带。

的匝数。

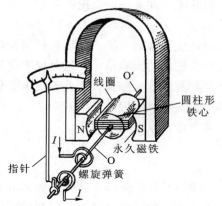
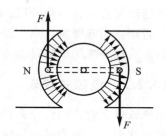

图 13.2.1　磁电式仪表　　　　　　图 13.2.2　磁电式仪表的转矩

如果线圈的宽度为 b，则线圈所受的转矩为

$$T = Fb = BlbNI = k_1 I \tag{13.2.1}$$

式中，$k_1 = BlbN$，是一个比例常数。

在该转矩的作用下，线圈和指针便转动起来，同时螺旋弹簧被扭紧而产生阻转矩。弹簧的阻转矩与指针的偏转角 α 成正比，即

$$T_\mathrm{C} = k_2 \alpha \tag{13.2.2}$$

当弹簧的阻转矩与转动转矩达到平衡时，可动部分便停止转动。这时

$$T = T_\mathrm{C} \tag{13.2.3}$$

即

$$\alpha = \frac{k_1}{k_2} I = kI \tag{13.2.4}$$

由上式可知，指针偏转的角度是与流经线圈的电流成正比的，按此即可在标度尺上作均匀刻度。当线圈中无电流时，指针应指在零的位置。如果不在零的位置，可用校正器进行调整。

磁电式仪表的阻尼作用是这样产生的：当线圈通有电流而发生偏转时，铝框切割永久磁铁的磁通，在框内感应出电流，该电流再与永久磁铁的磁场作用，产生与转动方向相反的制动力，于是仪表的可动部分就受到阻尼作用，迅速静止在平衡位置。

这种仪表只能用来测量直流[①]，如通入交流电流，则可动部分由于惯性较

――――――――――――

① 如用磁电式仪表测量交流，则须附变换器，如整流式仪表。

大，将赶不上电流和转矩的迅速交变而静止不动。也就是说，可动部分的偏转是决定于平均转矩的，而并不决定于瞬时转矩。在交流的情况下，这种仪表的转动转矩的平均值为零。

磁电式仪表的优点是：刻度均匀；灵敏度和准确度高；阻尼强；消耗电能量少；由于仪表本身的磁场强，所以受外界磁场的影响很小。这种仪表的缺点是：只能测量直流；价格较高；由于电流须流经螺旋弹簧，因此不能承受较大过载，否则将引起弹簧过热，使弹性减弱，甚至被烧毁。

磁电式仪表常用来测量直流电压、直流电流及电阻等。

13.2.2 电磁式仪表

电磁式仪表常采用推斥式的构造，如图 13.2.3 所示。它的主要部分是固定的圆形线圈、线圈内部有固定铁片、固定在转轴上的可动铁片。当线圈中通有电流时，产生磁场，两铁片均被磁化，同一端的极性是相同的，因而互相推斥，可动铁片因受斥力而带动指针偏转。在线圈通有交流电流的情况下，由于两铁片的极性同时改变，所以仍然产生推斥力。

可以近似地认为，作用在铁片上的吸力或仪表的转动转矩是和通入线圈的电流的平方成正比的。在通入直流电流 I 的情况下，仪表的转动转矩为

$$T = k_1 I^2 \quad (13.2.5)$$

在通入交流电流 i 时，仪表可动部分的偏转决定于平均转矩，它和交流电流有效值 I 的平方成正比，即

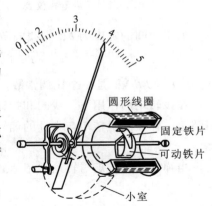

图 13.2.3 推斥式电磁式仪表

$$T = k_1 I^2 \quad (13.2.6)$$

和磁电式仪表一样，产生阻转矩的也是连在转轴上的螺旋弹簧。和式 (13.2.2) 一样

$$T_C = k_2 \alpha$$

当阻转矩与转动转矩达到平衡时，可动部分即停止转动。这时

$$T = T_C$$

即

$$\alpha = \frac{k_1}{k_2} I^2 = k I^2 \quad (13.2.7)$$

由上式可知，指针的偏转角与直流电流或交流电流有效值的平方成正比，所以

刻度是不均匀的。

在这种仪表中产生阻尼力的是空气阻尼器。其阻尼作用是由与转轴相连的活塞在小室中移动而产生的。

电磁式仪表的优点是：构造简单；价格低廉；可用于交直流；能测量较大电流和允许较大的过载[①]。其缺点是：刻度不均匀；易受外界磁场（本身磁场很弱）及铁片中磁滞和涡流（测量交流时）的影响，因此准确度不高。

这种仪表常用来测量交流电压和电流。

13.2.3　电动式仪表

电动式仪表的构造如图 13.2.4 所示。它有两个线圈：固定线圈和可动线圈。后者与指针及空气阻尼器的活塞都固定在转轴上。和磁电式仪表一样，可动线圈中的电流也是通过螺旋弹簧引入的。

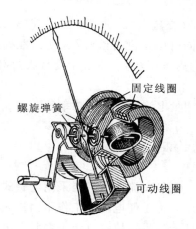

图 13.2.4　电动式仪表

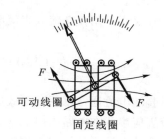

图 13.2.5　电动式仪表的转矩

当固定线圈通有电流 I_1 时，在其内部产生磁场（磁感应强度为 B_1），可动线圈中的电流 I_2 与此磁场相互作用，产生大小相等、方向相反的两个力（图 13.2.5），其大小则与磁感应强度 B_1 和电流 I_2 的乘积成正比。而 B_1 可以认为是与电流 I_1 成正比的，所以作用在可动线圈上的力或仪表的转动转矩与两线圈中的电流 I_1 和 I_2 的乘积成正比，即

$$T = k_1 I_1 I_2 \qquad\qquad (13.2.8)$$

在该转矩的作用下，可动线圈和指针便发生偏转。任何一个线圈中的电流的方向改变，指针偏转的方向就随着改变。两个线圈中的电流的方向同时改

[①] 因为电流只经过固定线圈，不像磁电式仪表那样要经过螺旋弹簧，线圈导线的截面可以较大。

变，偏转的方向不变。因此，电动式仪表也可用于交流电路。

当线圈中通入交流电流 $i_1 = I_{1m} \sin \omega t$ 和 $i_2 = I_{2m} \sin (\omega t + \varphi)$ 时，转动转矩的瞬时值即与两个电流的瞬时值的乘积成正比。但仪表可动部分的偏转是决定于平均转矩的，即

$$T = k_1' I_1 I_2 \cos \varphi \qquad (13.2.9)$$

式中，I_1 和 I_2 是交流电流 i_1 和 i_2 的有效值；φ 是 i_1 和 i_2 之间的相位差。

当螺旋弹簧产生的阻转矩 $T_C = k_2 \alpha$ 与转动转矩达到平衡时，可动部分便停止转动。这时

$$T = T_C$$

即

$$\alpha = k I_1 I_2 \quad （直流） \qquad (13.2.10)$$

或

$$\alpha = k I_1 I_2 \cos \varphi \quad （交流） \qquad (13.2.11)$$

电动式仪表的优点是适用于交直流，同时由于没有铁心[①]，所以准确度较高。其缺点是受外界磁场的影响大（本身的磁场很弱），不能承受较大过载（理由见磁电式仪表）。

电动式仪表可用在交流或直流电路中测量电流、电压及功率等。

13.3　电流的测量

测量直流电流通常都用磁电式电流表，测量交流电流主要采用电磁式电流表。电流表应串联在电路中［图 13.3.1（a）］。为了使电路的工作不因接入电流表而受影响，电流表的内阻必须很小。因此，如果不慎将电流表并联在电路的两端，则电流表将被烧毁，在使用时务须特别注意。

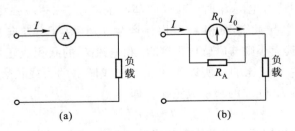

图 13.3.1　电流表和分流器

---

① 在线圈中也有置以铁心的，以增强仪表本身的磁场，这称为铁磁电动式仪表。

采用磁电式电流表测量直流电流时，因其测量机构（即表头）所允许通过的电流很小①，不能直接测量较大电流。为了扩大它的量程，应该在测量机构上并联一个称为分流器的低值电阻 R_A，如图 13.3.1（b）所示。这样，通过磁电式电流表的测量机构的电流 I_0 只是被测电流 I 的一部分，但两者有如下关系

$$I_0 = \frac{R_A}{R_0 + R_A} I$$

即

$$R_A = \frac{R_0}{\dfrac{I}{I_0} - 1} \tag{13.3.1}$$

式中，R_0 是测量机构的电阻。由上式可知，需要扩大的量程愈大，则分流器的电阻应愈小。多量程电流表具有几个标有不同量程的接头，这些接头可分别与相应阻值的分流器并联（见本章 13.5 节图 13.5.2）。分流器一般放在仪表的内部，成为仪表的一部，但较大电流的分流器常放在仪表的外部。

【例 13.3.1】 有一磁电式电流表，当无分流器时，表头的满标值电流为 5 mA。表头电阻为 20 Ω。今欲使其量程（满标值）为 1 A，问分流器的电阻应为多大？

【解】

$$R_A = \frac{R_0}{\dfrac{I}{I_0} - 1} = \frac{20}{\dfrac{1}{0.005} - 1} \ \Omega = 0.100\ 5\ \Omega$$

用电磁式电流表测量交流电流时，不用分流器来扩大量程。这是因为一方面电磁式电流表的线圈是固定的，可以允许通过较大电流；另一方面在测量交流电流时，由于电流的分配不仅与电阻有关，而且也与电感有关，因此分流器很难制得精确。如果要测量几百安培以上的交流电流时，则利用电流互感器（见第 6 章 6.3 节）来扩大量程。

13.4 电压的测量

测量直流电压常用磁电式电压表，测量交流电压常用电磁式电压表。电压表是用来测量电源、负载或某段电路两端的电压的，所以必须和它们并联［图 13.4.1（a）］。为了使电路工作不因接入电压表而受影响，电压表的内阻必须很高。而测量机构的电阻 R_0 是不大的，所以必须和它串联一个称为倍压器

---

① 上节所述的磁电式仪表的结构称为测量机构，由于电流是经螺旋弹簧引入的，一般只允许在 100 mA 以内。

的高值电阻 R_V［图 13.4.1（b）］，这样就使电压表的量程扩大了。

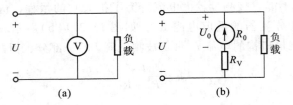

图 13.4.1　电压表和倍压器

由图 13.4.1（b）可得

$$\frac{U}{U_0} = \frac{R_0 + R_V}{R_0}$$

即

$$R_V = R_0 \left(\frac{U}{U_0} - 1 \right) \qquad\qquad (13.4.1)$$

由上式可知，需要扩大的量程愈大，则倍压器的电阻应愈高。多量程电压表具有几个标有不同量程的接头，这些接头可分别与相应阻值的倍压器串联（见本章 13.5 节图 13.5.3）。电磁式电压表和磁电式电压表都须串联倍压器。

【例 13.4.1】　有一电压表，其量程为 50 V，内阻为 2 000 Ω。今欲使其量程扩大到 300 V，问还需串联多大电阻的倍压器？

【解】

$$R_V = 2\,000 \times \left(\frac{300}{50} - 1 \right) \Omega = 10\,000\ \Omega$$

13.5　万　用　表

万用表可测量多种电量，虽然准确度不高，但是使用简单，携带方便，特别适用于检查线路和修理电气设备。万用表有磁电式和数字式两种。

13.5.1　磁电式万用表

磁电式万用表由磁电式微安表、若干分流器和倍压器、二极管及转换开关等组成，可以用来测量直流电流、直流电压、交流电压和电阻等。图 13.5.1 所示是常用的 MF 型万用表的面板图。现将各项测量电路分述如下。

1. 直流电流的测量

测量直流电流的原理电路如图 13.5.2 所示。被测电流从 "＋"，"－" 两端进出。$R_{A1} \sim R_{A5}$ 是分流器电阻，它们和微安表连成一闭合电路。改变转换开关的位置，就改变了分流器的电阻，从而也就改变了电流的量程。例如，放在 50 mA 挡时，分流器电阻为 $R_{A1} + R_{A2}$，其余则与微安表串联。量程愈大，分流器电阻愈小。图中的 R 为直流调整电位器。

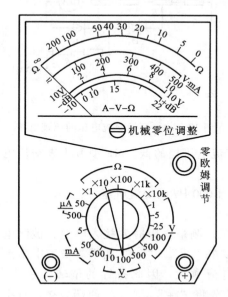

图 13.5.1　MF 型万用表的面板图

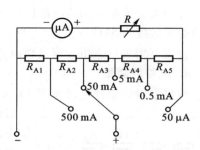

图 13.5.2　测量直流电流的原理电路

2. 直流电压的测量

测量直流电压的原理电路如图 13.5.3 所示。被测电压加在 "＋"，"－" 两端。R_{V1}，R_{V2}，… 是倍压器电阻。量程愈大，倍压器电阻也愈大。

电压表的内阻愈高，从被测电路取用的电流愈小，被测电路受到的影响也就愈小。可以用仪表的灵敏度，也就是用仪表的总内阻除以电压量程来表明这一特征。例如万用表在直流电压 25 V 挡上仪表的总内阻为 500 kΩ，则这挡的灵敏度为 $\dfrac{500 \text{ kΩ}}{25 \text{ V}} = 20 \text{ kΩ/V}$。

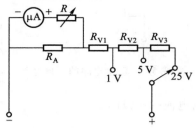

图 13.5.3　测量直流电压的原理电路

3. 交流电压的测量

测量交流电压的原理电路如图 13.5.4 所示。磁电式仪表只能测量直流，如果要测量交流，则必须附有整流元件，即图中的二极管 D_1 和 D_2。二极管只允许一个方向的电流通过，反方向的电流不能通过。被测交流电压也是加

在 " + "、" - " 两端。在正半周时,设电流从 " + " 端流进,经二极管 D₁,部分电流经微安表流出。在负半周时,电流直接经 D₂ 从 " + " 端流出。可见,通过微安表的是半波电流,读数应为该电流的平均值。为此,表中有一交流调整电位器(图中的 600 Ω 电阻),用来改变表盘刻度;于是,指示读数便被折换为正弦电压的有效值。至于量程的改变,则和测量直流电压时相同。R'_{V1},R'_{V2},… 是倍压器电阻。

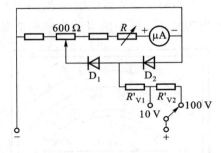

图 13.5.4   测量交流电压的原理电路

万用表交流电压挡的灵敏度一般比直流电压挡的低。MF 型万用表交流电压挡的灵敏度为 5 kΩ/V。

普通万用表只适用于测量频率为 45 ~ 1 000 Hz 的交流电压。

4. 电阻的测量

测量电阻的原理电路如图 13.5.5 所示。测量电阻时要接入电池,被测电阻也是接在 " + ", " - " 两端。被测电阻愈小,即电流愈大,因此指针的偏转角愈大。测量前应先将 " + ", " - " 两端短接,看指针是否偏转最大而指在零(刻度的最右处),否则应转动零欧姆调节电位器(图中的 1.7 kΩ 电阻)进行校正。

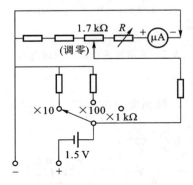

图 13.5.5   测量电阻的原理电路

使用万用表时应注意转换开关的位置和量程,绝对不能在带电线路上测量电阻,用毕应将转换开关转到高电压挡。

此外,从图 13.5.5 还可看出,面板上的 " + " 端接在电池的负极,而 " - " 端是接向电池的正极的。

13.5.2   数字式万用表

今以 DT - 830 型数字式万用表为例来说明它的测量范围和使用方法。

1. 测量范围

(1)直流电压分五挡:200 mV,2 V,20 V,200 V,1 000 V。输入电阻为 10 MΩ。

(2)交流电压分五挡:200 mV,2 V,20 V,200 V,750 V。输入阻抗为 10 MΩ。频率范围为 40 ~ 500 Hz。

（3）直流电流分五挡：200 μA，2 mA，20 mA，200 mA，10 A。

（4）交流电流分五挡：200 μA，2 mA，20 mA，200 mA，10 A。

（5）电阻分六挡：200 Ω，2 kΩ，20 kΩ，200 kΩ，2 MΩ，20 MΩ。

此外，还可检查二极管的导电性能，并能测量晶体管的电流放大系数 h_{FE}
和检查线路通断。

2. 面板说明

图 13.5.6 所示是 DT−830 型数字式万用表的面板图。

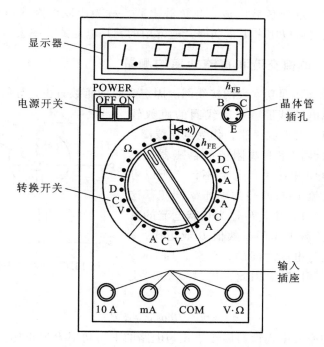

图 13.5.6　DT−830 型万用表的面板图

（1）显示器　显示四位数字，最高位只能显示 1 或不显示数字，算半位，故称三位半$\left(3\dfrac{1}{2}位\right)$。最大指示值为 1 999 或 −1 999。当被测量超过最大指示值时，显示"1"或"−1"。

（2）电源开关　使用时将电源开关置于"ON"位置；使用完毕置于"OFF"位置。

（3）转换开关　用以选择功能和量程。根据被测的电量(电压、电流、电阻等)选择相应的功能位；按被测量的大小选择适当的量程。

（4）输入插座　将黑色测试笔插入"COM"插座。红色测试笔有如下三种插法：测量电压和电阻时插入"V·Ω"插座；测量小于 200 mA 的电流时插入"mA"插座；测量大于 200 mA 的电流时插入"10 A"插座。

DT－830 型数字式万用表的采样时间为 0.4 s，电源为直流 9 V。

13.6　功率的测量

电路中的功率与电压和电流的乘积有关，因此用来测量功率的仪表必须具有两个线圈：一个用来反映负载电压，与负载并联，称为并联线圈或电压线圈；另一个用来反映负载电流，与负载串联，称为串联线圈或电流线圈。这样，电动式仪表可以用来测量功率，通常用的就是电动式功率表。

13.6.1　单相交流和直流功率的测量

图 13.6.1 所示是功率表的接线图。固定线圈的匝数较少，导线较粗，与负载串联，作为电流线圈。可动线圈的匝数较多，导线较细，与负载并联，作为电压线圈。

由于并联线圈串有高阻值的倍压器，它的感抗与其电阻相比可以忽略不计，所以可以认为其中电流 i_2 与两端的电压 u 同相。这样，在式(13.2.11)中，I_1 即为负载电流的有效值 I，I_2 与负载电压的有效值 U 成正比，φ 即为负载电流与电压之间的相位差，而 $\cos \varphi$ 即为电路的功率因数。因此，式(13.2.11)也可写成

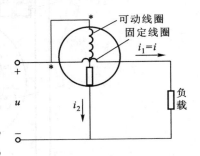

图 13.6.1　功率表的接线图

$$\alpha = k'UI\cos \varphi = k'P \qquad (13.6.1)$$

可见电动式功率表中指针的偏转角 α 与电路的平均功率 P 成正比。

如果将电动式功率表的两个线圈中的一个反接，指针就反向偏转，这样便不能读出功率的数值。因此，为了保证功率表正确连接，在两个线圈的始端标以"±"或"*"号，这两端均应连在电源的同一端(图 13.6.1)。

功率表的电压线圈和电流线圈各有其量程。改变电压量程的方法和电压表一样，即改变倍压器的电阻值。电流线圈常常是由两个相同的线圈组成，当两个线圈并联时，电流量程要比串联时大一倍。

同理，电动式功率表也可测量直流功率。

13.6.2　三相功率的测量

在三相三线制电路中，不论负载为星形联结或三角形联结，也不论负载对称与否，都广泛采用两功率表法来测量三相功率。

图 13.6.2 所示的是负载为星形联结的三相三线制电路，其三相瞬时功率为

$$p = p_1 + p_2 + p_3 = u_1 i_1 + u_2 i_2 + u_3 i_3$$

因为

$$i_1 + i_2 + i_3 = 0$$

所以

$$
\begin{aligned}
p &= u_1 i_1 + u_2 i_2 + u_3(-i_1 - i_2) \\
&= (u_1 - u_3) i_1 + (u_2 - u_3) i_2 \\
&= u_{13} i_1 + u_{23} i_3 = p_1 + p_2
\end{aligned}
\tag{13.6.2}
$$

由上式可知，三相功率可用两个功率表来测量。每个功率表的电流线圈中通过的是线电流，而电压线圈上所加的电压是线电压。两个电压线圈的一端都连在未串联电流线圈的一线上（图 13.6.2）。应注意，两个功率表的电流线圈可以串联在任意两线中。

在图 13.6.2 中，第一个功率表 W_1 的读数为

$$P_1 = \frac{1}{T}\int_0^T u_{13} i_1 \,\mathrm{d}t = U_{13} I_1 \cos\alpha \tag{13.6.3}$$

式中，α 为 u_{13} 和 i_1 之间的相位差。而第二个功率表 W_2 的读数为

$$P_2 = \frac{1}{T}\int_0^T u_{23} i_2 \,\mathrm{d}t = U_{23} I_2 \cos\beta \tag{13.6.4}$$

式中，β 为 u_{23} 和 i_2 之间的相位差。

两功率表的读数 P_1 与 P_2 之和即为三相功率

$$P = P_1 + P_2 = U_{13} I_1 \cos\alpha + U_{23} I_2 \cos\beta$$

当负载对称时，由图 13.6.3 的相量图可知，两功率表的读数分别为

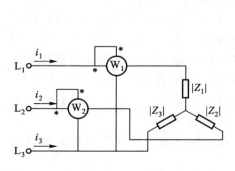

图 13.6.2　用两功率表法测量三相功率

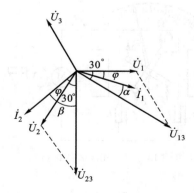

图 13.6.3　对称负载星形联结时的相量图

$$P_1 = U_{13}I_1\cos\alpha = U_L I_L\cos(30° - \varphi) \tag{13.6.5}$$

$$P_2 = U_{23}I_2\cos\beta = U_L I_L\cos(30° + \varphi) \tag{13.6.6}$$

因此，两功率表读数之和为

$$P = P_1 + P_2 = U_L I_L\cos(30° - \varphi) + U_L I_L\cos(30° + \varphi)$$

$$= \sqrt{3}\,U_L I_L\cos\varphi \tag{13.6.7}$$

由上式可知，当相电流与相电压同相时，即 $\varphi = 0$，则 $P_1 = P_2$，即两个功率表的读数相等。当相电流比相电压滞后的角度 $\varphi > 60°$ 时，则 P_2 为负值，即第二个功率表的指针反向偏转，这样便不能读出功率的数值。因此，必须将该功率表的电流线圈反接。这时三相功率便等于第一个功率表的读数减去第二个功率表的读数，即

$$P = \overset{\cdot}{P_1} + (-P_2) = P_1 - P_2$$

由此可知，三相功率应是两个功率表读数的代数和，其中任意一个功率表的读数是没有意义的。

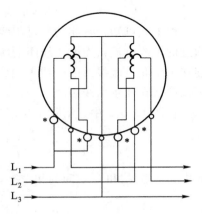

图 13.6.4　三相功率表的接线图

在实用上，常用一个三相功率表（或称二元功率表）代替两个单相功率表来测量三相功率，其原理与两功率表法相同，接线图如图 13.6.4 所示。

13.7　兆　欧　表

检查电机、电器及线路的绝缘情况和测量高值电阻，常应用兆欧表。兆欧

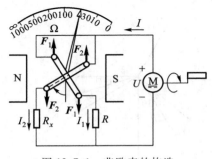

图 13.7.1　兆欧表的构造

表是一种利用磁电式流比计的线路来测量高电阻的仪表，其构造如图 13.7.1 所示。在永久磁铁的磁极间放置着固定在同一轴上而相互垂直的两个线圈。一个线圈与电阻 R 串联，另一个线圈与被测电阻 R_x 串联，然后将两者并联于直流电源。电源安置在仪表内，是一手摇直流发电机，其端电压为 U。

在测量时两个线圈中通过的电流分别为

$$I_1 = \frac{U}{R_1 + R}$$

和

$$I_2 = \frac{U}{R_2 + R_x}$$

式中，R_1 和 R_2 分别为两个线圈的电阻。两个通电线圈因受磁场的作用，产生两个方向相反的转矩

$$T_1 = k_1 I_1 f_1(\alpha)$$

和

$$T_2 = k_2 I_2 f_2(\alpha)$$

式中，$f_1(\alpha)$ 和 $f_2(\alpha)$ 分别为两个线圈所在处的磁感应强度与偏转角 α 之间的函数关系。因为磁场是不均匀的（图 13.7.1 是一示意图），所以这两个函数关系并不相等。

仪表的可动部分在转矩的作用下发生偏转，直到两个线圈产生的转矩相平衡为止。这时

$$T_1 = T_2$$

即

$$\frac{I_1}{I_2} = \frac{k_2 f_2(\alpha)}{k_1 f_1(\alpha)} = f_3(\alpha)$$

或

$$\alpha = f\left(\frac{I_1}{I_2}\right) \tag{13.7.1}$$

上式表明，偏转角 α 与两线圈中电流之比有关，故称为流比计。

由于

$$\frac{I_1}{I_2} = \frac{R_2 + R_x}{R_1 + R}$$

所以

$$\alpha = f\left(\frac{R_2 + R_x}{R_1 + R}\right) = f'(R_x) \tag{13.7.2}$$

可见偏转角 α 与被测电阻 R_x 有一定的函数关系，因此，仪表的刻度尺就可以直接按电阻来分度。这种仪表的读数与电源电压 U 无关，所以手摇发电机转动的快慢不影响读数。

线圈中的电流是经由不会产生阻转矩的柔韧的金属带引入的，所以当线圈中无电流时，指针将处于随遇平衡状态。

13.8 用电桥测量电阻、电容与电感

在生产和科学研究中常用各种电桥来测量电路元件的电阻、电容和电感，在非电量的电测技术中也常用到电桥。电桥是一种比较式仪表，它的准确度和

灵敏度都较高。

13.8.1　直流电桥

最常用的是单臂直流电桥(惠斯通电桥),是用来测量中值(约 1 Ω ~ 0.1 MΩ)电阻的,其电路如图 13.8.1 所示。当检流计 G 中无电流通过时,电桥达到平衡。从例 2.4.2 可知,电桥平衡的条件为

$$R_1 R_4 = R_2 R_3$$

设 $R_1 = R_x$ 为被测电阻,则

$$R_x = \frac{R_2}{R_4} R_3 \qquad (13.8.1)$$

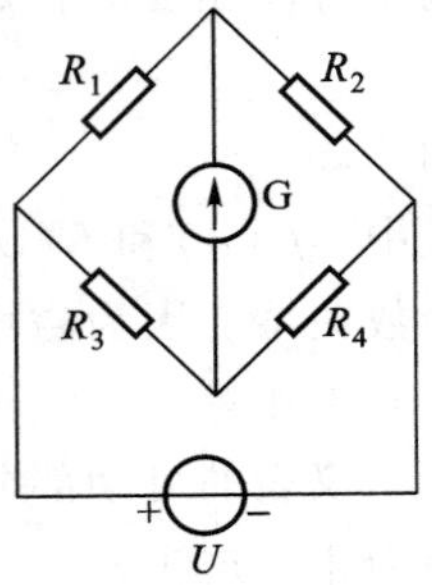

式中,$\frac{R_2}{R_4}$ 为电桥的比臂,R_3 为较臂。测量时先将比臂调到一定比值,而后再调节较臂直到电桥平衡为止。

图 13.8.1　直流电桥的电路

电桥也可以在不平衡的情况下来测量:先将电桥调节到平衡,当 R_x 有所变化时,电桥的平衡被破坏,检流计中流过电流,这电流与 R_x 有一定的函数关系,因此,可以直接读出被测电阻值或引起电阻发生变化的某种非电量的大小(见习题 1.5.15)。不平衡电桥一般用在非电量的电测技术中。

13.8.2　交流电桥

交流电桥的电路如图 13.8.2 所示。四个桥臂由阻抗 Z_1,Z_2,Z_3 和 Z_4 组成,交流电源一般是低频信号发生器,指零仪器是交流检流计或耳机。

当电桥平衡时

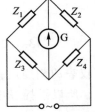

图 13.8.2　交流电桥的电路

$$Z_1 Z_4 = Z_2 Z_3 \qquad (13.8.2)$$

将阻抗写成指数形式,则为

$$|Z_1| e^{j\varphi_1} |Z_4| e^{j\varphi_4} = |Z_2| e^{j\varphi_2} |Z_3| e^{j\varphi_3}$$

或

$$|Z_1| |Z_4| e^{j(\varphi_1 + \varphi_4)} = |Z_2| |Z_3| e^{j(\varphi_2 + \varphi_3)}$$

由此得

$$|Z_1| |Z_4| = |Z_2| |Z_3| \qquad (13.8.3)$$

$$\varphi_1 + \varphi_4 = \varphi_2 + \varphi_3 \qquad (13.8.4)$$

为了使调节平衡容易些,通常将两个桥臂设计为纯电阻。

设 $\varphi_2 = \varphi_4 = 0$,即 Z_2 和 Z_4 是纯电阻,则 $\varphi_1 = \varphi_3$,即 Z_1 和 Z_3 必须同为电感性或电容性的。

设 $\varphi_2 = \varphi_3 = 0$，即 Z_2 和 Z_3 是纯电阻，则 $\varphi_1 = -\varphi_4$，即 Z_1，Z_4 中，一个是电感性的，而另一个是电容性的。

下面举例说明测量电感和电容的原理。

（1）电容的测量

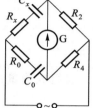

图 13.8.3　测量
电容的电桥电路

测量电容的电路如图 13.8.3 所示，电阻 R_2 和 R_4 作为两臂，被测电容器 (C_x, R_x)[1] 作为一臂，无损耗的标准电容器 (C_0) 和标准电阻 (R_0) 串联后作为另一臂。

电桥平衡的条件为

$$\left(R_x - \mathrm{j}\frac{1}{\omega C_x}\right)R_4 = \left(R_0 - \mathrm{j}\frac{1}{\omega C_0}\right)R_2$$

由此得

$$R_x = \frac{R_2}{R_4}R_0$$

$$C_x = \frac{R_4}{R_2}C_0$$

为了要同时满足上两式的平衡关系，必须反复调节 $\dfrac{R_2}{R_4}$ 和 R_0（或 C_0）直到平衡为止。

（2）电感的测量

测量电感的电路如图 13.8.4 所示，R_x 和 L_x 是被测电感元件的电阻和电感。电桥平衡的条件为

$$R_2 R_3 = (R_x + \mathrm{j}\omega L_x)\left(R_0 - \mathrm{j}\frac{1}{\omega C_0}\right)$$

由上式可得出

$$L_x = \frac{R_2 R_3 C_0}{1 + (\omega R_0 C_0)^2}$$

$$R_x = \frac{R_2 R_3 R_0 (\omega C_0)^2}{1 + (\omega R_0 C_0)^2}$$

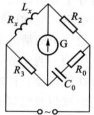

图 13.8.4　测量
电感的电桥电路

调节 R_2 和 R_0 使电桥平衡。

△13.9　非电量的电测法

非电量的电测法就是将各种非电量（例如温度、压力、速度、位移、应变、流量、液位等）变换为电量，而后进行测量的方法。由于变换所得的电量

---

[1] R_x 是电容器的介质损耗所反映出的一个等效电阻

(电动势、电压、电流、频率等)与被测的非电量之间有一定的比例关系,因此通过对变换所得的电量的测量便可测得非电量的大小。

非电量的电测法具有下列几个主要优点。

(1)能连续测量,以自动控制生产过程(例如要自动控制锅炉设备时,必须不断地测量蒸汽压力、锅炉水位、出汽温度等)。

(2)能远距离测量。

(3)能测量动态过程(可用惯性很小的示波器来观测)。

(4)能自动记录(例如自动记录炉温)。

(5)测量的准确度和灵敏度较高。

(6)采用微处理器做成的智能化仪器,可与微型计算机一起组成测量系统,实现数据处理、误差校正和自动监控等功能。

随着生产过程自动化的发展,非电量的电测技术日益重要。

各种非电量的电测仪器,主要由下列几个基本环节组成:

$$\boxed{\text{传感器}} \longrightarrow \boxed{\text{测量电路}} \longrightarrow \boxed{\text{测录装置}}$$

(1)传感器 传感器的作用是把被测非电量变换为与其成一定比例关系的电量。传感器的种类繁多,各有各的变换功能。它在非电量电测系统中占有很重要的位置,它获得信息的准确与否关系到整个测量系统的精确度。

(2)测量电路 测量电路的作用是把传感器输出的电信号进行处理,使之适合于显示、记录及和微型计算机连接。最常用的测量电路有电桥电路、电位计电路、差动电路、放大电路、相敏电路以及模拟量和数字量的转换电路等。在最简单的情况下,测量电路就是连接传感器与测录装置的导线。

(3)测录装置 测录装置是指各种电工测量仪表、示波器、自动记录器、数据处理器及控制电机等。非电量变换为电量后,用测录装置来测量、显示或记录被测非电量的大小或其变化,或者通过控制电机(电器)来控制生产过程。此外,目前在非电量电测系统中广泛应用微型计算机,不仅能扩大测量系统的功能,而且也能改善对测量值的处理技术,并提高了可靠性。

下面介绍几种最常用的传感器以及相应的测量原理,以使读者对非电量的电测法有一了解。

13.9.1 应变电阻传感器

机械零件和各种结构杆件的应变(即伸缩度)通常用应变仪来测量,并由此计算其中的应力。应变仪中常用的传感器是金属电阻丝应变片[1],如图

---

[1] 此外,还有金属箔栅应变片和半导体应变片。

13.9.1 所示。图中的电阻丝，是由直径为 0.02 ~ 0.04 mm 的康铜或镍铬合金绕成图中的形状，粘在薄纸片上。在测量时，将此应变片用特种胶水粘在被测试件上。被测试件发生的应变通过胶层和纸片传给电阻丝，把电阻丝拉长或缩短，因而改变了它的电阻。这就把机械应变变换为电阻的变化。

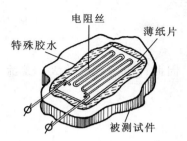

图 13.9.1　金属电阻丝应变片

电阻丝的电阻的相对变化 $\frac{\Delta R}{R}$ 和被测试件的轴向应变 $\frac{\Delta l}{l}$ 成正比，即

$$k = \frac{\Delta R}{R} \bigg/ \frac{\Delta l}{l}$$

或

$$\frac{\Delta R}{R} = k\frac{\Delta l}{l} = k\varepsilon \qquad (13.9.1)$$

式中，k 为电阻丝应变片的灵敏系数，其值约为 2。

由于机械应变一般很小，所以电阻的变化也很小，$\Delta R = 10^{-1} \sim 10^{-4}\ \Omega$。因此要求测量电路能精确地测量出微小的电阻变化。最常用的测量电路是电桥电路(大多采用不平衡电桥)，把电阻的相对变化转换为电压或电流的变化。

图 13.9.2 所示是交流电桥测量电路，为简便起见，设四个桥臂皆为纯电阻，其中 R_1 为电阻丝应变片[1]。电源电压一般为 50 ~ 500 kHz 的正弦电压 $\dot{U}$，输出电压为 $\dot{U}_{\text{o}}$，通过计算可得出两者的关系式

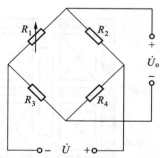

图 13.9.2　交流电桥测量电路

$$\dot{U}_{\text{o}} = \frac{R_1R_4 - R_2R_3}{(R_1 + R_2)(R_3 + R_4)} \cdot \dot{U}$$

设测量前电桥平衡，即

$$R_1R_4 = R_2R_3, \quad \dot{U}_{\text{o}} = 0$$

测量时应变片电阻变化了 ΔR_1，则

$$\dot{U}_{\text{o}} = \frac{R_1R_4 + \Delta R_1R_4 - R_2R_3}{(R_1 + \Delta R_1 + R_2)(R_3 + R_4)} \cdot \dot{U}$$

---

[1] 在室温下其初始阻值有 60 Ω，120 Ω，200 Ω，350 Ω，600 Ω，1 000 Ω 多种，最常用的是 120 Ω 的应变片。

如果初始时，$R_1 = R_2$ 和 $R_3 = R_4$，并略去分母中的 ΔR_1，则得

$$\dot{U}_\circ = \frac{1}{4} \times \frac{\Delta R_1}{R_1} \dot{U} \qquad (13.9.2)$$

输出电压与电阻的相对变化成正比。

由于被测应变信号很小，$U_\circ$ 也是很小的。因此，还要经过放大、整流、滤波等环节而后输出，用测录装置显示或记录。

13.9.2　电感传感器

电感传感器能将非电量的变化变换为线圈电感的变化，再由测量电路转换为电压或电流信号。

图 13.9.3 所示是常用的差动电感传感器。有两只完全相同的线圈 rL_1 和 rL_2，上下对称排列，其中有一衔铁。当衔铁在中间位置时，两线圈的电感相等，$L_1 = L_2$。当衔铁受到非电量的作用上下移动时，两只线圈的电感一增一减，发生变化，此即为差动。

图 13.9.4 所示是交流电桥测量电路，两只线圈分别为两个相邻桥臂，标准电阻 R_0 组成另外两个桥臂。

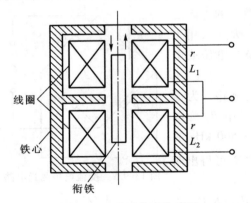

图 13.9.3　差动电感传感器

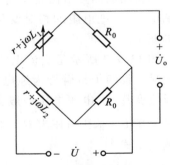

图 13.9.4　交流电桥测量电路

初始时，衔铁处于中间位置，电桥平衡，输出电压 $\dot{U}_\circ = 0$。当衔铁偏离中间位置向上或向下移动时，电桥就不平衡，输出电压的大小与衔铁位移的大小成比例，其相位则与衔铁移动的方向有关。电桥的输出电压通常还要经过放大、整流[①]、滤波等环节而后输出，用测录装置指示或记录。

电感传感器的优点是输出功率较大，在很多情况下可以不经放大，直接与测量仪表相连。此外，它的结构简单，工作可靠，而且采用的是工频交流电

[①] 采用相敏整流器，可以同时鉴别衔铁位移的大小和方向。

源。因此，电感传感器的应用很广泛，常用来测量压力、位移、液位、表面光洁度，以及检查零件尺寸等。

13.9.3　电容传感器

电容传感器能将非电量的变化变换为电容器电容的变化。通常采用的是平板电容传感器(图 13.9.5)，其电容为

$$C = \frac{\varepsilon A}{d} \qquad (13.9.3)$$

式中，ε 是极板间介质的介电常数；A 是两块极板对着的有效面积；d 是极板间距离。

由上式可见，只要改变 ε，A，d 三者之一，都可使电容改变。

如将上极板固定，下极板与被测运动物体相接触，当运动物体上、下位移(改变 d)或左、右位移(改变 A)

图 13.9.5　平板
电容传感器

时，将引起电容的变化，通过测量电路将这种电容的变化转换为电信号输出，其大小反映运动物体位移的大小。图 13.9.6 所示是交流电桥测量电路：C_1 是电容传感器；C_2 是一固定电容器，其电容与初始时 C_1 的电容相等；R_0 是两个标准电阻。初始时，电桥平衡，$\dot{U}_o = 0$。当 C_1 的电容变化时，电桥有电压输出，其值与电容的变化成比例，由此可测定被测非电量。

图 13.9.7 所示是测量绝缘带条厚度的电容传感器，其极板间的距离 d 一定。带条的厚度为 δ，其介电常数为 ε，空气的介电常数为 ε_0，则电容

$$C = \frac{A}{\dfrac{d - \delta}{\varepsilon_0} + \dfrac{\delta}{\varepsilon}} \qquad (13.9.4)$$

可见 C 是带条厚度 δ 的函数，由此可检查出带条厚度是否合格。

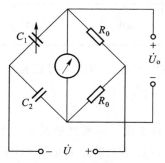

图 13.9.6　交流电桥测量电路

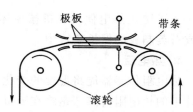

图 13.9.7　用电容传感器测
量绝缘带条的厚度

13.9.4　热电传感器

热电传感器能将温度的变化变换为电动势或电阻的变化，主要有下列三种。

1. 热电偶

热电偶由两根不同的金属丝或合金丝组成(图 13.9.8)。如果在两金属丝相连的一端加热(热端)，则产生热电动势 E_t，它与热电偶两端的温度有关，即

$$E_t = f(t_1) - f(t_2) \qquad (13.9.5)$$

设热电偶冷端的温度 t_2 保持恒定，则热电动势就只与热端的温度(被测温度)t_1 有关。

热电偶温度计常用来测量 500 ~ 1 500 ℃ 的温度。

表 13.9.1 是常用热电偶的主要技术数据。

图 13.9.8　热电偶

表 13.9.1　常用热电偶的主要技术数据

热电偶名称	成分	极性	测量最高温度/℃		当 $t_2 = 0$ ℃ 和 $t_1 = 100$ ℃ 时的热电动势/mV
			长时间	短时间	
铂铑-铂	90% Pt + 10% Rh 100% Pt	+ -	1 300	1 600	0.64
镍铬-镍铝	90% Ni + 10% Cr 95% Ni + 5% Al	+ -	1 000	1 250	4.1
镍铬-考铜	90% Ni + 10% Cr 55% Cu + 45% Ni	+ -	600	800	6.95
铜-考铜	100% Cu 55% Cu + 45% Ni	+ -	350	500	4.74
铜-康铜	100% Cu 60% Cu + 40% Ni	+ -	350	500	4.15

为了防止热电偶受到机械损坏或高温蒸汽的有害作用，常把它放在用钢、瓷或石英制成的保护套管中。

2. 热电阻

热电阻传感器能将温度的变化变换为电阻的变化，用来测量温度。电阻温度计中的热电阻传感器是绕在云母、石英或塑料骨架上的金属电阻丝(常用铜或铂)，外套保护管。电阻温度计被用来测量 -200 ~ 800 ℃ 的温度。

金属电阻丝的电阻随温度变化的关系，可用下式确定

$$R_t = R_0 (1 + At + Bt^2) \tag{13.9.6}$$

式中，R_t 和 R_0 分别为温度 $t\ ℃$ 和 $0\ ℃$ 时的电阻值，R_0 值有 $50\ \Omega$ 和 $100\ \Omega$ 两种；A 和 B 为金属电阻丝在工作温度范围内的电阻温度系数的平均值。对铜丝而言，$A = 4 \times 10^{-3}\ (1/℃)$，$B = 0$；对铂丝而言，$A = 3.98 \times 10^{-3}\ (1/℃)$，$B = -5.84 \times 10^{-7}\ (1/℃)^2$。

作为热电阻传感器的金属电阻丝，在工作温度范围内必须具有稳定的物理和化学性能；电阻随温度变化的关系最好是接近线性的；热惯性愈小愈好。

电阻温度计中常采用电桥测量电路，如图 13.9.9 所示。图中，R_1 是热电阻传感器；R_2，R_3 和 R_4 是标准电阻，其中一个或两个是可调的。

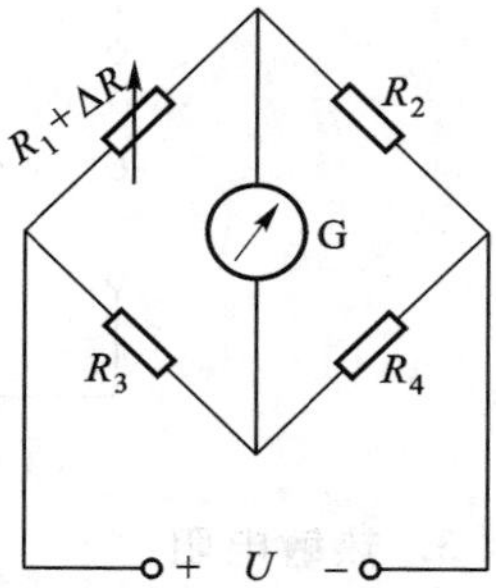

当电桥未平衡时，检流计 G（其电阻为 R_G）中通过电流 I_G，它可用下式计算（见第 2 章例 2.4.2）

图 13.9.9　电桥测量电路

$$I_G = \frac{U(R_2 R_3 - R_1 R_4)}{M} \tag{13.9.7}$$

式中

$$M = R_G (R_1 + R_2)(R_3 + R_4) + R_1 R_2 (R_3 + R_4) + R_3 R_4 (R_1 + R_2)$$

在测量前，先调节 R_2 或 R_3 使电桥平衡（$I_G = 0$）。平衡条件为

$$R_2 R_3 = R_1 R_4$$

在测量温度时，传感器电阻丝的电阻变化了 ΔR，于是式（13.9.7）的分子中的 $(R_2 R_3 - R_1 R_4)$ 便变为

$$R_2 R_3 - (R_1 + \Delta R) R_4 = (R_2 R_3 - R_1 R_4) - R_4 \Delta R = -R_4 \Delta R$$

在式（13.9.7）的分母中以 $(R_1 + \Delta R)$ 来代替 R_1，则可得 $M + \Delta M$，而

$$\Delta M = \Delta R [R_G (R_3 + R_4) + R_2 (R_3 + R_4) + R_3 R_4]$$

当 ΔR 很小时，ΔM 也很小，于是可以认为式（13.9.7）的分母保持不变。这时的不平衡电流为

$$I_G \approx \frac{U R_4}{M} |\Delta R| \tag{13.9.8}$$

它近于与 ΔR 成正比。于是，检流计指针的偏转角

$$\alpha \approx k_1 \Delta R \approx k_2 t \tag{13.9.9}$$

式中，k_1 和 k_2 是比例常数。由上式可见，指针偏转角的大小即可指示出被测温度的高低。

如果热电阻的安装处离仪表较远，并且由于热电阻的阻值较小，则连线的电阻也会因环境温度的变化而变化。为此可采用图 13.9.10 所示的三线连接法。其中，R_1 和 R_2 为固定电阻，通常取 $R_1 = R_2$；R_3 是调零电位计；热电阻

R_t 通过具有电阻 R'_1，R'_2 和 R'_3 的三根导线与电桥相连。R'_1 和 R'_2 两连线的长度相等（一般 $R'_1 = R'_2$），电阻温度系数相同，分别接在相邻桥臂内，当温度变化时引起的电阻变化相同，便可消除测量误差。

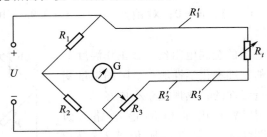

图 13.9.10　热电阻测温电桥的三线连接法

3. 热敏电阻

热敏电阻能将温度的变化变换为电阻的变化，可用于温度测量、温度控制和温度补偿。热敏电阻是半导体元件，它是将锰、镍、钴、铜和钛等氧化物按一定比例混合后压制成形，在高温（1 000 ℃左右）下烧结而成的。其外形有珠状、片状、圆柱状和垫圈状等多种。

热敏电阻具有负的电阻温度系数[①]，当温度升高时，其电阻明显减小；同时，它的电阻与温度的关系是非线性的。电阻与温度的关系如图 13.9.11 所示。

热敏电阻的测温范围约为 $-50 \sim +300$ ℃，除可以测量一般液体、气体和固体的温度外，还可用来测量晶体管外壳温升、植物叶片温度和人体血液温度等。

测温时采用的也是电桥测量电路（图 13.9.12）。由于电阻-温度特性的非线性，要用电阻温度系数很小的补偿电阻 R_C 与热敏电阻串联或并联，使等效电阻与温度在一定范围内呈线性关系。

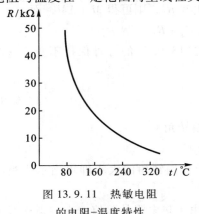

图 13.9.11　热敏电阻
的电阻-温度特性

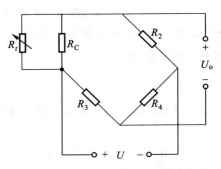

图 13.9.12　热敏电阻与补偿
电阻并联的电桥测量电路

---

① 此外，还有正的电阻温度系数的热敏电阻，适用于窄范围温度的测量。

　　由于热敏电阻具有负的电阻温度系数，因此可用它来对正的温度系数的电阻元件进行补偿，以减小温度误差。

A　选　择　题

13.1.1　有一准确度为 1.0 级的电压表，其最大量程为 50 V，如用来测量实际值为 25 V 的电压时，则相对测量误差为（　　　）。

　　（1）±0.5　（2）±2%　（3）±0.5%

13.1.2　有一电流表，其最大量程为 30 A。今用来测量 20 A 的电流时，相对测量误差为 ±1.5%，则该电流表的准确度为（　　　）。

　　（1）1 级　（2）0.01 级　（3）0.1 级

13.1.3　有一准确度为 2.5 级的电压表，其最大量程为 100 V，则其最大基本误差为（　　　）。

　　（1）±2.5 V　（2）±2.5　（3）±2.5%

13.1.4　使用电压表或电流表时，要正确选择量程，应使被测值（　　　）。

　　（1）小于满标值的一半左右

　　（2）超过满标值的一半以上

　　（3）不超过满标值即可

13.2.1　交流电压表的读数是交流电压的（　　　）。

　　（1）平均值　（2）有效值　（3）最大值

13.2.2　测量交流电压时，应用（　　　）。

　　（1）磁电式仪表或电磁式仪表

　　（2）电磁式仪表或电动式仪表

　　（3）电动式仪表或磁电式仪表

13.3.1　在多量程的电流表中，量程愈大，则其分流器的阻值（　　　）。

　　（1）愈大　（2）愈小　（3）不变

13.4.1　在多量程的电压表中，量程愈大，则其倍压器的阻值（　　　）。

　　（1）愈大　（2）愈小　（3）不变

13.6.1　在三相三线制电路中，通常采用（　　　）来测量三相功率。

　　（1）两功率表法　（2）三功率表法　（3）一功率表法

B　基　本　题

13.1.5　电源电压的实际值为 220 V，今用准确度为 1.5 级、满标值为 250 V 和准确度为 1.0 级、满标值为 500 V 的两个电压表去测量，试问哪个读数比较准确？

13.1.6　用准确度为 2.5 级、满标值为 250 V 的电压表去测量 110 V 的电压，试问相对测量误差为多少？如果允许的相对测量误差不应超过 5%，试确定这只电压表适宜于测量的最小电压值。

13.4.2 一毫安表的内阻为 20 Ω，满标值为 12.5 mA。如果把它改装成满标值为 250 V 的电压表，问必须串联多大的电阻？

13.4.3 图 13.01 所示是一电阻分压电路，用一内阻 R_V 为(1) 25 kΩ，(2) 50 kΩ，(3) 500 kΩ 的电压表测量时，其读数各为多少？由此得出什么结论？

13.4.4 图 13.02 所示是用伏安法测量电阻 R 的两种电路。因为电流表有内阻 R_A，电压表有内阻 R_V，所以两种测量方法都将引入误差。试分析它们的误差，并讨论这两种方法的适用条件。(即适用于测量阻值大一点的还是小一点的电阻以减小误差？)

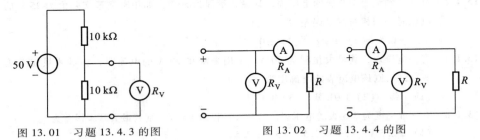

图 13.01　习题 13.4.3 的图　　　图 13.02　习题 13.4.4 的图

13.4.5 图 13.03 所示的是测量电压的电位计电路，其中 $R_1 + R_2 = 50\ \Omega$，$R_3 = 44\ \Omega$，$E = 3\ V$。当调节滑动触点使 $R_2 = 30\ \Omega$ 时，电流表中无电流通过。试求被测电压 U_x 之值。

13.5.1 图 13.04 所示是万用表中直流毫安挡的电路。表头内阻 $R_0 = 280\ \Omega$，满标值电流 $I_0 = 0.6\ mA$。今欲使其量程扩大为 1 mA，10 mA 及 100 mA，试求分流器电阻 R_1，R_2 及 R_3。

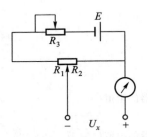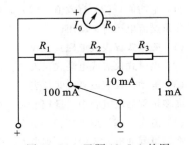

图 13.03　习题 13.4.5 的图　　　图 13.04　习题 13.5.1 的图

13.5.2 如用上述万用表测量直流电压，共有三挡量程，即 10 V，100 V 及 250 V，试计算倍压器电阻 R_4，R_5 及 R_6（图 13.05）。

13.6.2 在三相四线制电路中负载对称和不对称这两种情况下，如何用功率表来测量三相功率，并分别画出测量电路。能否用两功率表法测量三相四线制电

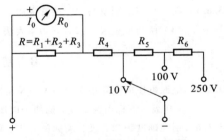

图 13.05　习题 13.5.2 的图

路的三相功率?

C　拓　宽　题

13.6.3　用两功率表法测量对称三相负载(负载阻抗为 Z)的功率,设电源线电压为 380 V,负载连成星形。在下列几种负载情况下,试求每个功率表的读数和三相功率:
(1) $Z = 10\ \Omega$;(2) $Z = (8 + j6)\ \Omega$;(3) $Z = (5 + j5\sqrt{3})\ \Omega$;(4) $Z = (5 + j10)\ \Omega$;
(5) $Z = -j10\ \Omega$。

13.6.4　某车间有一三相异步电动机,电压为 380 V,电流为 6.8 A,功率为 3 kW,星形联结。试选择测量电动机的线电压、线电流及三相功率(用两功率表法)用的仪表(包括类型、量程、个数、准确度等),并画出测量接线图。

附　　录

附录 A　国际单位制(SI)的词头

因数	词头名称		符号
	法文	中文	
10^{18}	exa	艾	E
10^{15}	peta	拍	P
10^{12}	téra	太	T
10^{9}	giga	吉	G
10^{6}	méga	兆	M
10^{3}	kilo	千	k
10^{2}	hecto	百	h
10^{1}	déca	十	da
10^{-1}	déci	分	d
10^{-2}	centi	厘	c
10^{-3}	milli	毫	m
10^{-6}	micro	微	μ
10^{-9}	nano	纳	n
10^{-12}	pico	皮	p
10^{-15}	femto	飞	f
10^{-18}	atto	阿	a

附录 B　常用导电材料的电阻率和电阻温度系数

材料名称	电阻率 $\rho/(\Omega \cdot mm^2/m)$ [20 ℃]	电阻温度系数 $\alpha/(1/℃)$ [0 ~ 100 ℃]
铜	0.017 5	0.004
铝	0.026	0.004
钨	0.049	0.004
铸铁	0.50	0.001
钢	0.13	0.006
碳	10.0	$-0.000\ 5$
锰铜($Cu_{84} + Ni_4 + Mn_{12}$)	0.42	0.000 005
康铜($Cu_{60} + Ni_{40}$)	0.44	0.000 005
镍铬铁($Ni_{66} + Cr_{15} + Fe_{19}$)	1.0	0.000 13
铝铬铁($Al_5 + Cr_{15} + Fe_{80}$)	1.2	0.000 08

部分习题答案

1.5.9　(3)　$(-560-540+600+320+180)\,W=0\,W$

1.5.10　$-2\,mA$,　60 V

1.5.11　(1) 4 A,　12.5 Ω;　(2) 52 V;　(3) 104 A

1.5.12　0.015 Ω

1.5.14　5.8 V,　0.3 Ω

1.5.15　(1)　-0.133 Ω;　(2)　$+0.133$ Ω

1.5.16　18 V,　1 Ω

1.5.17　(1) 21.15 A,　50 A;　(2) U_1: 215.8 V,　210 V,　U_2: 211.5 V,　200 V;　(3) 4.47 kW,　10 kW

1.5.19　(1) 250.88 W,　1 022.12 W;　(2) 83.33 A,　23 倍

1.6.3　0.31 μA,　9.30 μA,　9.60 μA

1.6.4　$-3\,A$,　2 A,　3 A

1.6.5　0.9 A,　0.6 A,　0.3 A,　0.1 A,　90 V

1.6.6　44 V

1.7.3　2 V,　12 V,　10 V,　9 V

1.7.4　8 V,　8 V

1.7.5　-5.8 V,　1.96 V

1.7.6　-14.3 V

1.7.7　$R_{CB}=3.6\,k\Omega$,　$R_{BE}=390\,\Omega$,　$V_B=0.6\,V$,　$V_C=6\,V$

1.7.8　$I_1=4.18\,mA$,　$I_2=-3.09\,mA$,　$I_3=3.27\,mA$,　$I_4=0.9\,mA$,　$I_5=0.18\,mA$,　$V_A=3.64\,V$,　$V_B=0.364\,V$

2.1.8　2 Ω,　1 A

2.1.9　16 V,　1.6 V,　0.16 V,　0.016 V

2.1.10　$\dfrac{2}{3}\,A$,　$-\dfrac{4}{9}\,A$

2.1.11　两个电阻串联,再并联一个电阻,再串联一个电阻

2.1.12　(1) 3 Ω;　(2) 1.33 Ω;　(3) 0.5 Ω

2.1.13　200 Ω,　200 Ω

2.1.14　350 Ω/1 A

2.1.15　5.64 ~ 8.41 V

2.1.16　(1) 0 ~ 32 V;　(2) 15 ~ 17 V

2.1.18　6 V,　-6 V,　0 V

2.1.19   3.7 kΩ/20 W

2.1.20   0.5 A, 0.447 A, 107 V, 0.6 A

2.1.21   −0.5 A, 0.5 V

2.2.1   3 Ω

2.3.5   40 V, 20 V, 20 W(R_1), 40 W(R_2), 20 W(取用), 80 W(发出)

2.3.6   1 A, 3 A, −62 V

2.3.7   0.6 A

2.3.8   2.37 V

2.3.9   1 A

2.4.1   20 A, 20 A, 40 A

2.4.2   9.38 A, 8.75 A, 28.13 A; 1 055 W, 984 W, 1 125 W, 3 164 W

2.5.2   −0.5 A, 1 A, −0.5 A

2.5.3   −14.3 V

2.5.4   12.8 V, 115.2 W

2.6.3   (1) 15 A, 10 A, 25 A; (2) 11 A, 16 A, 27 A

2.6.4   7 V

2.6.5   电流源: 10 A, 36 V, 360 W(发出); 2 Ω 电阻: 10 A, 20 V, 200 W; 4 Ω 电阻: 4 A, 16 V, 64 W; 5 Ω 电阻: 2 A, 10 V, 20 W; 电压源: 4 A, 10 V, 40 W(取用); 1 Ω 电阻: 6 A, 6 V, 36 W

2.6.7   190 mA

2.7.3   6 A

2.7.4   1 A

2.7.5   1.47 A

2.7.6   (2) 1.09 A

2.7.7   2 A

2.7.8   0.154 A

2.7.9   (1) 2 A; (2) 理想电压源 3.75 W(取用), 理想电流源 95 W(发出)

2.7.10   0.5 A

2.7.11   1 A

2.7.12   2 mA

2.7.13   0.8 A

2.7.14   8 V, 1 Ω

2.8.1   1.4 A

2.8.2 $U_0 = 10$ V, $R_0 = 1\,500$ Ω, $I_s = \dfrac{1}{150}$ A

2.9.1   1.5 mA, 6 V

2.9.2   (1) 1 V, 2 mA; (2) $R_Q = 0.5$ kΩ, $r_Q = 1$ kΩ

3.2.5   (a) 1.5 A, 3 A; (b) 0; 1.5 A; (c) 6A, 0; (d) 0.75 A, 1 A

3.3.3   (2) 6.93 μs

3.3.4　$u_C = 20(1 - e^{-25t})$ V

3.3.5　$u_C = 60\,e^{-100t}$ V，$i_1 = 12\,e^{-100t}$ mA

3.3.6　$u_C = (18 + 36e^{-250t})$ V

3.3.7　(2) $R = 2\ \Omega$，$C = 0.5$ F

3.3.8　4 698 m/s

3.4.1　0.693 ms

3.4.2　$u_C = (50 - 40e^{-10^4 t})$ V，$u_O = (50 + 40e^{-10^4 t})$ V

3.4.3　$i_3 = (1 - 0.25e^{-\frac{t}{2\times10^{-3}}})$ mA，$u_C = (2 - e^{-\frac{t}{2\times10^{-3}}})$ V

3.4.4　(1) $u_C = (1.5 - 0.5e^{-2.3\times10^6 t})$ V；(2) $v_B = (3 - 0.14e^{-2.3\times10^6 t})$ V，

$v_A = (1.5 + 0.36e^{-2.3\times10^6 t})$ V

3.4.5　$u_C = (-5 + 15e^{-10t})$ V

3.4.6　-3.68 V

3.4.7　$u_C = 10e^{-100t}$ V，$u_C(\tau_1) = 3.68$ V

$u_C = (10 - 6.32e^{-\frac{(t-0.01)}{\tau_2}})$ V，$u_C(0.02\ \text{s}) = 9.68$ V

$u_C = 9.68e^{-100(t-0.02)}$ V

$\tau_1 = 10^{-2}$ s，$\tau_2 = 0.33\times10^{-2}$ s

3.6.3　$i_L = (0.9 - 0.4e^{-5t})$ A

3.6.4　$i_L = 0.5e^{-10t}$ A，$i_2 = 0.167e^{-10t}$ A，$i_3 = -0.333e^{-10t}$ A

3.6.5　$i_L = (1.9 + 2.1e^{-3.8t})$ A

3.6.6　$i_1 = (2 - e^{-2t})$ A，$i_2 = (3 - 2e^{-2t})$ A，$i_L = (5 - 3e^{-2t})$ A

3.6.7　0.02 s

3.6.8　(1) $i_1 = i_2 = 2(1 - e^{-100t})$ A；(2) $i_1 = (3 - e^{-200t})$ A，$i_2 = 2e^{-50t}$ A

3.6.9　$i_L = \left(\dfrac{6}{5} - \dfrac{12}{5}e^{-\frac{5}{9}t}\right)$ A，$i = \left(\dfrac{9}{5} - \dfrac{8}{5}e^{-\frac{5}{9}t}\right)$ A

4.3.4　$t = \dfrac{T}{6}$：$i = 12.25$ A，$u = 155$ V，$e_L = -155$ V

$t = \dfrac{T}{4}$：$i = 10\sqrt{2}$ A，$u = 0$，$e_L = 0$

$t = \dfrac{T}{2}$：$i = 0$，$u = -220\sqrt{2}$ V，$e_L = 220\sqrt{2}$ V

4.3.5　$t = \dfrac{T}{6}$：$u = 110\sqrt{6}$ V，$i = 2.2\sqrt{2}$ A

$t = \dfrac{T}{4}$：$u = 220\sqrt{2}$ V，$i = 0$

$t = \dfrac{T}{2}$：$u = 0$，$i = -4.4\sqrt{2}$ A

4.4.6　(1) S 闭合时，$I = 22$ A，$U_R = 220$ V，$U_L = U_C = 0$；

S 断开时，$I = 0$，$U_R = U_L = 0$，$U_C = 220$ V

（2）S 闭合时，$I = 15.6$ A，$U_R = U_L = 156$ V，$U_C = 0$；

　　　S 断开时，$I = 22$ A，$U_R = U_L = U_C = 220$ V

4.4.7　$L = 39$ H

4.4.8　6 Ω，15.89 mH

4.4.9　$I = 27.6$ mA，$\cos\varphi = 0.15$

4.4.10　$I = 0.367$ A，灯管上电压为 103 V，镇流器上电压为 190 V

4.4.11　$R' = 10$ Ω，$C' = 318.5$ μF，$\cos\varphi = 1$，$P = 500$ W，$Q = 0$

4.4.12　$R = 1\,000$ Ω，$C \approx 0.1$ μF

4.4.13　$R = 9.2$ kΩ，$U_2 = 0.5$ V

4.4.16　（1）58.6 Ω；（2）0.36 H，28 μF

4.4.17　3.2 μF

4.5.4　（a）14.1 A；（b）80 V；（c）2 A；（d）14.1 V；（e）10 A，141 V

4.5.5　（1）5 A；（2）7 A；（3）1 A

4.5.6　$I = 10$ A，$X_C = 15$ Ω，$R_2 = X_L = 7.5$ Ω

4.5.7　$I = 10\sqrt{2}$ A，$R = 10\sqrt{2}$ Ω，$X_C = 10\sqrt{2}$ Ω，$X_L = 5\sqrt{2}$ Ω

4.5.8　（a）$2\,\underline{/-36.9°}$ A，$4\,\underline{/-36.9°}$ V，$7.21\,\underline{/19.4°}$ V；

　　　（b）$\sqrt{2}\,\underline{/-45°}$ A，$\sqrt{2}\,\underline{/45°}$ A，2 V

4.5.9　$I_1 = I_2 = 11$ A，$I = 11\sqrt{3}$ A，$P = 3\,630$ W

4.5.10　$U = 220$ V，$I_1 = 15.6$ A，$I_2 = 11$ A，$I = 11$ A，$R = 10$ Ω，$L = 0.031\,8$ H，$C = 159$ μF

4.5.11　$Z_{ab} = -j10$ Ω，$Z_{ab} = (1.5 + j0.5)$ Ω

4.5.12　$\dot{I} = 1.41\,\underline{/45°}$ A，$\dot{I} = 40\,\underline{/-60°}$ A

4.5.13　$\dot{U} = 7.05\,\underline{/-45°}$ V，$\dot{U} = (329 + j51)$ V

4.5.14　$\dot{U} = \sqrt{5}\,\underline{/63.4°}$ V

4.5.15　$(5 + j5)$ Ω

4.5.16　（1）$\dot{I} = 38.3\,\underline{/-55.3°}$ A

4.6.1　$\dot{I} = 0.106\,\underline{/45°}$ A

4.7.4　15.7 Ω，0.1 H

4.7.5　（1）$R = 166.67$ Ω，$L = 0.105$ H，$C = 0.24$ μF；（2）$U_C = 39.56$ V；（3）3.8×10^{-4} J

4.7.6　$Z = (10 \pm j10)$ Ω

4.7.7　$U_{ab} = 5$ V，$P = 5$ W，$Q = 0$，$\cos\varphi = 1$

4.8.1　524 Ω，1.7 H，$\cos\varphi = 0.5$，$C = 2.58$ μF

4.8.2　$R = 20$ Ω，$L = 125$ mH，$\cos\varphi = 0.45$

4.8.3　（1）33 A，0.5；（2）275.7 μF；（3）19.05 A

4.8.4　（1）87.7 A；（2）58.5 A，0.9

4.8.5　（1）43.6 A，未超过；（2）24.2 A，123 个

4.8.6　（1）60.6 A，超过变压器额定电流

　　　（2）532 μF

（3）38.28 A

（4）1.68 kW

4.9.1　（1）$0 \leqslant t \leqslant 0.05$ s 时，$i = 0.2 \times 10^{-6}$ A

　　　　$0.05 \leqslant t \leqslant 0.15$ s 时，$i = -0.2 \times 10^{-6}$ A

　　　　$0.15 \leqslant t \leqslant 0.2$ s 时，$i = 0.2 \times 10^{-6}$ A

　　　（3）$I_0 = 0$，$I = 0.2$ μA

4.9.2　$L_1 = 1$ H，$L_2 = 66.7$ H

4.9.3　（1）$u_2 = \sqrt{2}\sin 6\,280t$ V；（2）6 V

4.9.4　（1）12.25 V，7.2 A；（2）30.35 W

4.9.5　（1）$u_c = \begin{cases} 5t^2 & 0 \leqslant t \leqslant 1 \text{ s} \\ -5t^2 + 20t - 10 & 1 \leqslant t \leqslant 3 \text{ s} \\ 5t^2 - 40t + 80 & 3 \leqslant t \leqslant 4 \text{ s} \end{cases}$

　　　（3）19.1 J

5.2.5　设 $\dot{U}_1 = 220 \underline{/0°}$ V

　　　（1）$\dot{I}_1 = 20 \underline{/0°}$ A，$\dot{I}_2 = 10 \underline{/-120°}$ A，$\dot{I}_3 = 10 \underline{/120°}$ A，$\dot{I}_N = 10 \underline{/0°}$ A；

　　　（2）$\dot{U}_{N'N} = 55 \underline{/0°}$ V，$\dot{U}'_1 = 165 \underline{/0°}$ V，$\dot{U}'_2 = 252 \underline{/-131°}$ V，$\dot{U}'_3 = 252 \underline{/131°}$ V；

　　　（3）$\dot{U}'_1 = 0$，$\dot{U}'_2 = 380 \underline{/-150°}$ V，$\dot{U}'_3 = 380 \underline{/150°}$ V，$\dot{I}_1 = 30 \underline{/0°}$ A，$\dot{I}_2 = $ 17.3 $\underline{/-150°}$ A，$\dot{I}_3 = 17.3 \underline{/150°}$ A；

　　　（4）$\dot{I}_1 = -\dot{I}_2 = 11.5 \underline{/30°}$ A，$\dot{U}'_1 = 127 \underline{/30°}$ V，$\dot{U}'_2 = 253 \underline{/-150°}$ V

5.2.8　$\dot{I}_1 = 0.273 \underline{/0°}$ A，$\dot{I}_2 = 0.273 \underline{/-120°}$ A，$\dot{I}_3 = 0.553 \underline{/85.3°}$ A，$\dot{I}_N = 0.364 \underline{/60°}$ A

5.2.10　$L \approx 55$ mH，$C \approx 184$ μF

5.3.2　39.3 A

5.4.1　$I_P = 11.56$ A，$I_L = 20$ A

5.4.2　（2）$I_1 = I_2 = I_3 = 22$ A，$I_N = 60.1$ A；（3）$P = 4\,840$ W

5.4.3　（1）$R = 15$ Ω，$X_L = 16.1$ Ω；

　　　（2）$I_1 = I_2 = 10$ A，$I_3 = 17.3$ A，$P = 3\,000$ W

　　　（3）$I_1 = 0$，$I_2 = I_3 = 15$ A，$P = 2\,250$ W

5.4.4　三角形联结：$C = 92$ μF；星形联结：$C = 274$ μF

5.4.5　（1）94.4 A，365.6 V；（2）53.2 kW

6.1.3　0.35 A

6.1.4　1.95 A

6.1.5　0.003 2 Wb

6.2.7　63 W，0.29

6.2.8　100 V

6.2.9　$\Delta P_{Cu} = 12.5$ W，$\Delta P_{Fe} = 337.5$ W

6.2.10　$R = 0.5$ Ω，$R_0 = 13.5$ Ω，$X_0 = 14.3$ Ω

6.3.3　166 个，$I_1 = 3.03$ A，$I_2 = 45.5$ A

6.3.4　（1）166 个，（2）91 支

6.3.5　214.8 V

6.3.6　96.6%

6.3.7　（1）$N_1 = 1\,126$，$N_2 = 45$；（2）$K = 25$；（3）$I_{1N} = 10.4$ A，$I_{2N} = 260$ A；（4）1.45 T

6.3.8　87 mW

6.3.9　$N_2 / N_1 = \dfrac{1}{2}$

6.3.11　$N_2 = 90$，$N_3 = 30$，$I_1 = 0.27$ A

6.3.12　有 1~13 V 共十三种输出电压。

6.3.14　71 支

6.4.4　5 066，0.12 mm

7.3.3　243 A，40 A

7.3.4　（1）$E_{20} = 20$ V，$I_{20} = 243$ A，$\cos\varphi_{20} = 0.24$

　　　　（2）$E_2 = 1$ V，$I_2 = 49$ A，$\cos\varphi_2 = 0.98$

7.4.8　（1）$I_P = I_L = 5$ A，$T_N = 14.8$ N·m；（2）$s_N = 0.053$，$f_2 = 2.67$ Hz

7.4.9　（1）1 500 r/min；

　　　　（2）1 500 r/min，500 r/min，30 r/min；

　　　　（3）1 500 r/min，500 r/min，30 r/min；

　　　　（4）1 500 r/min；

　　　　（5）0

7.4.10　13.2 N·m，53.1 N·m

7.4.11　$s_N = 0.04$，$I_N = 11.6$ A，$T_N = 36.5$ N·m，

　　　　$I_{st} = 81.2$ A，$T_{st} = 73$ N·m，$T_{max} = 80.3$ N·m

7.4.12　（1）$T_N = 36.5$ N·m，$T_{st} = 73$ N·m，$T_{max} = 80.3$ N·m

　　　　（2）254.6 V

7.4.13　（1）30 r/min；（2）194.9 N·m；（3）0.88

7.5.4　（1）134.2 A，77.96 N·m

7.5.5　（1）1.19；（2）338.2 A，284.2 A

7.9.1　可选用 Y180M−4(18.5 kW，1 470 r/min)的电动机

7.9.2　可选用 Y160M$_2$−8(5.5 kW，720 r/min)的电动机

7.9.3　（1）$Q \approx 11.7$ kvar；（2）$C = 86$ μF

7.10.1　$S = 1\,502$ kV·A < 1 600 kV·A，不必加大变压器容量

　　　　$\cos\varphi = 0.83$

8.3.3　（1）25 A；（2）1.33 A；（3）146.3 W；（4）14 N·m；（5）100 V

8.4.1　（1）275 A；（2）1.8 Ω；（3）28 N·m

8.5.1　（1）1 170 r/min；（2）900 r/min

8.5.2　7 N·m

8.5.3　（1）1 837 r/min，66.3 A，12.3 kW；（2）1 900 r/min，50.26 N·m，10 kW

8.5.4　20.64 A

9.1.3　（1）24 000 r/min；

　　　　（2）6 000 r/min，0.25，100 Hz，0.5，200 Hz；

　　　　（3）1.75，700 Hz

9.1.5　（1）550 Ω，60°；（2）0.627 μF

9.1.7　（1）6 000 r/min；（2）4 500 r/min

10.2.3

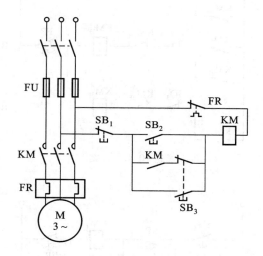

习题 10.2.3 答案

10.2.6　主电路略。

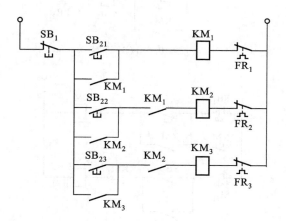

习题 10.2.6 答案

10. 4. 2

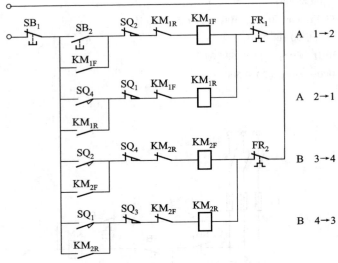

习题 10.4.2 答案

10. 5. 1

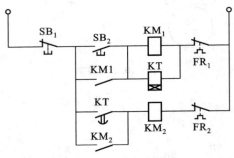

习题 10.5.1(3)答案

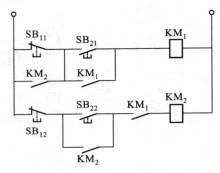

习题 10.5.1(5)答案

10.5.2

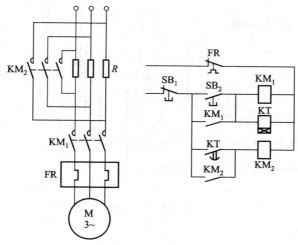

习题 10.5.2 答案

11.2.2

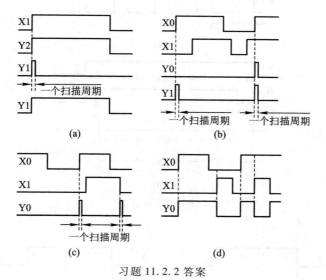

习题 11.2.2 答案

11.2.3

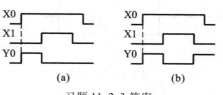

习题 11.2.3 答案

11. 2. 4

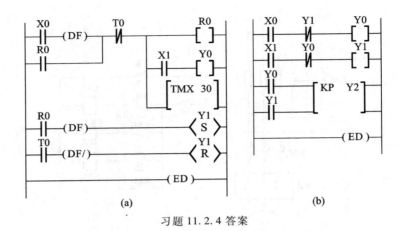

(a)   (b)

习题 11. 2. 4 答案

11. 2. 6

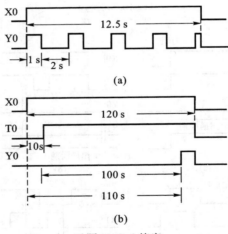

(a)

(b)

习题 11. 2. 6 答案

11. 2. 7

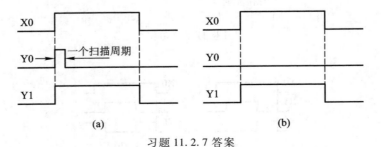

(a)   (b)

习题 11. 2. 7 答案

11. 3. 2

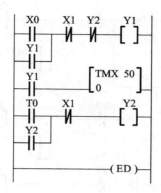

习题 11.3.2 答案

11. 3. 3

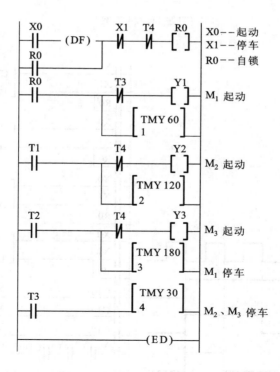

习题 11.3.3 答案

11. 3. 4

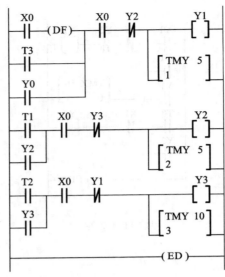

习题 11. 3. 4 答案

11. 3. 5

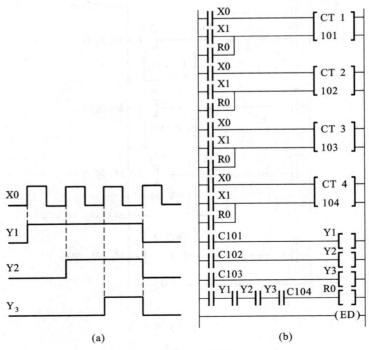

习题 11. 3. 5 答案

11.3.6

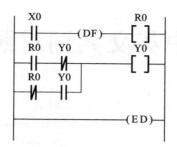

习题 11.3.6 答案

11.3.7

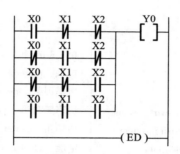

习题 11.3.7 答案

13.1.5　用准确度为 1.5 级、满标值为 250 V 的电压表去测量较为准确。

13.1.6　±5.69%，125 V

13.4.2　19 980 Ω

13.4.3　(1) 20.8 V；(2) 22.73 V；(3) 24.75 V

13.4.5　0.96 V

13.5.1　4.2 Ω，37.8 Ω，378 Ω

13.5.2　9.8 kΩ，90 kΩ，150 kΩ

13.6.3　(1) $P_1 = 7\,240$ W，$P_2 = 7\,240$ W，$P = 14.48$ kW；

　　　　(2) $P_1 = 8\,300$ W，$P_2 = 3\,277$ W，$P = 11.58$ kW；

　　　　(3) $P_1 = 7\,240$ W，$P_2 = 0$，$P = 7.24$ kW；

　　　　(4) $P_1 = 6\,243$ W，$P_2 = -444$ W，$P = 5.8$ kW；

　　　　(5) $P_1 = -4\,180$ W，$P_2 = 4\,180$ W，$P = 0$

13.6.4　测量线电压 380 V 可选用量程为 500 V 的电磁式电压表一个，准确为 1.5 级或
　　　　2.5 级。测量线电流可选用量程为 10 A，准确度为 1.5 级的电磁式电流表一个。
　　　　测量功率用两个同型号的电动式、500 V、10/5 A、准确度为 1.0 级、功率因数为 1
　　　　的功率表。电流量程选为 5 A，因为电流线圈有 50% 的过载能力，测量电流 6.8 A
　　　　不会损坏功率表。

中英文名词对照

一画～二画

一次绕组 primary winding
一阶电路 first-order circuit
二端网络 two-terminal network
二次绕组 secondary winding

三　　画

三相电路 three-phase circuit
三相功率 three-phase power
三相三线制 three-phase three-wire system
三相四线制 three-phase four-wire system
三相变压器 three-phase transformer
三角形联结 trianular connection
三角波 triangular wave
三相异步电动机 three-phase induction motor
万用表 universal meter

四　　画

支路 branch
支路电流法 branch current method
中性点 neutral point
中性线 neutral conductor
中央处理器 central processing unit(CPU)
分贝 decible(dB)
瓦特 Watt
功率表 powermeter
无功功率 reactive power
韦伯 Weber
反电动势 counter emf
反相 opposite in phase

反馈控制 feedback control
方框图 block diagram
开路 open circuit
开关 switch
水轮发电机 water-wheel generator

五　　画

功 work
功率 power
功率因数 power factor
功率三角形 power triangle
功率角 power angle
电能 electric energy
电荷 electric charge
电位 electric potential
电位差 electric potential difference
电位升 potential rise
电位降 potential drop
电位计 potentiometer
电压 voltage
电压三角形 voltage triangle
电动势 electromotive force(emf)
电源 source
电压源 voltage source
电流源 current source
电路 circuit
电路分析 circuit analysis
电路元件 circuit element
电路模型 circuit model
电流 current
电流密度 current density
电流互感器 current transformer

电阻　resistance

电阻性电路　resistive circuit

电导　conductance

电导率　conductivity

电容　capacitance

电容性电路　capacitive circuit

电感　inductance

电感性电路　inductive circuit

电桥　bridge

电机　electric machine

电磁转矩　electromagnetic torque

电枢　armature

电枢反应　armature reaction

电工测量　electrical measurement

电磁式仪表　electromagnetic instrument

电动式仪表　electrodynamic instrument

平均值　average value

平均功率　average power

正极　positive pole

正方向　positive direction

正弦量　sinusoid

正弦电流　sinusoidal current

结点　node

结点电压法　node voltage method

对称三相电路　symmetrical three-phase circuit

主磁通　main flux

外特性　external characteristic

可编程控制器　programmable controller(PLC)

六　画

安培　Ampere

电流表　currenter

安匝　ampere-turns

伏特　Volt

电压表　voltmeter

伏安特性曲线　volt-ampere characteristic

有效值　effective value

有功功率　active power

交流电路　alternating current circuit (a-ccir-cuit)

交流电机　alternating-current machine

自感　self-inductance

自感电动势　self-induced emf

自耦变压器　autotransformer

自动控制　automatic control

自动调节　automatic regulation

自锁　self-locking

负极　negative pole

负载　load

负载线　load line

负反馈　negative feedback

动态电阻　dynamic resistance

动合触点　normally open contact

动断触点　normally closed contact

并联　parallel connection

并联谐振　parallel resonance

并励电动机　shunt d-c motor

并励绕组　shunt field winding

同步发电机　synchronous generator

同步电动机　synchronous motor

同步转速　synchronous speed

同相　in phase

机械特性　torque-speed characteristic

过励　overexcitation

执行元件　servo-unit

传递函数　transfer function

闭环控制　closed loop control

回路　loop

网络　network

导体　conductor

阶跃电压　step voltage

全电流定律　law of total current

全响应　complete response

麦克斯韦　Maxwell

七　画

基尔霍夫电流定律　Kirchhoff's current law

（KCL）

基尔霍夫电压定律　Kirchhoff's voltage law

　（KVL）

库仑　Coulomb

亨利　Henry

角频率　angular frequency

串联　series connection

串联谐振　series resonance

阻抗　impedance

阻抗三角形　impedance triangle

阻转矩　counter torque

初相位　initial phase

时间常数　time constant

时域分析　time domain analysis

时间继电器　time-delay relay

励磁电流　exciting current

励磁绕组　field winding

励磁电流　exciting current

励磁变阻器　field rheostat

两相异步电动机　two-phase induction motor

两功率表法　two-powermeter method

伺服电动机　servomotor

步进电动机　stepping motor

步距角　stepangle

汽轮发电机　turboalternator

八　　画

直流电路　direct current circuit(d-c circuit)

直流电机　direct-current machine

法拉　Farad

空载　no-load

空气隙　air gap

非线性电阻　nonlinear resistance

非正弦周期电流　nonsinusoidal periodic current

　rent

受控电源　controlled source

变压器　transformer

变比　ratio of transformation

变阻器　rheostat

线电压　line voltage

线电流　line current

线圈　coil

线性电阻　linear resistance

周期　period

参考电位　reference potential

参数　parameter

视在功率　apparent power

定子　stator

转子　rotor

转子电流　rotor current

转差率　slip

转速　speed

转矩　torque

组合开关　switchgroup

制动　braking

单相异步电动机　single-phase induction motor

九　　画

相　phase

相电压　phase voltage

相电流　phase current

相位差　phase difference

相位角　phase angle

相序　phase sequence

相量　phasor

相量图　phasor diagram

响应　response

星形联结　star connection

复数　complex number

阻抗　impedance

欧姆　Ohm

欧姆定律　Ohm's law

等效电路　equivalent circuit

品质因数　quality factor

绝缘　insulation

显极转子　salient poles rotor

绕组　winding

绕线转子　wound rotor

起动　starting

起动电流　starting current

起动转矩　starting torque

起动按钮　start button

十　画

容抗　capacitive reactance

诺顿定理　Norton's theorem

高斯　Gauss

原动机　prime mover

铁心　core

铁损耗　core loss

矩形波　rectangular wave

特征方程　characteristic equation

积分电路　integrating circuit

效率　efficiency

继电器　relay

热继电器　thermal overload relay(OLR)

换向器　commutator

调速　speed regulation

继电接触器控制　relay-contactor control

笼型转子　squirrel-cage rotor

十　一　画

铜损耗　copper loss

基波　fundamental harmonic

谐波　harmonic

谐振频率　resonant frequency

通频带　bandwidth

理想电压源　ideal voltage source

理想电流源　ideal current source

停止　stopping

停止按钮　stop button

接触器　contactor

控制电动机　control motor

控制电路　control circuit

旋转磁场　rotating magnetic field

隐极转子　nonsalient poles rotor

十　二　画

涡流　eddy current

涡流损耗　eddy-current loss

焦耳　Joule

短路　short circuit

锯齿波　sawtooth wave

幅值　amplitude

最大值　maximum value

最大转矩　maximum(breakdown)torque

滞后　lag

超前　lead

傅里叶级数　Fourier series

暂态　transient state

暂态分量　transient component

联锁　interlocking

十　三　画

感抗　inductive reactance

感应电动势　induced emf

楞次定则　Lenz's law

频率　frequency

频域分析　frequency domain analysis

输入　input

输出　output

微法　microfarad

微分电路　differentiating circuit

叠加定理　superposition theorem

零状态响应　zero-state response

零输入响应　zero-input response

罩极式电动机　shaded-pole motor

滑环　slip ring

截止角频率　cutoff angular frequency

滤波器　filters

十　四　画

磁场　magnetic field

磁场强度　magnetizing force

磁路　magnetic circuit

磁通　flux

磁感应强度　flux density

磁通势　magnetomotive force(mmf)

磁阻　reluctance

磁导率　permeability

磁化　magnetization

磁化曲线　magnetization curve

磁滞　hysteresis

磁滞回线　hysteresis loop

磁滞损耗　hysteresis loss

磁极　pol

磁电式仪表　magnetoelectric instrument

漏磁通　leakage flux

漏磁电感　leakage inductance

漏磁电动势　leakage emf

赫兹　Hertz

稳态　steady state

稳态分量　steady state component

静态电阻　static resistance

碳刷　carbon brush

十五画以上

额定值　rated value

额定电压　rated voltage

额定功率　rated power

额定转矩　tated torque

瞬时值　instantaneous value

戴维宁定理　Thévenin's theorem

激励　excitation

满载　full load

槽　slot

熔断器　fuse

参 考 文 献

［1］姚海彬. 电工技术（电工学 I）［M］. 2 版. 北京：高等教育出版社，2004.

［2］沈世锐. 电路与电机［M］. 北京：高等教育出版社，1986.

［3］毕淑娥. 电工与电子技术基础［M］. 3 版. 哈尔滨：哈尔滨工业大学出版社，2008.

［4］孙文卿，朱承高. 电工学试题汇编［M］. 北京：高等教育出版社，1993.

［5］张扬，蔡春伟，孙明健. S7－200PLC 原理与应用系统设计［M］. 北京：机械工业出版社，2007.

郑 重 声 明

　　高等教育出版社依法对本书享有专有出版权。任何未经许可的复制、销售行为均违反《中华人民共和国著作权法》，其行为人将承担相应的民事责任和行政责任，构成犯罪的，将被依法追究刑事责任。为了维护市场秩序，保护读者的合法权益，避免读者误用盗版书造成不良后果，我社将配合行政执法部门和司法机关对违法犯罪的单位和个人给予严厉打击。社会各界人士如发现上述侵权行为，希望及时举报，本社将奖励举报有功人员。

反盗版举报电话：(010)58581897/58581896/58581879

反盗版举报传真：(010)82086060

E - mail：dd@ hep. com. cn

通信地址：北京市西城区德外大街 4 号

　　　　　　高等教育出版社打击盗版办公室

邮　　编：100120

购书请拨打电话：(010)58581118